JN416964

전기 · 전자공학도를 위한

공 업 수 학

조준호 · 황형수 공저

도서출판 상 학 당

欲爲大者 當爲人役

크고자 하거든 남을 섬기라

머리말

공학은 수학을 기초로 이루어진 학문이다. 따라서 공학을 전공하고자 하는 학생들은 고등학교에서 기본적인 수학을 이수하고 공과대학에 입학한다. 그러나 최근 대학교마다 다양한 입시정책으로 인하여 고등학교에서 수학을 제대로 이수하지 않은 많은 학생들이 공과대학에 입학하고 있는 실정이다.

대학교마다 여러 가지 방법으로 기초학력(수학 등)을 높이기 위하여 노력하고 있으나 전공과목을 수강하기 위해서는 부족하다. 따라서 공과대학의 대부분의 학과에서 수학적 어려움 없이 전공 교과목을 수강할 수 있도록 하기 위해 공업수학의 교과목을 설치하여 학생들의 수학실력 향상을 위하여 노력하고 있다.

기존의 공업수학 교재들은 기계공학, 토목공학, 전기공학 등 공학의 모든 전공 분야에서 이용될 수 있도록 많은 내용과 높은 수준의 내용을 갖춘 범용 교재들이 대부분이다. 또한 전기공학(전자공학, 제어계측공학, 정보통신공학) 분야에서 중요하게 요구되는 수학적 내용(Z 변환 등 …)이 빠져 있는 경우도 있고 수준이 너무 높아 어렵다.

이러한 단점들을 보완하고자 저자들은 전기공학(전자공학, 제어계측공학, 정보통신공학) 분야의 주요 전공과목에서 요구되는 수학적 내용을 분석하였고, 이를 토대로 전기공학 분야의 학생들이 전공 교과목을 수강할 때 요구되는 수학 내용들을 중심으로 구성하여 전공 교과목 수강에 어려움이 없도록 하려고 노력하였으며, 또한 수학의 기초가 부족한 학생들이 매우 쉽게 공부할 수 있도록 집필하려고 노력하였다.

제 I 편은 함수(유리함수, 지수함수, 로그함수), 삼각함수, 행렬과 행렬식, 복소수 등의 기초 수학으로 구성하였고, 제 II 편은 미분, 적분, 미분방정식, 라플라스 변환, 상태방정식, Z 변환, 푸리에 변환, 벡터 해석, 그리고 기초 통계학으로 구성하였다.

이 책이 전기공학(전자공학, 제어계측공학, 정보통신공학) 분야를 전공하는 학생들에게 많은 도움이 되기를 바라며, 독자 여러분들의 아낌없는 충고를 바란다.

끝으로 이 책의 출간에 많은 도움을 주신 주위의 여러분들과 도서출판 상학당의 관계자 여러분께 감사드린다.

저자 씀

차례

제 I 편 ▌기초수학 9

제 I 편

기초 수학

제 1 장

다항식과 분수식

1.1 인수분해

$(x-2)(x-3)$을 전개하면 $(x-2)(x-3)=x^2-5x+6$이 되는데 이것을 역으로 정리하면 $x^2-5x+6=(x-2)(x-3)$으로 된다. 이와 같이 하나의 정식을 두 개 이상 정식의 곱의 꼴로 나타내는 것을 인수분해한다고 하며 $(x-2)$, $(x-3)$을 x^2-5x+6의 인수라 한다.

$$(x-2)(x-3) \underset{\text{인수분해}}{\overset{\text{전개}}{\rightleftarrows}} x^2-5x+6$$

인수분해의 기본 공식

① $ma-mb+mc=m(a-b+c)$　② $a^2+2ab+b^2=(a+b)^2$
③ $a^2-2ab+b^2=(a-b)^2$　④ $a^2-b^2=(a+b)(a-b)$
⑤ $x^2+(a+b)x+ab=(x+a)(x+b)$
⑥ $acx^2+(ad+bc)x+bd=(ax+b)(cx+d)$
⑦ $a^3+b^3=(a+b)(a^2-ab+b^2)$　⑧ $a^3-b^3=(a-b)(a^2+ab+b^2)$
⑨ $a^3+3a^2b+3ab^2+b^3=(a+b)^3$　⑩ $a^3-3a^2b+3ab^2-b^3=(a-b)^3$
⑪ $a^2+b^2+c^2+2ab+2bc+2ca=(a+b+c)^2$

예제 1.1 다음 각 식을 인수분해하시오.

① $8x^3y^2-4x^2y^2+12x^2y^3$　② $(a-b)x+(b-a)y$
③ $2x^2-x^3+2-x$　④ $ab-cd+ac-bd$

풀이

① $8x^3y^2-4x^2y^2+12x^2y^3=4x^2y^2(2x-1+3y)$
$=4x^2y^2(2x+3y-1)$

② $(a-b)x+(b-a)y=(a-b)x-(a-b)y$
$=(a-b)(x-y)$

③ $2x^2-x^3+2-x=x^2(2-x)+(2-x)$
$=(2-x)(x^2+1)$

④ $ab-cd+ac-bd=ab+ac-bd-cd=a(b+c)-d(b+c)$
$=(b+c)(a-d)$

예제 1.2 다음 각 식을 인수분해하시오.

① x^2+6x+9

② $9x^2-12xy+4y^2$

③ $\frac{1}{4}x^2+x+1$

④ $\frac{y^2}{x^2}-2+\frac{x^2}{y^2}$

풀이 ① $x^2+6x+9=x^2+2\cdot 3x+3^2=(x+3)^2$

② $9x^2-12xy+4y^2=(3x)^2-2\cdot 3x\cdot 2y+(2y)^2=(3x-2y)^2$

③ $\frac{1}{4}x^2+x+1=\left(\frac{1}{2}x\right)^2+2\cdot\frac{1}{2}x\cdot 1+1^2=\left(\frac{1}{2}x+1\right)^2$

④ $\frac{y^2}{x^2}-2+\frac{x^2}{y^2}=\left(\frac{y}{x}\right)^2-2\left(\frac{y}{x}\right)\left(\frac{x}{y}\right)+\left(\frac{x}{y}\right)^2=\left(\frac{y}{x}-\frac{x}{y}\right)^2$

예제 1.3 다음 각 식을 인수분해하시오.

$$(a^2-b^2)=(a+b)(a-b)$$

① a^4-b^4

② $(a-b)^2-(c-d)^2$

③ $x^2-a^2+2ab-b^2$

풀이 ① $a^4-b^4=(a^2)^2-(b^2)^2=(a^2+b^2)(a^2-b^2)=(a^2+b^2)(a+b)(a-b)$

② $(a-b)^2-(c-d)^2=((a-b)+(c-d))((a-b)-(c-d))$
$=(a-b+c-d)(a-b-c+d)$

③ $x^2-a^2+2ab-b^2=x^2-(a^2-2ab+b^2)=x^2-(a-b)^2$
$=\{x+(a-b)\}\{x-(a-b)\}=(x+a-b)(x-a+b)$

예제 1.4 다음 각 식을 인수분해하시오.

$$x^2+(a+b)x+ab=(x+a)(x+b)$$

① x^2+4x+3

② x^2-5x+6

③ x^2-2x-8

④ $x^2+2xy-15y^2$

풀이 ① $x^2+4x+3=x^2+(3+1)x+3\cdot 1=(x+3)(x+1)$

② $x^2-5x+6=x^2+((-2)+(-3))x+(-2)(-3)=(x+(-2))(x+(-3))$
$=(x-2)(x-3)$

③ $x^2-2x-8=x^2+((-4)+2)x+(-4)\cdot 2=(x+(-4))(x+2)=(x-4)(x+2)$

④ $x^2+2xy-15y^2=x^2+(5y+(-3y))x+5y(-3y)=(x+5y)(x-3y)$

예제 1.5 다음 각 식을 인수분해하시오.

$$acx^2+(ad+bc)x+bd=(ax+b)(cx+d)$$

① $3x^2+11x+6$ ② $3x^2-17x+10$

③ $3x^2+7x-10$ ④ $6x^2-xy-2y^2$

풀이 ① $3x^2+11x+6=(x+3)(3x+2)$

$$\begin{array}{ccccc} x & \times & 3 & \rightarrow & 9x \\ 3x & & 2 & \rightarrow & 2x \\ \hline & & 6 & & 11x \end{array}$$

② $3x^2-17x+10=(x-5)(3x-2)$

$$\begin{array}{ccccc} x & \times & -5 & \rightarrow & -15x \\ 3x & & -2 & \rightarrow & -2x \\ \hline & & 10 & & -17x \end{array}$$

③ $3x^2+7x-10=(x-1)(3x+10)$

$$\begin{array}{ccccc} x & \times & -1 & \rightarrow & -3x \\ 3x & & 10 & \rightarrow & 10x \\ \hline & & -10 & & 7x \end{array}$$

④ $6x^2-xy-2y^2=(2x+y)(3x-2y)$

$$\begin{array}{ccccc} 2x & \times & y & \rightarrow & 3xy \\ 3x & & -2y & \rightarrow & -4xy \\ \hline & & -2y^2 & & -xy \end{array}$$

예제 1.6 다음 각 식을 인수분해하시오.

$$\begin{cases} a^3+b^3=(a+b)(a^2-ab+b^2) \\ a^3-b^3=(a-b)(a^2+ab+b^2) \end{cases}$$

① $8x^3+27y^3$ ② x^6-y^6 ③ $(x-y)^3-8z^3$

풀이 ① $8x^3+27y^3=(2x)^3+(3y)^3=(2x+3y)\{(2x)^2-2x\cdot 3y+(3y)^2\}$

$$=(2x+3y)(4x^2-6xy+9y^2)$$

② $x^6-y^6=(x^3)^2-(y^3)^2=(x^3+y^3)(x^3-y^3)$

$$=(x+y)(x^2-xy+y^2)(x-y)(x^2+xy+y^2)$$

$$=(x+y)(x-y)(x^2-xy+y^2)(x^2+xy+y^2)$$

③ $(x-y)^3-8z^3=(x-y)^3-(2z)^3=\{(x-y)-2z\}\{(x-y)^2+(x-y)\cdot 2z+(2z)^2\}$

$$=(x-y-2z)(x^2+y^2+4z^2-2xy-2yz+2zx)$$

예제 1.7 다음 각 식을 인수분해하시오.

$$\begin{cases} (a+b)^3=a^3+3a^2b+3ab^2+b^3 \\ (a+b+c)^2=a^2+b^2+c^2+2ab+2bc+2ca \end{cases}$$

① $x^3+6x^2y+12xy^2+8y^3$ ② $a^4+b^4+c^4+2(a^2b^2+b^2c^2+c^2a^2)$

풀이 ① $x^3+6x^2y+12xy^2+8y^3=x^3+3\cdot x^2\cdot 2y+3\cdot x(2y)^2+(2y)^3=(x+2y)^3$

② $a^4+b^4+c^4+2(a^2b^2+b^2c^2+c^2a^2)=(a^2)^2+(b^2)^2+(c^2)^2+2a^2b^2+2b^2c^2+2c^2a^2$

$=(a^2+b^2+c^2)^2$

연습문제 1

※ 다음 각 식을 인수분해하시오.

1. x^4-3x^2+2
2. x^4+x^2+1
3. $x^4-6x^2y^2+y^4$
4. $(x^2-3x)^2-2x^2+6x-8$
5. $(x^2+4x)^2+2x^2+8x-35$
6. $x^3+2x^2y-x-2y$
7. x^3+yx^2-x-y
8. $x^2y+y^2z-y^3-x^2z$
9. $(x-1)(x-3)(x+2)(x+4)+24$
10. $(x+1)(x+2)(x-3)(x-4)+6$

1.2 분 수 식

1.2.1 분수식의 기본 성질

$\frac{2x+1}{x-1}$과 같이 $\frac{A}{B}$(단, A와 B는 정식)의 형태로 나타내어지는 식을 분수식이라 하고 A를 분자, B를 분모라 한다. 분수식은 분모와 분자에 0이 아닌 같은 정식을 곱해도 또는 0이 아닌 같은 정식으로 나누어도 그 값은 변하지 않는다. 즉,

$$\frac{A}{B}=\frac{A\times m}{B\times m},\quad \frac{A}{B}=\frac{A\div m}{B\div m}$$

이와 같은 분수식의 성질을 이용하여 분모와 분자를 공통인수로 나누어서 분수식을 간단히 하는 것을 분수식의 약분이라 하고, 더 이상 약분할 수 없는 분수식(분모, 분자가 서로 소인 분수식)을 기약분수식이라 한다. 그리고 분수식의 성질을 이용하여 분수식의 분모를 같도록 분수식을 정리하는 것을 통분이라 한다.

예제 1.8 다음 분수식을 약분하시오.

① $\frac{25a^2b^2}{20ab^4}$ ② $\frac{x^2-4x+3}{x^2-1}$ ③ $\frac{a^4+a^2b^2+b^4}{a^3-b^3}$

풀이 ① $\frac{25a^2b^2}{20ab^4}=\frac{5a}{4b^2}$ ② $\frac{x^2-4x+3}{x^2-1}=\frac{(x-3)(x-1)}{(x+1)(x-1)}=\frac{x-3}{x+1}$

③ $\frac{a^4+a^2b^2+b^4}{a^3-b^3}=\frac{(a^2+ab+b^2)(a^2-ab+b^2)}{(a-b)(a^2+ab+b^2)}=\frac{a^2-ab+b^2}{a-b}$

예제 1.9 다음 각 쌍의 분수식을 통분하시오.

① $\frac{1}{x+y}$, $\frac{1}{x-y}$, $\frac{1}{x^2-y^2}$

② $\frac{x+y}{x^2-5xy+6y^2}$, $\frac{x-y}{x^2-2xy-3y^2}$

풀이 각 분모의 최소공배수를 공통분모로 한다.

① $x^2-y^2=(x+y)(x-y)$이므로 최소공배수는 $(x+y)(x-y)$이다.

$$\therefore \frac{x-y}{(x+y)(x-y)},\ \frac{x+y}{(x+y)(x-y)},\ \frac{1}{(x+y)(x-y)}$$

② $x^2-5xy+6y^2=(x-2y)(x-3y)$, $x^2-2xy-3y^2=(x-3y)(x+y)$이므로 최소공배수는 $(x-2y)(x-3y)(x+y)$이다.

$$\therefore \frac{(x+y)^2}{(x-2y)(x-3y)(x+y)},\ \frac{(x-y)(x-2y)}{(x-2y)(x-3y)(x+y)}$$

1.2.2 분수식의 곱셈, 나눗셈

분수식의 곱셈 및 나눗셈은 첫 번째로 분모, 분자를 인수분해할 수 있으면 인수분해하고, 또 약분할 수 있으면 약분해서 기약분수식으로 만든다. 두 번째, 곱셈일 때에는 분모는 분모와 곱하고 분자는 분자와 곱한다.

$$\frac{A}{B}\times\frac{C}{D}=\frac{AC}{BD}$$

나눗셈일 때에는 나누는 분수의 역수를 취해서 곱셈처럼 분모는 분모, 분자는 분자와 곱한다.

$$\frac{A}{B}\div\frac{C}{D}=\frac{A}{B}\times\frac{D}{C}=\frac{AD}{BC}$$

마지막으로 위의 결과를 다시 약분할 수 있으면 약분해서 기약분수로 만든다.

예제 1.10 다음 분수식을 푸시오.

① $\dfrac{x^3-y^3}{x+y}\times\dfrac{x^2+2xy+y^2}{x^2-y^2}$

② $\dfrac{2x^2-5x+3}{x^2-4x+4}\times\dfrac{x^3-8}{x^2-1}\div\dfrac{2x^2+x-6}{x^2-x-2}$

풀이 ① $\dfrac{x^3-y^3}{x+y}\times\dfrac{x^2+2xy+y^2}{x^2-y^2}=\dfrac{(x-y)(x^2+xy+y^2)}{x+y}\times\dfrac{(x+y)^2}{(x+y)(x-y)}$

$$=x^2+xy+y^2$$

② $\dfrac{2x^2-5x+3}{x^2-4x+4}\times\dfrac{x^3-8}{x^2-1}\div\dfrac{2x^2+x-6}{x^2-x-2}$

$$=\frac{(x-1)(2x-3)}{(x-2)^2}\times\frac{(x-2)(x^2+2x+4)}{(x+1)(x-1)}\times\frac{(x-2)(x+1)}{(x+2)(2x-3)}$$

$$=\frac{x^2+2x+4}{x+2}$$

1.2.3 분수식의 덧셈, 뺄셈

분수식의 덧셈, 뺄셈은 첫 번째로 분모, 분자를 인수분해 또는 약분을 통해 기약분수식을 만든다. 두 번째, 분모가 다를 때에는 통분을 하여 분모를 같게 한 뒤 분모가 같은 분수식은 분자식을 덧셈, 뺄셈하여 정리한다.

$$\frac{A}{D}+\frac{B}{D}-\frac{C}{D}=\frac{A+B-C}{D}$$

마지막으로, 위의 결과를 다시 약분할 수 있으면 약분해서 기약분수로 한다.

예제 1.11 다음 각 식을 간단히 하시오.

① $\dfrac{2x^2-11x+5}{6x^2+x-2}-\dfrac{2x^2+7x+6}{6x^2+5x-6}+\dfrac{x+10}{9x^2-4}$

② $\dfrac{a+b}{a^2+ab+b^2}+\dfrac{3b^2}{a^3-b^3}-\dfrac{a}{a^2-ab}$

풀이 ① $\dfrac{2x^2-11x+5}{6x^2+x-2}-\dfrac{2x^2+7x+6}{6x^2+5x-6}+\dfrac{x+10}{9x^2-4}$

$$=\frac{(x-5)(2x-1)}{(2x-1)(3x+2)}-\frac{(x+2)(2x+3)}{(2x+3)(3x-2)}+\frac{x+10}{(3x+2)(3x-2)}$$

$$=\frac{x-5}{3x+2}-\frac{x+2}{3x-2}-\frac{x+10}{(3x+2)(3x-2)}$$

$$=\frac{-24x+16}{(3x+2)(3x-2)}$$

$$=\frac{-8(3x-2)}{(3x+2)(3x-2)}=-\frac{8}{3x+2}$$

② $\dfrac{a+b}{a^2+ab+b^2}+\dfrac{3b^2}{a^3-b^3}-\dfrac{a}{a^2-ab}$

$$=\frac{a+b}{a^2+ab+b^2}+\frac{3b^2}{(a-b)(a^2+ab+b^2)}-\frac{a}{a(a-b)}$$

$$=\frac{(a+b)(a-b)+3b^2-(a^2+ab+b^2)}{(a-b)(a^2+ab+b^2)}$$

$$=\frac{-b(a-b)}{(a-b)(a^2+ab+b^2)}$$

$$=-\frac{b}{a^2+ab+b^2}$$

연습문제 2

※ 다음 식을 간단히 하시오.

1. $\dfrac{a^2}{(a-b)(a-c)}+\dfrac{b^2}{(b-c)(b-a)}+\dfrac{c^2}{(c-a)(c-b)}$

2. $\dfrac{x-2}{x-3}+\dfrac{x-4}{x-5}-\dfrac{x}{x-1}-\dfrac{x-6}{x-7}$

3. $\dfrac{x^2-y^2}{xy^2}\div\dfrac{xy+y^2}{x}$

4. $\dfrac{x^4-8x}{x^2-4x-5}\times\dfrac{x^2+2x+1}{x^3-x^2-2x}\div\dfrac{x^2+2x+4}{x-5}$

5. $x+y-\dfrac{x^2+y^2}{x+y}$

6. $\dfrac{x}{x^2+y^2}-\dfrac{y(x-y)^2}{x^4-y^4}$

7. $\dfrac{1-\dfrac{x-y}{x+y}}{\dfrac{x}{x+y}-1}$

8. $\dfrac{1}{1-\dfrac{1}{1-\dfrac{1}{a}}}\times\dfrac{1}{1-\dfrac{1}{1+\dfrac{1}{a}}}$

9. 다음 등식이 성립하도록 A, B, C의 값을 정하시오. (부분분수 전개)

① $\dfrac{2}{x^2-1}=\dfrac{A}{x-1}+\dfrac{B}{x+1}$

② $\dfrac{3x}{x^3+1}=\dfrac{A}{x+1}+\dfrac{Bx+C}{x^2-x+1}$

1.3 최대공약수와 최소공배수

1.3.1 최대공약수와 최소공배수

몇 개의 정수(또는 정식)에서 공통되는 약수를 공약수라 하고, 공약수 중에서 가장 큰 수(정식에서는 차수가 가장 높은 것)를 최대공약수(GCM)라 한다.

또한, 몇 개의 정수(또는 정식)에서 공통되는 배수를 공배수라 하고, 공배수 중에서 절댓값이 가장 작은 수(정식에서는 차수가 가장 낮은 것)를 최소공배수(LCM)라 한다.

이때, 몇 개의 정수(또는 정식)에 1 이외(정식에서는 1차식 이상)의 공약수가 없을 때 서로 소라 한다.

1.3.2 최대공약수와 최소공배수를 구하는 방법

정식의 GCM과 LCM을 구하는 법은 다음과 같다.

① GCM은 각 정식의 공통인수를 모두 찾아 곱한다.
② LCM은 각 정식 중에 적어도 어느 한곳에라도 있는 인수를 모두 곱한다.

1.3.3 최대공약수와 최소공배수와의 관계

12와 18을 그 최대공약수인 6으로 분해하면 다음과 같은 관계이다.

서로 소

$12 = 2 \times 6$ $18 = 3 \times 6$

최대공약수

일반적으로 두 정수 A와 B를 최대공약수 G로 분해하면 다음과 같다.

서로 소

$A = a\,G$ $B = b\,G$

최대공약수

따라서 A, B의 LCM을 L이라 하면 $L = ab\,G$인 관계가 성립한다. 또한, $LG = ab\,GG$ 즉, $LG = a\,G \cdot b\,G$이다. 따라서 $LG = A \cdot B$라는 관계가 성립한다.

GCM과 LCM의 관계

두 정수(또는 정식) A, B의 GCM을 G, LCM을 L이라 하면

① $A=aG$, $B=bG$ (a, b는 서로 소)

② $L=abG$

③ $LG=A\cdot B$

예제 1.12 다음 각 식의 GCM과 LCM을 구하시오.

① $9ab^3$, $6a^2b^2$　　② x^2+6x+5, $x^2+3x-10$

풀이 ① $9ab^3=3ab^2\cdot 3b$, $6a^2b^2=3ab^2\cdot 2a$

GCM : $3ab^2$, LCM : $3ab^2\cdot 3b\cdot 2a=18a^2b^3$

② $x^2+6x+5=(x+1)(x+5)$, $x^2+3x-10=(x+5)(x-2)$

GCM : $(x+5)$, LCM : $(x+1)(x+5)(x-2)$

예제 1.13 다음 정식의 GCM과 LCM을 구하시오.

x^3+1, x^4+x^2+1, x^3+x^2-x-1

풀이 $x^3+1=(x+1)(x^2+x+1)$, $x^4+x^2+1=(x^2+x+1)(x^2-x+1)$

$x^3+x^2-x-1=x^2(x+1)-(x+1)=(x+1)(x^2-1)=(x+1)^2(x-1)$

GCM : 1, LCM : $(x+1)^2(x-1)(x^2+x+1)(x^2-x+1)$

1.4 방정식의 해법

식 (1.1), (1.2)와 같이 수나 식을 등호로 맺은 식을 등식이라 한다.

$$8x+2x=10x \tag{1.1}$$

$$2x+3x=10 \tag{1.2}$$

등식에는 식 (1.1)과 같이 x에 어떤 값을 대입해도 성립하는 등식이 있고, 식 (1.2)와 같이 x에 특별한 값을 대입할 때만 성립하는 등식이 있는데, 식 (1.1)과 같은 식을 항등식이라 하고 식 (1.2)와 같은 식을 방정식이라 한다. 방정식 $2x+3x=10$에서 x를 변수

또는 미지수라 하고, 방정식을 성립시키는 미지수의 값, 즉 $x=2$를 방정식의 해(또는 근)라 하며, 방정식의 모든 해의 집합을 그 방정식의 해집합이라 하고, 해집합을 구하는 것을 방정식을 푼다고 한다. 방정식은 다음과 같은 등식의 성질을 이용하여 푼다.

등식의 성질

$A=B$이면,

① $A+m=B+m$　　② $A-m=B-m$

③ $A\times m=B\times m$　　④ $\dfrac{A}{m}=\dfrac{B}{m}$(단, $m\neq 0$)

1.4.1 1차 방정식의 해법

$ax=b$(a, b는 상수)와 같이 미지수가 하나이고, 미지수 x의 차수가 1차일 때 x에 관한 1원 1차 방정식이라 한다. 모든 1원 1차 방정식은 등식의 성질을 써서 x의 항은 등호의 왼편에, 상수항은 등호의 오른편에 옮기고 정돈하면 $ax=b$의 꼴이 된다.

$ax=b$의 해는

① $a\neq 0$일 때 양변을 a로 나누어서 $x=\dfrac{b}{a}$이다.

② $a=0$일 때 a로 나눌 수 없으므로 다음과 같이 나누어 생각한다.

$a=0$, $b\neq 0$인 경우 불능이라 한다.

$a=0$, $b=0$인 경우 부정이라 한다.

예제 1.14 다음 방정식을 x에 대해 푸시오.

$$ax-a^2=bx-b^2$$

풀이 $ax-bx=a^2-b^2$, $x(a-b)=(a+b)(a-b)$

$$\therefore x=\begin{cases} a+b & (a\neq b) \\ x\text{는 부정} & (a=b)\end{cases}$$

예제 1.15 다음 방정식을 푸시오.

$$|x-1|=2x+4$$

풀이 i) $x-1 \geq 0$인 경우

$x-1=2x+4$

$\therefore\ x=-5$, 조건에 맞지 않다.

ii) $x-1<0$인 경우

$-(x-1)=2x+4,\ x+1=2x+4,\ 3x=-3$

$\therefore\ x=-1$, 조건을 만족하므로 답이다.

1.4.2 2차 방정식의 해법

$ax^2+bx+c=0$($a \neq 0$, a, b, c는 상수)와 같이 미지수 x의 차수가 2차일 때 x에 관한 2차 방정식이라 한다. 2차 방정식의 해법은 '인수분해법'과 '근의 공식법'이 있다.

1) 인수분해법

2차 방정식 $x^2-4x+3=0$을 인수분해법을 이용하여 풀면

$x^2-4x+3=0 \quad \Rightarrow \quad (x-1)(x-3)=0$

$x-1=0$ 또는 $x-3=0$이므로 $\therefore\ x=1,\ 3$

인수분해에 의한 해법

x에 관한 2차 방정식이

$(ax-b)(cx-d)=0$ (단, $a \neq 0$, $c \neq 0$)

과 같이 인수분해될 때 이 방정식의 두 근은

$x=\dfrac{b}{a}$ 또는 $x=\dfrac{d}{c}$

예제 1.16 다음 2차 방정식을 푸시오.

① $x^2-5x+6=0$ ② $3x^2-7x+2=0$

풀이 ① $x^2-5x+6=0$에서 $(x-2)(x-3)=0$

$x-2=0$ 또는 $x-3=0$이므로 $\therefore\ x=2,\ 3$

② $3x^2-7x+2=0$에서 $(3x-1)(x-2)=0$

$3x-1=0$ 또는 $x-2=0$이므로

$\therefore\ x=\dfrac{1}{3},\ 2$

1.4.3 근의 공식에 의한 해법

2차 방정식 $ax^2+bx+c=0$의 근을 인수분해에 의하지 않고 $(x+A)^2=B$의 형태로 변형하여 다음과 같이 구할 수 있다.

$$(x+A)^2=B \ \Rightarrow \ x+A=\pm\sqrt{B}$$

$$\therefore \ x=-A\pm\sqrt{B}$$

이 과정을 일반화하면 근의 공식을 얻을 수 있다. 즉,

$$ax^2+bx+c=0 \ (a\neq 0)$$

양변을 a로 나누면

$$x^2+\frac{b}{a}x+\frac{c}{a}=0$$

$$x^2+2\frac{b}{2a}x+\left(\frac{b}{2a}\right)^2-\left(\frac{b}{2a}\right)^2+\frac{c}{a}=0$$

$$\left(x+\frac{b}{2a}\right)^2=\left(\frac{b}{2a}\right)^2-\frac{c}{a}=\frac{b^2-4ac}{4a^2}$$

$$\therefore \ x+\frac{b}{2a}=\pm\frac{\sqrt{b^2-4ac}}{2a}$$

$$\therefore x=-\frac{b}{2a}\pm\frac{\sqrt{b^2-4ac}}{2a}$$

근의 공식

$$ax^2+bx+c=0 \ (a\neq 0) \ \Rightarrow \ x=\frac{-b\pm\sqrt{b^2-4ac}}{2a}$$

$$ax^2+2b'x+c=0 \ (a\neq 0) \ \Rightarrow \ x=\frac{-b'\pm\sqrt{b'^2-ac}}{a}$$

예제 1.17 2차 방정식 $3x^2-16x+22=0$을 푸시오.

풀이 i) $a=3$, $b=-16$, $c=22$

$$x=\frac{-(-16)\pm\sqrt{(-16)^2-4\cdot 3\cdot 22}}{2\cdot(3)}=\frac{16\pm\sqrt{-8}}{6}$$

$$=\frac{16\pm 2\sqrt{2}i}{6}=\frac{8\pm\sqrt{2}i}{3}$$

ii) $a=3$, $b'=-8$, $c=22$

$$x=\frac{-(-8)\pm\sqrt{(-8)^2-3\cdot 22}}{3}=\frac{8\pm\sqrt{-2}}{3}=\frac{8\pm\sqrt{2}i}{3}$$

예제 1.18 다음 2차 방정식을 푸시오.

① $x^2+2(a-b)x-4ab=0$ ② $x^2+|2x-1|-3=0$

풀이 ① $x^2+2(a-b)x-4ab=0$

$$x=-(a-b)\pm\sqrt{(a-b)^2-(-4ab)}=-(a-b)\pm\sqrt{(a+b)^2}$$
$$=-(a-b)\pm(a+b)$$

$\therefore\ x=2b$ 또는 $-2a$

② $x^2+|2x-1|-3=0$

i) $(2x-1)\geqq 0$인 경우

$2x\geqq 1 \ \Rightarrow\ x\geqq\frac{1}{2}$

$x^2+(2x-1)-3=0$, $x^2+2x-4=0$

$x=-1\pm\sqrt{1^2-(-4)}=-1\pm\sqrt{5}$에 조건을 적용하면

$x=-1+\sqrt{5}$가 근이다.

ii) $(2x-1)<0$인 경우

$2x<1 \ \Rightarrow\ x<\frac{1}{2}$

$x^2-(2x-1)-3=0$, $x^2-2x-2=0$

$x=-(-1)\pm\sqrt{(-1)^2-(-2)}=1\pm\sqrt{3}$에 조건을 적용하면

$x=1-\sqrt{3}$가 근이다.

$$\therefore\ x=\begin{cases}-1+\sqrt{5}, & x\geqq\frac{1}{2}\\ 1-\sqrt{3}, & x<\frac{1}{2}\end{cases}$$

1.4.4 판별식

2차 방정식 $ax^2+bx+c=0$ $(a\neq 0)$의 근은

$$x=\frac{-b\pm\sqrt{b^2-4ac}}{2a}$$

이 방정식의 근이 실근, 허근 또는 중근인지는 근의 공식의 b^2-4ac의 부호에 따라 결

정된다. 즉, (b^2-4ac)을 계산한 값의 부호가 +, 0, −일 때 각각 서로 다른 두 실근, 중근, 서로 다른 두 허근을 가진다. 따라서 근의 공식의 (b^2-4ac)를 2차 방정식의 판별식이라 하고 다음과 같이 나타낸다.

$$D=b^2-4ac$$

판별식(D)에 의한 2차 방정식 근의 판별

2차 방정식 $ax^2+bx+c=0$에서 $D=b^2-4ac$

① $D>0$: 서로 다른 두 실근
② $D=0$: 중근
③ $D<0$: 서로 다른 두 허근

예제 1.19 2차 방정식 $3x^2-16x+22=0$의 근을 판별하시오.

풀이 $D=(-16)^2-4(3)(22)=-8$

$\therefore$ $D<0$이므로 허근을 가진다.

1.5 분수방정식과 무리방정식

1.5.1 분수방정식

$\dfrac{1}{x-1}-\dfrac{2x}{x^2-1}=3$과 같이 분모에 미지수를 포함하고 있는 방정식을 분수방정식이라 한다.

예제 1.20 다음 분수방정식을 푸시오.

$$\frac{x}{x-3}-\frac{7}{x+2}=\frac{15}{(x-3)(x+2)}$$

풀이 양변에 $(x-3)(x+2)$를 곱하여 정리하면

$x(x+2)-7(x-3)=15$, $x^2+2x-7x+21=15$

$x^2-5x+6=0$, $(x-2)(x-3)=0$

$x=2$ 또는 3에서 원식의 분모식이 0이 되는 값 즉, $x=3$은 근이 될 수 없다.

$\therefore\ x=2$

분수방정식의 근 중에서 처음 방정식의 분모식을 0이 되게 하는 값은 제외한다.

예제 1.21 다음 분수방정식을 푸시오.

$$\frac{1}{x+2}+\frac{2x}{x-2}=\frac{4}{4-x^2}$$

풀이 분모의 최소공배수를 곱하여 정리하면

$x-2+2x(x+2)=-4$

$2x^2+5x+2=0$, $(x+2)(2x+1)=0$

$x=-2$ 또는 $-\frac{1}{2}$에서 원식의 분모식이 0이 되게 하는 값을 제외하면

$\therefore\ x=-\frac{1}{2}$

1.5.2 무리방정식

근호 안에 미지수를 포함한 방정식을 무리방정식이라 한다.

무리방정식 해법의 순서

① 적절히 이항하고, 양변을 제곱하여 정방정식을 만든다.
② 정방정식을 푼다.
③ 구한 근이 처음 방정식을 만족하는지 조사하여 만족하는 것만 근으로 한다.

예제 1.22 $\sqrt{x+1}+5=x$를 푸시오.

풀이 $\sqrt{x+1}=x-5$

양변을 제곱하면 $x+1=(x-5)^2=x^2-10x+25$

정리하면 $x^2-11x+24=0$

$(x-3)(x-8)=0$, $x=3$ or 8

i) $x=3$일 때

원식에 대입하면 $\sqrt{(3)+1}+5 \neq (3)$

즉, 좌변과 우변의 값이 달라 원식을 만족하지 못한다.

ii) $x=8$일 때

원식에 대입하면 $\sqrt{(8)+1}+5=(8)$

즉, 좌변과 우변의 값이 일치한다. $\therefore\ x=8$

예제 1.23 다음 무리방정식을 푸시오.

① $\sqrt{2x^2-3x+2}=2$ ② $\sqrt{5-x^2}-x=1$

풀이 ① 양변을 제곱하면 $2x^2-3x+2=4$

$2x^2-3x-2=0$, $(x-2)(2x+1)=0$

$\therefore\ x=2,\ -\dfrac{1}{2}$: 두 근 모두 원식을 만족한다.

② $\sqrt{5-x^2}=x+1$의 양변을 제곱하면 $5-x^2=x^2+2x+1$

$x^2+x-2=0$, $(x-1)(x+2)=0$

$x=1$ 또는 -2 중에서 -2는 원식을 만족하지 못한다.

$\therefore\ x=1$

연습문제 3

1. 곱셈공식을 써서 다음 각 식을 전개하시오.

① $(2x+3y)^2$ ② $(3x-4y)^2$

③ $(5x+2)(2-5x)$ ④ $(x^2+x+2)(x^2+x-4)$

⑤ $(7x-3y)(4x+2y)$

2. 다음 각 식을 인수분해하시오.

① $8x^3y^2-4x^2y^2+12x^2y^3$ ② $(a-b)x+(b-a)y$

③ x^2+6x+9 ④ $9x^2-12xy+4y^2$

⑤ x^4-4x^2+3 ⑥ $x^3-2x^2y-x-2y$

3. 다음 각 분수식을 간단히 하시오.

① $\dfrac{x^3-y^3}{x+y}\times\dfrac{x^2+2xy+y^2}{x^2-y^2}$

② $\dfrac{2x^2-5x+3}{x^2-4x+4}\times\dfrac{x^3-8}{x^2-1}\div\dfrac{2x^2+x-6}{x^2-x-2}$

4. 다음 각 분수식을 간단히 하시오.

① $\dfrac{\dfrac{x^2}{y^3}+\dfrac{1}{x}}{\dfrac{x}{y^2}-\dfrac{1}{y}+\dfrac{1}{x}}$ ② $\dfrac{x}{x-\dfrac{x+2}{2-\dfrac{x-1}{x}}}$

5. 다음 각 정식의 GCM과 LCM을 구하시오.

① $2xy^3z$, $4x^2y^2z$, $6x^3yz$

② $15x^2y^3z$, $-18x^3yz$, $9x^4yz^3$

③ a^2+5a-6, $2a^3-5a^2+3a$, $3a^4-10a^3+7a^2$

④ a^2b-ab^2, a^2-b^2, a^4b-ab^4

⑤ $x^2+7xy+12y^2$, $x^2+6xy+8y^2$, $x^2+5xy+6y^2$

6. 다음 조건을 만족하는 두 정식을 구하시오.

최대공약수(GCM) : $2x+1$, 최소공배수(LCM) : $6x^3-7x^2-9x-2$

7. 다음 1차 방정식을 푸시오.

① $x-1=2x+4$ ② $3x-2=-4x+19$

8. x에 관한 다음 방정식을 푸시오.

① $(a^2+6)x+2=a(5x+1)$ ② $a(x-1)=x+2$

9. 다음 방정식을 푸시오.

$|x-1|=|3-x|$

10. 다음 2차 방정식을 인수분해하여 푸시오.

① $x^2+3x+2=0$ ② $x^2-5x+6=0$

③ $x^2+10x=25$ ④ $4x^2-4x=3$

11. 다음 2차 방정식을 근의 공식으로 푸시오.

① $x^2-(a-b)x+ab=2b^2$ ② $x^2-2|x|-3=0$

③ $2x^2-5x+2=0$ ④ $5x^2-2x+2=0$

12. 다음 분수방정식을 푸시오.

① $\dfrac{7x}{3-2x}=\dfrac{6}{x+1}+4$

② $\dfrac{3}{x^2-5x+6}-\dfrac{x}{x-3}+\dfrac{3}{x-2}=0$

③ $\dfrac{x+5}{x^2-1}+\dfrac{2}{x-1}+3=0$

④ $\dfrac{x^2-2x-1}{3}=\dfrac{1}{x-2}-\dfrac{1}{x}$

13. 다음 무리방정식을 푸시오.

① $\sqrt{4-x}=3$

② $x-\sqrt{x-2}=4$

③ $\sqrt{x+6}-\sqrt{x-2}=2$

④ $\sqrt{x-1}+3=x$

제 2 장

여러 가지 함수

2.1 함수의 정의

집합 A에서 집합 B로의 함수는 A의 각 원소에 B의 단 하나의 원소를 대응시키는 한 규칙을 의미하고, 이것을 $f: A \to B$ 또는 $A \xrightarrow{f} B$로 나타낸다. A를 함수 f의 정의역(domain), B를 함수 f의 공변역(codomain)이라 한다. $f(a)=b$일 때 b를 a에 대한 함수 f의 값(value) 또는 함수 f에 의한 a의 상(image)이라 하고, a를 함수 f에 의한 b의 원상(inverse image, pre image)이라고 한다.

한편, 함수 f의 정의역 A의 한 부분집합 C에 대하여, C의 각 원소의 f에 의한 상 전체의 집합을 $f(c)$로 나타내고 (즉, $f(c)=\{f(a)|a \in c\} \subset B$), 이것을 집합 C의 f에 의한 상이라 한다. 특히, f에 의한 정의역 A의 상 $f(A)$를 함수 f의 치역(range, image of the function f)이라 하며 $Im(f)$로 나타내기도 한다. 그리고, 함수 f의 공변역 B의 한 부분집합 D에 대하여 D원소를 함숫값으로 하는 A의 원소 전체의 집합을 $f^{-1}(D)$로 나타내고(즉, $f^{-1}(D)=\{x \in A | f(x) \in D\} \subset A$), 이것을 f에 의한 D의 원상이라고 부른다.

[그림 2.1]에서 함수 f의 정의역은 $A=\{a_1, a_2, a_3, a_4, a_5\}$이고, 공변역은 $B=\{b_1, b_2, b_3, b_4, b_5, b_6, b_7\}$이며, 대응규칙은 $f(a_1)=b_1$, $f(a_2)=b_2$, $f(a_3)=b_3$, $f(a_4)=b_4$, $f(a_5)=b_2$이다. 따라서, a_1에 대한 함수 f의 값은 b_1이며, 역으로 함수 f에 의한 b_1의 원상은 a_1이다.

함수 f의 치역은 $f(A)=\{b_1, b_2, b_3, b_4\}$이며, A의 부분집합 $C=\{a_1, a_2, a_5\}$의 f에 의한 상은 $f(c)=\{b_1, b_2\}=D$이며, 역으로 함수 f에 의한 D의 원상은 C이다.

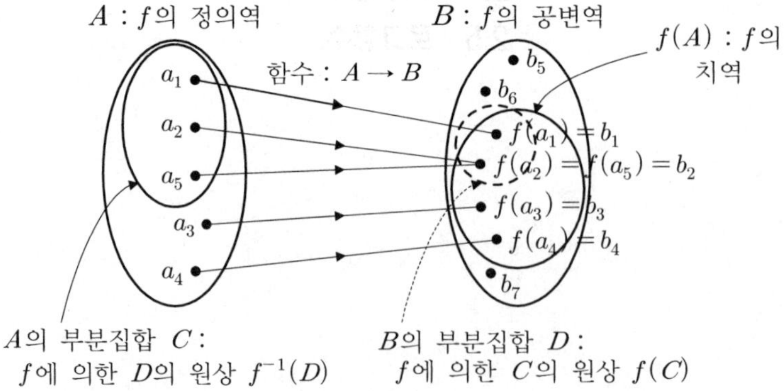

[그림 2.1]

예제 2.1 N을 자연수 전체의 집합이라고 하고 함수 f를 $f : N \to N$, $f(x) = x^2$이라 할 때 이 함수의 정의역, 공변역, 치역을 구하시오.

풀이 $f : N \to N$에서 정의역과 공변역은 모든 자연수의 집합 N임을 말해 주고 있다.
그러므로 정의역 : $\{x \mid x$는 자연수$\}$, 공변역 : $\{x \mid x$는 자연수$\}$이다.
그리고 $f(x) = x^2$이므로 $f(1) = 1$, $f(2) = 4$, $f(3) = 9$, $\cdots$
따라서 치역 : $\{ 1, 4, 9, 16, \cdots \}$이다.

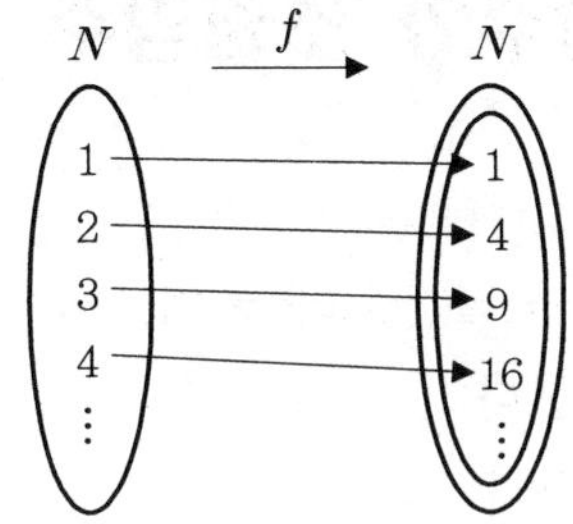

[그림 2.2]

예제 2.2 정의역 $X = \{-1, 1, 2\}$, 공변역 $Y = \{1, 2, 3, 4\}$일 때 다음 중 X에서 Y로의 함수인 것은?

① $x \to x+1$　　② $x \to x^2$

③ $\begin{cases} x \geq 0 \text{ 일 때} & x \to \text{짝수} \\ x < 0 \text{ 일 때} & x \to \text{홀수} \end{cases}$　　④ $\begin{cases} x \geq 0 \text{ 일 때} & x \to 1 \\ x < 0 \text{ 일 때} & x \to 0 \end{cases}$

풀이 ①

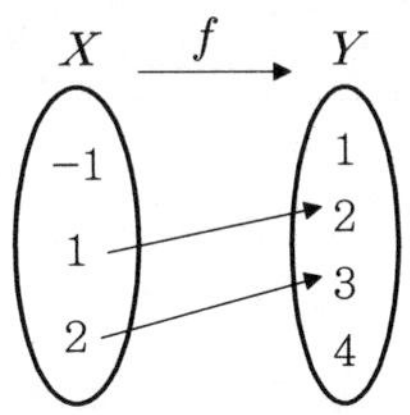

[그림 2.3]

②

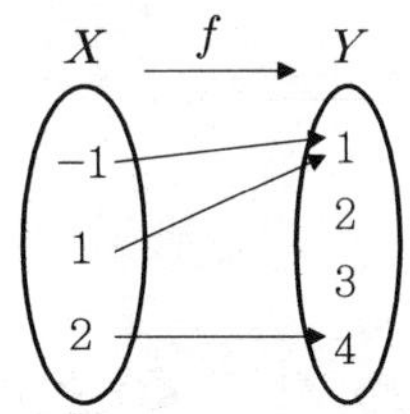

[그림 2.4]

③

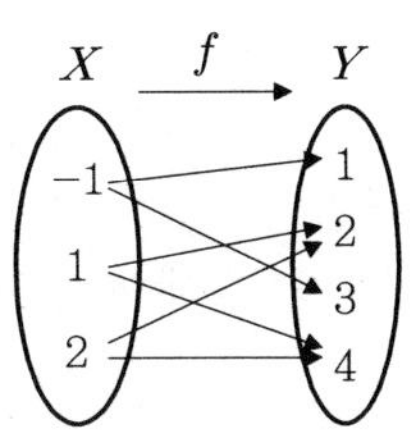

[그림 2.5]

④

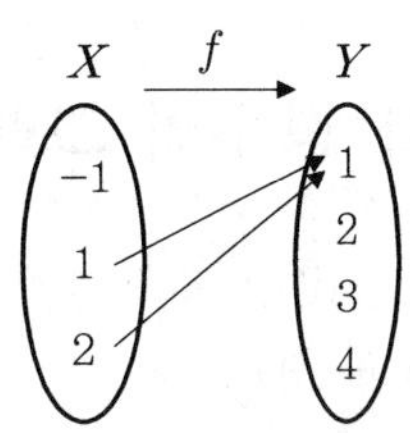

[그림 2.6]

① 정의역 원소 −1에 대응하는 원소가 공변역에 존재하지 않으므로 함수가 아니다.
② 정의역의 모든 원소가 공변역의 원소에 하나씩 대응하므로 함수이다.
③ 정의역의 모든 원소가 공변역의 원소에 2개씩 대응하므로 함수가 아니다.
④ 정의역 원소 중에서 −1에 대응하는 공변역에 원소가 없으므로 함수가 아니다.

2.2 대수함수와 초월함수

대수함수가 아닌 모든 함수를 초월함수라 하며, 대수함수와 초월함수를 통틀어서 초등함수(elementary function)라 한다.

초등함수를 분류하면 다음과 같다.

초등함수의 분류

- 초등함수
  - 대수함수 (ax^2+bx+c, $\dfrac{2x}{1-x^2}$, $\sqrt{1-x^2}$, $\cdots$)
  - 초월함수
    - 지수함수 (a^x+1, e^x+e^{-x}, $\cdots$)
    - 로그함수 ($\log_{10}x$, $\log_a x$, $\log_e x$, $\cdots$)
    - 삼각함수 ($\sin x$, $\cos x$, $\tan x$, $\cdots$)
    - 역삼각함수 ($\sin^{-1}x$, $\cos^{-1}x$, $\tan^{-1}x$, $\cdots$)
    - 쌍곡선함수 ($\sin hx$, $\cosh x$, $\tan hx$, $\cdots$)
    - 역쌍곡선함수 ($\sinh^{-1}x$, $\cos h^{-1}x$, $\tan h^{-1}x$, $\cdots$)
    - 기타

2.3 함수의 그래프

2.3.1 1차 함수의 그래프($y=ax+b$)

a를 기울기라 하고 b를 y절편이라 한다. $y=ax+b$의 그래프가 x축의 양의 방향과 이루는 각을 θ라 하면

$$a=\tan\theta$$

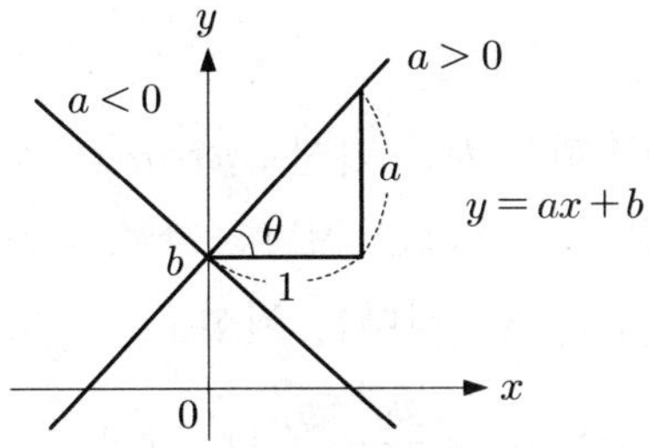

[그림 2.7]

$a > 0$이면 오른쪽 위로 올라가는 직선이 된다. 즉, x가 증가하면 y도 증가한다. $a < 0$이면 오른쪽 아래로 내려가는 직선이 된다. 즉, x가 증가하면 y는 감소한다. $a = 0$이면 x축에 평행한 직선이 된다. 그리고 $b > 0$이면 원점 위쪽(+)의 y축을 지나고 $b < 0$이면 원점 아래쪽(−)의 y축을 지난다. $b = 0$이면 원점을 지난다.

예제 2.3 다음 함수의 그래프를 그리고, 기울기, y절편, x축과 이루는 각 θ를 구하시오.

① $y = \sqrt{3}x - 1$ ② $x + y - 1 = 0$

풀이 ① 기울기 : $\sqrt{3}$, y절편 : −1

$\tan\theta = \sqrt{3}$ $\therefore \theta = 60°$

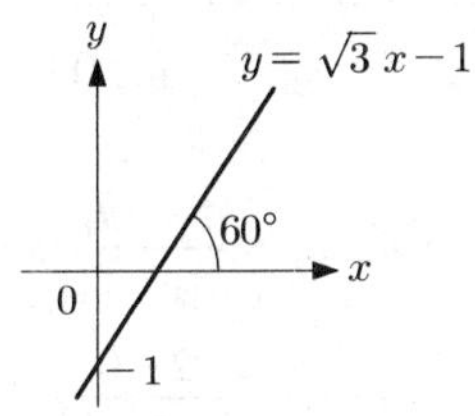

[그림 2.8]

② $x + y - 1 = 0 \rightarrow y = -x + 1$이므로

기울기 : −1, y절편 : 1

$\tan\theta = -1$ $\therefore \theta = 135°$

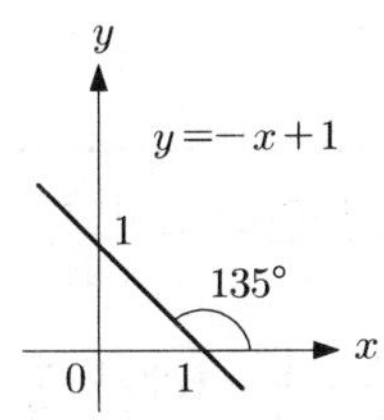

[그림 2.9]

---

1) 직선의 방정식

① 기울기가 m이고, y절편이 b인 직선 : $y=mx+b$

② 기울기가 m이고, 점 $(x_1,\ y_1)$을 지나는 직선 : $y-y_1=m(x-x_1)$

③ 두 점 $(x_1,\ y_1)$, $(x_2,\ y_2)$을 지나는 직선

$x_1 \neq x_2$일 때 $\quad y-y_1=\dfrac{y_2-y_1}{x_2-x_1}(x-x_1)$

$x_1 = x_2$일 때 $\quad x=x_1$

④ x절편이 a, y절편이 b인 직선

$$\frac{x}{a}+\frac{y}{b}=1$$

예제 2.4 기울기가 2이고 점 (1, 2)를 지나는 직선의 방정식을 구하시오.

풀이 $y-y_1=m(x-x_1)$에서 $m=2$, $x_1=1$, $y_1=2$이므로 $y-2=2(x-1)$ $\therefore y=2x$

예제 2.5 두 점 (−1, 0), (1, 2)을 지나는 직선의 방정식을 구하시오.

풀이 $y-y_1=\dfrac{y_2-y_1}{x_2-x_1}(x-x_1)$에 대입하면

$y-0=\dfrac{2-0}{1-(-1)}(x-(-1)) \Rightarrow y=x+1$

$\therefore\ y=x+1$

예제 2.6 x절편이 3이고, y절편이 2인 직선의 방정식을 구하시오.

풀이 $\dfrac{x}{a}+\dfrac{y}{b}=1$에서 $\dfrac{x}{3}+\dfrac{y}{2}=1 \Rightarrow y=-\dfrac{2}{3}x+2 \quad \therefore\ y=-\dfrac{2}{3}x+2$

2.3.2 2차 함수의 그래프($y=ax^2+bx+c$)

먼저 $y=a(x-m)^2+n$의 그래프는 $y=ax^2$에서 x 대신 $x-m$, y 대신 $y-n$을 대입한 것과 같다.

$y=a(x-m)^2+n$의 그래프

$y=ax^2$의 그래프를 x축에 따라 m만큼, y축에 따라 n만큼 평행 이동한 것이다.

따라서 $y=ax^2$의 그래프와 합동인 포물선이고 꼭짓점 : (m, n), 대칭축 : $x=m$이며, $a>0$이면 포물선은 아래로 볼록(∪)하고 $a<0$이면 위로 볼록(∩)하다.

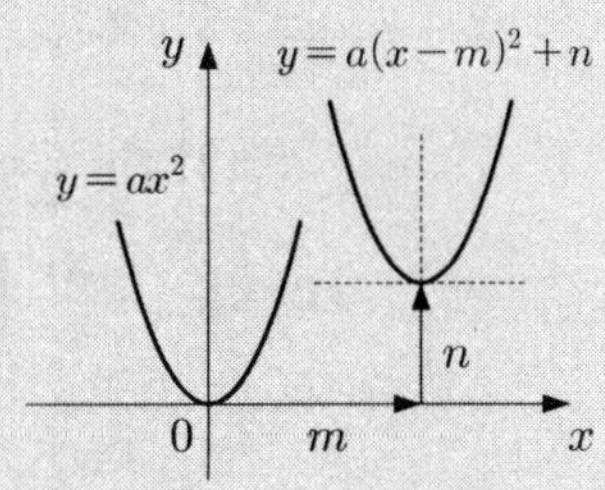

[그림 2.10]

$y=ax^2+bx+c\ (a \neq 0)$의 꼴은 반드시 $y=a(x-m)^2+n$의 꼴로 변형할 수 있다. 이와 같이 변형함으로써 꼭짓점 및 대칭축의 방정식을 구할 수 있고 그래프도 그릴 수 있다. 즉, 이차함수 $y=ax^2+bx+c$에서

$$\begin{aligned} y=ax^2+bx+c &= a\left(x^2+\frac{b}{a}x\right)+c \\ &= a\left(x+\frac{b}{2a}\right)^2-\frac{b^2-4ac}{4a} \end{aligned}$$

따라서 대칭축의 방정식은 $x=-\dfrac{b}{2a}$이며 꼭짓점은 $\left(-\dfrac{b}{2a},\ -\dfrac{b^2-4ac}{4a}\right)$이고, y절편은 c인 포물선이다.

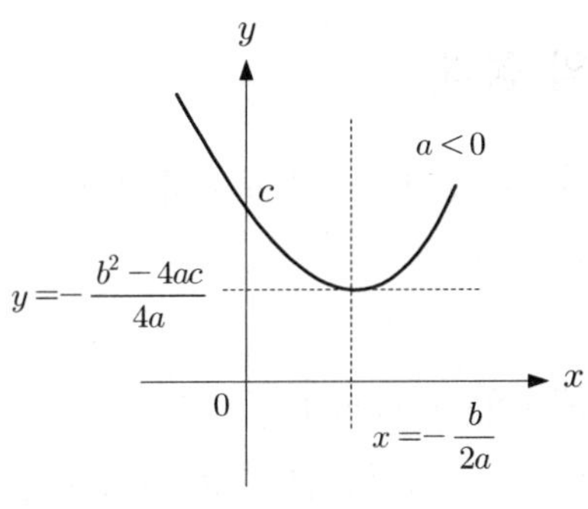

[그림 2.11]

예제 2.7 다음 각 함수의 그래프를 그릴 때 꼭짓점, 대칭축, x절편 및 y절편을 구하시오.

① $y=x^2-4x+3$ ② $y=-2x^2-3x$

풀이 ① $y=x^2-4x+3=(x-2)^2-1$

꼭짓점$(2,\ -1)$, 대칭축 $x=2$, x절편 $x=1,\ 3$, y절편 $y=3$

② $y=-2x^2-3x$

$$=-2\left\{x^2+\frac{3}{2}x+\left(\frac{3}{4}\right)^2-\left(\frac{3}{4}\right)^2\right\}=-2\left(x+\frac{3}{4}\right)^2+\frac{9}{8}$$

꼭짓점 $\left(-\frac{3}{4},\ \frac{9}{8}\right)$, 대칭축 $x=-\frac{3}{4}$, x절편 $x=0,\ -\frac{3}{2}$, y절편 $y=0$

예제 2.8 $y=x^2-4x+1$의 그래프는 $y=x^2$의 그래프를 어떻게 평행 이동한 것인가?

풀이 $y=x^2-4x+1=(x-2)^2-3$으로 $y=x^2$을

$\therefore$ x축으로 2, y축으로 -3으로 평행 이동한 것이다.

2.4 지수함수

2.4.1 거듭제곱근의 계산

1) a의 n의 제곱근과 $\sqrt[n]{a}$의 정의

예를 들어 8의 3 제곱근과 $\sqrt[3]{8}$의 정의는 3제곱해서 8이 되는 수를 말하며 곧, $x^3=8$을 만족하는 x를 8의 3제곱근이라 한다.

$x^3=8$에서

$$x^3-2^3=0 \Rightarrow (x-2)(x^2+2x+4)=0$$

$\therefore$ $x=2,\ -1\pm\sqrt{3}i$으로 8의 3제곱근은 $2,\ -1\pm\sqrt{3}i$ 이다.

이 중에서 실수인 2를 $\sqrt[3]{8}$로 표시하기로 정의한다.

마찬가지로 −8의 3제곱근($x^3=-8$을 만족하는 x)은 -2, $1\pm\sqrt{3}i$인 3개가 있으나 이 중에서 실수 −2를 $\sqrt[3]{-8}$로 한다. 또 다른 예로 16의 4제곱근과 $\sqrt[4]{16}$과의 관계를 생각해 보자. 4제곱해서 16이 되는 수 곧, $x^4=16$을 만족하는 x를 16의 4제곱근이라 한다.

$x^4=16$에서 $x^4-2^4=0 \Rightarrow (x-2)(x+2)(x^2+4)=0$

$\therefore\ x=2,\ -2,\ \pm 2i$이므로

이 중에서 양의 실수 2를 $\sqrt[4]{16}$, 음의 실수 −2를 $-\sqrt[4]{16}$으로 나타내기로 정의한다.

a의 제곱근과 $\sqrt[n]{a}$

(1) a의 n제곱근의 정의 : n제곱해서 a가 되는 수, 즉 $x^n=a$를 만족하는 x를 a의 n제곱근이라 한다.

(2) a의 n제곱근과 $\sqrt[n]{a}$ (n제곱근 a)와의 관계

① n이 홀수인 경우

a를 임의의 실수라 할 때, a의 제곱근이 되는 실수는 오직 한 개 있으며 이것을 $\sqrt[n]{a}$로 나타낸다.

② n이 짝수인 경우

$a>0$인 경우 : a의 n제곱근이 되는 실수는 양, 음 2개 있으며, 양인 것은 $\sqrt[n]{a}$, 음인 것은 $-\sqrt[n]{a}$로 나타낸다.

$a<0$인 경우 : a의 n제곱근이 되는 실수는 없다.

−16의 4제곱근, 곧 $x^4=-16$을 만족하는 x 중에는 실수인 것이 존재하지 않으므로 $\sqrt[4]{-16}$과 같은 표기는 사용하지 않는다. 일반적으로 $\sqrt[n]{\text{음수}}$ ($n=4,\ 6,\ 8,\ \cdots$)은 정의할 수 없다.

거듭제곱근과 계산법칙

$a>0$, $b>0$이고 m, n이 2 이상의 정수일 때

① $\sqrt[n]{a}\sqrt[n]{b}=\sqrt[n]{ab}$

② $\dfrac{\sqrt[n]{a}}{\sqrt[n]{b}}=\sqrt[n]{\dfrac{a}{b}}$

③ $(\sqrt[n]{a})^m=\sqrt[n]{a^m}$

④ $\sqrt[m]{\sqrt[n]{a}}=\sqrt[mn]{a}=\sqrt[n]{\sqrt[m]{a}}$

⑤ $\sqrt[np]{a^{mp}}=\sqrt[n]{a^m}$ (단, p는 양의 정수)

예제 2.9 다음 각 값을 구하시오.

① $\sqrt[4]{81}$ ② $\sqrt[5]{-32}$

③ $\sqrt[4]{2}\sqrt[4]{8}$ ④ $\dfrac{\sqrt[3]{2}}{\sqrt[3]{16}}$

⑤ $\dfrac{\sqrt[4]{64}}{\sqrt[4]{4}}$ ⑥ $\sqrt[4]{16^3}$

⑦ $\sqrt[3]{\left(\dfrac{8}{27}\right)^2}$ ⑧ $\sqrt[4]{\sqrt[3]{16}} \times \sqrt{\sqrt[3]{16}}$

⑨ $\sqrt[12]{3^4} \times \sqrt[9]{3^6}$

풀이

① $\sqrt[4]{81} = \sqrt[4]{3^4} = 3$ ② $\sqrt[5]{-32} = \sqrt[5]{(-2)^5} = -2$

③ $\sqrt[4]{2}\sqrt[4]{8} = \sqrt[4]{2 \times 8} = \sqrt[4]{2^4} = 2$ ④ $\dfrac{\sqrt[3]{2}}{\sqrt[3]{16}} = \sqrt[3]{\dfrac{2}{16}} = \sqrt[3]{\dfrac{1}{8}} = \sqrt[3]{\left(\dfrac{1}{2}\right)^3} = \dfrac{1}{2}$

⑤ $\dfrac{\sqrt[4]{64}}{\sqrt[4]{4}} = \sqrt[4]{\dfrac{64}{4}} = \sqrt[4]{16} = \sqrt[4]{2^4} = 2$ ⑥ $\sqrt[4]{16^3} = (\sqrt[4]{16})^3 = (\sqrt[4]{2^4})^3 = 2^3 = 8$

⑦ $\sqrt[3]{\left(\dfrac{8}{27}\right)^2} = \left(\sqrt[3]{\dfrac{8}{27}}\right)^2 = \left(\sqrt[3]{\left(\dfrac{2}{3}\right)^3}\right)^2 = \left(\dfrac{2}{3}\right)^2 = \dfrac{4}{9}$

⑧ $\sqrt[4]{\sqrt[3]{16}} \times \sqrt{\sqrt[3]{16}} = \sqrt[3]{\sqrt[4]{16}} \times \sqrt[3]{\sqrt{16}} = \sqrt[3]{2} \times \sqrt[3]{4} = \sqrt[3]{8} = 2$

⑨ $\sqrt[12]{3^4} \times \sqrt[9]{3^6} = \sqrt[3\times4]{3^{1\times4}} \times \sqrt[3\times3]{3^{2\times3}} = \sqrt[3]{3} \times \sqrt[3]{3^2} = \sqrt[3]{3^3} = 3$

2.4.2 양의 정수 지수함수

양의 정수 지수함수

m, n이 양의 정수일 때

① $a^m \times a^n = a^{m+n}$

② $a^m \div a^n = \begin{cases} a^{m-n} & (m > n) \\ 1 & (m = n,\ a \neq 0) \\ \dfrac{1}{a^{m-n}} & (m < n,\ a \neq 0) \end{cases}$

③ $(a^m)^n = a^{mn}$ ④ $(ab)^n = a^n b^n$

⑤ $\left(\dfrac{b}{a}\right)^n = \dfrac{b^n}{a^n}$ $(a \neq 0)$ ⑥ $a^{-n} = \dfrac{1}{a^n}$ ($a \neq 0$, n은 정수)

⑦ $a^0 = 1$

예제 2.10 다음 식의 값을 구하시오.

① $\left(\frac{4}{3}\right)^0$ ② $(-100)^0$ ③ 10^{-1} ④ 5^{-3}

풀이 ① 1 ② 1 ③ $\frac{1}{10}$ ④ $\frac{1}{125}$

예제 2.11 다음 각 식을 분수지수를 써서 나타내시오.

① $\sqrt{a^3}$ ② $(\sqrt[3]{a})^5$ ③ $\frac{1}{\sqrt[4]{a^3}}$

풀이 ① $\sqrt{a^3}=a^{\frac{3}{2}}$ ② $(\sqrt[3]{a})^5=\left(a^{\frac{1}{3}}\right)^5=a^{\frac{5}{3}}$

③ $\frac{1}{\sqrt[4]{a^3}}=\frac{1}{a^{\frac{3}{4}}}=a^{-\frac{3}{4}}$

예제 2.12 다음 각 식을 간단히 하시오.

① $a^{-3}\times a^5\div a^{-3}$ ② $(-a^{-4})^{-5}$

③ $\{(a^2b^{-4})^{-2}\}^{-1}$

풀이 ① $a^{-3}\times a^5\div a^{-3}=a^{(-3)+5-(-3)}=a^5$

② $(-a^{-4})^{-5}=\frac{1}{(-a^{-4})^5}=\frac{1}{-a^{-20}}=-a^{20}$

③ $\{(a^2b^{-4})^{-2}\}^{-1}=(a^2b^{-4})^2=a^{(2\times 2)}b^{(-4\times 2)}=a^4b^{-8}$

예제 2.13 다음 값을 구하시오.

① $2^{\frac{1}{2}}3^{\frac{1}{2}}$ ② $81^{\frac{3}{4}}$

③ $16^{-\frac{2}{4}}$ ④ $8^{\frac{7}{6}}\times 8^{-\frac{1}{2}}\div 8^{\frac{1}{3}}$

⑤ $\sqrt[3]{2^5}\cdot\sqrt[3]{10}\cdot\sqrt[3]{25}$

풀이 ① $2^{\frac{1}{2}}3^{\frac{1}{2}} = (2 \cdot 3)^{\frac{1}{2}} = 6^{\frac{1}{2}} = \sqrt{6}$

② $81^{\frac{3}{4}} = \sqrt[4]{81^3} = \sqrt[4]{(3^4)^3} = \sqrt[4]{3^{12}} = 3^{\frac{12}{4}} = 3^3 = 27$

③ $16^{-\frac{2}{4}} = \dfrac{1}{16^{\frac{2}{4}}} = \dfrac{1}{\sqrt[4]{16^2}} = \dfrac{1}{\sqrt[4]{(4^2)^2}} = \dfrac{1}{\sqrt[4]{4^4}} = \dfrac{1}{4}$

④ $8^{\frac{7}{6}} \times 8^{-\frac{1}{2}} \div 8^{\frac{1}{3}} = 8^{\frac{7}{6}+\left(-\frac{1}{2}\right)-\frac{1}{3}} = 8^{\frac{2}{6}} = (2^3)^{\frac{1}{3}} = 2$

⑤ $\sqrt[3]{2^5} \cdot \sqrt[3]{10} \cdot \sqrt[3]{25} = \sqrt[3]{2^5 \times 2 \times 5 \times 5^2} = \sqrt[3]{2^6 \times 5^3} = \sqrt[3]{(2^2 \cdot 5)^3} = 4 \times 5 = 20$

2.5 로그함수

2.5.1 로그의 정의

$a > 0$, $a \neq 1$일 때 임의의 양수 b에 대하여 $a^x = b$를 만족하는 실수 x는 오직 하나 존재하며, $x = \log_a b$로 나타낸다. 실수 x에 대하여 a를 밑으로 하는 b의 로그(logarithm)라 한다. 이때 b를 x의 진수라 한다.

정리하면 $a > 0$, $a \neq 1$, $b > 0$일 때 $a^x = b \;\Rightarrow\; x = \log_a b$이다.

> $a > 0$, $a \neq 1$, $b > 0$일 때
>
> $a^x = b \;\Leftrightarrow\; x = \log_a b$

예제 2.14 다음 등식을 $x = \log_a b$의 꼴로 쓰시오.

① $4^2 = 16$ ② $10^{-2} = 0.01$ ③ $9^{\frac{1}{2}} = 3$

풀이 ① $2 = \log_4 16$ ② $-2 = \log_{10} 0.01$ ③ $\dfrac{1}{2} = \log_9 3$

예제 2.15 다음 등식을 $a^x = b$꼴로 고치시오.

① $0 = \log_{10} 1$ ② $4 = \log_2 16$ ③ $\frac{1}{2} = \log_{100} 10$

풀이 ① $1 = 10^0$ ② $16 = 2^4$ ③ $10 = 100^{\frac{1}{2}}$

2.5.2 로그의 성질

로그의 기본 성질

$a > 0$, $a \neq 1$이고, $x > 0$, $y > 0$일 때

① $\log_a a = 1$, $\log_a 1 = 0$

② $\log_a xy = \log_a x + \log_a y$

③ $\log_a \frac{x}{y} = \log_a x - \log_a y$

④ $\log_a x^n = n \log_a x$

⑤ $\log_a b = \frac{1}{\log_b a} = \frac{\log_c b}{\log_c a}$

예제 2.16 다음 각 값을 구하시오.

① $\log_3 27$ ② $\log_8 2$ ③ $\log_5 625$

풀이 ① $\log_3 27 = \log_3 3^3 = 3\log_3 3 = 3$

② $\log_8 2 = \log_8 8^{\frac{1}{3}} = \frac{1}{3}\log_8 8 = \frac{1}{3}$

③ $\log_5 625 = \log_5 5^4 = 4\log_5 5 = 4$

예제 2.17 x, y, z를 양수라 할 때, 다음 각 식을 $\log_a x$, $\log_a y$, $\log_a z$로 나타내시오.

① $\log_a x^2 y^3 z$ ② $\log_a \frac{x^2\sqrt{y}}{z^3}$ ③ $\log_a \frac{x^4}{y^2 z}$

풀이 ① $\log_a x^2 y^3 z = \log_a x^2 + \log_a y^3 + \log_a z = 2\log_a x + 3\log_a y + \log_a z$

② $\log_a \frac{x^2\sqrt{y}}{z^3} = \log_a x^2\sqrt{y} - \log_a z^3 = \log_a x^2 + \log_a \sqrt{y} - 3\log_a z$

$$= 2\log_a x + \frac{1}{2}\log_a y - 3\log_a z$$

③ $\log_a \frac{x^4}{y^2 z} = \log_a x^4 - \log_a y^2 z = 4\log_a x - (\log_a y^2 + \log_a z)$

$$= 4\log_a x - 2\log_a y - \log_a z$$

예제 2.18 다음 각 값을 구하시오.

① $\log_a a^3$ ② $\log_a \frac{1}{a^2}$ ③ $\log_a \frac{\sqrt[3]{a}}{a^2}$

풀이 ① $\log_a a^3 = 3\log_a a = 3$

② $\log_a \frac{1}{a^2} = \log_a 1 - \log_a a^2 = 0 - 2\log_a a = -2$

③ $\log_a \frac{\sqrt[3]{a}}{a^2} = \log_a \sqrt[3]{a} - \log_a a^2 = \log_a a^{\frac{1}{3}} - 2\log_a a = \frac{1}{3} - 2 = -\frac{5}{3}$

예제 2.19 다음 식을 간단히 하시오.

① $2\log_3 6 + \log_3 \frac{3}{4}$ ② $\log_2 6 - \log_4 9$

③ $\log_2 3 \cdot \log_3 2$ ④ $2\log_2 2 - \log_2 3 + 2\log_2 \sqrt{12}$

풀이 ① $2\log_3 6 + \log_3 \frac{3}{4} = \log_3\left(6^2 \times \frac{3}{4}\right) = \log_3 27 = \log_3 3^3 = 3$

② $\log_2 6 - \log_4 9 = \log_2(2\times 3) - \frac{\log_2 9}{\log_2 4} = \log_2 2 + \log_2 3 - \frac{2\log_2 3}{2\log_2 2}$

$$= 1 + \log_2 3 - \frac{2\log_2 3}{2} = 1$$

③ $\log_2 3 \cdot \log_3 2 = \frac{\log_{10} 3}{\log_{10} 2} \cdot \frac{\log_{10} 2}{\log_{10} 3} = 1$

④ $2\log_2 2 - \log_2 3 + 2\log_2 \sqrt{12} = \log_2 2^2 - \log_2 3 + \log_2(\sqrt{12})^2 = \log_2(4 \div 3 \times 12)$

$$= \log_2 16 = 4$$

로그의 성질이 아닌 것

① $\log_1 1 \neq 1$ ② $\log_1 1 \neq 0$
③ $\log_a(x+y) \neq \log_a x + \log_a y$ ④ $\log_a(x-y) \neq \log_a x - \log_a y$
⑤ $\log_a x \cdot \log_a y \neq \log_a x + \log_a y$ ⑥ $\dfrac{\log_a x}{\log_a y} \neq \log_a x - \log_a y$
⑦ $(\log_a x)^n \neq n\log_a x$

2.5.3 상용로그와 자연로그

일반적으로 사용되는 수 체계는 10진법이다. 10진법의 수를 계산할 때에는 밑수가 10이어야 로그함수 사용이 편리하다. 밑수를 10으로 하는 로그를 상용로그(common logarithm) 또는 상용대수라 하고, 흔히 밑수 10을 생략한다. 즉 $\log_{10} x$를 $\log x$로 나타낸다. 또한 미분방정식의 해에서 자주 나타나는 로그는 밑수를 $e = 2.71828\cdots$로 하는 함수로 자연로그(natural logarithm)라 하며, 자연대수라고도 부른다. $\log e$를 간단히 ln (logarithm natural)이라고 쓴다. 즉,

$$\log_{10} x = \log x$$

$$\log_e x = \ln x \quad (\ e = 2.71828\cdots\ )$$

참고로, $\log_{10} 2 = \log 2 \fallingdotseq 0.3010$, $\log_e 2 = \ln 2 \fallingdotseq 0.6931$, $\log_{10} 3 = \log 3 \fallingdotseq 0.4771$, $\log_e 3 = \ln 3 \fallingdotseq 1.0986$이다.

2.5.4 로그 방정식

$\log_2 x + \log_2(x-2) = 3$, $(\log x)^2 = \log x^2$와 같이 식의 진수 또 밑수에 미지수를 포함한 방정식을 로그 방정식이라 한다.

예제 2.20 다음 로그 방정식의 해를 구하시오.

① $\log_2 x + \log_2(x-2) = 3$ ② $(\log x)^2 = \log x^2$

풀이 ① $\log_2 x + \log_2(x-2) = 3$, $\log_2\{x(x-2)\} = 3$, $x(x-2) = 2^3 = 8$, $\therefore\ x = 4,\ -2$

② $(\log x)^2 = \log x^2 = 2\log x$, $\log x = X$라 놓으면

$X^2 = 2X$, $X^2 - 2X = 0$, $X(X-2) = 0$

$$\therefore x = \begin{cases} 1 & ,\ X = 0 \to \log x = 0 \\ 100 & ,\ X = 2 \to \log x = 2 \end{cases}$$

예제 2.21 다음 로그 방정식의 해를 구하시오.

① $\log 2x + \log(x-1) = \log(x^2+3)$

② $\log_2(x-5) = \log_4(x-2)+1$

③ $3\log_x 10 + \log_{10} x = 4$

풀이 ① $\log 2x + \log(x-1) = \log(x^2+3)$, $\log 2x(x-1) = \log(x^2+3)$

$2x(x-1) = x^2+3 \Rightarrow x^2-2x-3=0$

$(x-3)(x+1)=0$, $x=3$ or $x=-1$

그런데 $x=-1$은 진수를 음수가 되게 하므로 근이 아니다.

$\therefore x=3$

② $\log_2(x-5)=\log_4(x-2)+1$

먼저 $\log_4(x-2) = \dfrac{\log_2(x-2)}{\log_2 4} = \dfrac{\log_2(x-2)}{\log_2 2^2} = \dfrac{1}{2}\log_2(x-2)$

또한 $1=\log_2 2$이므로 $\log_2(x-5) = \dfrac{1}{2}\log_2(x-2)+\log_2 2$

양변에 2를 곱하면 $2\log_2(x-5) = \log_2(x-2)+\log_2 4$

$(x-5)^2 = 4(x-2) \Rightarrow x^2-14x+33=0$, $(x-3)(x-11)=0$, $x=3$ or 11

$x=3$은 진수를 음수가 되게 하므로 근이 아니다.

$\therefore x=11$

③ $3\log_x 10+\log_{10}x=4$, $\log_x 10 = \dfrac{1}{\log_{10}x}$을 적용하면

$3\cdot\dfrac{1}{\log_{10}x}+\log_{10}x=4$이므로 양변에 $\log_{10}x$를 곱하면

$(\log_{10}x)^2-4\log_{10}x+3=0 \Rightarrow (\log_{10}x-1)(\log_{10}x-3)=0$

$\log_{10}x=1$ or $\log_{10}x=3$

$\therefore x=10$ or 1000

연습문제 4

1. 실수의 집합에서 실수의 집합으로의 함수 f가 다음과 같이 주어질 때 $f(0)$, $f(1)$, $f(2)$를 구하시오.

① $f(x)=2x+1$ ② $f: x \to x^2$ ③ $x \xrightarrow{f} x^3-1$

2. 직선 $y=2x+b$가 두 점 $(1, 2)$, $(4, c)$를 지날 때 b, c의 값을 구하시오.

3. 다음 함수의 그래프를 그리시오.

① $y=x^2-4x+3$ ② $y=-2x^2-3x$

4. 곡선 $y=f(x)=ax^2+bx+c$는 x축과 두 점$(-3, 0)$, $(1, 0)$에서 만나고 그 꼭짓점은 직선 $2x+y=2$위에 있다고 할 때 $f(-2)$의 값을 구하시오.

5. 다음 식을 간단히 하시오. (단, a, b는 모두 실수이다.)

① $\sqrt{(-2a^4b^2)^2}$ ② $\sqrt{(9a^3b^2)^2}$ (단, $a<0$)

③ $\sqrt{a^4+2a^2b^2+b^4}$ ④ $\sqrt{a^2-4ab+b^2}$

6. $\left\{\left(\frac{27}{125}\right)^{-\frac{1}{3}}\right\}^{\frac{3}{2}}\times\left(\frac{27}{5}\right)^{\frac{1}{2}}$을 간단히 하시오.

7. $\log 2+\log\sqrt{15}-\frac{1}{2}\log 0.6$을 간단히 하시오.

8. $\log 2=a$, $\log 3=b$라 할 때 다음 각 식의 값을 a, b로 나타내시오.

① $\log 5$ ② $\log 600$ ③ $\log 0.72$ ④ $\log\sqrt[3]{500}$

9. 다음 각 식을 간단히 하시오. (단, $a>0$, $b>0$)

① $\left(a^{\frac{1}{4}}-b^{\frac{1}{4}}\right)\left(a^{\frac{1}{4}}+b^{\frac{1}{4}}\right)\left(a^{\frac{1}{2}}+b^{\frac{1}{2}}\right)$ ② $(a-b)\div\left(a^{\frac{1}{3}}-b^{\frac{1}{3}}\right)$

10. $e^{2x}=3$일 때 다음 각 식의 값을 구하시오.

① $\left(\frac{1}{e^3}\right)^{-4x}$ ② $\frac{e^x-e^{-x}}{e^x+e^{-x}}$ ③ $\frac{e^{3x}+e^{-3x}}{e^x+e^{-x}}$

11. $\log 2=0.3010$, $\log 3=0.4771$일 때 다음 값을 구하시오.

① $\log\sqrt[3]{\sin 60°}$ ② $\log_{\sqrt{2}}9$

12. $-\log_{10}x=1.4926$일 때 x값은 얼마인가?

제 3 장

삼각함수

3.1 호도법과 60분법

일반적으로 널리 사용되는 각도는 도(°)로서, 직각을 90등분하여 1등분을 1°(1도), 1°의 1/60을 1′(1분), 1′의 1/60을 1″(1초)라 한다. 즉, 1° = 60′, 1′ = 60″이다.

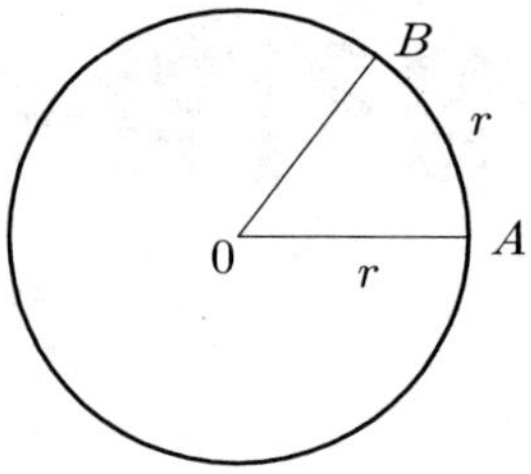

[그림 3.1]

이와 같이 단위가 60진법이므로 60분법이라 하며 또한 그림에서와 같이 반지름 r인 원호 위에 길이 r인 호 AB를 잡을 때 이 호에 대한 중심각 $\angle AOB$는 항상 일정하게 된다.

이와 같이 반지름 r과 호 AB의 길이가 같을 때 $\angle AOB$의 크기를 1호도(radian)라 정의하고 이것을 단위로 하는 각의 측정법을 호도법이라 한다. 반지름이 r인 원에서 반원둘레는 πr이고 이것은 반지름 r의 π이므로 180°를 호도법으로 표현하면 π[rad]이 된다.

호도법과 60분법과의 관계

$$180° = \pi\,\text{rad}\begin{cases} 1\,\text{rad} = \dfrac{180°}{\pi\,\text{rad}} \fallingdotseq 57°17'45'' \\ 1° = \dfrac{\pi\,\text{rad}}{180°} = 0.01745\,\text{rad} \end{cases}$$

예제 3.1 다음 60분법으로 나타낸 각은 호도법으로 고치고, 호도법으로 나타낸 것은 60분법으로 고치시오.

① 36° ② 120° ③ $\dfrac{\pi}{3}$ rad ④ 2 rad

풀이 ① $36° = \frac{\pi}{180} \times 36 = \frac{\pi}{5}$ rad ② $120° = \frac{\pi}{180} \times 120 = \frac{2}{3}\pi$ rad

③ $\frac{\pi}{3}$ rad$= \frac{180}{\pi} \times \frac{\pi}{3} = 60°$ ④ 2rad$= \frac{180}{\pi} \times 2 = \frac{360}{\pi} = 114.5916°$

3.2 부채꼴의 호의 길이와 넓이

그림과 같이 반지름 r, 중심각 θ rad에 대한 부채꼴의 호의 길이를 l, 넓이를 S라 하면 $\frac{l}{2\pi r} = \frac{\theta \text{ rad}}{2\pi \text{ rad}}$ 로부터 $l = r\theta$, $\frac{S}{\pi r^2} = \frac{\theta \text{ rad}}{2\pi \text{ rad}}$ 로부터 $S = \frac{1}{2}r^2\theta$ 이다.

또한, $S = \frac{1}{2}r^2\theta = \frac{1}{2}r(r\theta) = \frac{1}{2}rl$ 이다.

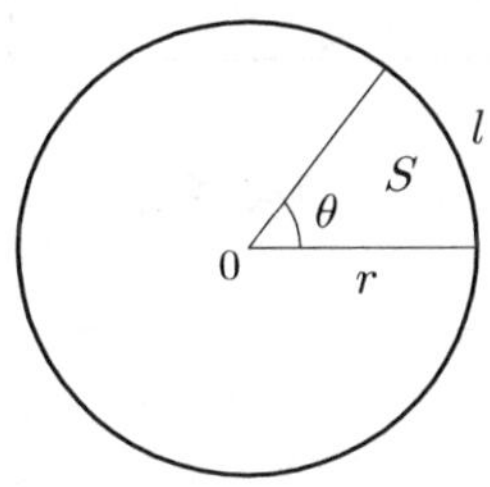

[그림 3.2]

예제 3.2 반지름이 10cm, 중심각이 $\frac{\pi}{3}$ 인 부채꼴의 호의 길이 l과 면적 S를 구하시오.

풀이 $l = r\theta = 10 \times \frac{\pi}{3} = \frac{10\pi}{3}$, $S = \frac{1}{2}rl = \frac{1}{2} \times 10 \times \left(\frac{10\pi}{3}\right) = \frac{100\pi}{6}$ cm^2

예제 3.3 중심각이 30°이고 넓이가 3π cm^{2}일 때 반지름 r과 호의 길이 l을 구하시오.

풀이 $\theta = \frac{\pi}{6}$, $S = 3\pi$를 $S = \frac{1}{2}r^2\theta$에 대입하면 $3\pi = \frac{1}{2}r^2\frac{\pi}{6} \Rightarrow r = 6$ cm

또한 $S = \frac{1}{2}rl$에 대입하면 $3\pi = \frac{1}{2}(6)l$, $\therefore l = \pi$ cm 이다.

3.3 삼각함수

3.3.1 삼각함수의 정의

그림과 같은 삼각형에서 $\angle A = \theta$의 크기가 정해지면 삼각형의 크기에 관계없이 세 변 a, b, c 사이의 비 $\frac{a}{c}$, $\frac{b}{c}$, $\frac{a}{b}$의 값은 일정하다. 이때, 이 비의 값을 다음과 같은 기호를 사용하여 정의하고, 이것을 각 θ에 대한 삼각비(trigonometric radio) 또는 예각의 삼각함수(trigonometric function)라 한다.

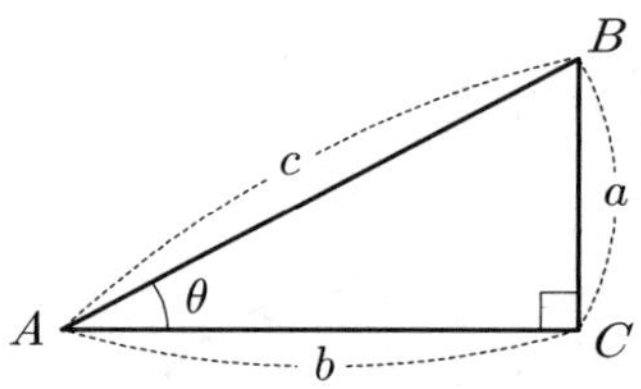

[그림 3.3]

예각의 삼각함수 정의

$$\sin\theta = \frac{a}{c}, \quad \cos\theta = \frac{b}{c}, \quad \tan\theta = \frac{a}{b}$$

$$\mathrm{cosec}\,\theta = \frac{c}{a}, \quad \sec\theta = \frac{c}{b}, \quad \cot\theta = \frac{b}{a}$$

3.3.2 특수각의 삼각함수

θ가 $0°$부터 $90°$까지 변할 때의 $\sin\theta$, $\cos\theta$, $\tan\theta$의 값을 계산해 놓은 표가 있는데, 이것을 삼각함수표라 한다. 그중에서 $30°$, $45°$, $60°$에 대한 삼각함수의 값은 정삼각형과 정사각형의 성질을 이용하면 쉽게 구할 수 있다.

[그림 3.4]와 같이 한 변의 길이가 2인 정삼각형과 한 변의 길이가 1인 정사각형으로부터 각각 직각삼각형을 잘라내어 보면 $30°$, $45°$, $60°$에 대한 삼각함수의 값을 쉽게 얻을 수 있다.

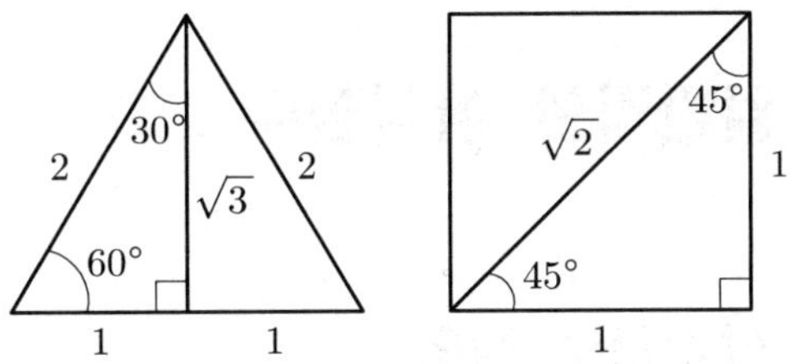

[그림 3.4]

특수각의 삼각함수 값

	0°	30°	45°	60°	90°
sin	0	$\frac{1}{2}$	$\frac{1}{\sqrt{2}}$	$\frac{\sqrt{3}}{2}$	1
cos	1	$\frac{\sqrt{3}}{2}$	$\frac{1}{\sqrt{2}}$	$\frac{1}{2}$	0
tan	0	$\frac{1}{\sqrt{3}}$	1	$\sqrt{3}$	∞

예제 3.4 [그림 3.5]와 같은 직각삼각형에서 θ에 대한 삼각비를 모두 구하시오.

풀이 선분 AB의 길이 r을 먼저 구한다.

$$r=\sqrt{3^2+4^2}=5$$

$$\sin\theta=\frac{4}{5},\ \cos\theta=\frac{3}{5},\ \tan\theta=\frac{4}{3}$$

$$\text{cosec}\theta=\frac{5}{4},\ \sec\theta=\frac{5}{3},\ \cot\theta=\frac{3}{4}$$

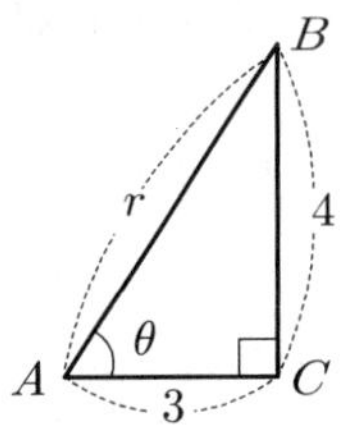

[그림 3.5]

예제 3.5 [그림 3.6]과 같은 직각삼각형에서 선분 $\overline{AB}$와 선분 $\overline{BC}$의 길이를 구하시오.

풀이

$$\cos 60°=\frac{2}{\overline{AB}},\ \tan 60°=\frac{\overline{AC}}{2}$$

$$\therefore\ \overline{AB}=\frac{2}{\cos 60°}=\frac{2}{\frac{1}{2}}=4$$

$$\overline{AC}=2\tan 60°=2\left(\frac{2\sqrt{3}}{2}\right)=2\sqrt{3}$$

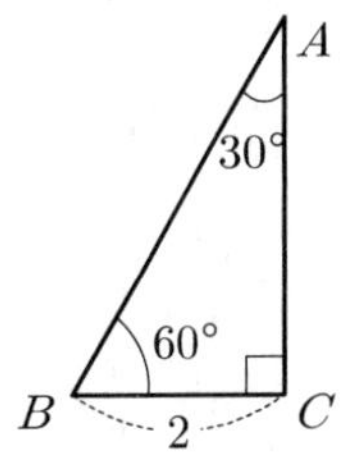

[그림 3.6]

3.4 일반각의 삼각함수

3.4.1 일반각의 삼각함수 정의

[그림 3.7]과 같이 r을 반지름으로 하는 원과 각 θ를 나타내는 점 P의 좌표를 (x, y)라 할 때 θ에 대한 삼각함수를 다음과 같이 정의한다.

$$\sin\theta = \frac{y}{r} \qquad \mathrm{cosec}\,\theta = \frac{r}{y}$$

$$\cos\theta = \frac{x}{r} \qquad \sec\theta = \frac{r}{x}$$

$$\tan\theta = \frac{y}{x} \qquad \cot\theta = \frac{x}{y}$$

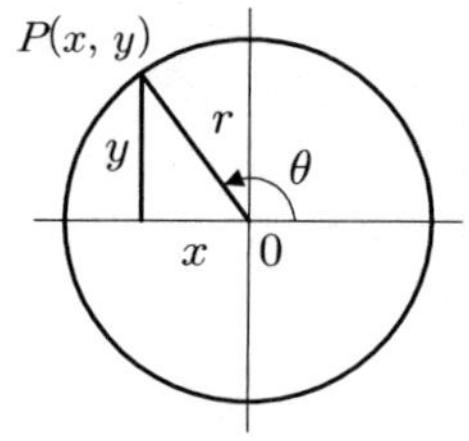

[그림 3.7]

예제 3.6 [그림 3.8]에서 점 P의 좌표가 $(-\sqrt{3}, 1)$일 때 다음 삼각함수의 값을 구하시오.

① $\sin 150°$ ② $\cos 150°$ ③ $\tan 150°$

풀이 $r = \sqrt{1 + (\sqrt{3})^2} = 2$이므로

① $\sin 150° = \frac{1}{2}$

② $\cos 150° = \frac{-\sqrt{3}}{2}$

③ $\tan 150° = -\frac{1}{\sqrt{3}}$

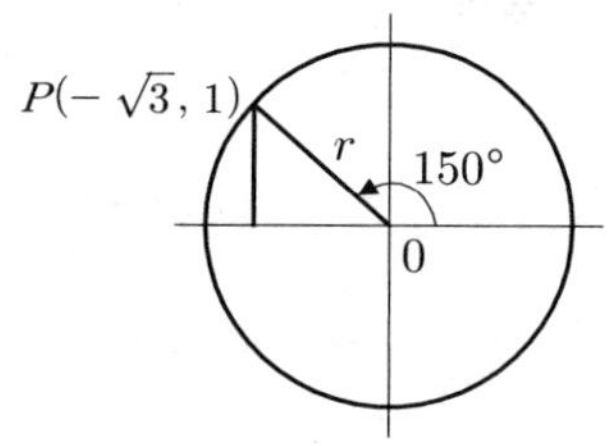

[그림 3.8]

예제 3.7 [그림 3.9]에서 $\sin\left(-\frac{\pi}{6}\right)$, $\cos\left(-\frac{\pi}{6}\right)$, $\tan\left(-\frac{\pi}{6}\right)$의 삼각함수의 값을 구하시오.

풀이 $\sin\left(-\frac{\pi}{6}\right) = -\frac{1}{2}$

$\cos\left(-\frac{\pi}{6}\right) = \frac{\sqrt{3}}{2}$

$\tan\left(-\frac{\pi}{6}\right) = -\frac{1}{\sqrt{3}}$

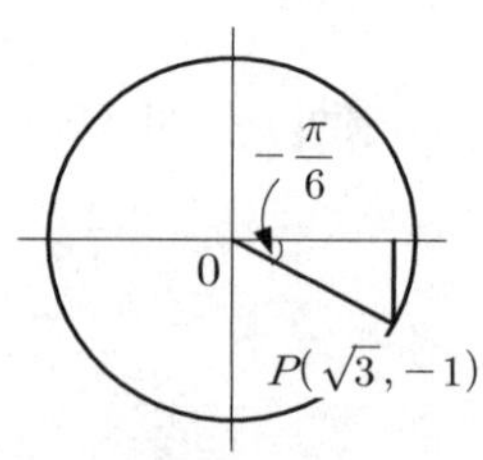

[그림 3.9]

3.4.2 각 사분면에 대한 삼각함수 값의 부호

삼각함수의 정의에서 반지름 $op=r$은 어느 사분면에 있어도 항상 양$(r>0)$이고, x, y는 [그림 3.10]에서처럼 그 좌표의 부호를 따른다. 또한 각 사분면에서 삼각함수 값의 부호는 아래 표와 같다.

함수 \ 사분면	1	2	3	4
$\sin\theta$	+	+	−	−
$\cos\theta$	+	−	−	+
$\tan\theta$	+	−	+	−

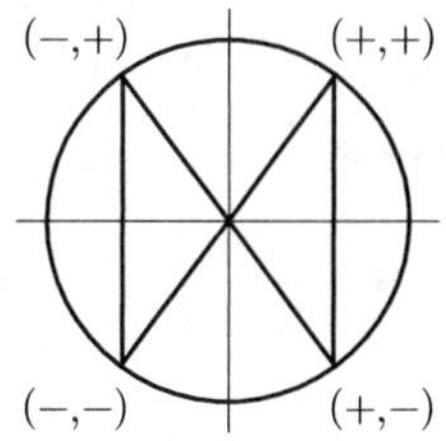

[그림 3.10]

예제 3.8 원점과 점 $P(-4,-3)$을 연결하는 선분을 동경으로 하는 각을 θ라 할 때 $\sin\theta$, $\cos\theta$, $\tan\theta$의 값을 구하시오.

풀이 $\overline{OP}=\sqrt{(-3)^2+(-4)^2}=5$

$\sin\theta=-\dfrac{3}{5}$

$\cos\theta=-\dfrac{4}{5}$

$\tan\theta=\dfrac{-3}{-4}=\dfrac{3}{4}$

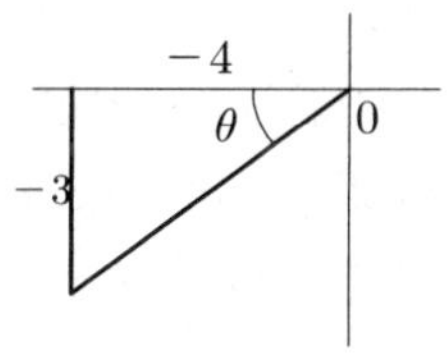

[그림 3.11]

예제 3.9 다음 각 삼각함수의 값을 구하시오.

① $\sin 675°$ ② $\cos 480°$ ③ $\tan(-405°)$

풀이 ① $\sin 675°=\sin(-45°)=-\dfrac{1}{\sqrt{2}}$

② $\cos 480°=\cos 120°=-\dfrac{1}{2}$

③ $\tan(-405°)=\tan(-45°)=-1$

3.4.3 삼각함수의 기본 성질

모든 실수 θ에 대하여 항상 다음 관계가 성립한다.

① 역수관계

$$\mathrm{cosec}\,\theta = \frac{1}{\sin\theta}, \quad \sec\theta = \frac{1}{\cos\theta}, \quad \cot\theta = \frac{1}{\tan\theta}$$

② 상제관계

$$\tan\theta = \frac{\sin\theta}{\cos\theta}, \quad \cot\theta = \frac{\cos\theta}{\sin\theta}$$

③ 제곱관계

$$\sin^2\theta + \cos^2\theta = 1,\ \tan^2\theta + 1 = \sec^2\theta,\ 1 + \cot^2\theta = \mathrm{cosec}^2\theta$$

참고 [그림 3.12]와 같이 원점을 중심으로 하고, 반지름의 길이가 1인 원을 단위원(unit circle)이라 한다.

$\sin\theta = y$, $\cos\theta = x$이므로 $\tan\theta = \dfrac{y}{x} = \dfrac{\sin\theta}{\cos\theta}$이며, 점 $P(x, y)$는 단위원의 한 점이므로, 피타고라스 정리에 의하여 $x^2 + y^2 = 1$이다.

따라서, $\sin^2\theta + \cos^2\theta = 1$

이 등식의 양변을 $\cos^2\theta$로 나누면

$$1 + \tan^2\theta = \frac{1}{\cos^2\theta}$$

즉, $1 + \tan^2\theta = \sec^2\theta$이다. 또한 $\sin^2\theta$로 양변을 나누면

$$1 + \frac{\cos^2\theta}{\sin^2\theta} = \frac{1}{\sin^2\theta}$$

즉, $1 + \cot^2\theta = \cos^2\theta$이다.

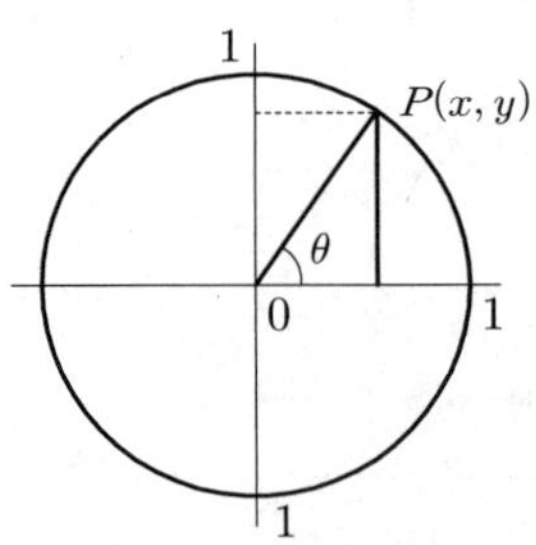

[그림 3.12]

예제 3.10 θ가 예각이고, $\cos\theta = \frac{4}{5}$일 때 $\sin\theta$, $\tan\theta$의 값을 구하시오.

풀이 $\sin^2\theta + \cos^2\theta = 1$, $\sin^2\theta = 1 - \cos^2\theta = 1 - \left(\frac{4}{5}\right)^2 = \frac{9}{25}$이다.

그런데 θ가 예각(1사분면)이므로 $\sin\theta > 0$이다.

$$\therefore \sin\theta = \frac{3}{5},\quad \tan\theta = \frac{\sin\theta}{\cos\theta} = \frac{\frac{3}{5}}{\frac{4}{5}} = \frac{3}{4}$$

예제 3.11 θ가 3사분면의 각이고 $\tan\theta = \frac{5}{12}$일 때 $\sin\theta$, $\cos\theta$를 구하시오.

풀이 $\sec^2\theta = \tan^2\theta + 1 = \left(\frac{5}{12}\right)^2 + 1 = \frac{169}{144}$이다. 그런데 θ가 3사분면의 각이므로

$\sec\theta = -\frac{13}{12}$이다. 또한 $\sin^2\theta = 1 - \cos^2\theta = 1 - \left(-\frac{12}{13}\right)^2 = \frac{25}{169}$이다.

$$\therefore \cos\theta = -\frac{12}{13},\quad \sin\theta = -\frac{5}{13}$$

3.4.4 $90^\circ n \pm \theta$의 삼각함수

정수 n에 대하여 각 θ와 $2n\pi + \theta$를 나타내는 동경의 위치는 같다. 따라서 다음과 같은 주기공식이 성립한다.

$$\sin(2n\pi + \theta) = \sin\theta$$
$$\cos(2n\pi + \theta) = \cos\theta$$
$$\tan(2n\pi + \theta) = \tan\theta$$

또한 음각의 공식은 $x' = x$, $y' = -y$와 같다. 따라서

$$\sin(-\theta) = y' = -y = -\sin\theta$$
$$\cos(-\theta) = x' = x = \cos\theta$$
$$\tan(-\theta) = \frac{y'}{x'} = \frac{-y}{x} = -\tan\theta$$

$90°n \pm \theta$의 삼각함수 공식

① 주기공식

$\sin(360°n+\theta)=\sin\theta$

$\cos(360°n+\theta)=\cos\theta$

$\tan(180°n+\theta)=\tan\theta$ (단, $n=0, \pm 1, \pm 2, \cdots$)

② 음각공식

$\sin(-\theta)=-\sin\theta$, $\cos(-\theta)=\cos\theta$, $\tan(-\theta)=-\tan\theta$

③ 보각공식

$\sin(180-\theta)=\sin\theta$

$\cos(180-\theta)=-\cos\theta$

$\tan(180-\theta)=-\tan\theta$

④ 여각공식

$\sin(90-\theta)=\cos\theta$

$\cos(90-\theta)=\sin\theta$

$\tan(90-\theta)=\cot\theta$

$90°n \pm \theta$의 삼각함수 공식 암기요령

위의 모든 공식들의 좌변의 각은 모두 $90°n \pm \theta$로 변형된다.

① n이 짝수이면 sin은 sin, cos은 cos, tan는 tan 그대로 되며, n이 홀수이면 sin은 cos, cos은 sin, tan는 cot로 변한다.

② θ는 항상 예각으로 간주하고 $90°n \pm \theta$가 나타나는 사분면을 구한 다음, 그 사분면에서의 $90°n \pm \theta$의 삼각함수의 부호가 양이면 '+'를 음이면 '−'를 앞에 붙인다.

예제 3.12 $\sin(180-\theta)$를 예각 삼각함수로 고치시오.

풀이 먼저, $\sin(180-\theta)=(+)\text{ or }(-)\sin\theta$이다. 즉, $180°-\theta=90°\times 2-\theta$이므로 n이 짝수이므로 sin은 sin 그대로 된다.

둘째, θ를 예각으로 간주하면 $180-\theta$은 제2사분면이므로 sin의 부호는 (+)이므로

$$\therefore \sin(180-\theta)=\sin\theta$$

예제 3.13 $\tan(270+\theta)$를 예각 삼각함수로 고치시오.

풀이 먼저, $\tan(270+\theta)=(+)$ or $(-)\cot\theta$이다. 즉, $270°+\theta=90°\times3+\theta$이므로 n이 홀수이므로 tan은 cot로 변한다.

둘째, θ를 예각으로 간주하면 $270+\theta$은 제4사분면이므로 tan의 부호는 (−)이므로

$$\therefore \tan(270+\theta)=-\cot\theta$$

예제 3.14 다음을 양의 예각 삼각함수로 고치시오.

① $\sin 150°$ ② $\cos 120°$ ③ $\sin 240°$
④ $\tan 300°$ ⑤ $\cos(-225°)$

풀이
① $\sin 150° = \sin(180-30) = \sin 30°$
② $\cos 120° = \cos(180-60) = -\cos 60°$
③ $\sin 240° = \sin(270-30) = -\cos 30°$
$= \sin(180+60) = -\sin 60°$
④ $\tan 300° = \tan(270+30) = -\cot 30°$
⑤ $\cos(-225°) = \cos 225° = \cos(180+45) = -\cos 45°$

예제 3.15 다음 함숫값을 구하시오.

① $\sin(-150°)$ ② $\cos 570°$ ③ $\tan 315°$

풀이
① $\sin(-150°) = \sin(-180+30) = -\sin 30° = -\dfrac{1}{2}$
② $\cos 570° = \cos(540+30) = -\cos 30° = -\dfrac{\sqrt{3}}{2}$
③ $\tan 315° = \tan(270+45) = -\cot 45° = -1$

3.5 삼각함수의 그래프

삼각함수는 주기함수(periodic function)로 $\sin x$와 $\cos x$의 기본 주기는 2π이고 $\tan x$의 기본 주기는 π이다.

3.5.1 $\sin x$, $\cos x$, $\tan x$의 그래프

[그림 3.13]과 같이 단위원에서 각 θ를 나타내는 점 P의 좌표를 (x, y)라 하면 $\sin\theta = y$, $\cos\theta = x$와 같이 나타내지는데, 이때 θ의 변화에 따라 x와 y값의 변화를 조사해 보면 $\sin\theta$와 $\cos\theta$의 그래프를 얻게 된다. 즉, 단위원에서 θ의 각각의 값에 x또는 y값을 대응시킴으로써 $x = \cos\theta$ 및 $y = \sin\theta$의 그래프를 그릴 수 있다.

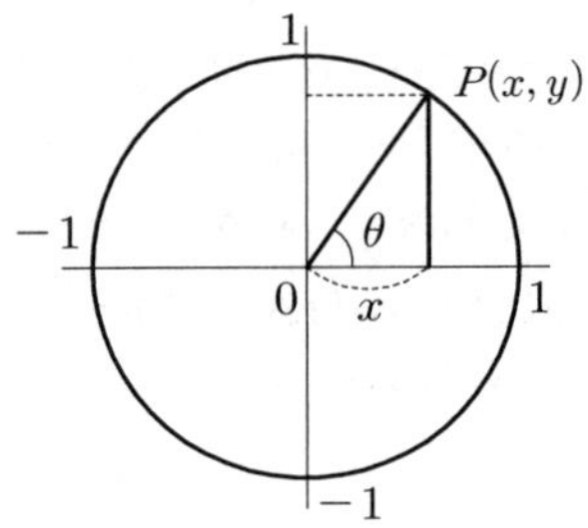

[그림 3.13]

3.5.2 삼각함수 그래프의 특성

1) 함숫값의 범위

$\sin\theta$, $\cos\theta$는 각각 최댓값이 1, 최솟값이 −1이며, $\tan\theta$는 최댓값 및 최솟값이 없다. 즉, $-1 \leqq \sin\theta \leqq 1$, $-1 \leqq \cos\theta \leqq 1$, $\tan\theta$는 모든 실수값이다.

2) 주기

$y = \sin\theta$, $y = \cos\theta$의 그래프는 $360°$ 변할 때마다 y는 같은 값을 반복하고, $y = \tan\theta$의 그래프는 $180°$ 변할 때마다 y값을 반복한다. 따라서 $\sin\theta$, $\cos\theta$는 주기가 $360°$이고, $\tan\theta$는 $180°$인 주기함수이다.

삼각함수의 그래프

① $y=\sin\theta$의 그래프(최솟값 : -1, 최댓값 : 1, 주기 : 2π)

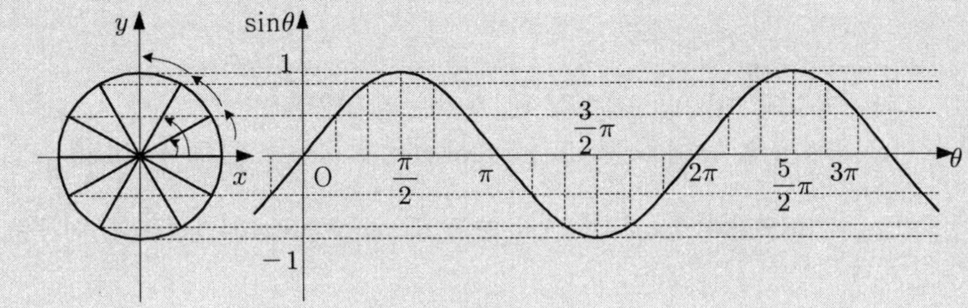

[그림 3.14]

② $y=\cos\theta$의 그래프(최솟값 : -1, 최댓값 : 1, 주기 : 2π)

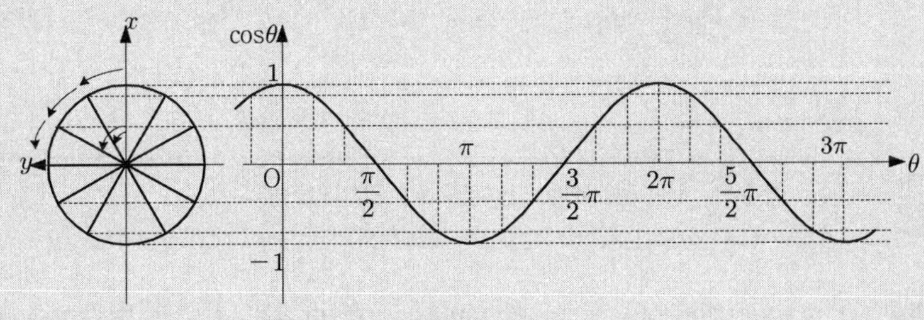

[그림 3.15]

③ $y=\tan\theta$의 그래프(최솟값 : $-\infty$, 최댓값 : ∞, 주기 : π)

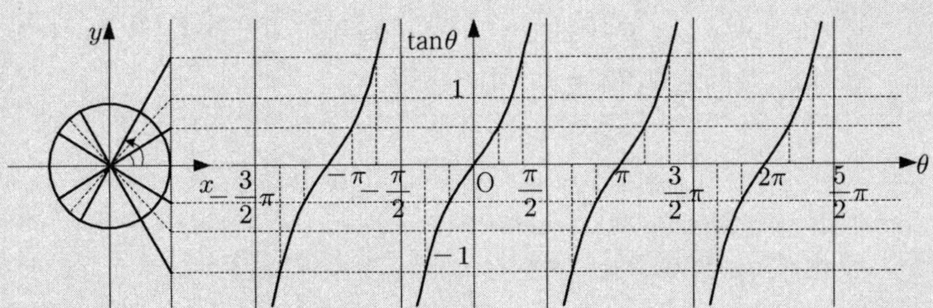

[그림 3.16]

3) 대칭성

$\cos\theta$는 y축에 대하여 대칭이며, 우함수이다. 또한 $\sin\theta$와 $\tan\theta$는 원점에 대하여 대칭이며, 기함수이다.

$$\sin(-\theta) = -\sin\theta,\ \cos(-\theta) = \cos\theta,\ \tan(-\theta) = -\tan\theta$$

예제 3.16 다음 함수의 최댓값, 최솟값 및 주기는 얼마인가?

① $y = \sin(\theta - 60°)$ ② $y = 2\sin\theta$ ③ $y = \sin 2\theta$

풀이 ① $y=\sin(\theta-60°)$은 $y=\sin\theta$가 양의 x축 방향으로 60°만큼 평행 이동한 함수이다.

∴ 최댓값 1, 최솟값 −1, 주기 2π

② $y=2\sin\theta$는 $y=\sin\theta$의 값이 y축 방향으로 2배 확대한 함수이다.

∴ 최댓값 2, 최솟값 −2, 주기 2π

③ $y=\sin 2\theta$는 $y=\sin\theta$의 값이 x축 방향으로 $\frac{1}{2}$배 축소된 함수이다.

∴ 최댓값 1, 최솟값 −1, 주기 π

예제 3.17 다음 함수의 최댓값, 최솟값, 주기는 얼마인가?

① $y = \sin(2\theta - 120°)$ ② $y = 3\cos 2\theta$ ③ $y = \tan 3\theta$

풀이 ① $y=\sin(2\theta-120°)=\sin2(\theta-60°)$는 $y=\sin 2\theta$의 함수가 양의 x축 방향으로 60°만큼 평행 이동한 것으로, 최댓값 1, 최솟값 −1, 주기는 $\pi(2\theta=2\pi)$이다.

② $y=3\cos 2\theta$는 $y=\cos 2\theta$의 값이 y축 방향으로 3배 확대되고 주기는 $\frac{1}{2}$로 줄어든 함수이다. 최댓값 3, 최솟값 −3, 주기 π이다.

③ $y=\tan 3\theta$는 $y=\tan\theta$의 주기만 $\frac{1}{3}$로 줄어든 함수이다. 최댓값과 최솟값은 ∞이고, 주기는 $60°(\pi=3\theta)$이다.

연습문제 5

1. 다음 각들을 호도법으로 고치시오.
① $23.5°$ ② $80.4°$ ③ $120°$

2. 다음 호도법을 60분법으로 고치시오.
① $0.1\,\text{rad}$ ② $4.3\,\text{rad}$ ③ $\pi/3\,\text{rad}$ ④ $4\pi\,\text{rad}$

3. 다음 각은 몇 사분면의 각인가?
① $150°$ ② $-75°$ ③ $\frac{14}{3}\pi\,\text{rad}$ ④ $-\frac{7}{4}\pi\,\text{rad}$

4. 반지름 20cm, 호의 길이 30cm인 부채꼴의 중심각 θ 및 면적 S를 구하시오.

5. θ가 제3사분면이 있는 각이고, $\sin\theta = -\frac{4}{5}$일 때, $\cos\theta$, $\tan\theta$의 값을 구하시오.

6. θ가 예각이고 $\sin\theta = 0.8$일 때 $\cos\theta$, $\tan\theta$의 값을 구하시오.

7. 다음을 예각의 삼각함수로 나타내시오.
① $\cos 120°$ ② $\sin 600°$ ③ $\tan(-570°)$
④ $\cos\left(-\frac{5}{4}\pi\right)$ ⑤ $\sin\frac{14}{3}\pi$ ⑥ $\tan\left(\frac{7}{3}\pi\right)$

8. 다음 삼각함수의 값을 구하시오.
① $\sin 120°$ ② $\cos 135°$ ③ $\tan(-570°)$
④ $\sin(-30°)$ ⑤ $\cos(-45°)$ ⑥ $\tan(-30°)$
⑦ $\sin\left(\frac{4}{3}\pi\right)$ ⑧ $\cos\left(\frac{4}{3}\pi\right)$ ⑨ $\tan\left(\frac{5}{3}\pi\right)$

9. $\sin 60° + \cos 45° - \tan 30°$의 값을 구하시오.

10. 다음 함수의 그래프를 그리고 최댓값, 최솟값, 주기를 구하시오.
① $y = 3\sin(2\theta - 60°)$ ② $y = \sin\theta + \cos(\theta - 30°)$

3.6 삼각함수의 덧셈정리

3.6.1 덧셈정리

$\sin(\alpha+\beta)$, $\cos(\alpha+\beta)$, $\tan(\alpha+\beta)$ 등을 α 또는 β의 삼각함수로 나타내고자 할 때에는 다음과 같은 정리가 이용된다.

삼각함수의 덧셈정리

① $\begin{cases} \sin(\alpha+\beta) = \sin\alpha\cos\beta + \cos\alpha\sin\beta \\ \sin(\alpha-\beta) = \sin\alpha\cos\beta - \cos\alpha\sin\beta \end{cases}$

② $\begin{cases} \cos(\alpha+\beta) = \cos\alpha\cos\beta - \sin\alpha\sin\beta \\ \cos(\alpha-\beta) = \cos\alpha\cos\beta + \sin\alpha\sin\beta \end{cases}$

③ $\tan(\alpha+\beta) = \dfrac{\tan\alpha+\tan\beta}{1-\tan\alpha\tan\beta}$, $\tan(\alpha-\beta) = \dfrac{\tan\alpha-\tan\beta}{1+\tan\alpha\tan\beta}$

참고 [그림 3.17]과 같이 원점을 중심으로 하는 단위원 위의 임의의 두 점 A, B에 대하여 벡터 $\overrightarrow{OA}$, $\overrightarrow{OB}$가 x축의 양의 방향과 이루는 각의 크기를 각각 α, β라 하면 $A(\cos\alpha, \sin\alpha)$, $B(\cos\beta, \sin\beta)$이므로 두 벡터의 내적 공식에서

$$\overrightarrow{OA} \cdot \overrightarrow{OB} = |\overrightarrow{OA}| \cdot |\overrightarrow{OB}| \cos(\alpha-\beta) = \cos(\alpha-\beta) \quad (\text{단, } |\overrightarrow{OA}| \cdot |\overrightarrow{OB}| = 1)$$

한편, $\overrightarrow{OA} = (\cos\alpha, \sin\alpha)$, $\overrightarrow{OB} = (\cos\beta, \sin\beta)$이므로

$$\overrightarrow{OA} \cdot \overrightarrow{OB} = \cos\alpha\cos\beta + \sin\alpha\sin\beta$$

$$\therefore \cos(\alpha-\beta) = \cos\alpha\cos\beta + \sin\alpha\sin\beta$$

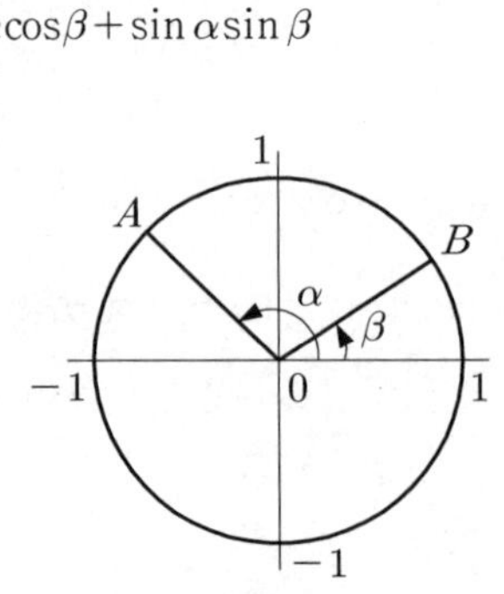

[그림 3.17]

그리고 위 식에 β 대신 $-\beta$를 대입하면 $(\sin(-\beta)=-\sin\beta)$

$$\cos(\alpha+\beta)=\cos\alpha\cos\beta-\sin\alpha\sin\beta$$

또한 위 식에 $\sin\theta=\cos\left(\dfrac{\pi}{2}-\theta\right)$를 이용하면

$$\begin{aligned}\sin(\alpha+\beta)&=\cos\left\{\frac{\pi}{2}-(\alpha+\beta)\right\}=\cos\left\{\left(\frac{\pi}{2}-\alpha\right)-\beta\right\}\\&=\cos\left(\frac{\pi}{2}-\alpha\right)\cos\beta+\sin\left(\frac{\pi}{2}-\alpha\right)\sin\beta\end{aligned}\qquad\left(\begin{aligned}\cos\left(\frac{\pi}{2}-\alpha\right)&=\sin\alpha\\\sin\left(\frac{\pi}{2}-\alpha\right)&=\cos\alpha\end{aligned}\right).$$

$$\therefore\ \sin(\alpha-\beta)=\sin\alpha\cos\beta-\cos\alpha\sin\beta$$

그리고 위 식에 β 대신 $-\beta$를 대입하면

$$\begin{aligned}\sin(\alpha+(-\beta))&=\sin(\alpha-\beta)\\&=\sin\alpha\cos(-\beta)+\cos\alpha\sin(-\beta)\\&=\sin\alpha\cos\beta-\cos\alpha\sin\beta\end{aligned}\qquad\left(\begin{aligned}\cos(-\beta)&=\cos\beta\\\sin(-\beta)&=-\sin\beta\end{aligned}\right)$$

$$\therefore\ \sin(\alpha-\beta)=\sin\alpha\cos\beta-\cos\alpha\sin\beta$$

마찬가지로 tan에도 감각함수의 덧셈정리와 같은 공식이 성립한다.

예제 3.18 덧셈정리를 이용하여 다음 삼각함수 값을 구하시오.

① $\sin 135°$ ② $\cos 15°$ ③ $\tan 75°$

풀이 ① $\sin 135°=\sin(90°+45°)=\sin 90°\cos 45°+\cos 90°\sin 45°$

$$=1\times\frac{1}{\sqrt{2}}+0\times\frac{1}{\sqrt{2}}=\frac{1}{\sqrt{2}}$$

② $\cos 15°=\cos(45°-30°)=\cos 45°\cos 30°+\sin 45°\sin 30°$

$$\begin{aligned}&=\frac{1}{\sqrt{2}}\cdot\frac{\sqrt{3}}{2}+\frac{1}{\sqrt{2}}\cdot\frac{1}{2}\\&=\frac{\sqrt{3}}{2\sqrt{2}}+\frac{1}{2\sqrt{2}}=\frac{\sqrt{3}}{2\sqrt{2}}\end{aligned}$$

③ $\tan 75°=\tan(45°+30°)=\dfrac{\tan 45°+\tan 30°}{1-\tan 45°\tan 30°}$

$$\begin{aligned}&=\frac{1+\frac{1}{\sqrt{3}}}{1-1\cdot\frac{1}{\sqrt{3}}}=\frac{\frac{\sqrt{3}+1}{\sqrt{3}}}{\frac{\sqrt{3}-1}{\sqrt{3}}}\\&=\frac{\sqrt{3}+1}{\sqrt{3}-1}=\frac{(\sqrt{3}+1)^2}{(\sqrt{3})^2-1}=\frac{(\sqrt{3}+1)^2}{2}\end{aligned}$$

3.7 삼각함수의 여러 가지 공식

3.7.1 배각의 공식

삼각함수의 덧셈정리에서 삼각함수의 여러 가지 공식이 유도된다.

$$\sin(\alpha+\beta)=\sin\alpha\cos\beta+\cos\alpha\sin\beta$$

$$\cos(\alpha+\beta)=\cos\alpha\cos\beta-\sin\alpha\sin\beta$$

$$\tan(\alpha+\beta)=\frac{\tan\alpha+\tan\beta}{1-\tan\alpha\tan\beta}$$

위 삼각함수 덧셈정리에서 β를 α로 놓으면 다음과 같은 배각의 공식을 얻는다.

배각의 공식

$$\sin 2\alpha=2\sin\alpha\cos\alpha$$

$$\cos 2\alpha=\cos^2\alpha-\sin^2\alpha$$

$$=2\cos^2\alpha-1=1-2\sin^2\alpha$$

$$\tan 2\alpha=\frac{2\tan\alpha}{1-\tan^2\alpha}$$

3.7.2 반각의 공식

위 배각의 공식에서 $\cos^2\alpha=\frac{1+\cos 2\alpha}{2}$, $\sin^2\alpha=\frac{1-\cos 2\alpha}{2}$이므로 α 대신 $\frac{\alpha}{2}$를 대입하여 정리하면 다음과 같은 반각의 공식을 얻는다.

반각의 공식

$$\sin^2\frac{\alpha}{2}=\frac{1}{2}(1-\cos\alpha),\quad \sin^2\alpha=\frac{1}{2}(1-\cos 2\alpha)$$

$$\cos^2\frac{\alpha}{2}=\frac{1}{2}(1+\cos\alpha),\quad \cos^2\alpha=\frac{1}{2}(1+\cos 2\alpha)$$

$$\tan^2\frac{\alpha}{2}=\frac{1-\cos\alpha}{1+\cos\alpha},\quad \tan^2\alpha=\frac{1-\cos 2\alpha}{1+\cos 2\alpha}$$

예제 3.19 $\sin\theta = \frac{4}{5}\left(\frac{\pi}{2} < \theta < \pi\right)$일 때 다음 각 값을 구하시오.

① $\sin 2\theta$ ② $\cos 2\theta$ ③ $\tan 2\theta$

풀이 ① $\sin 2\theta = 2\sin\theta\cos\theta = 2\times\frac{4}{5}\times\left(-\frac{3}{5}\right) = -\frac{24}{25}$

② $\cos 2\theta = 1-2\sin^2\theta = 1-2\left(\frac{4}{5}\right)^2 = -\frac{7}{25}$

③ $\tan 2\theta = \frac{2\tan\theta}{1-\tan^2\theta} = \frac{2\left(-\frac{4}{3}\right)}{1-\left(-\frac{4}{3}\right)^2} = \frac{24}{7}$

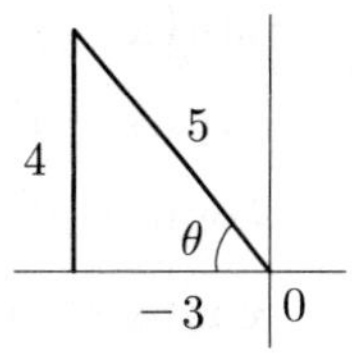

[그림 3.18]

예제 3.20 $\sin 22°30'$, $\cos 22°30'$, $\tan 22°30'$의 값을 각각 구하시오.

풀이
$$\sin^2 22°30' = \sin^2\left(\frac{45}{2}\right)^\circ = \frac{1-\cos 45°}{2} = 1-\frac{\frac{\sqrt{2}}{2}}{2}$$
$$= \frac{2-\sqrt{2}}{4}$$

$$\cos^2 22°30' = \cos^2\left(\frac{45}{2}\right)^\circ = \frac{1+\cos 45°}{2} = \frac{2+\sqrt{2}}{4}$$

$$\tan^2 22°30' = \tan^2\left(\frac{45}{2}\right)^\circ = \frac{1-\cos 45°}{1+\cos 45°} = \frac{2-\sqrt{2}}{2+\sqrt{2}}$$

그런데 $\sin 22°30' > 0$, $\cos 22°30' > 0$, $\tan 22°30' > 0$이므로

$$\sin 22°30' = \sqrt{\sin^2 22°30'} = \sqrt{\frac{2-\sqrt{2}}{4}} = \frac{\sqrt{2-\sqrt{2}}}{2}$$

$$\cos 22°30' = \sqrt{\cos^2 22°30'} = \sqrt{\frac{2+\sqrt{2}}{4}} = \frac{\sqrt{2+\sqrt{2}}}{2}$$

$$\tan 22°30' = \sqrt{\tan^2 22°30'} = \sqrt{\frac{2-\sqrt{2}}{2+\sqrt{2}}}$$
$$= \sqrt{\frac{(2-\sqrt{2})^2}{4-2}} = \frac{2-\sqrt{2}}{\sqrt{2}}$$
$$= \sqrt{2}-1$$

3.7.3 곱을 합 또는 차로 바꾸는 공식

삼각함수의 덧셈정리를 이용하면 삼각함수의 곱을 합 또는 차로 바꾸는 공식을 얻을 수 있다.

$$\sin(\alpha+\beta)=\sin\alpha\cos\beta+\cos\alpha\sin\beta$$
$$\sin(\alpha-\beta)=\sin\alpha\cos\beta-\cos\alpha\sin\beta$$
$$\cos(\alpha+\beta)=\cos\alpha\cos\beta-\sin\alpha\sin\beta$$
$$\cos(\alpha-\beta)=\cos\alpha\cos\beta+\sin\alpha\sin\beta$$
$$\sin(\alpha+\beta)+\sin(\alpha-\beta)=2\sin\alpha\cos\beta$$
$$\therefore\ \sin\alpha\cos\beta=\frac{1}{2}\{\sin(\alpha+\beta)+\sin(\alpha-\beta)\}$$

또한

$$\cos(\alpha+\beta)+\cos(\alpha-\beta)=2\cos\alpha\cos\beta$$
$$\therefore\ \cos\alpha\cos\beta=\frac{1}{2}\{\cos(\alpha+\beta)+\cos(\alpha-\beta)\}$$

위와 같은 방법으로 하여 정리하면 다음과 같이 삼각함수의 곱을 합, 차로 바꾸는 공식을 얻는다.

곱을 합과 차로 바꾸는 공식

$$\sin\alpha\cos\beta=\frac{1}{2}\{\sin(\alpha+\beta)+\sin(\alpha-\beta)\}$$
$$\cos\alpha\sin\beta=\frac{1}{2}\{\sin(\alpha+\beta)-\sin(\alpha-\beta)\}$$
$$\cos\alpha\cos\beta=\frac{1}{2}\{\cos(\alpha+\beta)+\cos(\alpha-\beta)\}$$
$$\sin\alpha\sin\beta=-\frac{1}{2}\{\cos(\alpha+\beta)-\cos(\alpha-\beta)\}$$

위의 공식에서 $\alpha+\beta=A$, $\alpha-\beta=B$로 놓으면

$$\alpha=\frac{A+B}{2}\ ,\quad \beta=\frac{A-B}{2}$$

이므로 다음 공식을 얻을 수 있다.

합과 차를 곱으로 바꾸는 공식

$$\sin A+\sin B=2\sin\frac{A+B}{2}\cos\frac{A-B}{2}$$

$$\sin A-\sin B=2\cos\frac{A+B}{2}\sin\frac{A-B}{2}$$

$$\cos A+\cos B=2\cos\frac{A+B}{2}\cos\frac{A-B}{2}$$

$$\cos A-\cos B=-2\sin\frac{A+B}{2}\sin\frac{A-B}{2}$$

예제 3.21 $\sin 2\theta\cos\theta$, $\cos 4\theta\cos 2\theta$, $\sin 3\theta\sin 2\theta$를 합 또는 차로 고치시오.

풀이

$$\sin 2\theta\cos\theta=\frac{1}{2}\{\sin(2\theta+\theta)+\sin(2\theta-\theta)\}=\frac{1}{2}(\sin 3\theta+\sin\theta)$$

$$\cos 4\theta\cos 2\theta=\frac{1}{2}\{\cos(4\theta+2\theta)+\cos(4\theta-2\theta)\}=\frac{1}{2}(\cos 6\theta+\cos 2\theta)$$

$$\sin 3\theta\sin 2\theta=-\frac{1}{2}\{\cos(3\theta+2\theta)-\cos(3\theta-2\theta)\}=-\frac{1}{2}(\cos 5\theta-\cos\theta)$$

예제 3.22 $\tan\theta=\frac{4}{3}$일 때 $\sin\frac{\theta}{2}$, $\cos\frac{\theta}{2}$, $\tan\frac{\theta}{2}$의 값을 구하시오. (단, $\pi<\theta<\frac{3}{2}\pi$)

풀이

$$\sin^2\frac{\theta}{2}=\frac{1-\cos\theta}{2},\quad \cos^2\frac{\theta}{2}=\frac{1+\cos\theta}{2},\quad \tan^2\frac{\theta}{2}=\frac{1-\cos\theta}{1+\cos\theta}$$

$\sec^2\theta=\tan^2\theta+1$에서 $\cos^2\theta=\dfrac{1}{\sec^2\theta}=\dfrac{1}{\tan^2\theta+1}=\dfrac{1}{\left(\frac{4}{3}\right)^2+1}=\dfrac{9}{25}$

그런데, $\pi<\theta<\frac{3}{2}\pi$이므로 $\cos\theta=-\frac{3}{5}$이다.

$$\sin^2\frac{\theta}{2}=\frac{1-\cos\theta}{2}=\frac{1-\left(-\frac{3}{5}\right)}{2}=\frac{4}{5},\quad \cos^2\frac{\theta}{2}=\frac{1+\cos\theta}{2}=\frac{1+\left(-\frac{3}{5}\right)}{2}=\frac{1}{5},$$

$\tan^2\dfrac{\theta}{2}=\dfrac{1-\cos\theta}{1+\cos\theta}=\dfrac{1-\left(-\frac{3}{5}\right)}{1+\left(-\frac{3}{5}\right)}=4$, 또한 $\pi<\theta<\frac{3}{2}\pi$에서 $\frac{\pi}{2}<\frac{\theta}{2}<\frac{3}{4}\pi$이므로

$\sin\frac{\theta}{2}>0$, $\cos\frac{\theta}{2}<0$, $\tan\frac{\theta}{2}<0$이다.

$$\therefore \sin\frac{\theta}{2}=\sqrt{\frac{4}{5}}=\frac{\sqrt{4}}{\sqrt{5}}=2\frac{\sqrt{5}}{5}$$

$$\cos\frac{\theta}{2}=-\sqrt{\frac{1}{5}}=-\frac{1}{\sqrt{5}}=-\frac{\sqrt{5}}{5}$$

$$\tan\frac{\theta}{2}=-\sqrt{4}=-2$$

예제 3.23 $\cos 40°\cos 80°\cos 160°$의 값을 구하시오.

풀이 곱을 합과 차로 바꾸는 공식을 적용하여 푼다.

$$\begin{aligned}\cos 160°\cos 80°\cos 40° &= (\cos 160°\cos 80°)\cos 40°\\ &=\frac{1}{2}\{\cos(160°+80°)+\cos(160°-80°)\}\cos 40°\\ &=\frac{1}{2}\{\cos 240°+\cos 80°\}\cos 40°\\ &=\frac{1}{2}\{\cos 240°\cos 40°+\cos 80°\cos 40°\}\\ &=\frac{1}{2}\left\{-\cos 60°\cos 40°+\frac{1}{2}(\cos 120°+\cos 40°)\right\}\\ &=\frac{1}{2}\left\{-\cos 60°\cos 40°+\frac{1}{2}(-\cos 60°+\cos 40°)\right\}\\ &=\frac{1}{2}\left\{-\frac{1}{2}\cos 40°+\frac{1}{2}\left(-\frac{1}{2}+\cos 40°\right)\right\}\\ &=-\frac{1}{4}\cos 40°+\frac{1}{4}\left(-\frac{1}{2}+\cos 40°\right)\\ &=-\frac{1}{8}\end{aligned}$$

3.8 삼각함수의 합성

3.8.1 삼각함수의 합성

a, b가 0이 아닌 실수일 때, $a\sin\theta+b\cos\theta$를 $r\sin(\theta+\alpha)$나 $r\cos(\theta-\beta)$의 형태로 나타내는 것을 삼각함수의 합성이라 한다.

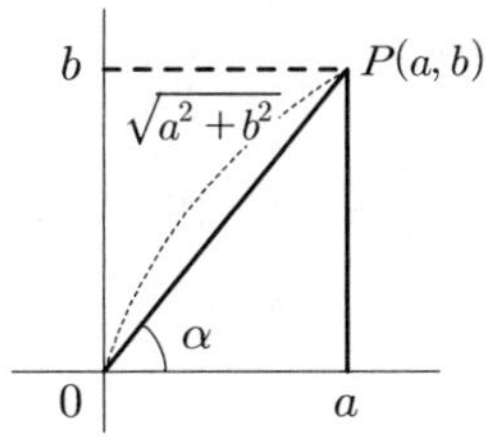

[그림 3.19]

[그림 3.19]와 같이 점 $P(a,b)$에서 선분 OP와 x축과 이루는 각을 α라 하면 그림에서

$$\alpha = \tan^{-1}\frac{b}{a},\quad a = \sqrt{a^2+b^2}\cos\alpha,\quad b = \sqrt{a^2+b^2}\sin\alpha$$

$$\begin{aligned}\therefore\ a\sin\theta + b\cos\theta &= \sqrt{a^2+b^2}\cos\alpha\sin\theta + \sqrt{a^2+b^2}\sin\alpha\cos\theta \\ &= \sqrt{a^2+b^2}(\cos\alpha\sin\theta + \sin\alpha\cos\theta) \\ &= \sqrt{a^2+b^2}\sin(\theta+\alpha)\end{aligned}$$

삼각함수의 합성

$$a\sin\theta + b\cos\theta = \sqrt{a^2+b^2}\sin(\theta+\alpha)\ \text{단, } \alpha = \tan^{-1}\frac{b}{a}$$

예제 3.24 $\sqrt{3}\sin\theta + \cos\theta$를 합성하시오.

풀이 [그림 3.20]에서

$$\sqrt{3} = 2\cos\frac{\pi}{6},\quad 1 = 2\sin\frac{\pi}{6},\quad \alpha = \tan^{-1}\frac{1}{\sqrt{3}} = \frac{\pi}{6}$$

$$\therefore\ 2\cos\frac{\pi}{6}\sin\theta + 2\sin\frac{\pi}{6}\cos\theta = 2\sin\left(\theta + \frac{\pi}{6}\right)$$

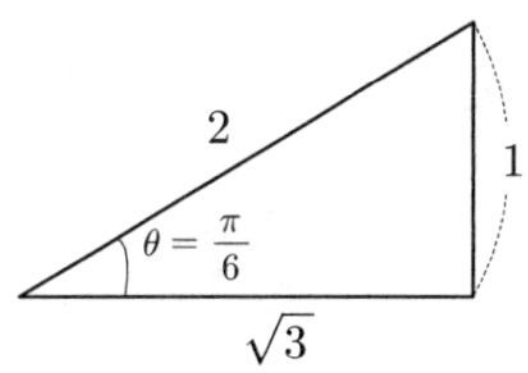

[그림 3.20]

예제 3.25 $y = 2\sin(x+30) - 2\cos x$ 다음 함수의 최댓값 및 최솟값을 구하시오.

풀이 먼저 덧셈정리를 이용하여 $2\sin(x+30)$을 전개한다.

$$\begin{aligned}2\sin(x+30) &= 2(\sin x\cos 30 + \cos x\sin 30) \\ &= 2\left(\frac{\sqrt{3}}{2}\sin x + \frac{1}{2}\cos x\right) = \sqrt{3}\sin x + \cos x\end{aligned}$$

$$\therefore y = 2\sin(x+30) - 2\cos x = \sqrt{3}\sin x + \cos x - 2\cos x$$

$= \sqrt{3}\sin x - \cos x$

[그림 3.21]에서

$\sqrt{3} = 2\cos 30$, $-1 = -2\sin 30$이다.

$y = 2(\sin x \cos 30 - \cos x \sin 30)$

$= 2\sin(x - 30)$

$\alpha = \tan^{-1}\dfrac{-1}{\sqrt{3}} = -30$

∴ 최댓값 2, 최솟값 −2 이다.

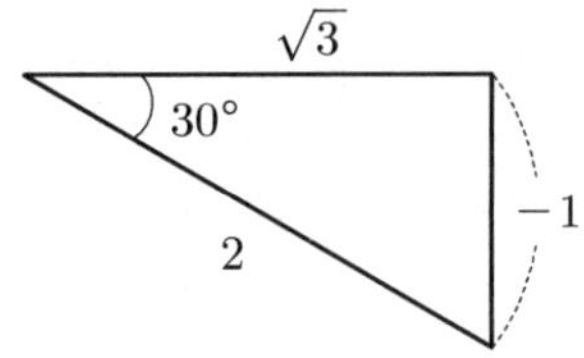

[그림 3.21]

3.9 사인 법칙과 코사인 법칙

3.9.1 사인 법칙

[그림 3.22]와 같은 $\triangle ABC$에서 세 각 $\angle A$, $\angle B$, $\angle C$의 크기를 A, B, C로 나타내고, 세 변 $\overline{BC}$, $\overline{CA}$, $\overline{AB}$의 길이를 a, b, c로 나타내기로 한다. 여기서 A, B, C, a, b, c를 삼각형의 6요소라 한다.

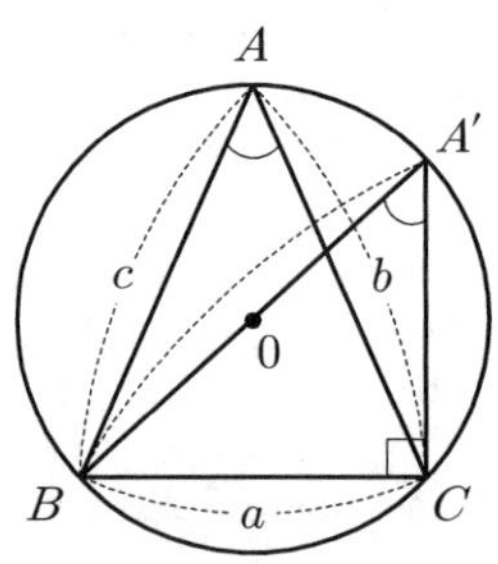

[그림 3.22]

사인 법칙

삼각형 ABC의 세 각의 크기 A, B, C와 세 변의 길이 a, b, c 및 외접원의 반지름 R 사이에는 다음 관계가 성립한다.

$$\frac{a}{\sin A} = \frac{b}{\sin B} = \frac{c}{\sin C} = 2R$$

3.9.2 코사인 법칙

삼각형의 6요소 사이에는 다음과 같은 두 법칙도 성립한다.

코사인 법칙

① 제 1 코사인 법칙

$a=b\cos C+c\cos B$, $b=c\cos A+a\cos C$, $c=a\cos B+b\cos A$

② 제 2 코사인 법칙

$a^2=b^2+c^2-2bc\cos A$, $b^2=c^2+a^2-2ca\cos B$, $c^2=a^2+b^2-2ab\cos C$

예제 3.26 [그림 3.23]에서 다음 각 값을 구하시오.

① $\theta=45°$, $R=10\text{cm}$일 때 a의 길이

② $\theta=30°$, $a=5\text{cm}$일 때 R의 길이

③ $a=3\text{cm}$, $R=3\text{cm}$일 때 θ의 각도

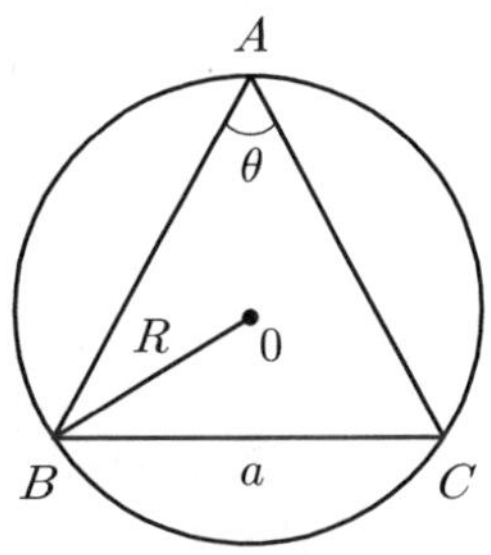

[그림 3.23]

풀이 ① $\dfrac{a}{\sin\theta}=2R$에서 $\dfrac{a}{\sin 45°}=2\times 10$, $\therefore\ a=10\sqrt{2}$

② $\dfrac{a}{\sin\theta}=2R$에서 $\dfrac{5}{\sin 30°}=2R$, $\therefore\ R=5\text{cm}$

③ $\dfrac{a}{\sin\theta}=2R$에서 $\dfrac{3}{\sin\theta}=2\times 3$,

$\therefore \sin\theta=\dfrac{1}{2}$, $\theta=30°$

예제 3.27 $\triangle ABC$에서 $A=60°$, $B=45°$, $a=10$일 때 b를 구하시오.

풀이 $\dfrac{a}{\sin A}=\dfrac{b}{\sin B}$이므로 $\dfrac{10}{\sin 60°}=\dfrac{b}{\sin 45°}$

$\therefore\ b=\dfrac{10\sin 45°}{\sin 60°}=\dfrac{10\sqrt{6}}{3}$

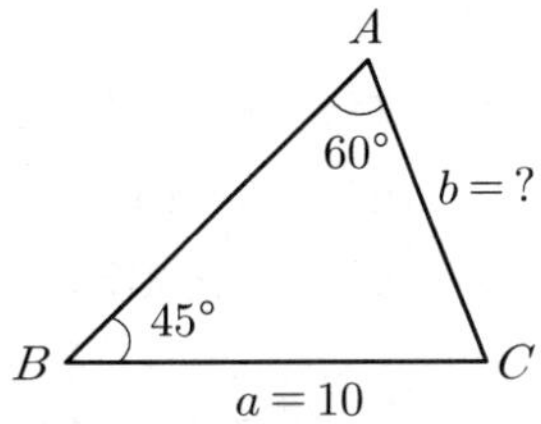

[그림 3.24]

예제 3.28 $\triangle ABC$에서 $B=30°$, $C=45°$, $b=2$, $c=2\sqrt{2}$일 때 A 및 a를 구하시오.

풀이 ① $\angle A = 180-(B+C) = 180-(30+45) = 105°$

② 제1코사인 법칙으로부터

$\therefore\ a = c\cos B + b\cos C = 2\sqrt{2}\cos 30° + 2\cos 45° = \sqrt{6}+\sqrt{2}$

예제 3.29 두 변의 길이가 각각 3cm, 4cm이며 그 낀 각이 60°인 삼각형의 나머지 변의 길이를 구하시오.

풀이 $a^2 = b^2 + c^2 - 2bc\cos A = 3^2 + 4^2 - 2\times 3\times 4\cos 60° = 13$

$\therefore\ a = \sqrt{13}$ cm

연습문제 6

1. 다음 각 값을 구하시오.
   ① $\sin 75°$ ② $\cos 75°$
   ③ $\tan 75°$

2. 다음 식을 삼각함수 합성하시오.
   ① $\sin\theta + \sqrt{3}\cos\theta$ ② $4\sin\theta + 3\cos\theta$

3. 다음 함수의 최댓값 및 최솟값을 구하시오.
   ① $y = \sin x + \sqrt{3}\cos x$ ② $y = 3\sin x + 4\cos x$

4. 다음 각 값을 구하시오.
   ① $\sin 75°\cos 15°$ ② $\cos 75°\cos 15°$
   ③ $\sin 7.5°\sin 37.5°$

5. 다음 각 식을 sin 또는 cos의 곱의 꼴로 변형하시오.
   ① $\sin 3\theta + \sin\theta$ ② $\sin 3\theta - \sin\theta$
   ③ $\cos 3\theta + \cos\theta$ ④ $\cos 3\theta - \cos\theta$

6. 다음 각 값을 구하시오.
   ① $\sin 75° + \sin 15°$ ② $\cos 105° + \cos 15°$

7. $\tan x = 2$일 때 다음 각 값을 구하시오.
   ① $\sin 2x$ ② $\cos 2x$
   ③ $\tan 2x$

8. $\sin x + \cos x = \frac{1}{2}$일 때 $\sin 2x$의 값을 구하시오.

9. 다음 $\triangle ABC$에서 B를 구하시오.
   $A = 30°$, $a = 2$, $b = 2\sqrt{3}$

10. 다음 $\triangle ABC$에서 b를 구하시오.
   $B = 60°$, $C = 45°$, $c = 2$

제 4 장

행렬과 행렬식

4.1 서 론

직사각형 모양의 수의 배열을 행렬(matrix)이라 한다. 이러한 수의 배열은 응용수학의 여러 분야에서 볼 수 있다. 선형변환이나, 연립1차 방정식의 계수는 하나의 행렬로 볼 수 있는데 이것은 전기회로, 구조역학, 통계학에서 볼 수 있다.

이 장에서, 먼저 행렬과 이에 관련된 개념을 소개하고 행렬에 대한 대수적 연산을 정의한다.

4.2 기본 개념

행렬은 예를 들면,

$$\begin{bmatrix} 2 & 0.4 & 8 \\ 5 & -3 & 1 \end{bmatrix} \quad , \quad \begin{bmatrix} 0 \\ 4 \end{bmatrix} \quad , \quad [a_1\, a_2\, a_3]$$

와 같이 괄호 안에 직사각형 모양으로 수를 배열한 것이다. 이 절에서 행렬을, 다음 절에서는 계산법칙을 정의하고 설명한다. 행렬은 선형변환이나 연립1차 방정식에서 찾아볼 수 있다. 예를 들면,

$$20x_1 - 3x_2 = y_1$$

$$0.5x_1 + 7x_2 = y_2$$

를 고찰해 보자. 만일에 y_1과 y_2가 주어진 수라면, 이 식은 2개의 미지수 x_1, x_2에 관한 연립1차 방정식이다. 2계수는 20, -3, 0.5, 7이고 이들의 위치를 구별하기 위하여 이들이 방정식에서 나타나는 순서, 즉 행렬

$$\begin{bmatrix} 20 & -3 \\ 0.5 & 7 \end{bmatrix}$$

와 같은 형태로 배열할 수 있다. 행렬은 한 문자, A로 나타내면

$$A = \begin{bmatrix} a_{11} & a_{12} \\ a_{21} & a_{22} \end{bmatrix}$$

와 같은 형태로 쓴다. 여기서, $a_{11} = 20$, $a_{12} = -3$, $a_{21} = 0.5$, $a_{22} = 7$이다. 이와 같은 표기법은 계수 a_{jk}의 위치를 곧 식별할 수 있다는 이점이 있다.

행렬의 일반적 정의를 하면

$$\begin{bmatrix} a_{11} & a_{12} & \cdots & a_{1n} \\ a_{21} & a_{22} & \cdots & a_{2n} \\ \cdots & \cdots & \cdots & \cdots \\ a_{m1} & a_{m2} & \cdots & a_{mn} \end{bmatrix}$$

와 같이 실수 또는 복소수를 직각사각형 모양으로 배열한 것을 행렬이라 하며, 수 a_{11}, $\cdots$, a_{mn}을 행렬의 원소(element)라 한다. 가로 줄을 이 행렬의 행(row) 또는 행벡터(row vector), 세로 줄을 열(column) 또는 열벡터(column vector)라 하고, m개의 행과 n개의 열을 갖는 행렬을 $m\times n$ 행렬(m by n matrix)이라 한다.

원소의 이중첨자 표기법에서, 첫째 첨자는 항상 주어진 원소를 포함하는 행을, 둘째 첨자는 열을 나타낸다. 단, 하나의 행만을 갖는 행렬

$$[a_1\ a_2\ \cdots\ a_n]$$

을 행 행렬(row matrix) 또는 행벡터라 하고, 단 하나의 열만을 갖는 행렬

$$\begin{bmatrix} b_1 \\ b_2 \\ \vdots \\ b_m \end{bmatrix}$$

을 열 행렬(column matrix) 또는 열벡터라 한다.

행렬의 원소는 실수 또는 복소수일 수 있다. 행렬의 모든 원소가 실수이면, 그 행렬은 실수행렬(real matrix)이라 한다. 또한 같은 수의 행과 열을 가진 행렬은 정방행렬(square matrix)이라 하고 이때 그 행의 수를 그 행렬의 차수(order)라 한다. 또, n차 정방행렬은 $n\times n$ 행렬(n by n matrix)이라고도 말한다.

정방행렬에서 원소 $a_{11}, a_{22}, \cdots, a_{nn}$을 포함하는 대각선을 주대각선(principal diagonal)이라 한다. 주어진 $m\times n$ 행렬 A로부터 몇 개의 행과 열을 소거하여 얻은 행렬을 A의 부분행렬(submatrix)이라 한다(A 자신도 부분행렬에 포함된다).

예제 4.1 다음 행렬의 부분행렬은?

$$\begin{bmatrix} a_{11} & a_{12} & a_{13} \\ a_{21} & a_{22} & a_{23} \end{bmatrix}$$

풀이 부분행렬은 그 자신과 3개의 2×2 부분행렬, 즉

$$\begin{bmatrix} a_{11} & a_{12} \\ a_{21} & a_{22} \end{bmatrix}, \begin{bmatrix} a_{11} & a_{13} \\ a_{21} & a_{23} \end{bmatrix}, \begin{bmatrix} a_{12} & a_{13} \\ a_{22} & a_{23} \end{bmatrix}$$

두 개의 1×3 부분행렬(두 개의 행벡터), 3개의 2×1 부분행렬(열벡터), 6개의 1×2 부분행렬 즉,

$$[a_{11}\ a_{12}\ a_{13}],\ [a_{21}\ a_{22}\ a_{23}],\ \begin{bmatrix} a_{11} \\ a_{21} \end{bmatrix}, \begin{bmatrix} a_{12} \\ a_{22} \end{bmatrix}, \begin{bmatrix} a_{13} \\ a_{23} \end{bmatrix}$$

$[a_{11}\ a_{12}]$, $[a_{11}\ a_{13}]$, $[a_{12}\ a_{13}]$, $[a_{21}\ a_{22}]$, $[a_{21}\ a_{23}]$, $[a_{22}\ a_{23}]$

그리고 여섯 개의 1×1 부분행렬은 다음과 같다.

$[a_{11}]$, $[a_{12}]$, ⋯ , $[a_{23}]$

4.3 행렬의 가법, 상배수

4.2.1 행렬의 가법

같은 수의 행 및 열을 갖는 행렬에서만 정의할 수 있고, 따라서 다음과 같이 정의된다.

두 개의 $m \times n$ 행렬 $A = [a_{jk}]$와 $B = [b_{jk}]$의 합은

$$C_{jk} = a_{jk} + b_{jk} \quad (j = 1, \cdots, m \qquad k = 1, \cdots, n)$$

인 $m \times n$ 행렬 $C = [c_{jk}]$이고, $\boldsymbol{C} = A + B$라 쓴다. 즉, $\boldsymbol{A} + B$는 $\boldsymbol{A}$와 $\boldsymbol{B}$의 대응하는 원소를 더함으로써 얻어진다.

예제 4.2 행렬의 가법

$$A = \begin{bmatrix} -4 & 6 & 3 \\ 0 & 1 & 2 \end{bmatrix}, \quad B = \begin{bmatrix} 5 & -1 & 0 \\ 3 & 1 & 0 \end{bmatrix}$$

풀이 $\therefore\ A + B = \begin{bmatrix} 1 & 5 & 3 \\ 3 & 2 & 2 \end{bmatrix}$

$m \times n$ 영행렬(m by n zero matrix)이란 모든 원소가 0인 $m \times n$ 행렬을 뜻한다.

또 $A + (-B)$를 $A - B$라 쓸 수 있고, 이 행렬을 A와 B의 차(difference)라 하며 그 원소는 A의 원소에서 그에 대응하는 B의 원소를 감함으로써 얻어진다.

행렬의 가법

① $A + B = B + A$
② $(U + V) + W = U + (V + W)$
③ $A + 0 = A$
④ $A + (-A) = 0$ ($-A = [-a_{jk}]$는 A의 모든 원소에 −1을 곱하여 얻는 A의 음행렬이다)

4.2.2 행렬의 상배수

행렬 $A(m\times n)$의 q배는 qA 또는 Aq로 표시하며, A의 모든 원소에 q를 곱하여 얻어진 $m\times n$ 행렬을 말한다.

$$qA = Aq = \begin{bmatrix} qa_{11} & qa_{12} & \cdots & qa_{1n} \\ qa_{21} & qa_{22} & \cdots & qa_{2n} \\ \cdots & \cdots & \cdots & \cdots \\ qa_{m1} & qa_{m2} & \cdots & qa_{mn} \end{bmatrix}$$

예제 4.3 행렬의 상배수

$$A = \begin{bmatrix} 2.7 & -1.8 \\ 0.9 & 3.6 \end{bmatrix}$$

풀이 $2A = \begin{bmatrix} 5.4 & -3.6 \\ 1.8 & 7.2 \end{bmatrix}$, $\dfrac{20}{9}A = \begin{bmatrix} 6 & -4 \\ 2 & 8 \end{bmatrix}$

행렬의 상배수

$m\times n$ 행렬과 임의의 수에 대하여

① $q(A+B) = qA + qB$

② $(c+k)A = cA + kA$

③ $c(kA) = (ck)A$

④ $1A = A$

4.4 전치행렬, 특수한 행렬

행렬 $A(m\times n$ 행렬)의 전치행렬 A^T는 A의 행과 열을 교환함으로써 얻어진 $n\times m$ 행렬이다. 즉 A의 j 번째 행은 A^T의 j번째 열이 된다.

$$A^T = [a_{kj}] = \begin{bmatrix} a_{11} & a_{21} & \cdots & a_{m1} \\ a_{12} & a_{22} & \cdots & a_{m2} \\ \cdots & \cdots & \cdots & \cdots \\ a_{1n} & a_{2n} & \cdots & a_{mn} \end{bmatrix},$$

또한 $(A+B)^T = A^T + B^T$ 이다.

예제 4.4 다음 행렬 A와 B의 전치행렬을 구하시오.

① $A=\begin{bmatrix}5 & -8 & 1\\4 & 0 & 0\end{bmatrix}$ ② $b=[7 \quad 5 \quad -2]$

풀이 $A^T=\begin{bmatrix}5 & 4\\-8 & 0\\1 & 0\end{bmatrix}$, $b^T=\begin{bmatrix}7\\5\\-2\end{bmatrix}$

정방행렬 $A=[a_{jk}]$가 그 전치행렬과 같을 때 즉,

$$A^T=A \ , \ a_{kj}=a_{jk} \ (j\,,\,k=1\,,\,\cdots\,,\,n)$$

일 때 행렬 A는 대칭(symmetric)이라 한다.

또한 정방행렬 $A=[a_{jk}]$가 $A^T=-A$, $a_{kj}=-a_{jk}$ $(j\,,\,k=1\,,\,\cdots\,,\,n)$일 때, 행렬 A는 왜대칭(skew-symmetric)이라 한다.

예제 4.5 대칭행렬과 왜대칭행렬

$$A=\begin{bmatrix}-3 & 1 & 5\\1 & 0 & -2\\5 & -2 & 4\end{bmatrix}\ ,\ B=\begin{bmatrix}0 & -4 & 1\\4 & 0 & -5\\-1 & 5 & 0\end{bmatrix}$$

풀이 행렬 A는 대칭행렬, 행렬 B는 왜대칭행렬이다.

4.3.1 삼각행렬(상삼각행렬, 하삼각행렬), 대각행렬 및 단위행렬

정방행렬 $A=[a_{jk}]$의 주대각선의 하부에 있는 모든 원소가 0인 행렬을 상삼각행렬이라 하고, 주대각선의 상부에 있는 모든 원소가 0인 행렬을 하삼각행렬이라 한다.

$$T_1=\begin{bmatrix}1 & 6 & -1\\0 & 2 & 3\\0 & 0 & 4\end{bmatrix}\ ,\ T_2=\begin{bmatrix}1 & 0 & 0\\-2 & 3 & 0\\5 & 0 & 2\end{bmatrix}$$

또한 정방행렬 $A=[a_{jk}]$의 주대각선의 상부와 하부에 있는 원소가 모두 0인 행렬을 대각행렬이라 한다.

$$\begin{bmatrix}2 & 0 & 0\\0 & 1 & 0\\0 & 0 & -4\end{bmatrix}\ ,\ \begin{bmatrix}2 & 0 & 0\\0 & 2 & 0\\0 & 0 & 2\end{bmatrix}$$

주대각선의 원소가 모두 1인 n차 대각행렬을 단위행렬(unit matrix)이라 하고, I_n 또는 단순히 I로 표기한다.

$$I = \begin{bmatrix} 1 & 0 & 0 \\ 0 & 1 & 0 \\ 0 & 0 & 1 \end{bmatrix}$$

4.5 행렬의 곱셈

4.4.1 행렬의 곱셈

두 행렬 (A, B)의 곱셈은 다음과 같이 정의한다.

$$A = \begin{bmatrix} a_{11} & a_{12} \\ a_{21} & a_{22} \end{bmatrix}, \quad B = \begin{bmatrix} b_{11} & b_{12} \\ b_{21} & b_{22} \end{bmatrix}$$

행렬 A와 행렬 B의 곱한 행렬을 C라 할 때

$$C = AB\,, \quad C = \begin{bmatrix} c_{11} & c_{12} \\ c_{21} & c_{22} \end{bmatrix}$$

행렬 A를 행벡터로 다시 쓰면

$$A = \begin{bmatrix} a_1 \\ a_2 \end{bmatrix} \quad \text{단, } a_1 = \begin{bmatrix} a_{11} & a_{12} \end{bmatrix}\,, \; a_2 = \begin{bmatrix} a_{21} & a_{22} \end{bmatrix}$$

로 나타내고 행렬 B를 열벡터로 다시 쓰면

$$B = \begin{bmatrix} b_1 & b_2 \end{bmatrix} \quad \text{단, } b_1 = \begin{bmatrix} b_{11} \\ b_{21} \end{bmatrix}\,, \; b_2 = \begin{bmatrix} b_{12} \\ b_{22} \end{bmatrix}$$

로 나타낼 수 있다. 이때 C의 원소는 간단히 스칼라 적으로써

$$C_{11} = a_1 \cdot b_1 \quad C_{12} = a_1 \cdot b_2 \quad C_{21} = a_2 \cdot b_1 \quad C_{22} = a_2 \cdot b_2$$

로 쓸 수 있다.

예제 4.6 행렬의 곱셈

$$A = \begin{bmatrix} 2 & 1 \\ 3 & 4 \end{bmatrix} \quad B = \begin{bmatrix} 1 & -2 \\ 5 & 3 \end{bmatrix}$$

풀이

$$AB = \begin{bmatrix} 2 & 1 \\ 3 & 4 \end{bmatrix}\begin{bmatrix} 1 & -2 \\ 5 & 3 \end{bmatrix} = \begin{bmatrix} 2 \cdot 1 + 1 \cdot 5 & 2 \cdot (-2) + 1 \cdot 3 \\ 3 \cdot 1 + 4 \cdot 5 & 3 \cdot (-2) + 4 \cdot 3 \end{bmatrix} = \begin{bmatrix} 7 & -1 \\ 23 & 6 \end{bmatrix}$$

행렬의 곱셈

행렬 $A=[a_{jk}]$가 $m\times n$ 행렬이라 하고, 행렬 $B=[b_{jk}]$가 $r\times p$ 행렬이라 하자. 이때 행렬 A, B의 곱셈은 오직 $r=n$일 때만 정의되고 그 원소가

$$c_{jk}=a_{j1}b_{1k}+a_{j2}b_{2k}+\cdots+a_{jn}b_{nk}=\sum_{i=1}^{n}a_{ji}b_{ik}$$

으로 주어진 $m\times p$ 행렬 $C=[c_{jk}]$이다. 단 $AA=A^2$으로 쓴다.

c_{jk}는 첫째 행렬 A의 j번째 행벡터와 둘째 행렬 B의 k번째 열벡터의 스칼라 적임을 알 수 있다. 즉,

$$A=\begin{bmatrix}a_1\\a_2\\\vdots\\a_m\end{bmatrix},\quad B=[b_1\ b_2\ \cdots\ b_p]$$

(단 $a_1\cdots a_m$은 A의 행벡터, $b_1\cdots b_p$는 B의 열벡터)

$$C=\begin{bmatrix}a_1\cdot b_1 & a_1\cdot b_2 & \cdots & a_1\cdot b_p\\ a_2\cdot b_1 & a_2\cdot b_2 & \cdots & a_2\cdot b_p\\ \cdots & \cdots & \cdots & \cdots\\ a_m\cdot b_1 & a_m\cdot b_2 & \cdots & a_m\cdot b_p\end{bmatrix}$$

따라서 행렬의 곱셈과정은 행을 열에 곱하는 과정이라고 말할 수 있다.

예제 4.7 행렬의 곱셈

$$A=\begin{bmatrix}3 & 2 & -1\\0 & 4 & 6\end{bmatrix},\quad B=\begin{bmatrix}1 & 0 & 2\\5 & 3 & 1\\6 & 4 & 2\end{bmatrix}$$

풀이 $$C=AB=\begin{bmatrix}3 & 2 & -1\\0 & 4 & 6\end{bmatrix}\begin{bmatrix}1 & 0 & 2\\5 & 3 & 1\\6 & 4 & 2\end{bmatrix}=\begin{bmatrix}7 & 2 & 6\\56 & 36 & 16\end{bmatrix}$$

그러나 행렬의 곱셈 BA는 정의되지 않는다.

벡터에 의한 행렬의 곱셈은 다음 예로써 설명할 수 있다.

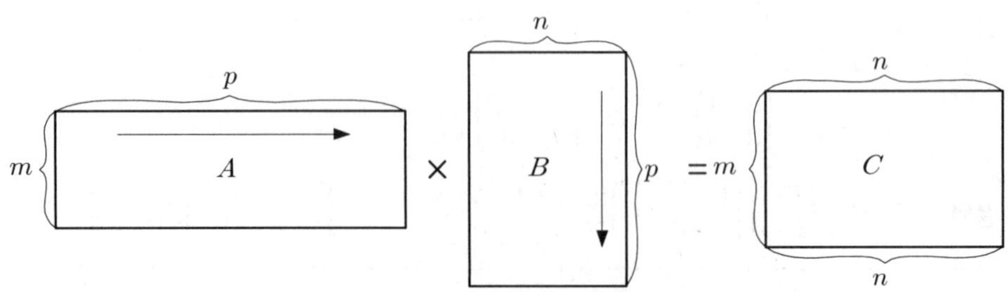

[그림 4.1] 행렬의 곱셈($AB=C$)

예제 4.8 행렬의 곱셈

$$\begin{bmatrix} 3 & 4 & 2 \\ 6 & 0 & -1 \\ -5 & -2 & 1 \end{bmatrix}\begin{bmatrix} 1 \\ 3 \\ 2 \end{bmatrix}, \quad [3 \ \ 6 \ \ 1]\begin{bmatrix} 1 \\ 2 \\ 4 \end{bmatrix}, \quad \begin{bmatrix} 1 \\ 2 \\ 4 \end{bmatrix}[3 \ 6 \ 1]$$

풀이

$$\begin{bmatrix} 3 & 4 & 2 \\ 6 & 0 & -1 \\ -5 & -2 & 1 \end{bmatrix}\begin{bmatrix} 1 \\ 3 \\ 2 \end{bmatrix} = \begin{bmatrix} 19 \\ 4 \\ -9 \end{bmatrix}$$

$$[3 \ \ 6 \ \ 1]\begin{bmatrix} 1 \\ 2 \\ 4 \end{bmatrix} = [19]$$

$$\begin{bmatrix} 1 \\ 2 \\ 4 \end{bmatrix}[3 \ 6 \ 1] = \begin{bmatrix} 3 & 6 & 1 \\ 6 & 12 & 2 \\ 12 & 24 & 4 \end{bmatrix}$$

4.4.2 행렬곱셈의 특성

① 행렬의 곱셈은 결합법칙이 성립하고, 행렬의 덧셈에 대하여 분배법칙이 성립한다.

$(kA)B = k(AB) = A(kB)$

$A(BC) = (AB)C = ABC$

$(A+B)C = AC + BC$

$C(A+B) = CA + CB$

② 행렬의 곱셈은 일반적으로 $AB \neq BA$이다.

③ 소거법칙은 일반적으로 성립하지 않는다. $AB = 0$이 반드시 $A = 0$ 또는 $B = 0$을 의미하지는 않는다.

④ 행렬의 곱셈을 전치한 것은 각 행렬을 전치하여 역순으로 곱한 결과와 같다.

$(AB)^T = B^T A^T$

⑤ 스칼라 행렬(scalar matrix)은 대각선 원소가 모두 같은 대각행렬을 말한다.

$$S = \begin{bmatrix} k & 0 & \cdots & 0 \\ 0 & k & \cdots & 0 \\ \cdots & \cdots & \cdots & \cdots \\ 0 & 0 & \cdots & k \end{bmatrix}$$

와 같은 형태가 된다. 여기서 k는 임의의 수이다. 만일 S가 n행의 행렬이고 A가 임의의 $n \times n$ 행렬이라 하면 $AS = SA = kA$이다.

⑥ n행의 단위행렬 I에 대하여 $AI = IA = A$이다.

4.6 행렬의 계수

행렬 $A=[a_{jk}]$의 1차 독립인 행(열)벡터의 최대수를 A의 계수(rank)라 하고 rank A로 표기한다.

예제 4.9 계수(rank)를 구하시오.

$$A=\begin{bmatrix} 3 & 0 & 2 & 2 \\ -1 & 7 & 4 & 9 \\ 7 & -7 & 0 & -5 \end{bmatrix}$$

풀이 $\therefore\ \text{rank}\ A=2$

왜냐하면 마지막 행은 1차 독립인 다른 두 행의 1차 결합이다. rank $A=0$이기 위한 필요충분조건은 $A=0$이다.

정리 4.1 행 동치인 행렬은 같은 계수를 가진다.

정리 4.2 **일차 종속성과 1차 독립성**

행벡터 $X_{(1)}, \cdots, X_{(p)}$를 갖는 행렬의 계수가 P이면, 벡터 공간 R^n에 속하는 p개의 벡터 $X_{(1)}, \cdots, X_{(p)}$는 1차 독립이다. 만일, 그 계수가 p보다 작으면 그들은 1차 종속이다.

정리 4.3 $n(<p)$개의 성분을 갖는 p개의 벡터는 항상 1차 종속이다.

연습문제 7

1. $A=\begin{pmatrix} 4 & 5 \\ -6 & 9 \end{pmatrix}$, $B=\begin{pmatrix} -2 & 6 \\ 8 & -10 \end{pmatrix}$일 때 다음을 구하시오.

① $A+B$ ② $B-A$ ③ $2A+3B$

2. 다음 행렬들의 곱을 구하시오.

① $A=\begin{pmatrix} 4 & 7 \\ 3 & 5 \end{pmatrix}$, $B=\begin{pmatrix} 9 & -2 \\ 6 & 8 \end{pmatrix}$ ② $A=\begin{pmatrix} 5 & 8 \\ 1 & 0 \\ 2 & 7 \end{pmatrix}$, $B=\begin{pmatrix} -4 & -3 \\ 2 & 0 \end{pmatrix}$

3. $A=\begin{pmatrix} 1 & 4 \\ 5 & 10 \\ 8 & 12 \end{pmatrix}$, $B=\begin{pmatrix} -4 & 6 & -3 \\ 1 & -3 & 2 \end{pmatrix}$일 때 다음을 구하시오.

① AB ② BA

4. $A=\begin{pmatrix} 3 & 4 \\ 8 & 1 \end{pmatrix}$, $B=\begin{pmatrix} 5 & 10 \\ -2 & -5 \end{pmatrix}$ 일 때 다음을 구하시오.

① $(AB)^T$ ② B^TA^T

5. $A=\begin{pmatrix} 5 & 9 \\ -4 & 6 \end{pmatrix}$, $B=\begin{pmatrix} -3 & 11 \\ -7 & 2 \end{pmatrix}$ 일 때 다음을 구하시오.

① A^T+B ② $2A+B^T$

6. 다음 행렬의 계수를 구하시오.

① $\begin{pmatrix} 3 & -1 \\ 1 & 3 \end{pmatrix}$ ② $\begin{pmatrix} 2 & -2 \\ 0 & 0 \end{pmatrix}$

③ $\begin{pmatrix} 2 & 1 & 3 \\ 6 & 3 & 9 \\ -1 & \frac{-1}{2} & \frac{-3}{2} \end{pmatrix}$ ④ $\begin{pmatrix} 1 & 1 & 2 \\ -1 & 2 & 4 \\ -1 & 0 & 3 \end{pmatrix}$

⑤ $\begin{pmatrix} 1 & 1 & 1 \\ 1 & 0 & 4 \\ 1 & 4 & 1 \end{pmatrix}$ ⑥ $\begin{pmatrix} 3 & -1 & 2 & 0 \\ 6 & 2 & 4 & 5 \end{pmatrix}$

⑦ $\begin{pmatrix} 1 & -2 \\ 3 & -6 \\ 7 & -1 \\ 4 & 5 \end{pmatrix}$ ⑧ $\begin{pmatrix} 1 & -2 & 3 & 4 \\ 1 & 4 & 6 & 8 \\ 0 & 1 & 0 & 0 \\ 2 & 5 & 6 & 8 \end{pmatrix}$

4.7 연립 1차 방정식 : 해의 존재성과 일반적 성질

정리 4.4 ① n개의 미지수 $x_1, \cdots, x_n$을 갖고 방정식이 m개인 연립1차 방정식

$$\begin{array}{l} a_{11}x_1 + a_{12}x_2 + \cdots + a_{1n}x_n = b_1 \\ a_{21}x_1 + a_{22}x_2 + \cdots + a_{2n}x_n = b_2 \\ \vdots \qquad \vdots \qquad \vdots \qquad \vdots \qquad \vdots \\ a_{n1}x_1 + a_{n2}x_2 + \cdots + a_{mn}x_n = b_m \end{array}$$

이 해를 가질 필요충분조건은 계수행렬 A와 첨가행렬 B 즉,

$$A = \begin{bmatrix} a_{11} & \cdots & a_{1n} \\ \vdots & & \vdots \\ a_{m1} & \cdots & a_{mn} \end{bmatrix} \qquad B = \begin{bmatrix} a_{11} & \cdots & a_{1n} & b_1 \\ \vdots & & \vdots & \vdots \\ a_{m1} & \cdots & a_{mn} & b_m \end{bmatrix}$$

과 같은 계수를 갖는 것이다.

② 만일, 이 계수 r이 n과 같으면 정확히 한 개의 해가 존재한다.

③ 만일, $r < n$이면, 무한히 많은 해가 존재하고, 이들 모든 해는 r개의 적당한 미지수를 결정함으로써 얻을 수 있는데, 그 과정은 다음과 같다. 나머지 $n-r$개의 미지수에 임의의 수치를 대입하여서 차례로 r개의 미지수의 값을 계산한다. 만일, 연립방정식에서 우변의 모든 b_j가 0이면, 이 연립방정식을 제차라 하고, 그렇지 않을 때 비제차라 한다.

정리 4.5 **제차 연립방정식**

제차 연립1차 방정식

$$\begin{array}{l} a_{11}x_1 + a_{12}x_2 + \cdots + a_{1n}x_n = 0 \\ a_{21}x_1 + a_{22}x_2 + \cdots + a_{2n}x_n = 0 \\ \vdots \qquad \vdots \qquad \vdots \qquad \vdots \qquad \vdots \\ a_{n1}x_1 + a_{n2}x_2 + \cdots + a_{mn}x_n = 0 \end{array}$$

은 항상 $x_1 = 0, \cdots, x_n = 0$의 해를 가진다.

그리고 0 아닌 해가 존재할 필요충분조건은 rank $A < n$이다. 만일 rank $A = r < n$이면 그 해는 $n-r$차원의 벡터 공간을 이룬다. 특히 $x_{(1)}$과 $x_{(2)}$가 제차 연립방정식의 행벡터이면, $X = c_1x_{(1)} + c_2x_{(2)}$(단 C_1, C_2는 임의의 상수) 또한 제차 연립방정식의 한 행벡터이다(이것은 비제차 연립방정식에서는 성립하지 않는다). 제차 연립방정식의 모든 해로 되는 벡터 공간을 계수행렬 A의 영공간(null space)이라 하고 그 차원수를 A의 무효수(nullity)라 한다.

이 개념에 따르면 정리는 A의 계수 $+$ A의 무효수 $= n$이라 말할 수 있다. 여기서 n은 미지수의 개수(A열의 수)이다.

만일 rank $A = n$이면, A의 무효수는 0이고, 따라서 그 연립방정식은 오직 자명한 해만을 가진다. 또 rank $A = r < n$이면, A의 무효수이고 따라서 차원 수 $n-r > 0$인 벡터 공간을 이루는 0이 아닌 해를 가진다.

정리 4.6 **미지수보다 방정식의 수가 적은 연립방정식**

방정식의 수가 미지수의 개수보다 적은 제차 연립1차 방정식은 항상 0 아닌 해를 가진다. 비제차 연립방정식이 해를 가지면 그들 모든 해는 다음과 같은 특성을 가진다.

정리 4.7 **비제차 연립방정식**

만일 비제차 연립1차 방정식이 해를 가진다면, 이를 모든 해는 $X = x_0 + x_n$와 같은 형태가 된다. 여기서 x_0은 연립방정식의 임의의 고정된 해이고, x_n는 대응하는 제차 연립방정식의 모든 해를 대표한다.

4.8 역 행 렬

$n \times n$ 행렬 $A = [a_{jk}]$의 역행렬(inverse matrix)은 A^{-1}로 표기하고 $AA^{-1} = A^{-1}A = I$을 만족하는 $n \times n$ 행렬로 정의한다(여기서 I는 n차 단위행렬이다).

만일, 행렬 A가 역행렬을 가지면 A를 정칙행렬(nonsingular matrix)이라 하고, A가 역행렬을 갖지 않으면 A를 특이행렬(singular matrix)이라 한다. 행렬 A가 역행렬을 가지면 그 역행렬은 유일하다.

행렬 A의 역행렬 존재 조건을 정리하면

① 행렬 A는 정방행렬$(n \times n)$이어야 한다(rank $A = n$).

② $|A| \neq 0$인 정칙행렬이어야 한다.

③ 역행렬 $A^{-1} = \dfrac{adj\ A}{|A|}$ 이다. 정칙행렬 $A(2 \times 2)$에 대해서 역행렬 A^{-1}는

$$A = \begin{bmatrix} a_{11} & a_{12} \\ a_{21} & a_{22} \end{bmatrix} \qquad A^{-1} = \frac{1}{\det A}\begin{bmatrix} a_{22} & -a_{12} \\ -a_{21} & a_{11} \end{bmatrix}$$

여기서 $\det A = a_{11}a_{22} - a_{12}a_{21}$이다.

④ 정칙 대각행렬에 대해서는

$$A=\begin{vmatrix} a_{11} & 0 & 0 & 0 \\ 0 & a_{22} & 0 & 0 \\ 0 & 0 & a_{33} & 0 \\ 0 & 0 & 0 & a_{44} \end{vmatrix} \qquad A^{-1}=\begin{vmatrix} \frac{1}{a_{11}} & 0 & 0 & 0 \\ 0 & \frac{1}{a_{22}} & 0 & 0 \\ 0 & 0 & \frac{1}{a_{33}} & 0 \\ 0 & 0 & 0 & \frac{1}{a_{44}} \end{vmatrix}$$

즉, 주대각 선상에 있는 A^{-1}의 원소는 A원소의 역수이다.

예제 4.10 행렬 A의 역행렬 A^{-1}을 구하시오.

$$A=\begin{bmatrix} 4 & 2 \\ 1 & 3 \end{bmatrix}$$

풀이 $A^{-1}=\frac{1}{10}\begin{bmatrix} 3 & -2 \\ -1 & 4 \end{bmatrix}=\begin{bmatrix} 0.3 & -0.2 \\ -0.1 & 0.4 \end{bmatrix}$

예제 4.11 행렬 A의 역행렬 A^{-1}을 구하시오.

$$A=\begin{bmatrix} -0.5 & 0 & 0 \\ 0 & 4 & 0 \\ 0 & 0 & 1 \end{bmatrix}$$

풀이

$$A^{-1}=\begin{bmatrix} -\frac{1}{0.5} & 0 & 0 \\ 0 & \frac{1}{4} & 0 \\ 0 & 0 & \frac{1}{1} \end{bmatrix}=\begin{bmatrix} -2 & 0 & 0 \\ 0 & 0.25 & 0 \\ 0 & 0 & 1 \end{bmatrix}$$

역행렬의 성질

$m \times n$ 행렬과 임의의 수에 대하여

① $AA^{-1}=A^{-1}A=I$

② $(A^{-1})^{-1}=A$

③ 일반적으로 $AB=AC$가 반드시 $B=C$를 의미하지는 않는다. 그러나 만일 A가 정방행렬이고 정칙이면 $B=C$이다. 즉,

$A^{-1}AB=A^{-1}AC$, $B=C$

④ 만일 A, B가 정방행렬이고 정칙이라면

$(AB)^{-1}=B^{-1}A^{-1}$

4.9 2차 및 3차 행렬식

4.8.1 2차 행렬식

2차 행렬식은 두 개의 미지수 x_1, x_2를 갖는 연립1차 방정식

$$a_{11}x_1 + a_{12}x_2 = b_1$$
$$a_{21}x_1 + a_{22}x_2 = b_2$$

와 관련되어 설명되며, 행렬을 이용하여 정리하면

$$\begin{bmatrix} a_{11} & a_{12} \\ a_{21} & a_{22} \end{bmatrix} \begin{bmatrix} x_1 \\ x_2 \end{bmatrix} = \begin{bmatrix} b_1 \\ b_2 \end{bmatrix}$$

로 쓰이며, 이 연립방정식을 풀면

$$x_1 = \frac{b_1 a_{22} - b_2 a_{12}}{a_{11}a_{22} - a_{21}a_{12}}$$

$$x_2 = \frac{a_{11}b_2 - a_{21}b_1}{a_{11}a_{22} - a_{21}a_{12}}$$

이며, 위 식의 분모식을

$$\begin{vmatrix} a_{11} & a_{12} \\ a_{21} & a_{22} \end{vmatrix} = a_{11}a_{22} - a_{21}a_{12}$$

와 같은 형태로 쓰고 이를 2차 행렬식(determinant of second order)이라 한다.

여기서 a_{11}, a_{12}, a_{21}, a_{22}를 2차 행렬식의 원소이며, 가로줄의 원소는 행렬식의 행을, 세로줄의 원소는 열이라 한다.

연립방정식의 해 x_1, x_2는

$$x_1 = \frac{D_1}{D}, \quad x_2 = \frac{D_2}{D}$$

와 같은 형태로 쓸 수 있다. 여기서

$$D = \begin{vmatrix} a_{11} & a_{12} \\ a_{21} & a_{22} \end{vmatrix}, \qquad D_1 = \begin{vmatrix} b_1 & a_{12} \\ b_2 & a_{22} \end{vmatrix}, \qquad D_2 = \begin{vmatrix} a_{11} & b_1 \\ a_{12} & b_2 \end{vmatrix}$$

이 공식을 크래머의 법칙(Cramer's Rule)이라 한다. D_1은 D의 첫째 열을, D_2는 D의 둘째 열에 b_1, b_2를 열로 대치함으로써 얻는다. 만일, b_1, b_2가 0이면 그 연립방정식을 제차 연립방정식이라 한다. 이 경우 이 제차 연립방정식은 적어도, $x_1 = 0$, $x_2 = 0$인 해를 가진다. 또한 b_1과 b_2 중에 적어도 한 개가 0이 아니면 그 연립방정식을 비제차 연립

방정식이라 말한다. 이때 $D \neq 0$이면 그 연립방정식은 꼭 하나의 해를 갖고 크래머 공식으로 그 해를 구할 수 있다.

4.8.2 3차 행렬식

3차 행렬식은 3개(x_1, x_2, x_3)의 미지수를 갖는 세 개의 연립1차 방정식

$$a_{11}x_1 + a_{12}x_2 + a_{13}x_3 = b_1$$
$$a_{21}x_1 + a_{22}x_2 + a_{23}x_3 = b_2$$
$$a_{31}x_1 + a_{32}x_2 + a_{33}x_3 = b_3$$

과 관련되어 나타난다.

먼저 x_2와 x_3를 소거하여 x_1만의 식을 얻으면

$$(a_{11}M_{11} - a_{21}M_{21} + a_{31}M_{31})x_1 = b_1M_{11} - b_2M_{21} + b_3M_{31} \tag{4.1}$$

이 된다. 또한 x_2, x_3만의 식도 같은 방법으로 구할 수 있다. 여기서,

$$M_{11} = \begin{vmatrix} a_{22} & a_{23} \\ a_{32} & a_{33} \end{vmatrix}, \quad M_{21} = \begin{vmatrix} a_{12} & a_{13} \\ a_{32} & a_{33} \end{vmatrix}, \quad M_{31} = \begin{vmatrix} a_{12} & a_{13} \\ a_{22} & a_{23} \end{vmatrix}$$

3차 행렬식(연립방정식의 계수행렬)을 다시 쓰면

$$D = \begin{vmatrix} a_{11} & a_{12} & a_{13} \\ a_{21} & a_{22} & a_{23} \\ a_{31} & a_{32} & a_{33} \end{vmatrix} = a_{11}\begin{vmatrix} a_{22} & a_{23} \\ a_{32} & a_{33} \end{vmatrix} - a_{21}\begin{vmatrix} a_{12} & a_{13} \\ a_{32} & a_{33} \end{vmatrix} + a_{31}\begin{vmatrix} a_{12} & a_{13} \\ a_{22} & a_{23} \end{vmatrix}$$

이며, 다음 식과 같다.

$$D = a_{11}M_{11} - a_{21}M_{21} + a_{31}M_{31}$$

또한 식 (4.1)은

$$Dx_1 = D_1, \qquad D_1 = \begin{vmatrix} b_1 & a_{12} & a_{13} \\ b_2 & a_{22} & a_{23} \\ b_3 & a_{32} & a_{33} \end{vmatrix}$$

이고, 같은 방법으로

$$Dx_2 = D_2, \qquad D_2 = \begin{vmatrix} a_{11} & b_1 & a_{13} \\ a_{21} & b_2 & a_{23} \\ a_{31} & b_3 & a_{33} \end{vmatrix}$$

$$Dx_3 = D_3, \qquad D_3 = \begin{vmatrix} a_{11} & a_{12} & b_1 \\ a_{21} & a_{22} & b_2 \\ a_{31} & a_{32} & b_3 \end{vmatrix}$$

이며 만일, $D \neq 0$이면 이 연립방정식의 유일한 해는 다음과 같다(크래머 공식).

$$x_1 = \frac{D_1}{D}, \quad x_2 = \frac{D_2}{D}, \quad x_3 = \frac{D_3}{D}$$

행렬식 D로부터 한 행과 한 열을 제거하여 얻어진 2차 행렬식을 소행렬식(minor)라 하고, 여인수(cofactor)는 소행렬식에 $(-1)^{i+k}$를 곱한 것으로 정의한다.

[예] $A_{21}=(-1)^{2+1}\begin{vmatrix} a_{12} & a_{13} \\ a_{32} & a_{33} \end{vmatrix}$ $\qquad A_{22}=(-1)^{2+2}\begin{vmatrix} a_{11} & a_{13} \\ a_{31} & a_{33} \end{vmatrix}$

예제 4.12 다음 연립방정식을 크래머 공식으로 푸시오.

$$\begin{aligned} 2x_1 - x_2 + 2x_3 &= 2 \\ x_1 + 10x_2 - 3x_3 &= 5 \\ -x_1 + x_2 + x_3 &= -3 \end{aligned}$$

풀이 $D=\begin{vmatrix} 2 & -1 & 2 \\ 1 & 10 & -3 \\ -1 & 1 & 1 \end{vmatrix}=46$

$D_1=\begin{vmatrix} 2 & -1 & 2 \\ 5 & 10 & -3 \\ -3 & 1 & 1 \end{vmatrix}=92$, $D_2=\begin{vmatrix} 2 & 2 & 2 \\ 1 & 5 & -3 \\ -1 & -3 & 1 \end{vmatrix}=0$, $D_3=\begin{vmatrix} 2 & -1 & 2 \\ 1 & 10 & 5 \\ -1 & 1 & -3 \end{vmatrix}=-46$

따라서 근 $x_1=\dfrac{92}{46}=2$, $x_2=0$, $x_3=\dfrac{-46}{46}=-1$ 이다.

4.8.3 3차 행렬식의 일반적인 성질

① 행렬식의 행을 같은 순서의 열로 바꾸어도 그 행렬식의 값은 변하지 않는다.

$$\begin{vmatrix} 1 & 3 & 0 \\ 2 & 6 & 4 \\ -1 & 0 & 2 \end{vmatrix}=\begin{vmatrix} 1 & 2 & -1 \\ 3 & 6 & 0 \\ 0 & 4 & 2 \end{vmatrix}=-12$$

② 임의의 두 행(또는 두 열)을 바꾸면 그 행렬식의 값은 원래의 행렬식의 값에 (−1)을 곱한 것과 같다.

$$\begin{vmatrix} 2 & 6 & 4 \\ 1 & 3 & 0 \\ -1 & 0 & 2 \end{vmatrix}=-\begin{vmatrix} 1 & 3 & 0 \\ 2 & 6 & 4 \\ -1 & 0 & 2 \end{vmatrix}=12$$

③ 행렬식 A는 임의의 행이나 열에 관하여 전개할 수 있다. 즉, 임의의 행(또는 열)의 원소에 그 여인수를 곱한 것의 합으로 표시할 수 있다.

$$A=a_{21}(-1)^{2+1}\begin{vmatrix} a_{12} & a_{13} \\ a_{32} & a_{33} \end{vmatrix}+a_{22}(-1)^{2+2}\begin{vmatrix} a_{11} & a_{13} \\ a_{31} & a_{33} \end{vmatrix}+a_{23}(-1)^{2+3}\begin{vmatrix} a_{11} & a_{12} \\ a_{31} & a_{32} \end{vmatrix}$$

④ 임의의 행(또는 열)의 원소에 공통된 인수는 그 행렬식 앞에 나올 수 있다.

$$\begin{vmatrix} 4 & 6 & 1 \\ 3 & -9 & 2 \\ -1 & 12 & 5 \end{vmatrix} = \begin{vmatrix} 4 & 2\cdot 3 & 1 \\ 3 & -3\cdot 3 & 2 \\ -1 & 4\cdot 3 & 5 \end{vmatrix} = 3\begin{vmatrix} 4 & 2 & 1 \\ 3 & -3 & 2 \\ -1 & 4 & 5 \end{vmatrix}$$

⑤ 행렬식의 두 행(또는 열)의 대응하는 원소가 비례하면 그 행렬식의 값은 0이다.

⑥ 행렬식의 한 행(또는 열)의 각 원소에 다른 행(또는 열)의 이에 대응하는 원소에 상배수를 가하여도 그 행렬식의 값은 변하지 않는다.

$$\begin{vmatrix} -6 & 21 & -30 \\ 1 & -3 & 5 \\ 2 & 7 & -4 \end{vmatrix} = \begin{vmatrix} -6+1\cdot 7 & 21+(-3)\cdot 7 & -30+5\cdot 7 \\ 1 & -3 & 5 \\ 2 & 7 & -4 \end{vmatrix} = \begin{vmatrix} 1 & 0 & 5 \\ 1 & -3 & 5 \\ 2 & 7 & -4 \end{vmatrix} = 42$$

⑦ 행렬식의 한 행(또는 열)의 각 원소가 이항식으로 표시되면, 그 행렬식은 두 행렬식의 합으로 나타낼 수 있다.

$$\begin{vmatrix} 4x+3 & 2 & 1 \\ x & 3 & 4 \\ 2x-1 & 1 & -1 \end{vmatrix} = \begin{vmatrix} 4x & 2 & 1 \\ x & 3 & 4 \\ 2x & 1 & -1 \end{vmatrix} + \begin{vmatrix} 3 & 2 & 1 \\ 0 & 3 & 4 \\ -1 & 2 & -1 \end{vmatrix}$$

⑧ 행렬식의 원소가 한 변수의 미분가능 함수이면 그 행렬식의 도함수는 세 행렬식의 합으로 표시할 수 있다.

$$\frac{d}{dx}\begin{vmatrix} f & g & h \\ p & q & r \\ u & v & w \end{vmatrix} = \begin{vmatrix} f' & g' & h' \\ p & q & r \\ u & v & w \end{vmatrix} + \begin{vmatrix} f & g & h \\ p' & q' & r' \\ u & v & w \end{vmatrix} + \begin{vmatrix} f & g & h \\ p & q & r \\ u' & v' & w' \end{vmatrix}$$

⑨ 행렬식의 한 행(또는 열)의 모든 원소가 0이면 그 행렬식의 값은 0이다.

4.10 고윳값, 고유 벡터

고윳값 문제는 행렬과 관련된 중요한 문제 중의 하나이다. 행렬 $A=[a_{jk}]$를 주어진 n차 정방행렬이라 하고, 벡터 방정식

$$AX=\lambda X \tag{4.2}$$

이 $X\neq 0$일 때 λ값을 행렬 A의 고윳값(eigen value) 또는 특성값(characteristic value)이라 한다. 또한 벡터 X를 고윳값 λ에 대한 행렬 A의 고유 벡터(eigen vector), 특성벡터(characteristic vector)라 하고 고윳값의 집합을 행렬 A의 스펙트럼(spectrum)이라 한다.

단위 벡터 I를 이용하여 식 (4.2)를 다시 쓰면

$$AX = \lambda IX, \ (A - \lambda I)X = 0 \tag{4.3}$$

식 (4.3)을 풀어쓰면 다음 방정식이 된다.

$$\begin{aligned} (a_{11} - \lambda)x_1 + \quad a_{12}x_2 + \quad a_{13}x_3 &= 0 \\ a_{21}x_1 + (a_{22} - \lambda)x_2 + \quad a_{23}x_3 &= 0 \\ a_{31}x_1 + \quad a_{32}x_2 + (a_{33} - \lambda)x_3 &= 0 \end{aligned} \tag{4.4}$$

식 (4.4)의 해는 $x_1 = x_2 = x_3 = 0$ 외에 의미 있는 해를 가지려면 식 (4.4)의 계수행렬이 $|A - \lambda I| = 0$이어야 한다.

예제 4.13 다음 행렬의 고윳값과 고유 벡터를 구하시오.

$$A = \begin{vmatrix} 1 & -1 \\ 0 & -1 \end{vmatrix}$$

풀이 ① 고윳값

$$\left|\begin{vmatrix} 1 & -1 \\ 0 & -1 \end{vmatrix} - \begin{vmatrix} \lambda & 0 \\ 0 & \lambda \end{vmatrix}\right| = 0 \quad , \quad \begin{vmatrix} 1-\lambda & -1 \\ 0 & -1-\lambda \end{vmatrix} = \lambda^2 - 1 = 0$$

따라서 고윳값은 $\lambda_1 = 1, \lambda_2 = -1$이다.

② 고유 벡터

i) $\lambda_1 = 1$ 의 고유 벡터 X_1은 $(A - \lambda_1 I)X_1 = 0$

$$\left|\begin{vmatrix} 1 & -1 \\ 0 & -1 \end{vmatrix} - (1)\begin{vmatrix} 1 & 0 \\ 0 & 1 \end{vmatrix}\right|\begin{vmatrix} x_{11} \\ x_{21} \end{vmatrix} = 0 \quad , \quad \begin{vmatrix} 0 & -1 \\ 0 & -2 \end{vmatrix}\begin{vmatrix} x_{11} \\ x_{21} \end{vmatrix} = \begin{vmatrix} 0 \\ 0 \end{vmatrix}$$

위 식을 풀면

$$0x_{11} - x_{21} = 0 \text{ 및 } 0x_{11} - 2x_{21} = 0$$

에서 x_{11}은 임의의 수이고 $x_{21} = 0$이어야만 한다.

따라서 $\lambda_1 = 1$의 고유 벡터 X_1은

$$X_1 = \begin{vmatrix} 1 \\ 0 \end{vmatrix}$$

ii) $\lambda_2 = -1$의 고유 벡터 X_2도 고유 벡터 X_1과 같이 구한다.

$$(A - \lambda_2 I)X_2 = 0$$

$$\left|\begin{vmatrix} 1 & -1 \\ 0 & -1 \end{vmatrix} - (-1)\begin{vmatrix} 1 & 0 \\ 0 & 1 \end{vmatrix}\right|\begin{vmatrix} x_{12} \\ x_{22} \end{vmatrix} = \begin{vmatrix} 0 \\ 0 \end{vmatrix}, \quad \begin{vmatrix} 2 & -1 \\ 0 & 0 \end{vmatrix}\begin{vmatrix} x_{12} \\ x_{22} \end{vmatrix} = \begin{vmatrix} 0 \\ 0 \end{vmatrix}$$

위 식을 풀면

$$2x_{12} - x_{22} = 0, \ 2x_{12} = x_{22}$$

$x_{12} = 1$로 놓으면 $x_{22} = 2$가 된다.

따라서 행렬 A의 고유 벡터는

$$X_1 = \begin{pmatrix} 1 \\ 0 \end{pmatrix}, \quad X_2 = \begin{pmatrix} 1 \\ 2 \end{pmatrix}$$

4.9.1 고윳값의 특성

① 행렬 A의 계수가 모두 실수이면, 그 고윳값은 실수이거나 복소공액쌍이다.

② 행렬 A의 고윳값이 $\lambda_1, \lambda_2, \cdots, \lambda_n$이라면

$$tr(A) = \sum_{i=1}^{n} \lambda_i$$

즉, A의 고유합(trace)은 A의 모든 고윳값의 합이다.

③ $\lambda_1, \lambda_2, \cdots, \lambda_n$가 A의 고윳값이면 이 값들은 A'의 고윳값이다.

④ 행렬 A가 비특이(nonsingular)로 고윳값 $\lambda_1, \lambda_2, \cdots, \lambda_n$을 가진다면

$$\frac{1}{\lambda_i},\ i = 1, 2, \cdots, i$$

은 A^{-1}의 고윳값이다.

연습문제 8

1. 다음 주어진 행렬의 행렬식 값을 구하시오.

① $\begin{pmatrix} 3 & 5 \\ -1 & 4 \end{pmatrix}$ ② $\begin{pmatrix} 1-\lambda & 3 \\ 2 & 2-\lambda \end{pmatrix}$

③ $\begin{pmatrix} 2 & 3 & 4 \\ 1 & -1 & 2 \\ -2 & 3 & 5 \end{pmatrix}$ ④ $\begin{pmatrix} 1 & 1 & 5 \\ 4 & 3 & 6 \\ 0 & -1 & 1 \end{pmatrix}$

2. 다음 주어진 행렬식의 값을 여인수 전개로 구하시오.

① $\begin{pmatrix} 5 & 0 & 0 \\ 0 & -3 & 0 \\ 0 & 0 & 2 \end{pmatrix}$ ② $\begin{pmatrix} 0 & 2 & 0 \\ 3 & 0 & 1 \\ 0 & 5 & 8 \end{pmatrix}$

③ $\begin{pmatrix} 3 & 0 & 2 \\ 2 & 7 & 1 \\ 2 & 6 & 4 \end{pmatrix}$ ④ $\begin{pmatrix} 4 & 5 & 3 \\ 1 & 2 & 3 \\ 1 & 2 & 3 \end{pmatrix}$

⑤ $\begin{pmatrix} -2 & -1 & 4 \\ -3 & 6 & 1 \\ -3 & 4 & 8 \end{pmatrix}$ ⑥ $\begin{pmatrix} 3 & 5 & 1 \\ -1 & 2 & 5 \\ 7 & -4 & 10 \end{pmatrix}$

⑦ $\begin{pmatrix} 1 & 1 & -3 & 0 \\ 1 & 5 & 3 & 2 \\ 1 & -2 & 1 & 0 \\ 4 & 8 & 0 & 0 \end{pmatrix}$ ⑧ $\begin{pmatrix} 2 & 1 & -2 & 1 \\ 0 & 5 & 0 & 4 \\ 1 & 6 & 1 & 0 \\ 5 & -1 & 1 & 1 \end{pmatrix}$

3. 주어진 방정식을 만족하는 λ의 값을 구하시오.

① $\begin{vmatrix} -3-\lambda & 10 \\ 2 & 5-\lambda \end{vmatrix}$ ② $\begin{vmatrix} 1-\lambda & 0 & -1 \\ 1 & 2-\lambda & 1 \\ 3 & 3 & -\lambda \end{vmatrix}$

4. 다음 행렬의 역행렬을 구하시오.

① $\begin{pmatrix} 1 & 4 \\ 2 & 10 \end{pmatrix}$ ② $\begin{pmatrix} 2 & 2 & 0 \\ -2 & 1 & 1 \\ 3 & 0 & 1 \end{pmatrix}$ ③ $\begin{pmatrix} 2 & 0 & 1 \\ -2 & 3 & 4 \\ -5 & 5 & 6 \end{pmatrix}$

5. 크래머 공식으로 다음 연립방정식을 푸시오.

① $-3x_1 + x_2 = 3$
$2x_1 - 4x_2 = -6$

② $x_1 + x_2 = 4$
$2x_1 - x_2 = 2$

③ $3x_1 + 2x_2 + x_3 = 7$
$x_1 - x_2 + 3x_3 = 3$
$5x_1 + 4x_2 - 2x_3 = 1$

④ $x_1 - 2x_2 - 3x_3 = 3$
$x_1 + x_2 - x_3 = 5$
$3x_1 + 2x_2 = -4$

6. 다음 주어진 행렬의 고윳값과 고유 벡터를 구하시오.

① $\begin{pmatrix} -1 & 2 \\ -7 & 8 \end{pmatrix}$ ② $\begin{pmatrix} -8 & -1 \\ 16 & 0 \end{pmatrix}$

③ $\begin{pmatrix} 5 & -1 & 0 \\ 0 & -5 & 9 \\ 5 & -1 & 0 \end{pmatrix}$ ④ $\begin{pmatrix} 2 & -1 & 0 \\ 5 & 2 & 4 \\ 0 & 1 & 2 \end{pmatrix}$

제 5 장

복 소 수

5.1 복소수의 정의

2차방정식 $x^2-2x+5=0$ 의 근을 구하면 근의 공식에 의하여 $x=1\pm\sqrt{-4}$ 와 같이 된다. 여기서 어떠한 실수도 제곱에 의하여 음수가 될 수 없으므로 $\sqrt{-4}$ 는 확실히 실수가 아니다. 따라서 제곱하여 -1이 되는 새로운 수를 생각하여 이것을 허수단위(imaginary)라 하며 j로서 표시한다. 즉,

$$j^2=-1 \text{ 또는 } j=\sqrt{-1}$$

그러면 상기 방정식의 근은 $x=1\pm j2$와 같이 표시할 수 있다. 일반적으로 jb(b는 실수)를 허수(imaginary number)라 하고 $a+jb$(a, b는 실수)를 복소수(complex number)라 한다. 복소수를 하나의 문자로서 표시하고자 할 때에는 A와 같은 굵은 문자를 사용한다. 즉,

$$A=a+jb$$

여기서 a를 복소수 A의 실수부(real part), b를 허수부(imaginary part)라 한다.

5.2 복소수의 상등

두 복소수 $a+jb$와 $c+jd$에 있어서 실수부끼리 같고 허수부끼리 같을 때, 즉 $a=c$, $b=d$일 때 두 복소수는 서로 같다 또는 서로 상등하다고 하고 다음 식으로 나타낸다.

$$a+jb=c+jd$$

예제 5.1 다음 식을 만족하는 실수 a, b를 구하시오.

① $a-2+j(b+1)=0$ ② $(1+j)a+(2-j)b=1+j4$

풀이 ① $a-2+j(b+1)=0+j0$에서 $a-2=0$, $b+1=0$ 이므로

$\therefore a=2,\ b=-1$

② $(1+j)a+(2-j)b=1+j4$를 전개하면 $a+ja+2b-jb=1+j4$가 되고

$(a+2b)+j(a-b)=1+j4$이므로 $a+2b=1$, $a-b=4$

$\therefore a=3,\ b=-1$

5.3 복소평면

모든 실수는 기하학적으로 1직선상의 한 점으로서 표시할 수 있으나 복소수는 2개의 실수를 한데 포함하고 있으므로 한 직선상에 표시할 수 없다. 그래서 평면상에 직교축 OX, OY를 생각하고 직각좌표가 (a, b)인 점으로서 복소수 $A = a + jb$를 나타내기로 한다.

이와 같이 복소수를 평면상의 점으로 대표하여 복소수를 간명하게 해설하는 데 쓰이는 평면을 복소평면(complex plane)이라 하며, 축 OX, OY를 각각 실축(real axis), 허축(imaginary axis)이라 한다.

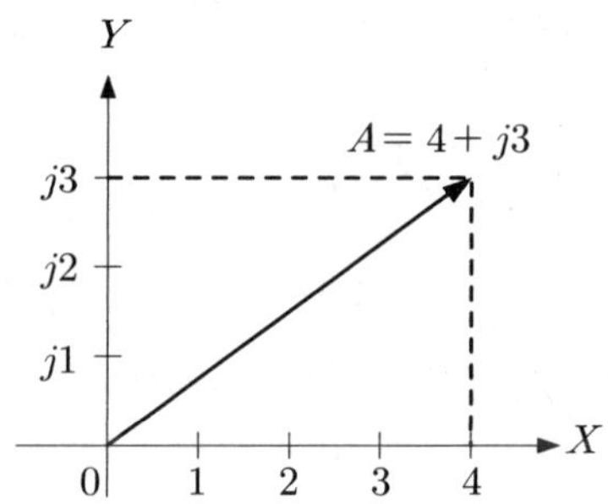

[그림 5.1]

예제 5.2 $A = 2 + j3$일 때, $A, -A$를 복소평면에 나타내시오.

풀이 $A, -A$를 복소평면에 나타내면 [그림 5.2]와 같다.

$$A = 2 + j3$$

$$-A = -(2 + j3) = -2 - j3$$

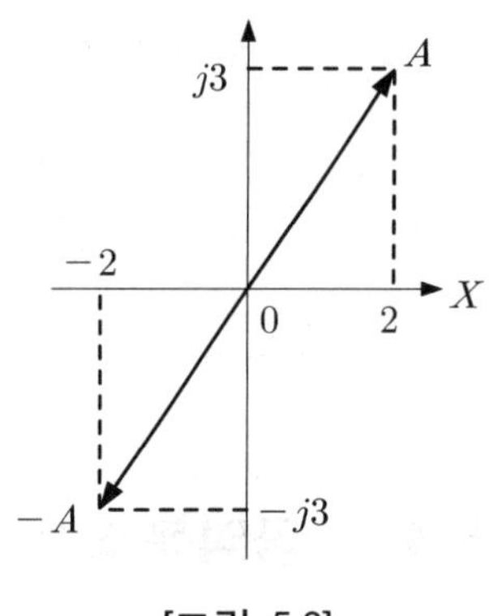

[그림 5.2]

5.4 복소수 연산에 관한 정의

두 복소수에 관한 연산은 실수에 관한 그 특수한 경우로서 다음을 포함하도록 정의한다.

① 상등 : 두 복소수 $a+jb$와 $c+jd$는 $a=c$, $b=d$인 경우에 한하여 서로 같다고 정의한다(단, $a=0$, $b=0$일 때 $a+jb=0$이다).

② 덧셈 : $(a+jb)+(c+jd)=(a+c)+j(b+d)$

③ 뺄셈 : $(a+jb)-(c+jd)=(a-c)+j(b-d)$

④ 곱셈 : $(a+jb)(c+jd)=ac+jad+jbc+j^2bd=(ac-bd)+j(ad+bc)$

⑤ 나눗셈 : $\dfrac{a+jb}{c+jd}=\dfrac{(a+jb)(c-jd)}{(c+jd)(c-jd)}=\dfrac{(ac+bd)+j(bc-ad)}{c^2+d^2}$

$$=\frac{ac+bd}{c^2+d^2}+j\frac{bc-ad}{c^2+d^2}$$

이상의 식들에서 $b=0, d=0$라 놓으면 복소수의 사칙연산은 실수의 사칙연산과 같다. 그리고 복소수의 사칙연산에서 j도 실수를 나타내는 문자처럼 취급해서 계산하고 j^2을 항상 −1로 대치하면 된다.

예제 5.3 두 복소수 $4+j3$, $-2+j1$의 덧셈, 뺄셈, 곱셈, 나눗셈을 하시오.

풀이

덧 셈 : $(4+j3)+(-2+j1)=(4-2)+j(3+1)=2+j4$

뺄 셈 : $(4+j3)-(-2+j1)=(4+2)+j(3-1)=6+j2$

곱 셈 : $(4+j3)(-2+j1)=-8+j4-j6+j^23=-11-j2$

나눗셈 : $\dfrac{4+j3}{-2+j1}=\dfrac{(4+j3)(-2-j1)}{(-2+j1)(-2-j1)}=\dfrac{-8-j4-j6-j^23}{(-2)^2-(j1)^2}$

$$=\frac{-5-j10}{5}=-1-j2$$

5.4.1 공액복소수

두 복소수 $a+jb$, $a-jb$는 서로 공액(conjugate)이라 한다. 복소수 A의 공액복소수를 A^*로 표시한다. 즉, $A=a+jb$일 때 $A^*=a-jb$이다.

$$A + A^* = 2a,\ \ A - A^* = j2b$$
$$AA^* = (a+jb)(a-jb) = a^2 + b^2$$

어떤 복소수와 그 공액복소수와의 곱이 항상 실수가 되기 때문에 복소수의 분모를 유리화하는 데 쓰인다. 서로 공액인 두 복소수는 복소평면 위에서 실수축에 대하여 대칭인 두 점으로 표현된다.

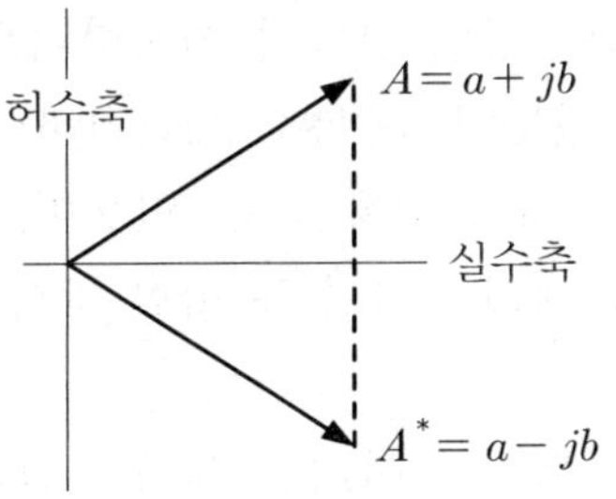

[그림 5.3] 공액복소수

또한 j와 복소수와의 곱, 즉 복소수 $A = a + jb$와 j와의 곱을 생각하면

$$jA = j(a + jb) = -b + ja$$

가 된다.

[그림 5.4 (a)]에서는 A와 jA를 복소평면 위에 표시했다. 그림에서 두 복소수 A와 jA는 반시계방향으로 90° 회전시킨 것임을 알 수 있다.

즉, 복소수 A에 j를 곱하면 복소평면 위에서 A를 대표하는 점을 또는 원점에서 점 A에 이르는 화살표 선분을 반시계방향으로 90° 회전시킨 결과를 가져온다. 이런 의미에서 j를 회전연산자(rotational operator)라 하기도 한다.

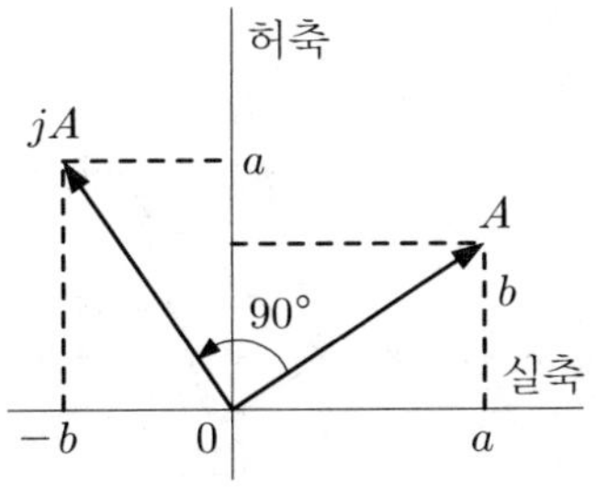

(a)

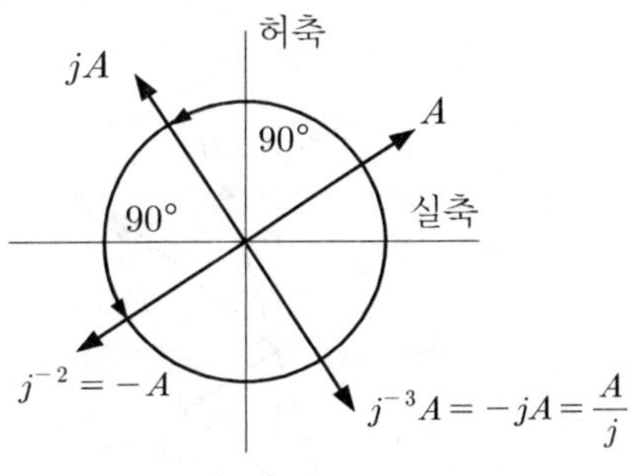

(b)

[그림 5.4] j와 복소수의 곱

[그림 5.4 (b)]는 A에 j를 여러 번 곱하는 효과를 나타낸 것이다. 또한 A에 $-j$를 곱하거나 A를 j로 나누면 A를 시계방향으로 90° 회전시키는 효과가 있다.

5.5 복소수 덧셈과 뺄셈의 기하학적 방법

복소수의 덧셈, 뺄셈은 복소평면 상에서 기하학적으로 매우 쉽게 할 수 있다.

[그림 5.5 (a)]에서 알 수 있듯이 두 복소수를 기하학적으로 합하는 데 있어서 벡터 가산에서의 평행사변형법을 그대로 적용할 수 있으며, [그림 5.5 (b)]와 같이 삼각형법을 사용해도 된다. 특히, 여러 개의 복소수를 합할 때에는 삼각형법을 확장한 다각형법이 유리하다.

다음에 $A-B$를 기하학적으로 구하려면 이것을 A와 $-B$와의 합으로 생각하여 먼저 점 $-B$를 구한 다음 이것과 A를 합한다.

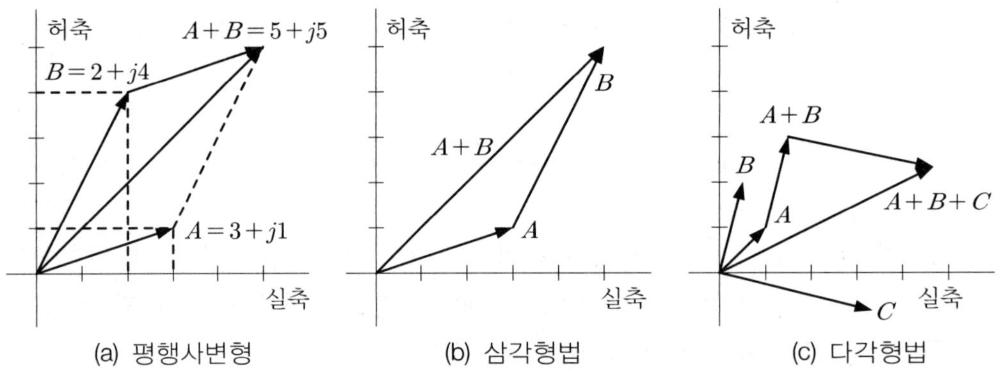

[그림 5.5] 복소수의 기하학적 덧셈

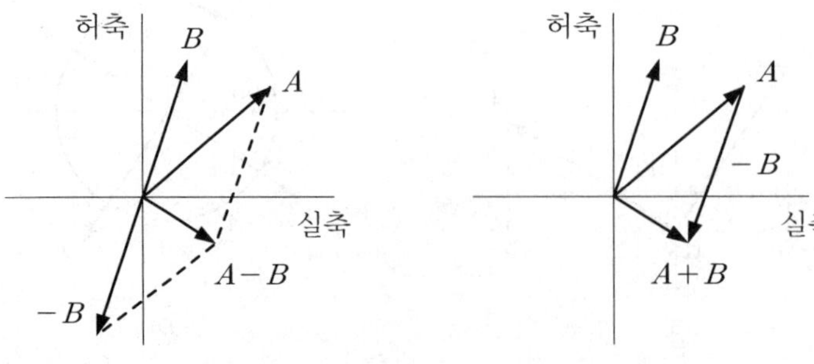

[그림 5.6] 두 복소수의 기하학적 뺄셈

5.6 극좌표 형식

지금까지 복소수를 그 실수부와 허수부로서 직각좌표로 표시하였다. 그러나 복소수를 극좌표로 표시할 수도 있다.

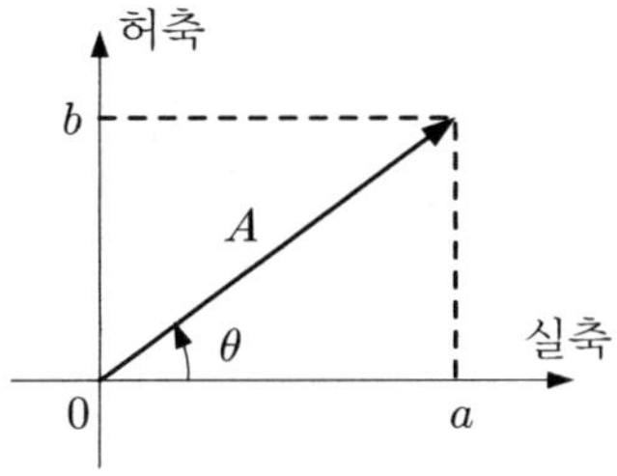

[그림 5.7] 극좌표

[그림 5.7]에서 원점으로부터 점 A까지의 거리를 A, 실축과 이루는 각을 θ라 하면 A, θ는 점 A의 극좌표이며 이것을 각각 복소수 A의 크기(magnitude) 및 각(angle)이라 한다. 복소수를 그 크기와 각으로 표시하고자 할 때에는

$$A = A\angle\theta$$

와 같이 쓴다. 이것은 크기가 A이고 각이 θ인 복소수를 나타내는 기호에 불과하며 결코 A에 각 θ를 곱한다는 뜻이 아니다. A를 복소수 A의 절댓값(absolute value)이라고도 한다. 따라서 $|A|$와 같이 표시할 때도 있다. [그림 5.7]에서 복소수 A의 크기, 각(극좌표)과 실수부, 허수부(직각좌표) 사이에는 다음과 같은 관계가 있다.

$$A = \sqrt{a^2 + b^2} \qquad \theta = \tan^{-1}\frac{b}{a}$$

$$a = A\cos\theta \qquad b = A\sin\theta$$

이상으로서 복소수를 다음 세 가지 형식으로 표현할 수 있다.

$$A = a + jb = A(\cos\theta + j\sin\theta) = A\angle\theta$$

여기서 $a + jb$를 직각좌표 형식(rectangular form), $A(\cos\theta + j\sin\theta)$를 삼각함수 형식(trigonometric form), $A\angle\theta$를 극좌표 형식(polar form)이라 한다.

예제 5.4 ① $4+j3$, $-2+j1$을 극좌표 형식으로 고치시오.
② $4\angle-30$, $2.37\angle 215°$를 직각좌표 형식으로 고치시오.

풀이 ① $4+j3=\sqrt{4^2+3^2}\angle\tan^{-1}\dfrac{3}{4}=5\angle 36.9°$

$$-2+j=\sqrt{(-2)^2+1^2}\angle\tan^{-1}\frac{1}{-2}=\sqrt{5}\angle 153.4°$$

② $4\angle-30°=4(\cos(-30°)+j\sin(-30°))$

$$=4(0.866-j0.5)=3.464-j2$$

$$2.37\angle 215°=2.37(\cos 215°+j\sin 215°)$$

$$=2.37(-0.819-j0.574)=-1.941-j1.360$$

5.7 복소수의 곱셈, 나눗셈

복소수의 곱셈과 나눗셈은 극좌표 형식으로 계산하면 매우 간단하게 할 수 있다.

$$A=A\angle\alpha=A(\cos\alpha+j\sin\alpha)$$

$$B=B\angle\beta=B(\cos\beta+j\sin\beta)$$

라고 복소수 A, B를 가정하자.

5.7.1 복소수의 곱셈

$$AB=AB(\cos\alpha+j\sin\alpha)(\cos\beta+j\sin\beta)$$

$$=AB[(\cos\alpha\cos\beta-\sin\alpha\sin\beta)+j(\sin\alpha\cos\beta+\cos\alpha\sin\beta)]$$

$$=AB[\cos(\alpha+\beta)+j\sin(\alpha+\beta)]$$

즉, 복소수의 곱셈 크기는 각각 복소수 크기의 곱이고, 각은 각 복소수의 각의 합과 같다.

$$(A\angle\alpha)(B\angle\beta)=AB\angle(\alpha+\beta)$$

기하학적으로는 복소수 A에 복소수 B를 곱한다는 것은 복소평면 상에서 복소수를 A를 나타내는 화살표 선분을 B배하여 반시계방향으로 각 β만큼 회전시킴을 의미한다.

5.7.2 복소수의 나눗셈

$$\begin{aligned}\frac{A}{B} &= \frac{A(\cos\alpha + j\sin\alpha)}{B(\cos\beta + j\sin\beta)}\\ &= \frac{A}{B}\cdot\frac{(\cos\alpha + j\sin\alpha)(\cos\beta - j\sin\beta)}{(\cos\beta + j\sin\beta)(\cos\beta - j\sin\beta)}\\ &= \frac{A}{B}\frac{(\cos\alpha + j\sin\alpha)(\cos\beta - j\sin\beta)}{(\cos^2\beta + \sin^2\beta)}\\ &= \frac{A}{B}[\cos(\alpha-\beta) + j\sin(\alpha-\beta)]\end{aligned}$$

즉, $\dfrac{A\angle\alpha}{B\angle\beta} = \dfrac{A}{B}\angle(\alpha-\beta)$

두 복소수의 나눗셈에서 크기는 복소수 크기의 나눗셈과 같고, 각은 복소수 각의 차와 같다. 또 복소수 A를 복소수 B로 나눈다는 것은 복소수 A를 나타내는 화살표 선분을 $\dfrac{1}{B}$하여 시계방향으로 각 β만큼 회전시킴을 의미한다.

예제 5.5 극좌표 형식으로 두 복소수 $4+j3$, $-2+j1$을 곱셈 및 나눗셈을 하시오.

풀이 $4+j3 = 5\angle 36.9°$, $-2+j1 = \sqrt{5}\angle 153.4°$와 같이 극좌표 형식을 바꾼다.

① 곱 셈 : $(4+j3)(-2+j1) = 5\sqrt{5}\angle(36.9+153.4) = 5\sqrt{5}\angle 190.3°$

② 나눗셈 : $\dfrac{4+j3}{-2+j1} = \dfrac{5}{\sqrt{5}}\angle(36.9-153.4) = \sqrt{5}\angle -116.5°$

5.8 지수함수 형식

복소수를 표현하고 다루는 데 있어서 매우 유용한 또 하나의 형식은 지수함수 형식(exponential form)이다. x가 실수일 때 지수함수 e^x는 다음과 같이 무한급수로 전개된다($e = 2.71828\cdots$).

$$e^x = 1 + x + \frac{x^2}{2!} + \frac{x^3}{3!} + \cdots$$

x가 $j\theta$와 같은 허수일 때에 이것을 대입하면

$$e^{j\theta} = 1 + j\theta + \frac{(j\theta)^2}{2!} + \frac{(j\theta)^3}{3!} + \frac{(j\theta)^4}{4!} + \cdots$$
$$= \left(1 - \frac{\theta^2}{2!} + \frac{\theta^4}{4!} - \cdots\right) + j\left(\theta - \frac{\theta^3}{3!} + \frac{\theta^5}{5!} \cdots\right)$$

복소지수함수 $e^{j\theta}$는 위의 전개식으로 정의된다. 여기서 $\sin\theta$, $\cos\theta$의 전개식

$$\sin\theta = \theta - \frac{\theta^3}{3!} + \frac{\theta^5}{5!} - \cdots$$

$$\cos\theta = 1 - \frac{\theta^2}{2!} + \frac{\theta^4}{4!} - \cdots$$

을 이용하면

$$e^{j\theta} = \cos\theta + j\sin\theta$$

와 같이 쓸 수 있으며, 이것을 오일러 정리(Euler's theorem)라 한다.

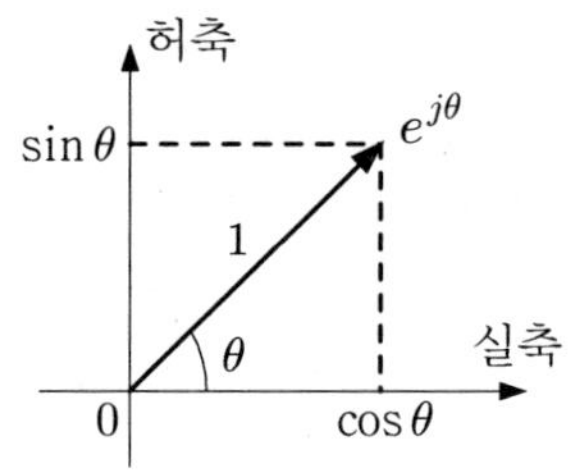

[그림 5.8] 오일러 정리

따라서 크기가 A이고 각이 θ인 복소수는

$$A\angle\theta = A(\cos\theta + j\sin\theta) = Ae^{j\theta}$$

와 같이 표시할 수 있으며, $Ae^{j\theta}$를 복소수의 지수함수 형식이라 한다. 특히, $e^{j\theta}$는 $A=1$인 경우로, 크기가 1이고 각이 θ인 복소수를 나타낸다. 그러므로

$$|e^{j\theta}| = |\cos\theta + j\sin\theta| = 1$$

복소지수함수에 대하여도 지수법칙이 성립하므로

$$(Ae^{j\alpha})(Be^{j\beta}) = ABe^{j(\alpha+\beta)}$$
$$\frac{Ae^{j\alpha}}{Be^{j\beta}} = \frac{A}{B}e^{j(\alpha-\beta)}$$

특히 $(Ae^{j\alpha})e^{j\beta} = Ae^{j(\alpha+\beta)}$이므로 복소수 A에 $e^{j\beta}$를 곱한다는 것은 기하학적으로 복소평면 상에서 A를 대표하는 화살표 선분을 반시계방향으로 각 β만큼 회전시킴을 의미하고(그림 5.9), 또 $Be^{j\beta}$을 곱한다는 것은 B배한 다음 회전시킴을 의미한다.

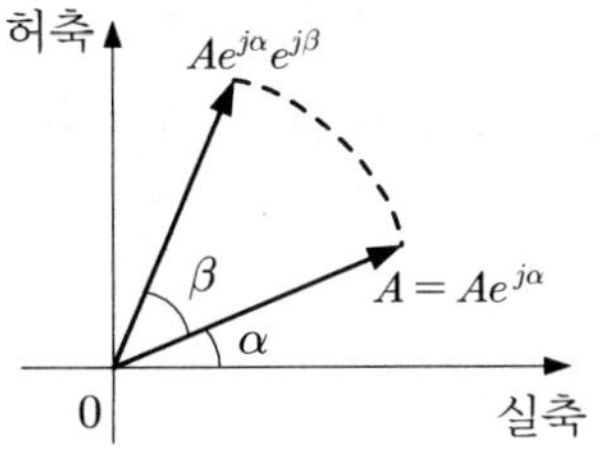

[그림 5.9] 복소수 $Ae^{j\alpha}$와 $e^{j\beta}$의 곱셈

또한

$$e^{j0} = \cos 0 + j\sin 0 = 1 = j^0$$

$$e^{j\frac{\pi}{2}} = \cos\frac{\pi}{2} + j\sin\frac{\pi}{2} = j = j^1$$

$$e^{j\pi} = \cos\pi + j\sin\pi = -1 = j^2$$

$$e^{j\frac{3\pi}{2}} = -j = j^3$$

$$e^{2\pi} = 1 = j^4$$

이므로 어떤 복소수 A에 $e^{j\frac{\pi}{2}}$를 곱하면 기하학적으로는 A를 대표하는 화살표 선분이 $90°$ 회전한다. 또한, $e^{j\frac{\pi}{2}} = j$이므로 j를 곱해도 이와 같이 된다.

$e^{j\pi} = j^2$과 기타에 대해서도 마찬가지 기하학적 해석을 할 수 있다. 이와 관련하여 다음과 같이 상호 변환되며, 이를 기억해 둘 필요가 있다.

즉, $A = Ae^{j\theta} = A\angle\theta$일 때

$$jA = Ae^{j\frac{\pi}{2}} = A\angle(\theta + 90°)$$

$$-jA = Ae^{-j\frac{\pi}{2}} = A\angle(\theta - 90°)$$

$$-A = Ae^{\pm j\pi} = A\angle(\theta \pm 180°)$$

$$\frac{1}{A} = \frac{1}{A}e^{-j\theta} = \frac{1}{A}\angle -\theta$$

$$A^* = Ae^{-j\theta} = A\angle -\theta$$

또한 $A = Ae^{j\theta}$라 하면

$$(Ae^{j\theta})^n = A^n e^{jn\theta} = A^n(\cos n\theta + j\sin n\theta) = A^n\angle n\theta$$

즉, 복소수를 n승하면 하나의 복소수가 얻어지는데 그 크기는 원복소수 크기의 n승과 같고 그 각은 원복소수 각의 n배와 같다. 또한

$$e^{j(\theta+2\pi k)}=e^{j\theta}\cdot e^{j2\pi k}=e^{j\theta}(\cos 2\pi k+j\sin 2\pi k)=e^{j\theta}\quad (k\text{는 임의의 정수})$$

그리고 $e^{j\theta}$의 n승근, 즉 n승하여 $e^{j\theta}$가 되는 복소수에는 $e^{j\frac{\theta}{n}}$ 뿐만 아니라, $e^{j\frac{(\theta+2\pi k)}{n}}$ $(k=0,1,2,\cdots,n-1)$ 등 상이한 n개가 있다는 것을 알 수 있다. 이들은 모두 각이 $\frac{2\pi}{n}$씩 차가 있다.

예로서 $Ae^{j\theta}$의 자승근 즉 $(Ae^{j\theta})^{\frac{1}{2}}$은

$$A^{\frac{1}{2}}e^{j\frac{\theta}{2}}=A^{\frac{1}{2}}\angle\frac{\theta}{2}$$

및

$$A^{\frac{1}{2}}e^{j\frac{(\theta+2\pi)}{2}}=A^{\frac{1}{2}}\angle\left(\frac{\theta}{2}+\pi\right)=-A^{\frac{1}{2}}\angle\frac{\theta}{2}$$

이고, $Ae^{j\theta}$의 3승근, 즉 $(Ae^{j\theta})^{\frac{1}{3}}$은 다음의 3개가 있다.

$$A^{\frac{1}{3}}e^{j\frac{\theta}{3}}=A^{\frac{1}{3}}\angle\frac{\theta}{3}$$

$$A^{\frac{1}{3}}e^{j\frac{(\theta+2\pi)}{3}}=A^{\frac{1}{3}}\angle\left(\frac{\theta}{3}+\frac{2\pi}{3}\right)$$

$$A^{\frac{1}{3}}e^{j\frac{(\theta+4\pi)}{3}}=A^{\frac{1}{3}}\angle\left(\frac{\theta}{3}+\frac{4\pi}{3}\right)$$

예제 5.6 다음 값을 구하시오.

① $-0.9+j1.2$의 2승근

② 1의 3승근

풀이 ① $-0.9+j1.2=1.5\angle 126.8$ 이며, 2승근은 $\sqrt{1.5}\angle\left(\frac{126.8}{2}\right)=1.225\angle 63.4°$,

및 $\sqrt{1.5}\angle\left(\frac{126.8+360}{2}\right)=\sqrt{1.5}\angle 243.4°=1.225\angle -116.6$

② 1은 $1\angle 0°$이므로 3승근은 다음과 같다.

$1\angle 0=1+j0$

$1\angle\frac{2\pi}{3}=-\frac{1}{2}+j\frac{\sqrt{3}}{2}$

$1\angle\frac{4\pi}{3}=-\frac{1}{2}-j\frac{\sqrt{3}}{2}$

연습문제 9

1. 다음 각 계산을 하시오.

① $(3+2i)+(4-3i)$ ② $(3+2i)-(4-3i)$

③ $(3+2i)\times(4-3i)$ ④ $\dfrac{3+2i}{4-3i}$

2. 다음 식을 간단히 하시오.

① $\sqrt{3}\times\sqrt{-2}$ ② $\sqrt{-3}\times\sqrt{-2}$

③ $\dfrac{\sqrt{-2}}{\sqrt{3}}$ ④ $\dfrac{\sqrt{2}}{\sqrt{-3}}$ ⑤ $\dfrac{\sqrt{-2}}{\sqrt{-3}}$

3. 다음 식을 간단히 하시오.

① $(3+\sqrt{-9})(4-\sqrt{-16})$ ② $\dfrac{\sqrt{6}-\sqrt{-2}}{\sqrt{6}+\sqrt{-2}}$

③ $(5+3i)^2$ ④ $\dfrac{2+3i}{3-2i}+\dfrac{2-3i}{3+2i}$

4. 다음 식을 만족하는 실수 x, y의 값을 구하시오.

① $(1+3i)(x+yi)=11+13i$ ② $\dfrac{x}{1+i}+\dfrac{y}{1-i}=2-i$

5. 다음 식을 간단히 하시오. 단, $A+B+C=\pi$이다.

$$(\cos A+j\sin A)(\cos B+j\sin B)(\cos C+j\sin C)$$

6. $Z_1=1-j, Z_2=-1+\sqrt{3}j$ 일 때 다음 복소수의 크기와 각을 구하고 극좌표 형식으로 나타내시오.

① $Z_1\cdot Z_2$ ② Z_2^2 ③ $\dfrac{Z_1}{Z_2}$

7. $A=3+j5$, $B=7(\cos 135°+j\sin 135°)$, $C=4\angle 50°$, $D=6\angle -120°$, $E=8e^{j\frac{2\pi}{3}}$ 와 같이 주어진 복소수를 다음 지시에 따라 풀이하시오.

1) 각 복소수를 직각좌표 형식, 삼각함수 형식, 극좌표 형식, 지수함수 형식으로 표를 작성하시오.

2) 다음 덧셈 및 뺄셈을 하시오.

① $A+B$ ② $C+D$ ③ $A-B$ ④ $A+C+E$

3) 다음 곱셈을 하시오.

① CD ② AB ③ BC ④ BDE

4) 다음을 나눗셈 하시오.

① $\frac{A}{B}$ ② $\frac{C}{D}$ ③ $\frac{E}{A}$ ④ $\frac{DE}{BC}$

8. $100\angle 0° + A\angle 60° = 173\angle\theta$일 때 A 및 θ를 구하시오.

9. 오일러 정리를 이용하여 $e^{j(\theta_1+\theta_2)} = e^{j\theta_1}\cdot e^{j\theta_2}$임을 증명하시오.

10. 다음 A를 계산하여 직각좌표 형식, 극좌표 형식 및 지수함수 형식으로 표시하시오.

$$A = \frac{(2+j3)(1-j4) - 8\angle 45°}{(\sqrt{8}\angle 15°)(1+j1) + 4\angle -60°}$$

11. 다음 관계식을 증명하시오.

① $\cos x = \frac{e^{jx} + e^{-jx}}{2}$ ② $\sin x = \frac{e^{jx} + e^{-jx}}{2j}$

제 II 편

전공응용수학

제 1 장 미 분
제 2 장 적 분
제 3 장 미분방정식
제 4 장 라플라스 변환
제 5 장 상태방정식
제 6 장 Z 변환
제 7 장 푸리에 변환
제 8 장 벡터 해석
제 9 장 기초 통계학

제 1 장

미 분

1.1 함수의 극한과 연속성

1.1.1 함수의 극한

$x \to a$: 변수 x가 한없이 a에 가까워질 때 x는 a에 수렴한다고 한다.

또한 $x \to a$이고 $f(x)$가 b에 수렴할 때 $f(x) \to b$ 또는 $\lim_{x \to a} f(x) = b$로 나타내며 b를 $f(x)$의 극한값 또는 극한이라 한다.

극한값에 관한 기본 성질

$\lim_{x \to a} f(x) = \alpha$, $\lim_{x \to a} g(x) = \beta$($\alpha$, β는 일정)이면

① $\lim_{x \to a} kf(x) = k\alpha$ (k는 상수)

② $\lim_{x \to a} [f(x) \pm g(x)] = \alpha \pm \beta$

③ $\lim_{x \to a} [f(x) \cdot g(x)] = \alpha\beta$

④ $\lim_{x \to a} \dfrac{f(x)}{g(x)} = \dfrac{\alpha}{\beta}$ ($\beta \neq 0$)

예제 1.1 다음 함수의 극한값을 구하시오.

① $\lim_{x \to 2} 3x^2$

② $\lim_{x \to 1} (x^3 - x^2 + 2x)$

③ $\lim_{x \to 2} x(2x - 1)$

④ $\lim_{x \to 3} \dfrac{x^2}{x + 2}$

풀이

① $\lim_{x \to 2} 3x^2 = 3\lim_{x \to 2} x^2 = 3 \times 2^2 = 12$

② $\lim_{x \to 1} (x^3 - x^2 + 2x) = \lim_{x \to 1} x^3 - \lim_{x \to 1} x^2 + 2\lim_{x \to 1} x = 1^3 - 1^2 + 2 \times 1 = 2$

③ $\lim_{x \to 2} x(2x - 1) = \lim_{x \to 2} x \cdot \lim_{x \to 2} (2x - 1) = 2 \times (2 \times 2 - 1) = 6$

④ $\lim_{x \to 3} \dfrac{x^2}{x+2} = \dfrac{\lim_{x \to 3} x^2}{\lim_{x \to 3} (x+2)} = \dfrac{3^2}{3+2} = \dfrac{9}{5}$

1.1.2 극한값의 계산

극한값을 계산할 때 $x \to a$일 때 분모$\to 0$, 분자$\to 0$, 즉 $\frac{0}{0}$꼴의 분수식의 극한값을 계산할 때에는 다음을 유의한다.

① 분모, 분자를 인수분해한 다음 약분한 후에 계산한다.

② 무리식일 경우 분모, 분자 중 $\sqrt{\ }$가 있는 쪽을 먼저 유리화하거나 분모, 분자에 모두 $\sqrt{\ }$가 있을 때에는 분모, 분자에 공액복소수를 곱한 후 계산한다.

또한 $\frac{\infty}{\infty}$꼴의 분수식의 극한은 다음을 유의한다.

① 분모의 최고차항으로 분모, 분자를 나눈다.

② 무리식일 경우, 근호 밖의 x의 최고차항으로 분모, 분자를 나눈 후 계산한다.

참고 $\infty \sim \infty$, $\infty \times 0$의 형태의 극한은

$\infty \times c$, $\frac{c}{\infty}$, $\frac{\infty}{\infty}$, $\frac{0}{0}$ 형태로 변형할 수 있는가를 검토한다.

예제 1.2 다음 식의 극한값을 계산하시오.

① $\lim_{x \to \infty}(2x^3 - 4x^2 + 5x - 1)$ ② $\lim_{x \to \infty}(\sqrt{x^2 + 3x + 4} - x)$

③ $\lim_{x \to 0}\frac{1}{x}\left(1 + \frac{1}{x-1}\right)$ ④ $\lim_{x \to 0}\frac{1}{x}\left(\frac{1}{\sqrt{x+1}} - 1\right)$

풀이 ① $\lim_{x \to \infty}(2x^3 - 4x^2 + 5x - 1) = \lim_{x \to \infty}x^3\left(2 - \frac{4}{x} + \frac{5}{x^2} - \frac{1}{x^3}\right) = \infty$

② $$\lim_{x \to \infty}(\sqrt{x^2 + 3x + 4} - x) = \lim_{x \to \infty}\frac{(x^2 + 3x + 4) - x^2}{\sqrt{x^2 + 3x + 4} + x}$$
$$= \lim_{x \to \infty}\frac{3x + 4}{\sqrt{x^2 + 3x + 4} + x}$$
$$= \lim_{x \to \infty}\frac{3 + \frac{4}{x}}{\sqrt{1 + \frac{3}{x} + \frac{1}{x^2}} + 1} = \frac{3}{2}$$

③ $\lim_{x \to 0}\frac{1}{x}\left(1 + \frac{1}{x-1}\right) = \lim_{x \to 0}\frac{1}{x}\left(\frac{x}{x-1}\right) = \lim_{x \to 0}\frac{1}{x-1} = -1$

④ $\lim_{x \to 0}\frac{1}{x}\left(\frac{1}{\sqrt{x+1}} - 1\right) = \lim_{x \to 0}\frac{1}{x}\left(\frac{1 - \sqrt{x+1}}{\sqrt{x+1}}\right)$

$$= \lim_{x \to 0} \frac{(1-\sqrt{x+1})(1+\sqrt{x+1})}{x\sqrt{x+1}(1+\sqrt{x+1})}$$

$$= \lim_{x \to 0} \frac{1-(x+1)}{x\sqrt{x+1}(1+\sqrt{x+1})}$$

$$= \lim_{x \to 0} \frac{-1}{\sqrt{x+1}(1+\sqrt{x+1})} = -\frac{1}{2}$$

1.1.3 초월함수의 극한

함수의 극한에 관한 성질과 삼각함수의 여러 가지 공식을 이용한 공식을 이용하여 삼각함수의 극한을 구할 수 있다.

예제 1.3 다음 함수의 극한값을 구하시오.

① $\lim_{x \to 0} \frac{\sin 2x}{\sin x}$ ② $\lim_{x \to 0} \frac{\cos 3x - \cos x}{\sin 2x}$

풀이 ① $\sin 2x = 2\sin x \cos x$이므로

$$\lim_{x \to 0} \frac{\sin 2x}{\sin x} = \lim_{x \to 0} \frac{2\sin x \cos x}{\sin x} = \lim_{x \to 0} 2\cos x = 2$$

② $\cos 3x = 4\cos^3 x - 3\cos x$이므로

$$\lim_{x \to 0} \frac{\cos 3x - \cos x}{\sin 2x} = \lim_{x \to 0} \frac{4\cos^3 x - 3\cos x - \cos x}{2\sin x \cos x}$$

$$= \lim_{x \to 0} \frac{4\cos^3 x - 4\cos x}{2\sin x \cos x}$$

$$= \lim_{x \to 0} \frac{2(\cos^2 x - 1)}{\sin x}$$

$$= \lim_{x \to 0} \frac{-2\sin^2 x}{\sin x}$$

$$= \lim_{x \to 0} (-2\sin x) = 0$$

삼각함수 극한의 기본

x의 단위가 라디안일 때에

$$\lim_{x \to 0} \frac{\sin x}{x} = 1$$

증명 ① $x>0$일 때 그림에서

$\triangle OAB <$ 부채꼴 $OAB < \triangle OAT$

즉, $\frac{1}{2}r^2\sin x < \frac{1}{2}r^2 x < \frac{1}{2}r^2\tan x$이므로

$\therefore \sin x < x < \tan x$

각 변을 $\sin x$로 나누면

$$1 < \frac{x}{\sin x} < \frac{1}{\cos x}$$

또한

$$1 > \frac{\sin x}{x} > \cos x$$

여기서 $x \to 0$ 일 때 $\cos x \to 1$ 이므로 $\lim_{x\to 0_+}\frac{\sin x}{x} = 1$

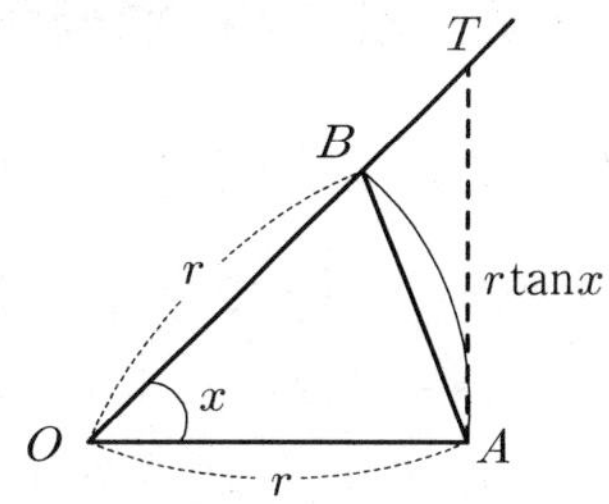

[그림 1.1] 삼각함수 극한

② $x<0$일 때, $x=-\theta$라 하면

$$\lim_{x\to 0_-}\frac{\sin x}{x} = \lim_{\theta\to 0_+}\frac{\sin(-\theta)}{-\theta} = \lim_{\theta\to 0_+}\frac{\sin\theta}{\theta} = 1$$

①과 ②의 결과에서 $\therefore \lim_{x\to 0}\frac{\sin x}{x} = 1$

예제 1.4 다음 식의 극한값을 구하시오.

① $\lim_{x\to 0}\frac{\sin 3x}{4x}$　　② $\lim_{x\to 0}\frac{\tan x}{x}$

③ $\lim_{x\to 0}\frac{\tan 3x}{\tan 4x}$

풀이 ① $\lim_{x\to 0}\frac{\sin 3x}{4x} = \lim_{x\to 0}\frac{\sin 3x}{3x}\cdot\frac{3}{4} = 1\cdot\frac{3}{4}$

② $\lim_{x\to 0}\frac{\tan x}{x} = \lim_{x\to 0}\frac{\sin x}{x\cos x}$

$$= \lim_{x\to 0}\frac{\sin x}{x}\frac{1}{\cos x} = 1\cdot 1 = 1$$

③ $\lim_{x\to 0}\frac{\tan 3x}{\tan 4x} = \lim_{x\to 0}\frac{\frac{\tan 3x}{3x}\cdot 3x}{\frac{\tan 4x}{4x}\cdot 4x}$

$$= \frac{\lim_{x\to 0}\frac{\tan 3x}{3x}}{\lim_{x\to 0}\frac{\tan 4x}{4x}}\cdot\frac{3}{4} = \frac{3}{4}$$

1.1.4 함수의 연속성

함수 $f(x)= x+1$은 $x=2$에서 다음과 같은 성질을 만족하고 있음을 알 수 있다.

① $f(x)$는 $x=2$에서 정의되어 있다.

즉, $f(2)= 2+1=3$

② $\lim_{x\to 2} f(x)$ 가 존재한다.

즉, $\lim_{x\to 2} f(x)= \lim_{x\to 2}(x+1)= 3$

③ 위 ①, ②의 값은 서로 같다.

즉, $\lim_{x\to 2} f(x)= f(2)$

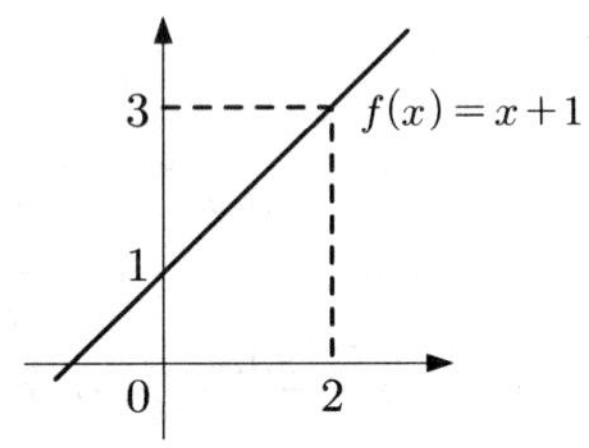

[그림 1.2] 함수의 연속성(1)

이와 같은 성질을 그래프에서 확인해 보면 함수 f의 그래프는 $x=2$에서 이어져 있음을 알 수 있다.

함수의 연속성

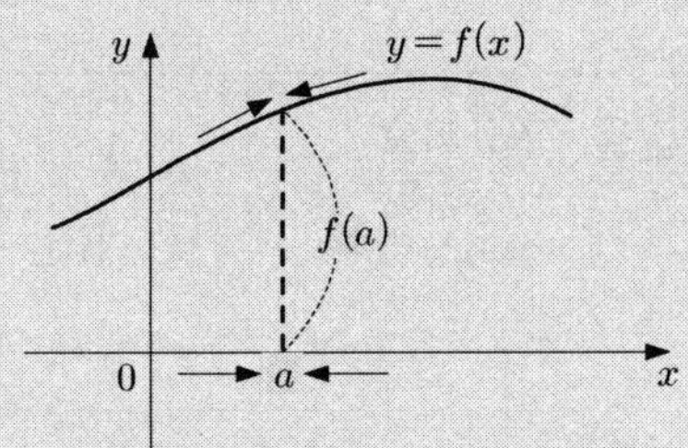

[그림 1.3] 함수의 연속성(2)

(1) $x=a$에서 연속

함수 $f(x)$가

① $x=a$에서 함수 $f(x)$가 정의되어 있고

② $\lim_{x\to a} f(x)$가 존재하며,

③ $\lim_{x\to a} f(x)=f(a)$일 때

이 함수는 $x=a$에서 연속이라 한다. 즉, 함수의 그래프는 연속인 점에서는 이어져 있다.

(2) 구간에서의 연속

함수 $f(x)$가 어떤 구간의 모든 점에서 연속이면 $f(x)$는 그 구간에서 연속 또는 그 구간에서 연속인 함수라 한다.

참고 $x=a$에서 불연속

① 함수 $f(x)$가 $x=a$에서 정의되어 있지 않거나

② $\lim_{x\to a} f(x)$가 존재하지 않거나

③ 함수 $f(x)$가 $x=a$에서 정의되고, $\lim_{x\to a} f(x)$가 존재해도 $\lim_{x\to a} f(x) \neq f(a)$일 때 $x=a$에서 불연속이라 한다.

예제 1.5 다음 함수의 연속성을 조사하시오.

① $f(x)=x+3$ ② $g(x)=\dfrac{x^2-4}{x-2}$

풀이 ① $f(x)=x+3$에서 a가 임의의 실수이면

i) $f(a)=a+3$

ii) $\lim_{x\to a} f(x)=\lim_{x\to a}(x+3)=a+3$

$\therefore \lim_{x\to a} f(x)=f(a)$이므로 함수 $f(x)$는 $x=a$에서 연속이다.

② $g(x)=\dfrac{x^2-4}{x-2}$

i) $g(2)$는 정의되어 있지 않다.

ii) $\lim_{x\to 2} g(x)=\lim_{x\to 2}\dfrac{(x+2)(x-2)}{(x-2)}$

$=\lim_{x\to 2}(x+2)=4$

iii) $\lim_{x\to 2} g(x) \neq g(2)$

이므로 함수 $g(x)$는 $x=2$에서 불연속이다.

폐구간 $[a, b]$에서 연속인 함수

$y=f(x) \ (a \le x \le b)$

가 그 구간에서 가장 큰 값 또는 가장 작은 값을 가지면 그 값을 각각 그 구간에서 최댓값 또는 최솟값이라 한다.

최댓값, 최솟값 및 중간값의 정리

(1) 최댓값, 최솟값의 정리

함수 $f(x)$가 폐구간 $[a, b]$에서 연속이면 $f(x)$는 그 구간에서 반드시 최댓값과 최솟값을 가진다.

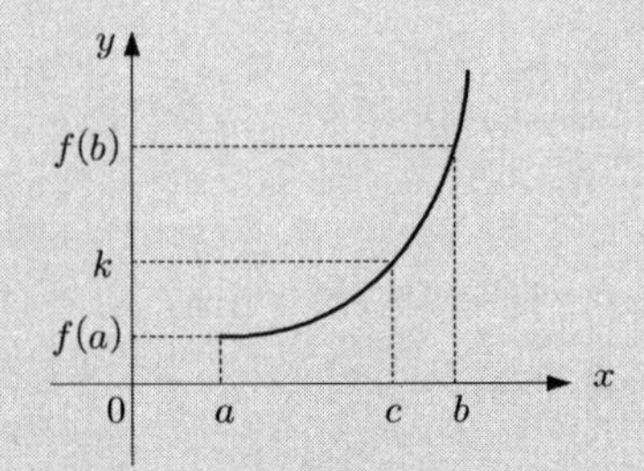

[그림 1.4] 최댓값 및 최솟값의 정리

(2) 중간값의 정리

함수 $f(x)$가 폐구간 $[a, b]$에서 연속이고 $f(a) \neq f(b)$일 때, $f(a)$와 $f(b)$ 사이의 임의의 값을 k라 하면, $f(c) = k$인 c가 개구간 (a, b) 안에 적어도 하나 존재한다.

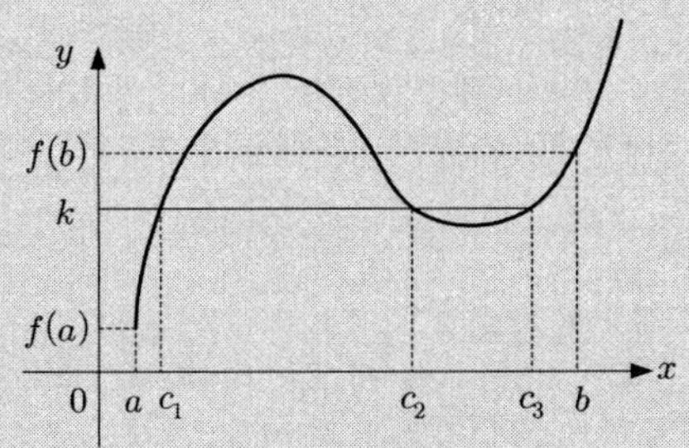

[그림 1.5] 중간값의 정리

1.2 변화율과 도함수

1.2.1 평균변화율과 순간변화율

1) 평균변화율의 정의 및 기하학적인 의의

함수 $y = f(x)$에서 x의 값이 a로부터 $a + \Delta x$까지 변할 때

$$\frac{\Delta y}{\Delta x} = \frac{f(a + \Delta x) - f(a)}{\Delta x}$$

를 구간 $[a, a + \Delta x]$에서 y의 평균변화율이라 한다.

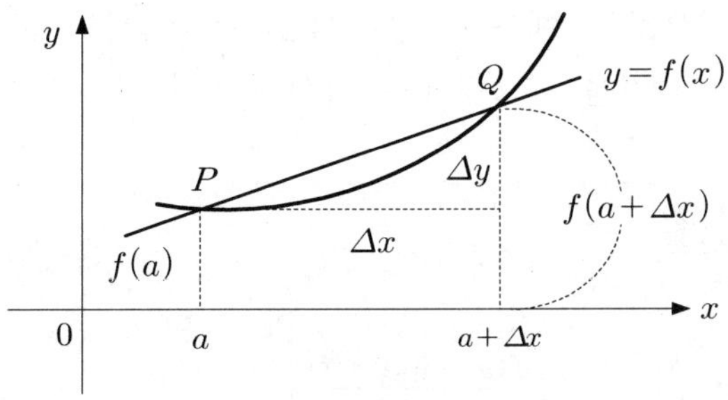

[그림 1.6] 평균변화율

또한 함수 $y= f(x)$의 구간 $[a, a+\Delta x]$에서의 y의 평균변화율은 함수 $y(x)$의 x좌표가 a인 점과 $a+\Delta x$인 점을 맺는 직선의 기울기(그림에서 직선 PQ의 기울기)를 나타낸다.

평균변화율

함수 $y= f(x)$의 구간 $[a, b]$에서의 평균변화율은 다음과 같다.

$$\frac{\Delta y}{\Delta x} = \frac{f(b)-f(a)}{b-a}$$

2) 순간변화율(미분계수)

함수 $y= f(x)$의 구간 $[a, a+\Delta x]$에서의 평균변화율에서 $x \to 0$일 때의 극한값, 즉,

$$\lim_{\Delta x \to 0} \frac{\Delta y}{\Delta x} = \lim_{\Delta x \to 0} \frac{f(a+\Delta x)-f(a)}{\Delta x}$$

를 $f(x)$의 $x=a$에서의 순간변화율(간단히, 변화율) 또는 미분계수라 하고

$$f'(a),\ y'_{x=a},\ \left[\frac{dy}{dx}\right]_{x=a}$$

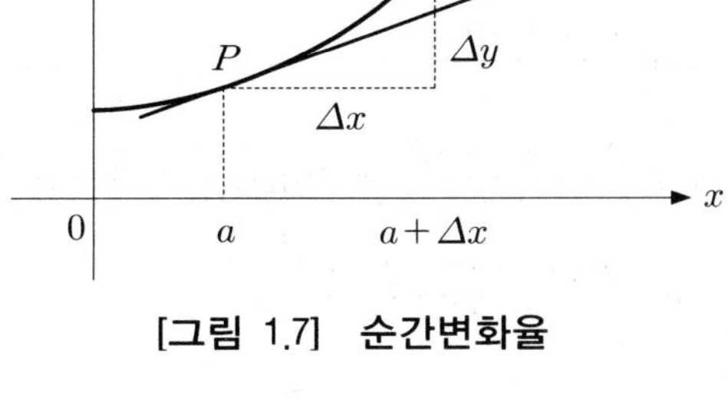

[그림 1.7] 순간변화율

로 나타내며, 기하학적으로는 함수 $y=f(x)$의 $x=a$에서의 순간변화율 $f'(a)$는 x좌표가 a인 점에서의 접선의 기울기(그림에서 접선 PT의 기울기)를 나타낸다.

순간변화율, 도함수

① 순간변화율

$$f'(a)=\lim_{\Delta x\to 0}\frac{\Delta y}{\Delta x}=\lim_{\Delta x\to 0}\frac{f(a+\Delta x)-f(a)}{\Delta x}$$

$y=f(x)$의 $x=a$인 점에서 접선의 기울기

② 도함수

$$f'(x)=\lim_{\Delta x\to 0}\frac{\Delta y}{\Delta x}=\lim_{\Delta x\to 0}\frac{f(x+\Delta x)-f(x)}{\Delta x}$$

$y=f(x)$의 임의의 점에서 접선의 기울기

예제 1.6 다음 각 함수의 지정된 구간에서 평균변화율을 구하시오.

① $f(x)=2x+1$ $[3,\ 5]$ ② $f(x)=x^2-5x+4$ $[1,\ 3]$

③ $f(x)=\sqrt{x}$ $[4,\ 9]$ ④ $f(x)=x^3$ $[a,\ b]$

풀이 ① $\frac{\Delta f}{\Delta x}=\frac{f(5)-f(3)}{5-3}=\frac{(2\times5+1)-(2\times3+1)}{2}=2$

② $\frac{\Delta y}{\Delta x}=\frac{f(3)-f(1)}{3-1}=\frac{(3^2-5\times3+4)-(1^2-5\times1+4)}{2}=-1$

③ $\frac{\Delta f}{\Delta x}=\frac{f(9)-f(4)}{9-4}=\frac{\sqrt{9}-\sqrt{4}}{5}=\frac{1}{5}$

④ $\frac{\Delta f}{\Delta x}=\frac{f(b)-f(a)}{b-a}=\frac{b^3-a^3}{b-a}=a^2+ab+b^2$

예제 1.7 다음 각 함수의 $x=1$에서의 순간변화율(변화율)을 구하시오.

① $y=x^2$ ② $y=2x^3$

③ $y=x^2+2x$ ④ $y=\sqrt{x}$

풀이 ① $y'_{x=1}=\lim_{\Delta x\to 0}\frac{(1+\Delta x)^2-1^2}{\Delta x}$

$=\lim_{\Delta x\to 0}\frac{2\Delta x+(\Delta x)^2}{\Delta x}=\lim_{\Delta x\to 0}(2+\Delta x)=2$

② $y'_{x=1}=\lim_{\Delta x\to 0}\frac{2(1+\Delta x)^3-2\times1^3}{\Delta x}$

$$= \lim_{\triangle x \to 0} \frac{6(\triangle x)+6(\triangle x)^2+2(\triangle x)^3}{\triangle x}$$

$$= \lim_{\triangle x \to 0} 6+6(\triangle x)+2(\triangle x)^2 = 6$$

③ $$y'_{x=1} = \lim_{\triangle x \to 0} \frac{(1+\triangle x)^2+2(1+\triangle x)-(1^2+2\times 1)}{\triangle x}$$

$$= \lim_{\triangle x \to 0} \frac{4(\triangle x)+(\triangle x)^2}{\triangle x} = \lim_{\triangle x \to 0}(4+\triangle x) = 4$$

④ $$y'_{x=1} = \lim_{\triangle x \to 0} \frac{\sqrt{1+\triangle x}-\sqrt{1}}{\triangle x} = \lim_{\triangle x \to 0} \frac{\triangle x}{\triangle x\sqrt{1+\triangle x}+1} = \frac{1}{2}$$

예제 1.8 함수 $f(x) = x^2 + x$에 대하여 다음을 구하시오.

① 구간 [1, 3]에서의 함수 $f(x)$의 평균변화율

② $x = 2$에서 함수 $f(x)$의 미분계수

③ 함수 $f(x)$의 도함수 $f'(x)$

풀이 ① 평균변화율 $= \dfrac{\triangle f}{\triangle x} = \dfrac{f(3)-f(1)}{3-1} = \dfrac{(3^2+3)-(1^2+1)}{2} = 5$

② 미분계수 $= f'(2) = \displaystyle\lim_{\triangle x \to 0} \frac{f(2+\triangle x)-f(2)}{\triangle x}$

$$= \lim_{\triangle x \to 0} \frac{(2+\triangle x)^2+(2+\triangle x)-(2^2+2)}{\triangle x}$$

$$= \lim_{\triangle x \to 0} \frac{5(\triangle x)+(\triangle x)^2}{\triangle x}$$

$$= \lim_{\triangle x \to 0}(5+\triangle x) = 5$$

③ 도함수 $= f'(x) = \displaystyle\lim_{\triangle x \to 0} \frac{f(x+\triangle x)-f(x)}{\triangle x}$

$$= \lim_{\triangle x \to 0} \frac{(x+\triangle x)^2+(x+\triangle x)-(x^2+x)}{\triangle x}$$

$$= \lim_{\triangle x \to 0} \frac{(\triangle x)^2+2x(\triangle x)+\triangle x}{\triangle x}$$

$$= \lim_{\triangle x \to 0}(\triangle x+2x+1) = 2x+1$$

예제 1.9 함수 $f(x) = x^2$의 도함수를 구하고 $x = 3$에서 미분계수를 구하시오.

풀이 ① $f'(x) = \displaystyle\lim_{\triangle x \to 0} \frac{f(x+\triangle x)-f(x)}{\triangle x}$

$$= \lim_{\Delta x \to 0} \frac{(x+\Delta x)^2 - x^2}{\Delta x}$$

$$= \lim_{\Delta x \to 0} \frac{x^2 + 2x\Delta x + (\Delta x)^2 - x^2}{\Delta x}$$

$$= \lim_{\Delta x \to 0} \frac{2x\Delta x + (\Delta x)^2}{\Delta x}$$

$$= \lim_{\Delta x \to 0} (2x + \Delta x) = 2x$$

② $x=3$에서의 미분계수

$f'(3) = 2 \times 3 = 6$

1.3 여러 가지 미분법

1.3.1 미분법의 공식

함수 $f(x)$의 도함수 $f'(x)$를 구하는 것을 x에 관하여 미분한다고 하고, 그 계산법을 미분법이라 한다. 주어진 함수를 미분할 때 도함수의 정의에 의하여 계산하는 것은 대단히 번거롭다. 따라서 미분법의 공식을 기억해 두면 편리하고 쉽게 계산할 수 있다.

1) 미분법의 기본 공식

기본 공식을 유도하기 위해 다음 함수들을 미분법의 정의를 이용하여 정리한다.

$$y = x,\ y = x^2,\ y = x^3,\ y = x^4,\ \cdots\cdots$$

의 도함수를 미분법의 정의

$$y'(x) = \lim_{\Delta x \to 0} \frac{f(x+\Delta x) - f(x)}{\Delta x}$$

를 사용하여 구해 보면 다음과 같이 된다.

$$y = x \to y' = x^0 \qquad y = x^2 \to y' = 2x$$

$$y = x^3 \to y' = 3x^2 \qquad y = x^4 \to y' = 4x^3$$

함수와 도함수의 계수 및 지수를 비교해 보면

$$y = x^n \to y' = nx^{n-1}$$

과 같은 관계가 있음을 쉽게 알 수 있다.

미분법의 기본 공식

두 함수 $f(x)$, $g(x)$의 도함수가 존재할 때

① $y=C$(상수) → $y'=0$

② $y=x^n$(n은 유리수) → $y'=nx^{n-1}$

③ $y=Cf(x)$ → $y'=Cf'(x)$ (C는 상수)

④ $y=f(x)\pm g(x)$ → $y'=f'(x)\pm g'(x)$ (복호 동순)

⑤ $y=f(x)g(x)$ → $y'=f'(x)g(x)+f(x)g'(x)$

⑥ $y=\dfrac{f(x)}{g(x)}$ $(g(x)\neq 0)$ → $y'=\dfrac{f'(x)g(x)-f(x)g'(x)}{g(x)^2}$

예제 1.10 다음 각 함수의 도함수를 구하시오.

① $y=x$ ② $y=x^2$ ③ $y=x^3$ ④ $y=x^4$

⑤ $y=\dfrac{1}{x}$ ⑥ $y=\dfrac{1}{x^2}$ ⑦ $y=\sqrt{x}$ ⑧ $y=x\sqrt{x}$

풀이 ① $y=x,\quad y'=1$ ② $y=x^2,\quad y'=2x$

③ $y=x^3,\quad y'=3x$ ④ $y=x^4,\quad y'=4x^3$

⑤ $y=\dfrac{1}{x},\quad y'=\dfrac{-1}{x^2}$ ⑥ $y=\dfrac{1}{x^2},\quad y'=\dfrac{-2x}{x^4}$

⑦ $y=\sqrt{x},\ y'=\dfrac{1}{2}x^{\frac{1}{2}-1}=\dfrac{1}{2}x^{-\frac{1}{2}}=\dfrac{1}{2\sqrt{x}}$

⑧ $y=x\sqrt{x},\ y'=\sqrt{x}+x\dfrac{1}{2\sqrt{x}}=\sqrt{x}+\dfrac{\sqrt{x}}{2}$

---

2) 합성함수의 미분법

$y=f(u)$, $u=g(x)$가 미분가능할 때 합성함수 $y=f(g(x))$도 미분가능하고, 다음 공식이 성립한다.

$$\frac{dy}{dx}=\frac{dy}{du}\cdot\frac{du}{dx}$$

예제 1.11 다음 각 함수의 도함수를 구하시오.

① $y=(2x+1)^3$ ② $y=(x^2+x+1)^5$

풀이 ① $y=(2x+1)^3$에서 $u=2x+1$로 놓으면 $y=u^3$이므로

$$\frac{dy}{du}=3u^3,\quad \frac{dx}{du}=2$$

$$\therefore \frac{dy}{dx}=\frac{dy}{du}\cdot\frac{du}{dx}=3u^2\cdot 2=6(2x+1)^2$$

② $y=(x^2+x+1)^5$에서 $u=x^2+x+1$로 놓으면 $y=u^5$이므로

$$\frac{dy}{du}=5u^4,\quad \frac{du}{dx}=2x+1$$

$$\therefore \frac{dy}{dx}=\frac{dy}{du}\cdot\frac{du}{dx}=5(x^2+x+1)^4\cdot(2x+1)$$

$y=f(ax+b)$, $y=f(x)^n$의 도함수

$$y=f(ax+b)\ \rightarrow\ \frac{dy}{dx}=af'(ax+b)$$

$$y=f(x)^n\ \rightarrow\ \frac{dy}{dx}=nf(x)^{n-1}f'(x)$$

예제 1.12 다음 각 함수를 미분하시오.

① $y=f(2x+1)$ ② $y=(2x^2-1)^4$ ③ $y=\sqrt{2x+1}$

풀이

① $y'=f'(2x+1)\cdot(2x+1)'=2f'(2x+1)$

② $y'=4(2x^2-1)^3\cdot(2x^2-1)'=16x(2x^2-1)^3$

③ $y=(2x+1)^{\frac{1}{2}}$이므로

$$y'=\frac{1}{2}(2x+1)^{\frac{1}{2}-1}\cdot(2x+1)'=(2x+1)^{-\frac{1}{2}}=\frac{1}{\sqrt{2x+1}}$$

---

3) 음함수의 미분법

일반적으로 x의 함수 y가 $f(x, y)=0$의 꼴로 주어졌을 때, y를 x의 음함수라 하고, 이에 대하여 x의 함수 y가 $y=f(x)$의 꼴로 주어졌을 때 y를 x의 양함수라 한다.

음함수 즉, x의 함수 y가 음함수 $f(x,y)=0$의 꼴로 주어졌을 때, 양함수 형태로 고치지 않고 합성함수의 미분법을 이용하여 직접 도함수 y'을 구할 수 있다.

합성함수의 미분법

$$\frac{d}{dx}\{f(x)\}^n=n\{f(x)\}^{n-1}f'(x)$$

에서 $f(x)=y$로 놓으면

$$\frac{d}{dx}y^n = ny^{n-1}y'$$

이며, 이것은 y^n을 x에 관하여 미분할 때에는 먼저 y^n을 y에 관하여 미분하고, 여기에 y를 x로 미분한 것을 곱한 것이다. 즉

$$\frac{d}{dx}y^n = ny^{n-1}\frac{dy}{dx}$$

음함수 미분법

음함수 $f(x, y)=0$의 각 항을 x에 관하여 미분함으로써 음함수의 도함수를 구할 수 있다.

$$\frac{d}{dx}y^n = \frac{d}{dx}y^n\frac{dy}{dx}$$

참고

① x와 y가 같은 변수일 때

$$\frac{d}{dx}x^n = nx^{n-1}$$

② y가 x의 함수일 때

$$\frac{d}{dx}y^n = ny^{n-1}\frac{dy}{dx}$$

③ y가 t의 함수일 때

$$\frac{d}{dt}y^n = ny^{n-1}\frac{dy}{dt}$$

예제 1.13 다음 함수의 도함수 $\frac{dy}{dx}$를 구하시오.

① $2x^2+3y^2=6$ ② $x^2+y^2=1$

③ $y^2=4x$ ④ $x^2+y^3-3xy=0$

풀이 ① $4x+6y\frac{dy}{dx}=0 \quad \Rightarrow \quad 6y\frac{dy}{dx}=-4x$

$$\therefore \frac{dy}{dx}=\frac{-4x}{6y}=-\frac{2x}{3y} \text{ (단 } y\neq 0\text{)}$$

② $2x+2y\frac{dy}{dx}=0$

$$\therefore \frac{dy}{dx}=-\frac{2x}{2y}=-\frac{x}{y}$$

③ $2y\frac{dy}{dx}=4$

$\therefore \dfrac{dy}{dx} = \dfrac{4}{2y} = \dfrac{2}{y}$

④ $2x + 3y^2\dfrac{dy}{dx} - \left(3y + 3x\dfrac{dy}{dx}\right) = 0$

$3y^2\dfrac{dy}{dx} - 3x\dfrac{dy}{dx} = -2x + 3y$

$\dfrac{dy}{dx}(3y^2 - 3x) = -2x + 3y$

$\therefore \dfrac{dy}{dx} = \dfrac{-2x + 3y}{3y^2 - 3x}$

예제 1.14 다음 함수의 $\dfrac{dy}{dx}$를 구하시오.

① $\sqrt{x} + \sqrt{y} = 1$ ② $x = y\sqrt{1+y}$ ③ $x = t-2,\ y = t^2$

풀이 ① $\sqrt{x} + \sqrt{y} = 1$의 양변을 x에 관하여 미분하면

$\dfrac{d}{dx}(\sqrt{x}) + \dfrac{d}{dx}(\sqrt{y}) = \dfrac{d}{dx}(1)$

$\therefore \dfrac{1}{2\sqrt{x}} + \dfrac{1}{2\sqrt{y}}\dfrac{dy}{dx} = 0$

$\therefore \dfrac{dy}{dx} = -\dfrac{\sqrt{y}}{\sqrt{x}}\ (x \neq 0)$

② 주어진 식의 양변을 제곱하여 정리하면 $y^3 + y^2 - x^2 = 0$이고, 이 식의 양변을 x에 관하여 미분하면

$3y^2\dfrac{dy}{dx} + 2y\dfrac{dy}{dx} - 2x = 0$

$\therefore \dfrac{dy}{dx}(3y^2 + 2y) = 2x$

$\therefore \dfrac{dy}{dx} = \dfrac{2x}{3y^2 + 2y} = \dfrac{2y\sqrt{1+y}}{y(3y+2)} = \dfrac{2\sqrt{1+y}}{3y+2}\left(y \neq -\dfrac{2}{3}\right)$

③ $x = t-2$에서 $t = x+2$이고, $y = t^2$에 대입하여 정리하면 $y = (x+2)^2$이므로

$\dfrac{dy}{dx} = 2(x+2)(x+2)' = 2(x+2)$

---

4) 삼각함수의 미분법

도함수의 정의에 의한 $y = \sin x$ 및 $y = \cos x$의 미분은 다음과 같이 구할 수 있으며, 몫의 미분법을 이용하면 $y = \tan x$, $y = \cot x$, …… 등의 도함수도 구할 수 있다.

① $y = \sin x$의 미분

$$y' = \lim_{h\to 0}\frac{\sin(x+h)-\sin x}{h} = \lim_{h\to 0}\frac{2\cos\left(x+\frac{h}{2}\right)\sin\frac{h}{2}}{h}$$

$$= \lim_{h\to 0}\cos\left(x+\frac{h}{2}\right)\frac{\sin\frac{h}{2}}{\frac{h}{2}} = \cos x \quad \left(\because \lim_{x\to 0}\frac{\sin x}{x} = 1\right)$$

② $y = \cos x$의 미분

$$y' = \lim_{h\to 0}\frac{\cos(x+h)-\cos x}{h} = \lim_{h\to 0}\frac{-2\sin\left(x+\frac{h}{2}\right)\sin\frac{h}{2}}{h}$$

$$= -\lim_{h\to 0}\sin\left(x+\frac{h}{2}\right)\frac{\sin\frac{h}{2}}{\frac{h}{2}} = -\sin x$$

③ $y = \tan x$ 의 미분

$$y' = (\tan x)' = \left(\frac{\sin x}{\cos x}\right)'$$

$$= \frac{\cos x\cos x - \sin x(-\sin x)}{\cos^2 x} = \frac{\cos^2 x + \sin^2 x}{\cos^2 x} = \frac{1}{\cos^2 x} = \sec^2 x$$

④ $y = \cot x$의 미분

$$y' = (\cot x)' = \left(\frac{\cos x}{\sin x}\right)'$$

$$= \frac{-\sin x\sin x - \cos x\cos x}{\sin^2 x} = \frac{-1}{\sin^2 x} = -\csc^2 x$$

⑤ $y = \sec x$의 미분

$$y' = (\sec x)' = \left(\frac{1}{\cos x}\right)'$$

$$= \frac{0-(-\sin x)}{\cos^2 x} = \frac{\sin x}{\cos^2 x} = \sec x\tan x$$

⑥ $y = \csc x$ 의 미분

$$y' = (\csc x)' = \left(\frac{1}{\sin x}\right)'$$

$$= \frac{0-\cos x}{\sin^2 x} = \frac{-\cos x}{\sin^2 x} = -\csc x\cot x$$

삼각함수의 미분법

① $y=\sin x$ → $y'=\cos x$
② $y=\cos x$ → $y'=-\sin x$
③ $y=\tan x$ → $y'=\sec^2 x$
④ $y=\cot x$ → $y'=-\csc^2 x$
⑤ $y=\sec x$ → $y'=\sec x\tan x$
⑥ $y=\csc x$ → $y'=-\csc x\cot x$

예제 1.15 다음 각 함수를 미분하시오.

① $y=\cos x+2\sin x$ ② $y=\tan x-3\cot x$

③ $y=\sin^2 x$ ④ $y=\cos^3 x$

⑤ $y=\tan^3 x$ ⑥ $y=\sec^2 x$

풀이

① $y'=-\sin x+2\cos x$

② $y'=\sec^2 x-3(-\csc^2 x)=\sec^2 x+3\csc^2 x$

③ $y'=2\sin x(\sin x)'=2\sin x\cos x$

④ $y'=3\cos^2 x(\cos x)'=3\cos^2 x(-\sin x)=-3\sin x\cos^2 x$

⑤ $y'=3\tan^2 x(\tan x)'=3\tan^2 x\sec^2 x$

⑥ $y'=2\sec x(\sec x)'=2\sec x(\sec x\tan x)=2\sec^2 x\tan x$

예제 1.16 다음 함수를 미분하시오.

① $y=(\sin x+\cos x)^3$ ② $y=\sqrt{1+2\tan x}$

③ $y=(\sin x)(1+\cos x)$ ④ $y=\dfrac{1+\sin x}{\cos x}$

풀이

① $y'=3(\sin x+\cos x)^2(\sin x+\cos x)'$
$=3(\sin x+\cos x)^2(\cos x-\sin x)$

② $y'=\dfrac{(1+2\tan x)'}{2\sqrt{1+2\tan x}}=\dfrac{2\sec^2 x}{2\sqrt{1+2\tan x}}=\dfrac{\sec^2 x}{\sqrt{1+2\tan x}}$

③ $y'=(\sin x)'(1+\cos x)+(\sin x)(1+\cos x)'$
$=\cos x(1+\cos x)+\sin x(-\sin x)$
$=\cos x+\cos^2 x-\sin^2 x$

④ $y'=\dfrac{(1+\sin x)'\cos x-(1+\sin x)(\cos x)'}{\cos^2 x}$

$=\dfrac{\cos^2 x+\sin x+\sin^2 x}{\cos^2 x}=\dfrac{1+\sin x}{1-\sin^2 x}=\dfrac{1}{1-\sin x}$

5) 지수 · 로그 함수의 미분법

(1) 지수함수 미분법

지수함수의 극한을 이용하여 $y=a^x$ 및 $y=e^x$의 도함수를 구할 수 있다.

지수함수의 미분법

① $y=e^x \quad \rightarrow \quad y'=e^x$

② $y=a^x \quad \rightarrow \quad y'=a^x \ln a$

①' $y=e^{ax} \quad \rightarrow \quad y'=ae^x$

②' $y=a^{bx} \quad \rightarrow \quad y'=b\cdot a^{bx} \ln a$

u를 x의 미분가능한 함수라 하면

①'' $y=e^u \quad \rightarrow \quad y'=e^u \dfrac{du}{dx}$

②'' $y=a^u \quad \rightarrow \quad y'=a^u \ln a \dfrac{du}{dx}$

① $y=e^x$의 도함수

$$y'=\lim_{h\to 0}\frac{e^{x+h}-e^x}{h}=\lim_{h\to 0}e^x\frac{e^h-1}{h}=e^x, \quad \left(\lim_{x\to 0}\frac{e^x-1}{x}=1\right)$$

② $y=a^x$의 도함수

$$y'=\lim_{h\to 0}\frac{a^{x+h}-a^x}{h}=\lim_{h\to 0}a^x\frac{a^h-1}{h}=a^x\ln a, \quad \left(\lim_{x\to 0}\frac{a^x-1}{x}=\ln a\right)$$

예제 1.17 다음 각 함수의 도함수를 구하시오.

① $y=3e^x$ ② $y=2\cdot 3^x$ ③ $y=xe^x$ ④ $y=e^x\sin x$

⑤ $y=\dfrac{e^x}{e^x+1}$ ⑥ $y=\dfrac{x}{4^x}$ ⑦ $y=(x^2+e^x)^3$

풀이 ① $y'=3(e^x)'=3e^x$

② $y'=2\cdot 3^x=2\cdot 3^x\ln 3=2\ln 3\cdot 3^x$

③ $y'=(x)'e^x+x(e^x)'=e^x+xe^x$

④ $y'=(e^x)'\sin x+e^x(\sin x)'=e^x\sin x+e^x\cos x$

⑤ $y' = \dfrac{(e^x)'(e^x+1) - e^x(e^x+1)'}{(e^x+1)^2} = \dfrac{e^x(e^x+1) - e^x \cdot e^x}{(e^x+1)^2} = \dfrac{e^x}{(e^x+1)^2}$

⑥ $y' = \dfrac{(x)' \cdot 4^x - x(4^x)'}{(4^x)^2} = \dfrac{4^x - x \cdot 4^x \ln 4}{(4^x)^2} = \dfrac{1 - x\ln 4}{4^x}$

⑦ $y' = 3(x^2+e^x)^2(x^2+e^x)' = 3(x^2+e^x)^2(2x+e^x)$

---

(2) 로그함수의 미분법

$\lim_{x \to 0}(1+x)^{\frac{1}{x}} = e$를 이용하여 $y = \log_a x$, $y = \ln x$의 도함수를 구할 수 있다.

① $y = \ln x$의 도함수

$$y' = \lim_{h \to 0} \frac{\ln(x+h) - \ln x}{h} = \lim_{h \to 0} \frac{1}{h} \ln \frac{x+h}{x} = \lim_{h \to 0} \ln\left(1 + \frac{h}{x}\right)^{\frac{1}{h}}$$

$$= \lim_{h \to 0} \ln\left(1 + \frac{h}{x}\right)^{\frac{x}{h} \cdot \frac{1}{x}} = \ln e^{\frac{1}{x}} = \frac{1}{x} \ln e = \frac{1}{x}$$

② $y = \log_a x$의 도함수

$$y' = \lim_{h \to 0} \frac{\log_a(x+h) - \log_a x}{h} = \lim_{h \to 0} \frac{1}{h} \log_a \frac{x+h}{x} = \lim_{h \to 0} \log_a\left(1 + \frac{h}{x}\right)^{\frac{1}{h}}$$

$$= \lim_{h \to 0} \log_a\left(1 + \frac{h}{x}\right)^{\frac{x}{h} \cdot \frac{1}{x}} = \log_a e^{\frac{1}{x}} = \frac{1}{x} \cdot \frac{\ln e}{\ln a} = \frac{1}{x} \cdot \frac{1}{\ln a}$$

로그함수의 미분법

① $y = \ln x$ → $y' = \dfrac{1}{x}$

② $y = \log_a x$ → $y' = \dfrac{1}{x} \cdot \dfrac{1}{\ln a}$

예제 1.18 다음 함수의 도함수를 구하시오.

① $y = \ln x + x$　② $y = 3\log_2 x - x^2$　③ $y = x\ln x - x$

④ $y = e^x \ln x$　⑤ $y = \dfrac{\ln x}{e^x}$　⑥ $y = (\log_2 x)^3$

풀이 ① $y' = \frac{1}{x} + 1$

② $y' = 3 \cdot \frac{1}{x} \cdot \frac{1}{\ln 2} - 2x = \frac{3}{x \ln 2} - 2x$

③ $y' = (x)' \ln x + x(\ln x)' - 1 = \ln x + x \cdot \frac{1}{x} - 1 = \ln x$

④ $y' = (e^x)' \ln x + e^x (\ln x)' = e^x \ln x + e^x \frac{1}{x} = e^x \left(\ln x + \frac{1}{x} \right)$

⑤ $y' = \frac{(\ln x)' e^x - \ln x (e^x)'}{(e^x)^2} = \frac{\frac{1}{x} e^x - \ln x \cdot e^x}{(e^x)^2} = \frac{1}{e^x} \left(\frac{1}{x} - \ln x \right)$

⑥ $y' = 3(\log_2 x)^2 \cdot (\log_2 x)' = \frac{3(\log_2 x)^2}{x \ln 2}$

6) 고계도함수

함수 $y = f(x)$가 미분가능하면 그 도함수 $f'(x)$(1계도함수)도 x의 함수이다. 이 $f'(x)$가 다시 미분가능할 때, $f'(x)$의 도함수를 $f(x)$의 이계도함수라 하고, y'', $f''(x)$, $\frac{d^2y}{dx^2}$, $\frac{d^2}{dx^2}f(x)$ 등으로 나타낸다. 또한, 이계도함수 $f''(x)$의 도함수를 삼계도함수라 하며, y''', $f'''(x)$, $\frac{d^3y}{dx^3}$, $\frac{d^3}{dx^3}f(x)$ 등으로 나타낸다.

일반적으로 n계도함수($n = 1, 2, 3, \cdots$)를 정의할 수 있으며 $y^{(n)}$, $f^{(n)}(x)$, $\frac{d^n y}{dx^n}$, $\frac{d^n}{dx^n}f(x)$와 같이 나타낸다.

이계 이상의 도함수를 $f(x)$의 고계도함수(higher derivative)라 한다.

예제 1.19 다음 함수의 이계도함수를 구하시오.

① $y = (x^2 + x + 1)^2$ ② $y = e^{2x}$ ③ $y = \sin x$

풀이 ① $y' = 2(x^2 + x + 1)(x^2 + x + 1)' = 2(x^2 + x + 1)(2x + 1)$이므로

$y'' = 2(x^2 + x + 1)'(2x + 1) + 2(x^2 + x + 1)(2x + 1)'$

$= 2(2x + 1)^2 + 4(x^2 + x + 1) = 6(2x^2 + 2x + 1)$

② $y' = e^{2x}(2x)' = 2e^{2x}$이므로

$y'' = 2e^{2x}(2x)' = 4e^{2x}$

③ $y' = \cos x$이므로 $y'' = -\sin x$

7) 곡선의 접선

곡선 $y=f(x)$의 접선의 기울기는

① x좌표가 a인 점에서 접선의 기울기 → $f'(a)$
② 임의의 점에서 접선의 기울기 → $f'(x)$

곡선 위의 점에서의 접선의 방정식, 즉 곡선 $y=f(x)$ 위의 점 $P(x_1, y_1)$에서

① 접선의 기울기 : $f'(x_1)=\tan\alpha$
② 접선의 방정식 : $y-y_1=f'(x_1)(x-x_1)$
③ 법선의 방정식 : $y-y_1=-\dfrac{1}{f'(x)}(x-x_1)$

(법선 : 접선에 직교하는 직선이며 법선의 기울기는 $-\dfrac{1}{f'(x)}$이다.)

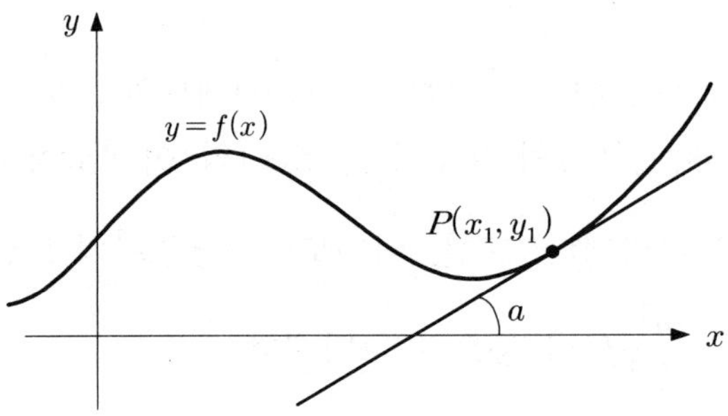

[그림 1.8] 곡선의 접선

예제 1.20 함수 $f(x)=x^2+1$의 그래프에서 $x=-1$, $x=0$, $x=1$인 점에서 접선의 기울기를 각각 구하시오.

풀이 $f'(x)=2x$이므로

$f'(-1)=-2$
$f'(0)=0$
$f'(1)=2$

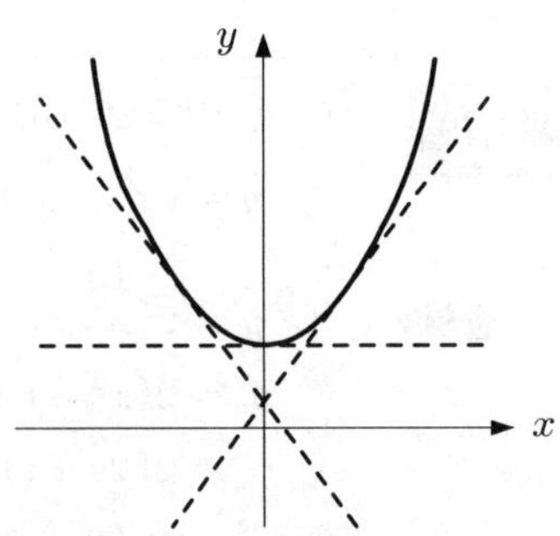

[그림 1.9] 접선의 기울기

예제 1.21 곡선 $y=x^3+ax+b$ 위의 점 (2, 4)에서 접선의 방정식이 $y=x+c$일 때 상수 a, b, c의 값을 구하시오.

풀이 $f(x)=x^3+ax+b$, $g(x)=x+c$로 놓으면, $f'(x)=3x^2+a$이며, 접점에서 $f(2)=(2)^3+2a+b=4$, $g(2)=2+c=4$ 및 $f'(2)=1$이다. 따라서

$2+c=4$ $\qquad\therefore c=2$

$12+a=1$ $\qquad\therefore a=-11$

$8+2(-11)+b=4$ $\qquad\therefore b=18$

예제 1.22 곡선 $y=x^2$ 위의 점 (2, 4)에서의 접선 및 법선의 방정식을 구하시오.

풀이 $y=x^2$에서 $y'=2x$이므로 $x=2$에서 접선의 기울기는 $y'_{x=2}=4$이다.
따라서 접선의 방정식은

$$y-4=4(x-2)$$
$$\therefore y=4x-4$$

법선의 방정식은

$$y-4=-\frac{1}{4}(x-2)$$
$$\therefore y=-\frac{1}{4}x+\frac{9}{2}$$

8) 함수의 극대 · 극소

(1) 함수의 증가 · 감소

함수 $f(x)$가 어떤 구간의 임의의 두 수 a, b에 대하여

$a<b$일 때 $\qquad f(a)<f(b)$

이면, $f(x)$는 그 구간에서 단조 증가 또는 증가한다고 하고

$a<b$일 때 $\qquad f(a)>f(b)$

이면, $f(x)$는 그 구간에서 단조 감소 또는 감소한다고 한다.

또한 $f(x)$가 어떤 구간에서 미분가능하고, 그 구간에서

$f'(x)>0$이고, $f(x)$는 그 구간에서 단조 증가한다고 하며

$f'(x)<0$이고, $f(x)$는 그 구간에서 단조 감소한다고 한다.

예제 1.23 함수 $f(x) = x^3 + ax^2 + ax + 1$이 모든 구간에서 증가함수일 때 실수의 상수 a의 범위를 구하시오.

풀이 $f(x) = x^3 + ax^2 + ax + 1$에서 $f'(x) = 3x^2 + 2ax + a$이며, $f(x)$가 임의의 구간의 모든 x(실수)에 대하여 증가함수이기 위해서는 $f'(x) \geq 0$이어야 하므로

$$D = (2a)^2 - 4(3)(a) \leq 0$$

$$\Rightarrow 4a^2 - 12a \leq 0$$

$$\therefore 0 \leq a \leq 3$$

(2) 함수의 극대 · 극소

① 극대 · 극댓값, 극소 · 극솟값 및 극값

$x = \alpha$에서 연속함수 $f(x)$가 증가상태에서 감소상태로 변하면, $f(x)$는 $x = \alpha$에서 극대가 된다고 하고, $f(\alpha)$를 극댓값이라 하며, $x = \beta$에서 연속함수 $f(x)$가 감소상태에서 증가상태로 변하면, $f(x)$는 $x = \beta$에서 극소가 된다고 하고, $f(\beta)$를 극솟값이라 한다.

또한 극댓값과 극솟값을 통틀어 극값 또는 극치라 한다. 그리고 함수의 그래프에서 극대가 되는 점 $(\alpha,\ f(\alpha))$를 극대점, 극소가 되는 점 $(\beta,\ f(\beta))$를 극소점이라 하고 극대점과 극소점을 통틀어 극점이라 한다.

② $f'(x)$에 의한 극대 · 극소의 판정

$f'(a) = 0$이고, $x = a$의 좌우에서 $f'(x)$의 부호가

(i) 양(+)에서 음(−)으로 변하면 $f(x)$는 $x = a$에서 극대이다.
(ii) 음(−)에서 양(+)으로 변하면 $f(x)$는 $x = a$에서 극소이다.

③ $f''(x)$에 의한 극값의 판정

함수 $f(x)$의 $f'(x)$, $f''(x)$가 존재할 때

(i) $f'(a) = 0$, $f''(a) < 0$이면, $f(x)$는 $x = a$에서 극대이다.
(ii) $f'(a) = 0$, $f''(a) > 0$이면, $f(x)$는 $x = a$에서 극소이다.

예제 1.24 함수 $f(x) = x^2 - 4x + 3$의 극값을 구하시오.

풀이 $f'(x) = 2x - 4 = 2(x-2) = 0$, $x = 2$

$f(2) = (2)^2 - 4 \cdot 2 + 3 = -1$

x	$-\infty$	$\cdots$	2	$\cdots$	$+\infty$
$f'(x)$		−	0	+	
$f(x)$	$+\infty$	↘	−1	↗	$+\infty$

$x=2$에서 극솟값 -1을 가진다.

예제 1.25 $f(x)=x^3-3x-2$의 극값을 구하고 극대 및 극소를 판별하시오.

풀이 $f(x)=x^3-3x-2$

$f'(x)=3x^2-3=3(x^2-1)=3(x+1)(x-1)$

$f'(x)=0$에서 $x=-1$, $x=1$

x	$-\infty$	$\cdots$	−1	$\cdots$	1	$\cdots$	$+\infty$
$f'(x)$		+	0	−	0	+	
$f(x)$	$-\infty$	↗	극대	↘	극소	↗	$+\infty$

$f(-1)=0$이고, $f(1)=-4$이므로

$x=-1$에서 극댓값 0, $x=1$에서 극솟값 -4

예제 1.26 함수 $f(x)=x^3-3x^2+1$의 극값을 구하시오.

풀이 $f'(x)=3x^2-6x$, $f''(x)=6x-6$

$f'(x)=3x(x-2)$

$\therefore x=0, x=2$

$f''(0)=-6<0$이므로 $x=0$에서 극대이고 극댓값 $f(0)=1$

$f''(2)=6>0$이므로 $x=2$에서 극소이고 극솟값 $f(2)=-3$

예제 1.27 함수 $f(x)=2x^3-9x^2+12x-2$의 구간 [0, 3]에서 최댓값 및 최솟값을 구하시오.

풀이 $f'(x)=6x^2-18x+12=6(x-1)(x-2)$

$f'(x)=0$에서 $x=1,2$

$0\le x\le 3$에서 증감을 조사하면 최솟값 −2, 최댓값 7

x	0	$\cdots$	1	$\cdots$	2	$\cdots$	3
$f'(x)$		+	0	−	0	+	
$f(x)$	−2	↗	3	↘	2	↗	7

9) 편도함수

(1) 이변수함수의 편도함수

x, y를 독립적으로 변화하는 두 변수라 하고, z를 제3의 변수라 한다. x, y의 값이 각각 정해지면 여기에 대응하는 z의 값이 정해질 때 z를 x, y의 이변수함수(function of two variables)라 하며

$$z = f(x, y)$$

로 표시한다.

이변수함수 $z = f(x, y)$에 있어서 y를 일정 값 y_1으로 하면 $f(x, y_1)$은 x만의 함수가 된다. 따라서 x에 관해서 미분할 수 있다. $x = x_1$에서 함수 $f(x, y_1)$의 미분계수

$$\lim_{\Delta x \to 0} \frac{f(x_1 + \Delta x, y_1) - f(x_1, y_1)}{\Delta x}$$

이 존재할 때, 이것을 $x = x_1$, $y = y_1$에 있어서의 함수 $z = f(x, y)$의 x에 관한 편미분계수(partial differential coefficient)라 하며

$$f_x(x_1, y_1)$$

으로 나타낸다. 이와 마찬가지로

$$\lim_{\Delta y \to 0} \frac{f(x_1, y_1 + \Delta y) - f(x_1, y_1)}{\Delta y}$$

을 $x = x_1$, $y = y_1$에 있어서 함수 $z = f(x, y)$의 y에 관한 편미분 계수라 하며, 이것을

$$f_y(x_1, y_1)$$

으로 나타낸다.

여기에 $f_x(x_1, y_1)$, $f_y(x_1, y_1)$은 각각 x_1, y_1의 함수이다. 그러므로 x_1, y_1을 x, y로 바꾸어 놓으면 x, y의 한 함수가 된다. 이 $f_x(x, y)$ 또는 $f_y(x, y)$를 각각 x 또는 y에 관한 편도함수(partial derivative)라 하며

$$f_x,\ z_x,\ \frac{\partial f}{\partial x},\ \frac{\partial z}{\partial x},\ \frac{\partial}{\partial x} f(x, y)$$

$$f_y,\ z_y,\ \frac{\partial f}{\partial y},\ \frac{\partial z}{\partial y},\ \frac{\partial}{\partial y} f(x, y)$$

등의 기호로 표시한다.

편도함수를 구하는 것을 편미분한다고 한다.

일반적으로 3개 이상의 변수의 함수 $u = f(x, y, z \cdots)$에 대해서도 그 각각의 변수에 관한 편도함수를 정의할 수 있다. 즉

$$\frac{\partial f}{\partial x} = \lim_{\Delta x \to 0} \frac{f(x+\Delta x,\ y,\ z\cdots) - f(x, y, z\cdots)}{\Delta x}$$

$$\frac{\partial f}{\partial y} = \lim_{\Delta y \to 0} \frac{f(x,\ y+\Delta y,\ z\cdots) - f(x, y, z\cdots)}{\Delta y}$$

$$\frac{\partial f}{\partial z} = \lim_{\Delta z \to 0} \frac{f(x,\ y,\ z+\Delta z,\ \cdots) - f(x, y, z\cdots)}{\Delta z}$$

………

예제 1.28 $z = \dfrac{xy}{\sqrt{x^2+y^2}}$ 의 편도함수를 구하시오.

풀이

$$\frac{\partial z}{\partial x} = \frac{1}{x^2+y^2}\left(y\sqrt{x^2+y^2} - xy\frac{1}{2}(x^2+y^2)^{-\frac{1}{2}} \cdot 2x\right)$$

$$= \frac{1}{x^2+y^2}\left(y\sqrt{x^2+y^2} - \frac{x^2y}{\sqrt{x^2+y^2}}\right) = \frac{y^3}{\sqrt{(x^2+y^2)^3}}$$

$$\frac{\partial z}{\partial y} = \frac{1}{x^2+y^2}\left(x\sqrt{x^2+y^2} - xy\frac{y}{\sqrt{x^2+y^2}}\right) = \frac{x^3}{\sqrt{(x^2+y^2)^3}}$$

예제 1.29 $f(x, y) = \dfrac{x^2}{x^2 - y^2}$ 에서 $f_x(1, 2)$, $f_y(0, 1)$을 구하시오.

풀이

$$f_x(x, y) = \frac{2x(x^2-y^2) - 2x^3}{(x^2-y^2)^2} = \frac{-2xy^2}{(x^2-y^2)^2}$$

$$f_y(x, y) = \frac{-x^2(-2y)}{(x^2-y^2)^2} = \frac{2x^2y}{(x^2-y^2)^2}$$

따라서

$$f_x(1, 2) = \frac{-2\cdot 1\cdot 4}{(1-4)^2} = -\frac{8}{9}$$

$$f_y(0, 1) = \frac{0}{(-1)^2} = 0$$

예제 1.30 다음 함수의 편도함수를 구하시오.

① $z = 2xy^3 + x^2y - 3xy + 2$ ② $z = e^x \ln(x^2 + y^2 + 1)$

풀이 ① $\dfrac{\partial z}{\partial x} = \dfrac{\partial}{\partial x}(2xy^3 + x^2y - 3xy + 2) = 2y^3 + 2xy - 3y$

$$\frac{\partial z}{\partial y} = \frac{\partial}{\partial y}(2xy^3 + x^2y - 3xy + 2) = 6xy^2 + x^2 - 3x$$

② $$\frac{\partial z}{\partial x} = \frac{\partial}{\partial x}(e^x \ln(x^2+y^2+1)) = e^x \ln(x^2+y^2+1) + e^x \cdot \frac{2x}{x^2+y^2+1}$$

$$\frac{\partial z}{\partial y} = \frac{\partial}{\partial y}(e^x \ln(x^2+y^2+1)) = e^x \cdot \frac{2y}{x^2+y^2+1}$$

---

(2) 고계편도함수

함수 $z = f(x, y)$의 편도함수는 일반적으로 x, y의 함수가 되므로 이것을 다시 편미분할 수 있다. 그 결과를 나타내기 위하여 다음의 기호를 사용하여

$$\frac{\partial}{\partial x}\left(\frac{\partial z}{\partial x}\right) = \frac{\partial^2 z}{\partial x^2} = z_{xx} = \frac{\partial^2 f}{\partial x^2} = f_{xx}(x, y)$$

$$\frac{\partial}{\partial x}\left(\frac{\partial z}{\partial y}\right) = \frac{\partial^2 z}{\partial x \partial y} = z_{yx} = \frac{\partial^2 f}{\partial x \partial y} = f_{yx}(x, y)$$

$$\frac{\partial}{\partial y}\left(\frac{\partial z}{\partial x}\right) = \frac{\partial^2 z}{\partial y \partial x} = z_{xy} = \frac{\partial^2 f}{\partial y \partial x} = f_{xy}(x, y)$$

$$\frac{\partial}{\partial y}\left(\frac{\partial z}{\partial y}\right) = \frac{\partial^2 z}{\partial y^2} = z_{yy} = \frac{\partial^2 f}{\partial y^2} = f_{yy}(x, y)$$

등으로 표시하고 이것을 2계편도함수라 한다.

다시 편미분이 가능하면

$$\frac{\partial}{\partial x}\left(\frac{\partial^2 z}{\partial x^2}\right) = \frac{\partial^3 z}{\partial x \partial x^2} = \frac{\partial^3 z}{\partial x^3} = z_{xxx} = \frac{\partial^3 f}{\partial x^3} = f_{xxx}(x, y)$$

$$\frac{\partial}{\partial x}\left(\frac{\partial^2 z}{\partial x \partial y}\right) = \frac{\partial^3 z}{\partial x \partial x \partial y} = z_{yxx} = \frac{\partial^3 f}{\partial x^2 \partial y} = f_{yxx}(x, y)$$

$$\frac{\partial}{\partial x}\left(\frac{\partial^2 z}{\partial y \partial x}\right) = \frac{\partial^3 z}{\partial x \partial y \partial x} = z_{xyx} = \frac{\partial^3 f}{\partial x \partial y \partial x} = f_{xyx}(x, y)$$

등으로 표시하고 이것을 3계도함수라 한다.

이와 마찬가지로 n계편도함수를 정의할 수 있으며, 이들을 합해서 고계편도함수(higher partial derivative)라 한다. 또한 고계의 편도함수에 있어서도 그것이 연속일 때는 편미분의 순서를 바꿀 수 있다. 즉,

① $f_{xy}(x, y) = f_{yx}(x, y)$, $f_{xxy}(x, y) = f_{xyx}(x, y) = f_{yxx}(x, y)$

② $$\frac{\partial^3 z}{\partial x \partial y \partial x} = \frac{\partial}{\partial x}\left(\frac{\partial^2 z}{\partial y \partial x}\right) = \frac{\partial}{\partial x}\left(\frac{\partial^2 z}{\partial x \partial y}\right) = \frac{\partial^3 z}{\partial x^2 \partial y}$$

예제 1.31 $f(x, y)= \dfrac{x-y}{x+y}$일 때 $\dfrac{\partial^2 f}{\partial x^2}$, $\dfrac{\partial^2 f}{\partial y \partial x}$, $\dfrac{\partial^2 f}{\partial y^2}$를 구하시오.

풀이

$$\frac{\partial f}{\partial x} = \frac{(x+y)-(x-y)}{(x+y)^2} = \frac{2y}{(x+y)^2}$$

$$\frac{\partial f}{\partial y} = \frac{-(x+y)-(x-y)}{(x+y)^2} = \frac{-2x}{(x+y)^2}$$

$$\frac{\partial^2 f}{\partial x^2} = \frac{\partial}{\partial x}\left(\frac{\partial f}{\partial x}\right) = \frac{-4y(x+y)}{(x+y)^4} = \frac{-4y}{(x+y)^3}$$

$$\frac{\partial^2 f}{\partial y \partial x} = \frac{\partial}{\partial y}\left(\frac{\partial f}{\partial x}\right) = \frac{2(x+y)^2-4y(x+y)}{(x+y)^4} = \frac{2(x-y)}{(x+y)^3}$$

$$\frac{\partial^2 f}{\partial y^2} = \frac{\partial}{\partial y}\left(\frac{\partial f}{\partial y}\right) = \frac{4x(x+y)}{(x+y)^4} = \frac{4x}{(x+y)^3}$$

예제 1.32 $z = xe^y + y\sin x$의 2계 편도함수를 구하시오.

풀이

$$\frac{\partial z}{\partial x} = e^y + y\cos x \quad \frac{\partial z}{\partial y} = xe^y + \sin x$$

$$\frac{\partial z}{\partial x^2} = -y\sin x \qquad \frac{\partial^2 z}{\partial y^2} = xe^y$$

$$\frac{\partial^2 z}{\partial x \partial y} = e^y + \cos x \qquad \frac{\partial^2 z}{\partial y \partial x} = e^y + \cos x$$

(3) 합성함수의 편미분법

함수 $z = f(x, y)$에 있어서 x, y가 다 같이 다른 변수 t의 함수일 때에는 z는 t만의 함수가 된다. 따라서 t에 관하여 z를 미분할 수가 있다.

즉 $z = f(x, y)$가 x, y에 관하여 편미분가능하고 $f_x(x, y)$, $f_y(x, y)$가 연속이고 x, y는 다른 변수 t의 미분가능한 함수이면 z는 t에 관해서 미분가능하며 다음과 같이 나타낸다.

$$\frac{dz}{dt} = \frac{\partial z}{\partial x}\frac{dx}{dt} + \frac{\partial z}{\partial y}\frac{dy}{dt}$$

예제 1.33 $z=\sin\dfrac{x}{y}$, $x=e^t$, $y=t^2$일 때 $\dfrac{dz}{dt}$를 구하시오.

풀이

$$\frac{\partial z}{\partial x}=\frac{1}{y}\cos\frac{x}{y},\quad \frac{\partial z}{\partial y}=-\frac{x}{y^2}\cos\frac{x}{y}$$

$$\frac{dx}{dt}=e^t,\quad \frac{dy}{dt}=2t$$

$$\frac{dz}{dt}=\frac{\partial z}{\partial x}\frac{dx}{dt}+\frac{\partial z}{\partial y}\frac{dy}{dt}=\left(\frac{1}{y}\cos\frac{x}{y}\right)e^t+\left(-\frac{x}{y^2}\cos\frac{x}{y}\right)2t$$

$$=\left(\frac{e^t}{y}-\frac{2xt}{y^2}\right)\cos\frac{x}{y}=\frac{(t-2)e^t}{t^3}\cos\frac{e^t}{t^2}$$

1.4 전 미 분

이변수의 함수 $z=f(x,y)$에 있어서 x, y의 증분 Δx, Δy에 대응하는 z의 증분을 Δz라 하면

$$\Delta z=f(x+\Delta x,\ y+\Delta y)-f(x,y)$$

지금 함수 $z=f(x,y)$가 점 $(x,\ y)$의 근방에서 연속이고 또 이 점에서 연속인 편도함수 $f_x(x,y)$, $f_y(x,y)$가 존재한다고 한다.

Δz의 우변에 $f(x,y+\Delta y)$를 더하고 빼면

$$\Delta z=f(x+\Delta x,\ y+\Delta y)-f(x,\ y+\Delta y)+f(x,\ y+\Delta y)-f(x,\ y)$$

이고, 여기에 평균값의 정리를 적용하면

$$f(x+\Delta x,y+\Delta y)-f(x,y+\Delta y)=\Delta x\frac{\partial}{\partial x}f(x+\theta_1\Delta x,y+\Delta y),\ (0<\theta_1<1)$$

$$f(x,\ y+\Delta y)-f(x,y)=\Delta y\frac{\partial}{\partial y}f(x,\ y+\theta_2\Delta y),\ (0<\theta_2<1)$$

따라서

$$\Delta z=f_x(x+\theta_1\Delta x,\ y+\Delta y)\Delta x+f_y(x,y+\theta_2\Delta y)\Delta y$$

를 얻는다. 가정에 의하여 $f_x(x,y)$, $f_y(x,y)$는 연속이므로

$$f_x(x+\theta_1\Delta x,\ y+\Delta y)=f_x(x,y)+\epsilon_1$$

$$f_y(x,y+\theta_2\Delta y)=f_y(x,y)+\epsilon_2$$

로 놓으면

$$\lim_{\Delta x,\,\Delta y \to 0} \epsilon_1 = 0 \qquad\qquad \lim_{\Delta x,\,\Delta y \to 0} \epsilon_2 = 0$$

이 된다. 그러므로

$$\Delta z = f_x(x,y)\Delta x + f_y(x,y)\Delta y + \epsilon_1 \Delta x + \epsilon_2 \Delta y$$

에서 Δx, Δy가 충분히 작을 때에는 $\epsilon_1 \Delta x + \epsilon_2 \Delta y$는 Δx, Δy에 비하여 대단히 작아 이것을 생략하여 Δz를 dz로 나타내면

$$dz = f_x(x,y)\Delta x + f_y(x,y)\Delta y$$

를 함수 $z = f(x,y)$의 전미분(total differential)이라 한다.

즉, 각 독립변수의 미분은 그 증분과 같으므로

$$dz = f_x(x,y)dx + f_y(x,y)dy$$

$$= \frac{\partial z}{\partial x}dx + \frac{\partial z}{\partial y}dy$$

그리고 $z = f(x,y)$에서 x, y가 독립변수가 아니라 다른 독립변수 u, v의 함수인 경우를 생각한다.

$$z = f(x,y),\ x = g(u,v),\ y = h(u,v)$$

라 하면

$$z = f\{g(u,v), h(u,v)\} = F(u,v)$$

가 되어서, 정의에 의해서

$$dx = \frac{\partial x}{\partial u}du + \frac{\partial x}{\partial v}dv$$

$$dy = \frac{\partial y}{\partial u}du + \frac{\partial y}{\partial v}dv$$

$$dz = \frac{\partial z}{\partial u}du + \frac{\partial z}{\partial v}dv$$

이다. 그런데 합성함수의 편미분법에 의하여

$$\frac{\partial z}{\partial u} = \frac{\partial z}{\partial x}\cdot\frac{\partial x}{\partial u} + \frac{\partial z}{\partial y}\cdot\frac{\partial y}{\partial u}$$

$$\frac{\partial z}{\partial v} = \frac{\partial z}{\partial x}\cdot\frac{\partial x}{\partial v} + \frac{\partial z}{\partial y}\cdot\frac{\partial y}{\partial v}$$

이므로

$$dz = \left(\frac{\partial z}{\partial x}\frac{\partial x}{\partial u} + \frac{\partial z}{\partial y}\frac{\partial y}{\partial u}\right)du + \left(\frac{\partial z}{\partial x}\frac{\partial x}{\partial v} + \frac{\partial z}{\partial y}\frac{\partial y}{\partial v}\right)dv = \frac{\partial z}{\partial u}du + \frac{\partial z}{\partial v}dv$$

이 된다. 이와 마찬가지로 2개 이상의 독립변수의 함수, 예컨대 $u = f(x, y, z\cdots)$에 대해서도 그 전미분을 정의할 수 있다.

$$du = \frac{\partial u}{\partial x}dx + \frac{\partial u}{\partial y}dy + \frac{\partial u}{\partial z}dz + \cdots\cdots$$

예제 1.34

$z = a\left(\frac{y}{x}\right)^{\frac{1}{2}}$ 일 때 z의 전미분을 구하시오.

풀이 전미분의 정의에 의하여

$$dz = \frac{\partial z}{\partial x}dx + \frac{\partial z}{\partial y}dy$$

이고

$$\frac{\partial z}{\partial x} = \frac{a}{2}\left(\frac{y}{x}\right)^{-\frac{1}{2}} \cdot \left(\frac{-y}{x^2}\right) = -\frac{a}{2}\left(\frac{y}{x}\right)^{\frac{1}{2}}\left(\frac{1}{x}\right) = -\frac{z}{2}\left(\frac{1}{x}\right)$$

$$\frac{\partial z}{\partial y} = \frac{a}{2}\left(\frac{y}{x}\right)^{-\frac{1}{2}}\left(\frac{1}{x}\right) = \frac{a}{2}\left(\frac{y}{x}\right)^{\frac{1}{2}}\left(\frac{1}{y}\right) = \frac{z}{2}\left(\frac{1}{y}\right)$$

이므로

$$\therefore dz = -\frac{z}{2}\left(\frac{dx}{x}\right) + \frac{z}{2}\frac{dy}{y} = \frac{z}{2}\left(\frac{dy}{y} - \frac{dx}{x}\right)$$

예제 1.35

다음 함수를 전미분하시오.

① $z = 2x^2 + 3y^2$ ② $z = \gamma\cos\theta$

풀이

① $dz = \frac{\partial z}{\partial x}dx + \frac{\partial z}{\partial y}dy = 4x\,dx + 6y\,dz$

② $dz = \frac{\partial z}{\partial \gamma}d\gamma + \frac{\partial z}{\partial \theta}d\theta = \cos\theta\,dr - r\sin\theta\,d\theta$

1.5 테일러 급수 및 오일러 정리

1.5.1 테일러 급수

함수 $f(x)$가 구간 $[a, b]$에서 연속이고 (a, b)에서 2차의 미분가능이라 하면

$$F(x) = f(b) - f(x) - \frac{f'(x)}{1!}(b-x) - \frac{k}{2!}(b-x)^2 \tag{1.1}$$

로 놓으면 $F(x)$는 $[a, b]$에서 연속이고 (a, b)에서 미분가능한 함수가 된다.

여기서

$$f(b)-f(a)-\frac{f'(a)}{1!}(b-a)-\frac{k}{2!}(b-a)^2=0 \tag{1.2}$$

이 성립하도록 k를 정하면 $F(a)=0$, $F(b)=0$이므로 롤(Rolle)의 정리에 의해서

$$F'(\xi)=0, \qquad a<\xi<b$$

가 되는 ξ가 존재한다. 그런데

$$F'(x)=-f'(x)+f'(x)-\frac{f''(x)}{1!}(b-x)+\frac{k}{1!}(b-x)$$

에서

$$F'(\xi)=-f''(\xi)(b-\xi)+k(b-\xi)=0$$

이므로

$$k=f''(\xi)$$

이것을 식 (1.2)에 대입하면

$$f(b)=f(a)+\frac{f'(a)}{1!}(b-a)+\frac{f''(\xi)}{2!}(b-a)^2, \qquad a<\xi<b$$

을 얻는다. 여기서

$$\frac{\xi-a}{b-a}=\theta$$

로 놓으면

$$\xi=a+\theta(b-a), \qquad 0<\theta<1$$

이므로

$$f(b)=f(a)+\frac{f'(a)}{1!}(b-a)+\frac{f''(a+\theta(b-a))}{2!}(b-a)^2, \qquad 0<\theta<1$$

로 변형된다.

즉 함수 $f(x)$가 구간 $[a, b]$에서 연속이고 (a, b)에서 n차까지 미분가능하면

$$f(b)=f(a)+\frac{f'(a)}{1!}(b-a)+\frac{f''(a)}{2!}(b-a)^2+\cdots\cdots$$
$$+\frac{f^{n-1}(a)}{(n-1)!}(b-a)^{n-1}+\frac{f^{(n)}(\xi)}{p(n-1)!}(b-a)^p(b-\xi)^{n-p}$$

되는 ξ가 존재한다. $(a<\xi<b)$

$\xi=a+\theta(b-a)$, $p=n$으로 놓고 위 식을 정리하면

$$f(b)=f(a)+\frac{f'(a)}{1!}(b-a)+\frac{f''(a)}{2!}(b-a)^2+\cdots\cdots$$
$$+\frac{f^{n-1}(a)}{(n-1)!}(b-a)^{n-1}+\frac{f^{(n)}(a+\theta(b-a))}{n!}(b-a)^n$$

로 쓸 수 있으며, $b=x$로 놓고 다시 정리하면

$$f(x)=f(a)+\frac{f'(a)}{1!}(x-a)+\frac{f''(a)}{2!}(x-a)^2+\cdots\cdots$$

$$+\frac{f^{n-1}(a)}{(n-1)!}(x-a)^{n-1}+\frac{f^{(n)}(a+\theta(x-a))}{n!}(x-a)^n,\ (0<\theta<1)$$

이 되며 이것을 테일러(Taylor)의 공식이라 한다. 또 $a=0$로 놓으면

$$f(x)=f(0)+\frac{f'(0)}{1!}x+\frac{f''(0)}{2!}x^2+\cdots\cdots$$

$$+\frac{f^{n-1}(0)}{(n-1)!}x^{n-1}+\frac{f^{(n)}(\theta x)}{n!}x^n,\ (0<\theta<1)$$

이 되며 이것을 매클로린(Maclaurin) 공식이라 한다.

예제 1.36 다음 함수를 매클로린 급수로 전개하시오.

① $f(x)=\sin x$ ② $f(x)=\cos x$ ③ $f(x)=e^x$

풀이 ① $f(0)=0,\ f'(0)=1,\ f''(0)=0,\ f'''(0)=-1$이므로 $\sin x$의 매클로린의 공식은

$$\sin x=f(0)+\frac{f'(0)}{1!}x+\frac{f''(0)}{2!}x^2+\frac{f'''(0)}{3!}x^3+\cdots\cdots$$

$$=x-\frac{x^3}{3!}+\frac{x^5}{5!}+\cdots\cdots+(-1)^{m-1}\frac{x^{2m-1}}{(2m-1)!}+L_n\ (m=1,2,\cdots)$$

$$L_n=(-1)^m\frac{x^{2m+1}}{(2m+1)}\sin\left\{\theta x+(2m+1)\frac{\pi}{2}\right\},\quad 0<\theta<1$$

② $f(x)=\cos x$

$f(0)=\cos(0)=1$

$f'(0)=-\sin(0)=0$

$f''(0)=-\cos(0)=-1$

$f'''(0)=\sin(0)=0$

$\vdots$

$$f(x)=\cos x=f(0)+\frac{f'(0)}{1!}x+\frac{f''(0)}{2!}x^2+\cdots\cdots$$

$$=1-\frac{x^2}{2!}+\frac{x^4}{4!}-\cdots\cdots$$

③ $f(x)=e^x$

$f(0)=e^0=1$

$f'(0)=e^0=1$

$f''(0)=e^0=1$

$\vdots$

$$f(x)=e^x=f(0)+\frac{f'(0)}{1!}x+\frac{f''(0)}{2!}x^2+\cdots\cdots$$

$$=1+x+\frac{1}{2!}x^2+\frac{1}{3!}x^3+\cdots\cdots$$

예제 1.37 다음 함수를 멱급수로 전개하시오.

① $f(x)= x^3+ 3x^2+ 2x+ 1$, $(x-1)$의 멱급수 전개 $(a= 1)$

② $f(x)= \dfrac{1}{x}$, $(x-2)$의 멱급수 전개$(a= 2)$

풀이 ① $f(x)= x^3+ 3x^2+ 2x+ 1$에서

$$f(x)= f(1)+ \frac{f'(1)}{1!}(x-1)+ \frac{f''(1)}{2!}(x-1)^2+ \frac{f'''(1)}{3!}(x-1)^3+\cdots\cdots$$

$f(x)= x^3+ 3x^2+ 2x+ 1$ $\qquad f(1)= 7$

$f'(x)= 3x^2+ 6x+ 2$ $\qquad f'(1)= 11$

$f''(x)= 6x+ 6$ $\qquad f''(1)= 12$

$f'''(x)= 6$ $\qquad f'''(1)= 6$

$f''''(x)= 0$ $\qquad f''''(1)= 0$

$\vdots$ $\qquad \vdots$

$$f(x)= 7+ 11(x-1)+ \frac{12}{2!}(x-1)^2+ \frac{6}{3!}(x-1)^3$$

$$= (x-1)^3+ 6(x-1)^2+ 11(x-1)+ 7$$

② $f(x)= \dfrac{1}{x}$에서

$$f(x)= f(2)+ \frac{f'(2)}{1!}(x-2)+ \frac{f''(2)}{2!}(x-2)^2+ \frac{f'''(2)}{3!}(x-2)^3+\cdots\cdots$$

$f(x)= \dfrac{1}{x}$ $\qquad f(2)= \dfrac{1}{2}$

$f'(x)= \dfrac{-1}{x^2}$ $\qquad f(2)= -\dfrac{1}{4}= -\dfrac{1}{2^2}$

$f''(x)= \dfrac{2x}{x^4}= \dfrac{2}{x^3}$ $\qquad f''(2)= \dfrac{2!}{x^3}= \dfrac{2!}{2^3}$

$f'''(x)= \dfrac{-2\cdot 3x^2}{x^6}$ $\qquad f'''(2)= \dfrac{-3!}{x^4}= \dfrac{-3!}{2^4}$

$\vdots$ $\qquad f^{(n-1)}(2) = (-1)^{n-1}\dfrac{(n-1)!}{2^n}$

$$\therefore \frac{1}{x}= \frac{1}{2}- \frac{1}{2^2}(x-2)+ \frac{2!}{2^3}(x-2)^2- \frac{3!}{2^4}(x-2)^3+\cdots\cdots$$

1.5.2 오일러 정리

함수 $f(\theta)=e^{j\theta}$를 매클로린 급수로 전개하면

$$f(0)=e^0=1$$
$$f'(0)=je^{j\theta}=je^0=j$$
$$f''(0)=j^2e^{j\theta}=j^2e^0=-1$$
$$f'''(0)=j^3e^{j\theta}=j^3e^0=-j$$
$$\vdots$$
$$e^{j\theta}=1+j\theta-\frac{\theta^2}{2!}-j\frac{\theta^3}{3!}+\frac{\theta^4}{4!}+j\frac{\theta^5}{5!}-\cdots\cdots$$
$$=\left(1-\frac{\theta^2}{2!}+\frac{\theta^4}{4!}-\cdots\right)+j\left(\theta-\frac{\theta^3}{3!}+\frac{\theta^5}{5!}-\cdots\right)$$

로 된다. 또한 $\sin\theta$와 $\cos\theta$를 매클로린 급수로 전개하면

$$f(\theta)=\cos\theta=1-\frac{\theta^2}{2!}+\frac{\theta^4}{4!}-\cdots\cdots$$
$$f(0)=\cos 0=1$$
$$f'(0)=-\sin\theta=-\sin 0=0$$
$$f''(0)=-\cos\theta=-\cos 0=-1$$
$$f'''(0)=-\sin\theta=-\sin 0=0$$
$$\vdots$$
$$f(\theta)=\sin\theta=\theta-\frac{\theta^3}{3!}+\frac{\theta^5}{5!}-\cdots\cdots$$
$$f(0)=\sin 0=0$$
$$f'(0)=\cos\theta=\cos 0=1$$
$$f''(0)=-\sin\theta=-\sin 0=0$$
$$f'''(0)=-\cos\theta=-\cos 0=-1$$
$$\vdots$$

이 된다. 즉

$$e^{j\theta}=\left(1-\frac{\theta^2}{2!}+\frac{\theta^4}{4!}-\cdots\cdots\right)+j\left(\theta-\frac{\theta^3}{3!}+\frac{\theta^5}{5!}-\cdots\cdots\right)$$
$$=\cos\theta+j\sin\theta$$

가 된다. 위와 같이 함수 $e^{-j\theta}$을 매클로린 급수로 전개하면

$$e^{-j\theta}=\cos\theta-j\sin\theta$$

가 되며 이를 오일러의 정리라 한다.

오일러의 정리

$$e^{j\theta} = \cos\theta + j\sin\theta$$

$$e^{-j\theta} = \cos\theta - j\sin\theta$$

$$\cos\theta = \frac{e^{j\theta} + e^{-j\theta}}{2}$$

$$\sin\theta = \frac{e^{j\theta} - e^{-j\theta}}{2j}$$

드무아브르(De Moivre)의 정리

$$(\cos\theta + j\sin\theta)^n = \cos n\theta + j\sin n\theta$$

연습문제 10

1. 다음 함수의 극한값을 구하시오.

① $\lim_{x\to 2}\frac{x^2-4}{(x-2)}$　　② $\lim_{x\to 1}\frac{x^3-x^2-4x+4}{x^2-1}$

③ $\lim_{x\to 9}\frac{x-9}{\sqrt{x}-3}$　　④ $\lim_{x\to 0}\frac{\sqrt{2+x}-\sqrt{2}}{\sqrt{2}\,x}$

2. 다음 함수의 극한값을 구하시오.

① $\lim_{x\to\infty}(2x^3-4x^2+5x-1)$　　② $\lim_{x\to\infty}(\sqrt{x^2+3x+4}-x)$

③ $\lim_{x\to 0}\frac{1}{x}\left(1+\frac{1}{x-1}\right)$　　④ $\lim_{x\to 0}\frac{1}{x}\left(\frac{1}{\sqrt{x+1}}-1\right)$

⑤ $\lim_{x\to\infty}\frac{2x^2+3x-1}{x^2+1}$　　⑥ $\lim_{x\to\infty}(\sqrt{x^2-x}-x)$

⑦ $\lim_{x\to 2}\frac{x^3-8}{x-2}$　　⑧ $\lim_{x\to\infty}\frac{x^2-2x+3}{3x^2+1}$

3. 다음 각 함수의 도함수를 구하시오.

① $y=-5x^4$　　② $y=3x^4-5x^3+2x^2-7$

③ $y=7x^5-8x^2+5x$　　④ $y=(x-3)(2x-1)$

⑤ $y=(x^2+2)(x-1)$　⑥ $y=\dfrac{x}{x^2+1}$

⑦ $y=\dfrac{1-x}{x^2+2}$　⑧ $y=\dfrac{x+2}{x^2+2x+3}$

⑨ $y=(3x^2+2x+1)^5$　⑩ $y=(x+1)^3(x^2-1)^2$

4. 다음 각 함수를 미분하시오.

① $y=\sqrt[3]{x^2+1}$　② $y=\sqrt{x^2+x+1}$

③ $y=\dfrac{3-2x}{\sqrt{x^2+1}}$　④ $y=\dfrac{2x+1}{\sqrt{4x-3}}$

5. 다음 함수의 $\dfrac{dy}{dx}$를 구하시오.

① $3x-2y+1=0$　② $xy=2$

③ $x^2-4y^2=1$　④ $x^2+y^2=4xy$

6. 다음 각 함수를 미분하시오.

① $y=(\sin x-\sqrt{3}\cos x)^2$　② $y=\tan x+\dfrac{1}{3}\tan^3 x$

③ $y=\sqrt{1+\sin x}$　④ $y=x\sin x$

⑤ $y=\sin x\cos x$　⑥ $y=\dfrac{\sin x}{\sin x+\cos x}$

7. 다음 각 함수를 미분하시오.

① $y=e^{3x}$　② $y=2^{x^2-1}$

③ $y=x^2e^{-x}$　④ $y=e^{\cos x}$

⑤ $y=\sin(e^x-e^{-x})$　⑥ $y=\log_3(2x-3)^3$

⑦ $y=\ln(x\sin x)$　⑧ $y=x^2\ln 2x$

8. 다음 각 함수의 이계도함수를 구하시오.

① $y=x^3e^x$　② $y=e^x\cos x$　③ $y=e^x\ln x$

9. 곡선 $y=x^3+ax^2+bx$가 점 $(1, 5)$를 지날 때, 이 곡선 위의 x좌표가 $x=-1$인 점에서의 접선의 기울기가 1이다. 상수 a, b의 값을 구하시오.

10. 곡선 $y=x^3-3x^2+4$ 위의 점 $(1, 2)$를 지나고, 이 점에서 수직인 직선의 방정식을 구하시오.

11. 다음 각 곡선 위의 지정된 점에서의 접선 및 법선의 방정식을 각각 구하시오.

① $y = e^{x-1}$ $(2, e)$
② $y = \ln(1+x)$ $(0, 0)$
③ $y = \dfrac{x}{1-x}$ $\left(\dfrac{1}{2}, 1\right)$
④ $y = \tan^2 x$ $\left(\dfrac{\pi}{4}, 1\right)$

12. 다음 함수의 극값을 구하시오.

① $f(x) = 2x^3 + 3x^2 - 12x - 4$

② $f(x) = -2x^3 + 9x^2 - 12x + 6$

13. 다음 함수의 편도함수를 구하시오.

① $z = \dfrac{x-y}{x+y}$ ② $z = x\sin(y-x)$ ③ $z = y\ln\sin x$

14. $f(x, y) = 2x^2 - xy$일 때, $f_x(2, 3)$, $f_y(2, 3)$을 구하시오.

15. 다음 함수의 2계 편도함수를 구하시오.

① $z = x^3 y + 3x^2 y^2$
② $z = \ln x^2 y^2$
③ $z = e^{xy}\sin xy$
④ $z = \cos(x+y) + \sin(x-y)$

16. 다음 함수에서 $\dfrac{dz}{dt}$를 구하시오.

① $z = x^3 + y^3$, $x = t$, $y = t^3$
② $z = \dfrac{y}{x}$, $x = \cos t$, $y = \sin t$

17. $f(x) = x^4 - x^3 + 3x^2 - 3$을 $(x-2)$의 멱급수로 전개하시오.

18. $z = x^3 + 3x^2 y - 2x^2 y^2 - y^4 + 3xy$에서 다음을 구하시오.

① $\dfrac{\partial z}{\partial x}$ ② $\dfrac{\partial^2 z}{\partial x^2}$ ③ $\dfrac{\partial^2 z}{\partial y \partial x}$

④ $\dfrac{\partial z}{\partial y}$ ⑤ $\dfrac{\partial^2 z}{\partial y^2}$ ⑥ $\dfrac{\partial^2 z}{\partial x \partial y}$

19. 다음 함수를 전미분하시오.

① $z = 3xy^2 - 2x^3 y^3$
② $z = \sqrt{x^2 + y^2}$
③ $u = xy^2 z^3$
④ $u = x^2 y + y^2 z + z^2 x$

제 2 장

적 분

2.1 부정적분

2.1.1 원시함수

함수 $F(x)$의 도함수가 $f(x)$와 같을 때, 즉

$$F'(x) = f(x)$$

일 때에, $F(x)$를 $f(x)$의 원시함수(primitive function), 또는 부정적분(indefinite integral)이라 하고, $f(x)$의 부정적분을

$$\int f(x)\,dx$$

로 표시한다.

$F(x)$가 $f(x)$의 하나의 부정적분이면, 하나의 임의의 상수 C에 대하여 $F(x)+C$도 또한 $f(x)$의 하나의 부정적분이다. 역으로 $f(x)$의 부정적분은 $F(x)+C$의 형태를 한한다. $F(x)$가 $f(x)$의 부정적분의 하나일 때

$$\int f(x)dx = F(x) + C \quad (C\text{는 상수})$$

로 표시되므로 $\int f(x)\,dx$인 기호는 하나의 함수를 나타내는 것이 아니고 $f(x)$의 부정적분 전체를 나타내는 것이다.

$\int$를 적분기호(integral sign), $f(x)$를 피적분함수(integrand), x를 적분변수(integral variable), C를 적분상수(integral constant)라 한다.

피적분함수의 부정적분을 구하는 것을 "적분한다(integrate)"라 하며 그 연산법을 적분법(integration)이라 한다.

예제 2.1 다음을 각각 계산하시오.

① $\int \left(\frac{d}{dx}x^3\right)dx$ ② $\frac{d}{dx}\left(\int x^3 dx\right)$

풀이 ① $\frac{d}{dx}x^3 = 3x^2$ 이므로

$$\therefore \int \left(\frac{d}{dx}x^3\right)dx = \int 3x^2 dx = x^3 + c$$

② $\left(\frac{1}{4}x^4\right)' = x^3$ 이므로

$$\therefore \int x^3 dx = \frac{1}{4}x^4 + C$$

$$\therefore \frac{d}{dx}\left(\int x^3 dx\right) = \frac{d}{dx}\left(\frac{1}{4}x^4 + C\right) = x^3$$

예제 2.2 $\dfrac{d}{dx}\displaystyle\int (ax^2 + 3x + 2)dx = 9x^2 + bx + c$를 만족하는 상수 a, b, c의 값을 구하시오.

풀이 $\left(\dfrac{a}{3}x^3 + \dfrac{3}{2}x^2 + 2x\right)' = ax^2 + 3x + 2$

$$\int (ax^2 + 3x + 2)dx = \frac{a}{3}x^3 + \frac{3}{2}x^2 + 2x + C$$

$$\therefore \frac{d}{dx}\left\{\int (ax^2 + 3x + 2)dx\right\} = \frac{d}{dx}\left(\frac{a}{3}x^3 + \frac{3}{2}x^2 + 2x + C\right) = ax^2 + 3x + 2$$

$$\therefore 9x^2 + bx + c = ax^2 + 3x + 2$$

$$\therefore a = 9,\ b = 3,\ c = 2$$

부정적분(원시함수)의 정의

함수 $f(x)$가 주어졌을 때 $\dfrac{d}{dx}F(x) = f(x)$인 함수 $F(x)$를 $f(x)$의 부정적분 또는 원시함수라 하며, 다음과 같이 표현한다.

① $\displaystyle\int f(x)\,dx = F(x) + C$

② $\dfrac{d}{dx}\left(\displaystyle\int f(x)dx\right) = f(x)$

③ $\displaystyle\int\left(\frac{d}{dx}f(x)\right)dx = f(x) + C$

2.1.2 부정적분의 기본 공식

적분은 미분의 역연산이므로 미분법의 역연산을 생각하면 다음과 같은 공식을 얻는다.

부정적분의 기본 공식

① $\int k\,dx = kx + C$ (k는 상수)

② $\int x^n\,dx = \frac{1}{n+1}x^{n+1} + C$ (n은 유리수, $n \neq -1$)

③ $\int kf(x)\,dx = k\int f(x)dx$ (k는 상수)

④ $\int \{f(x) \pm g(x)\}\,dx = \int f(x)dx \pm \int g(x)dx$ (복호동순)

예제 2.3 다음 부정적분을 구하시오.

① $\int 3\,dx$ ② $\int x\,dx$

③ $\int x^3\,dx$ ④ $\int (3x^2 + 6x - 5)\,dx$

풀이

① $\int 3\,dx = 3x + C$

② $\int x\,dx = \frac{1}{1+1}x^{1+1} + C = \frac{1}{2}x^2 + C$

③ $\int x^3 dx = \frac{1}{3+1}x^{3+1} + C = \frac{1}{4}x^4 + C$

④ $\int (3x^2 + 6x - 5)dx = \int 3x^2 dx + \int 6x\,dx - \int 5\,dx$

$= x^3 + C + 3x^2 + C - 5x + C = x^3 + 3x^2 - 5x + C$

예제 2.4 다음 부정적분을 구하시오.

① $\int \left(\frac{3}{x} - \frac{4}{x^2}\right)dx$ ② $\int \frac{1}{\sqrt{x}}dx$

③ $\int x(x-1)(x-2)dx$ ④ $\int (x^2 + x + 1)(x^2 - x + 1)dx$

⑤ $\int \frac{x^4 + x^2 + 1}{x^2 - x + 1}dx$ ⑥ $\int \frac{x^2 - 3x + 2}{\sqrt{x}}dx$

⑦ $\int \{(\sin\theta + \cos\theta)^2 + (\sin\theta - \cos\theta)^2\}\,d\theta$ ⑧ $\int \left(x + \frac{1}{x}\right)^3 dx$

⑨ $\int (\sqrt{x} + \sqrt[3]{x})dx$ ⑩ $\int \frac{x+1}{\sqrt{x}}dx$

풀이 ① $\int\left(\frac{3}{x}-\frac{4}{x^2}\right)dx=3\int\frac{1}{x}dx-4\int x^{-2}dx$

$$=3\ln|x|+4\frac{1}{x}+C$$

② $\int\frac{1}{\sqrt{x}}dx=\int x^{-\frac{1}{2}}dx=\frac{1}{-\frac{1}{2}+1}x^{-\frac{1}{2}+1}+C=2\sqrt{x}+C$

③ $\int x(x-1)(x-2)dx=\int(x^3-3x^2+2x)dx$

$$=\frac{1}{4}x^4-x^3+x^2+C$$

④ $\int(x^2+x+1)(x^2-x+1)dx=\int(x^4+x^2+1)dx$

$$=\frac{1}{5}x^5+\frac{1}{3}x^3+x+C$$

⑤ $\int\frac{(x^4+x^2+1)}{(x^2-x+1)}dx=\int\frac{(x^2+x+1)(x^2-x+1)}{(x^2-x+1)}dx=\int(x^2+x+1)dx$

$$=\frac{1}{3}x^3+\frac{1}{2}x^2+x+C$$

⑥ $\int\frac{x^2-3x+2}{\sqrt{x}}dx=\int\frac{x^2-3x+2}{x^{\frac{1}{2}}}dx=\int\left(x^{\frac{3}{2}}-3x^{\frac{1}{2}}+2x^{-\frac{1}{2}}\right)dx$

$$=\frac{1}{\frac{3}{2}+1}x^{\frac{3}{2}+1}-3\cdot\frac{1}{\frac{1}{2}+1}x^{\frac{1}{2}+1}+2\cdot\frac{1}{-\frac{1}{2}+1}x^{-\frac{1}{2}+1}+C$$

$$=\frac{2}{5}x^{\frac{5}{2}}-2x^{\frac{3}{2}}+4x^{\frac{1}{2}}+C=\frac{2}{5}\sqrt{x^5}-2\sqrt{x^3}+4\sqrt{x}+C$$

⑦ $\int\{(\sin\theta+\cos\theta)^2+(\sin\theta-\cos\theta)^2\}d\theta=\int 2d\theta=2\theta+C$

⑧ $\int\left(x+\frac{1}{x}\right)^3dx=\int\left(x^3+3x+3\cdot\frac{1}{x}+\frac{1}{x^3}\right)dx=\int(x^3+3x+3x^{-1}+x^{-3})dx$

$$=\frac{1}{4}x^4+\frac{3}{2}x^2+3\ln|x|-\frac{1}{2x^2}+C$$

⑨ $\int(\sqrt{x}+\sqrt[3]{x})dx=\int\left(x^{\frac{1}{2}}+x^{\frac{1}{3}}\right)dx=\frac{1}{\frac{1}{2}+1}x^{\frac{1}{2}+1}+\frac{1}{\frac{1}{3}+1}x^{\frac{1}{3}+1}+C$

$$=\frac{2}{3}\sqrt{x^3}+\frac{3}{4}\sqrt[3]{x^4}+C$$

⑩ $\int\frac{x+1}{\sqrt{x}}dx=\int\left(x^{\frac{1}{2}}+x^{-\frac{1}{2}}\right)dx=\frac{1}{\frac{1}{2}+1}x^{\frac{1}{2}+1}+\frac{1}{-\frac{1}{2}+1}x^{-\frac{1}{2}+1}+C$

$$=\frac{2}{3}\sqrt{x^3}+2\sqrt{x}+C$$

2.1.3 삼각함수의 부정적분

삼각함수의 미분법

$(\sin x)' = \cos x$ $\qquad (\cos x)' = -\sin x$

$(\tan x)' = \sec^2 x$ $\qquad (\cot x)' = -\csc^2 x$

$(\sec x)' = \sec x \tan x$ $\qquad (\csc x)' = -\csc x \cot x$

삼각함수의 부정적분

① $\int \sin x\, dx = -\cos x + C$ $\qquad$ ② $\int \cos x\, dx = \sin x + C$

③ $\int \sec^2 x\, dx = \tan x + C$ $\qquad$ ④ $\int \csc^2 x\, dx = -\cot x + C$

⑤ $\int \sec x \tan x\, dx = \sec x + C$ $\qquad$ ⑥ $\int \csc x \cot x\, dx = -\csc x + C$

예제 2.5 다음 식들의 부정적분을 구하시오.

① $\int (\sin x + 2\cos x)\, dx$ $\qquad$ ② $\int \tan^2 x\, dx$

③ $\int \cot^2 x\, dx$ $\qquad$ ④ $\int \frac{1}{1-\sin^2 x}\, dx$

⑤ $\int \frac{\sin^2 x}{1+\cos x}\, dx$ $\qquad$ ⑥ $\int \frac{\sin x}{\cos^2 x}\, dx$

풀이

① $\int (\sin x + 2\cos x)dx = -\cos x + 2\sin x + C$

② $\int \tan^2 x\, dx = \int (\sec^2 x - 1)\, dx = \tan x - x + C$

③ $\int \cot^2 x\, dx = \int (\csc^2 x - 1)\, dx = -\cot x - x + C$

④ $\int \frac{1}{1-\sin^2 x} dx = \int \frac{1}{\cos^2 x} dx = \int \sec^2 x\, dx = \tan x + C$

⑤ $\int \frac{\sin^2 x}{1+\cos x} dx = \int \frac{1-\cos^2 x}{1+\cos x} dx = \int (1-\cos x)\, dx = x - \sin x + C$

⑥ $\int \frac{\sin x}{\cos^2 x} dx = \int \frac{1}{\cos x} \cdot \frac{\sin x}{\cos x} dx = \int \sec x \cdot \tan x\, dx = \sec x + C$

2.1.4 지수함수의 부정적분

지수함수의 미분법

$$(e^x)' = e^x, \qquad \left(\frac{a^x}{\ln a}\right)' = a^x$$

에서 미분법의 역연산을 통하여 지수함수의 부정적분을 생각할 수 있다.

지수함수의 부정적분

① $\int e^x\,dx = e^x + C$

② $\int a^x\,dx = \frac{1}{\ln a}a^x + C$

예제 2.6 다음 식들의 부정적분을 구하시오.

① $\int (e^x - 4x + 2)dx$ ② $\int e^{x+1}\,dx$

③ $\int 10^{x+2}\,dx$ ④ $\int (2e^x - 3^x)\,dx$

풀이 ① $\int (e^x - 4x + 2)dx = e^x - 2x^2 + 2x + C$

② $\int e^{x+1}dx = \int e \cdot e^x\,dx = e \cdot e^x + C = e^{x+1} + C$

③ $\int 10^{x+2}dx = \int 10^2 \cdot 10^x\,dx = 10^2 \cdot \frac{10^x}{\ln 10} + C = \frac{10^{x+2}}{\ln 10} + C$

④ $\int (2e^x - 3^x)\,dx = 2e^x - \frac{3^x}{\ln 3} + C$

2.1.5 치환적분법

$f(x)$를 주어진 함수라 하고

$$\int f(x)\,dx = F(x)$$

를 구할 때 기본 공식에 의하여 적분하기 어려울 때는 피적분함수의 변수 x에 적당한 다른 함수를 대입하면 쉽게 적분할 수 있다. 즉,

$$F(x) = \int f(x)\,dx$$

일 때에 $g(t)$가 미분가능이면,

$$F(g(t))=\int f(g(t))g'(t)\,dt$$

이를 치환적분법이라 한다.

치환적분에 관한 공식

함수 $f(x)$에서 $x=g(t)$라 할 때 $dx=g'(t)\,dt$

$$\int f(x)\,dx=\int\left(f(x)\frac{dx}{dt}\right)dt=\int f(g(t))g'(t)\,dt$$

예제 2.7 다음 함수를 부정적분 하시오.

① $\int(2x-1)^3\,dx$ ② $\int(2x+1)^5\,dx$ ③ $\int e^{2x+1}dx$

풀이 ① $\int(2x-1)^3dx$에서 $(2x-1)=t$라 놓으면

$x=\frac{1}{2}(t-1)$, $\therefore \frac{dx}{dt}=\frac{1}{2}$

$$\therefore \int(2x-1)^3dx=\int(2x-1)^3\frac{dx}{dt}dt=\int t^3\cdot\frac{1}{2}dt$$

$$=\frac{1}{2}\cdot\frac{1}{4}t^4+C=\frac{1}{8}(2x-1)^4+C$$

② $\int(2x+1)^5dx$에서 $t=2x+1$로 놓고

$2dx=dt \;\rightarrow\; dx=\frac{1}{2}dt$

$$\int(2x+1)^5dx=\int t^5\cdot\frac{1}{2}dt=\frac{1}{2}\int t^5dt$$

$$=\frac{1}{2}\cdot\frac{1}{6}t^6+C$$

$$=\frac{1}{12}(2x+1)^6+C$$

③ $\int e^{2x+1}dx=\int e^t\cdot\frac{1}{2}dt$

$$=\frac{1}{2}\int e^t\,dt$$

$$=\frac{1}{2}e^t+C=\frac{1}{2}e^{2x+1}+C$$

치환적분의 기본 공식

① 함수 $f(ax+b)$의 부정적분

$\int f(x)\,dx = F(x)+C$이면, $\int f(ax+b)\,dx = \frac{1}{a}F(ax+b)+C \quad (a \neq 0)$

② 함수 $f(g(x))g'(x)$의 부정적분

$g(x)=t$라 할 때, $\int f(g(x))g'(x)\,dx = \int f(t)\,dt$

③ 함수 $\frac{f'(x)}{f(x)}$의 부정적분

$$\int \frac{f'(x)}{f(x)}dx = \ln|f(x)|+C$$

예제 2.8 다음 함수의 부정적분을 구하시오.

① $\int (x^3+1)^2 \cdot 3x^2\,dx$ ② $\int (e^x+1)^3 e^x\,dx$

③ $\int (x^2+1)^3 x\,dx$

풀이 ① $x^3+1=t$로 놓고 양변을 t에 관하여 미분하면

$3x^2\,dx = dt$, $\therefore dx = \frac{1}{3x^2}dt$

$$\therefore \int (x^3+1)^2 \cdot 3x^2\,dx = \int t^2 \cdot 3x^2 \cdot \frac{1}{3x^2}dt = \int t^2\,dt$$

$$= \frac{1}{3}t^3 + C = \frac{1}{3}(x^3+1)^3 + C$$

② $e^x+1=t$로 놓고 양변을 t에 관하여 미분하면

$e^x\,dx = dt$, $\therefore dx = \frac{1}{e^x}dt$

$$\therefore \int (e^x+1)^3 \cdot e^x\,dx = \int t^3 \cdot e^x \cdot \frac{1}{e^x}dt = \int t^3\,dt$$

$$= \frac{1}{4}t^4 + C = \frac{1}{4}(e^x+1)^4 + C$$

③ $x^2+1=t$로 놓으면, $2x\,dx = dt$

$$\int (x^2+1)^3 x\,dx = \frac{1}{2}\int (x^2+1)^3 2x\,dx = \frac{1}{2}\int t^3\,dt$$

$$= \frac{1}{2} \cdot \frac{1}{4}t^4 + C = \frac{1}{8}(x^2+1)^4 + C$$

예제 2.9 다음 함수의 부정적분을 구하시오.

① $\int \frac{2x}{x^2+1}dx$ ② $\int \frac{e^x}{e^x+1}dx$

③ $\int \frac{x^2+1}{x-1}dx$ ④ $\int \frac{x+1}{(x-1)(x-2)}dx$

풀이 ① $x^2+1=t$로 놓고 양변을 t에 관하여 미분하면

$2x\,dx=dt, \quad \therefore dx=\frac{1}{2x}dt$

$$\therefore \int \frac{2x}{x^2+1}dt=\int \frac{2x}{t}\cdot\frac{1}{2x}dt=\int \frac{1}{t}dt=\ln|t|+C$$
$$=\ln|x^2+1|+C=\ln(x^2+1)+C$$

② $e^x+1=t$로 놓고 양변을 t에 관하여 미분하면

$e^x dx=dt, \quad \therefore dx=\frac{1}{e^x}dt$

$$\therefore \int \frac{e^x}{e^x+1}dx=\int \frac{e^x}{t}\cdot\frac{1}{e^x}dt=\int \frac{1}{t}dt=\ln|t|+C=\ln(e^x+1)+C$$

③ $\int \frac{x^2+1}{x-1}dx=\int\left(x+1+\frac{2}{x-1}\right)dx=\frac{1}{2}x^2+x+2\ln|x-1|+C$

④ $\int \frac{x+1}{(x-1)(x-2)}dx=\int\left(\frac{-2}{x-1}+\frac{3}{x-2}\right)dx=-2\ln|x-1|+3\ln|x-2|+C$

예제 2.10 다음 함수의 부정적분을 구하시오.

① $\int \frac{1}{\sqrt[4]{2x+3}}dx$ ② $\int \frac{1}{\sqrt{x+1}+\sqrt{x}}dx$

③ $\int (\sin x+\cos x)^2dx$ ④ $\int \cos^2 x\,dx$

풀이 ① $\int \frac{1}{\sqrt[4]{2x+3}}dx=\int (2x+3)^{-\frac{1}{4}}dx=\frac{1}{2}\cdot\frac{1}{\frac{1}{4}+1}(2x+3)^{-\frac{1}{4}+1}+C$

$$=\frac{1}{2}\cdot\frac{4}{3}(2x+3)^{\frac{3}{4}}+C=\frac{2}{3}\sqrt[4]{(2x+3)^3}+C$$

(공식 : $\int (ax+b)^n dx=\frac{1}{a}\cdot\frac{1}{n+1}(ax+b)^{n+1}+C$)

② $\int \frac{1}{\sqrt{x+1}+\sqrt{x}}dx=\int \frac{\sqrt{x+1}-\sqrt{x}}{(\sqrt{x+1}+\sqrt{x})(\sqrt{x+1}-\sqrt{x})}dx$

$$= \int \frac{\sqrt{x+1} - \sqrt{x}}{x+1-x} dx = \int (\sqrt{x+1} - \sqrt{x}) dx$$

$$= \int \left\{ (x+1)^{\frac{1}{2}} - x^{\frac{1}{2}} \right\} dx$$

$$= \frac{1}{\frac{1}{2}+1}(x+1)^{\frac{1}{2}+1} - \frac{1}{\frac{1}{2}+1} x^{\frac{1}{2}+1} + C$$

$$= \frac{2}{3}(x+1)\sqrt{x+1} - \frac{2}{3} x \sqrt{x} + C$$

③ $\int (\sin x + \cos x)^2 dx = \int (1 + \sin 2x) dx = x - \frac{1}{2}\cos 2x + C$

(공식 : $\int \sin(ax+b) dx = -\frac{1}{a}\cos(ax+b) + C$)

④ $\int \cos^2 x \, dx = \int \frac{1}{2}(1 + \cos 2x) dx = \frac{1}{2}x + \frac{1}{2} \cdot \frac{1}{2}\sin 2x + C$

$$= \frac{1}{2}x + \frac{1}{4}\sin 2x + C$$

예제 2.11 다음 함수의 부정적분을 구하시오.

① $\int \sin x \cos 2x \, dx$ ② $\int x e^{x^2} dx$ ③ $\int \frac{x-1}{\sqrt{x+1}} dx$

풀이 ① $\cos 2x = 2\cos^2 x - 1$이므로

$$\int \sin x \cos 2x \, dx = \int \sin x (2\cos^2 x - 1) dx$$

$\cos x = t$로 놓으면 $-\sin x \, dt = dt$, $\sin x \, dx = -dt$

$$\therefore \int \sin x \cos 2x \, dx = \int (2t^2 - 1)(-dt) = -\frac{2}{3}t^3 + t + C$$

$$= -\frac{2}{3}\cos^3 x + \cos x + C$$

② $x^2 = t$로 놓으면 $2x\,dx = dt$, $dx = \frac{1}{2x}dt$

$$\therefore \int x e^{x^2} dx = \int e^t \cdot \frac{1}{2} dt = \frac{1}{2}e^t + C = \frac{1}{2}e^{x^2} + C$$

③ $\sqrt{x+1} = t$로 놓으면 $x+1 = t^2$이므로 $x = t^2 - 1$, $\therefore dx = 2t\,dt$

$$\therefore \int \frac{x-1}{\sqrt{x+1}} dx = \int \frac{t^2-1-1}{t} \cdot 2t\,dt = 2\int (t^2 - 2) dt = \frac{2}{3}t^3 - 4t + C$$

$$= \frac{2}{3}(x+1)\sqrt{x+1} - 4\sqrt{x+1} + C = \frac{2}{3}(x-5)\sqrt{x+1} + C$$

2.1.6 부분적분법

$f(x)$, $g(x)$가 다 같이 x의 함수이고 미분가능일 때, 두 함수의 곱의 미분법에 의하여

$$\{f(x)g(x)\}' = f'(x)g(x) + f(x)g'(x)$$

이며, 부정적분의 정의에 의하여

$$f(x)g(x) = \int f'(x)g(x)\,dx + \int f(x)g'(x)\,dx$$

$$\therefore \int f'(x)g(x)\,dx = f(x)g(x) - \int f(x)g'(x)\,dx$$

여기서 $f(x) = u$, $g(x) = v$라 하면

$$\int u'v\,dx = uv - \int uv'\,dx$$

부분적분에 관한 공식

$$\int f'(x)g(x)\,dx = f(x)g(x) - \int f(x)g'(x)\,dx$$

$$\int u'v\,dx = uv - \int uv'\,dx \quad \text{단, } u = f(x),\ v = g(x)$$

예제 2.12 다음 함수를 부정적분 하시오.

① $\int x e^x\,dx$ ② $\int x\sin x\,dx$

풀이 ① $u' = e^x$, $v = x$로 놓으면 $u = e^x$, $v' = 1$이므로

$$\int x e^x\,dx = e^x \cdot x - \int e^x \cdot 1dx = xe^x - e^x + C$$

② $u' = \sin x$, $v = x$로 놓으면 $u = -\cos x$, $v' = 1$이므로

$$\int x \cdot \sin x\,dx = (-\cos x)\cdot x - \int(-\cos x)\cdot 1\,dx$$

$$\therefore \int x\sin x\,dx = -x\cos x + \sin x + C$$

예제 2.13 다음 함수를 부정적분 하시오.

① $\int x e^{3x}\,dx$ ② $\int x\cos 2x\,dx$ ③ $\int \ln(x+1)\,dx$

풀이 ① $u' = e^{3x}$, $v = x$로 놓으면 $u = \frac{1}{3}e^{3x}$, $v' = 1$이므로

$$\int x e^{3x}\,dx = \frac{1}{3}e^{3x}x - \int \frac{1}{3}e^{3x}\cdot 1\,dx = \frac{1}{3}x e^{3x} - \frac{1}{9}e^{3x} + C$$

② $u' = \cos 2x$, $v = x$로 놓으면 $u = \frac{1}{2}\sin 2x$, $v' = 1$이므로

$$\int x\cos 2x\,dx = x\cdot\frac{1}{2}\sin 2x - \int \frac{1}{2}\sin 2x\cdot 1\,dx$$
$$= \frac{1}{2}x\sin 2x + \frac{1}{4}\cos 2x + C$$

③ $u' = 1$, $v = \ln(x+1)$로 놓으면 $u = x$, $v' = \frac{1}{x+1}$이므로

$$\int \ln(x+1)\,dx = x\cdot\ln(x+1) - \int x\cdot\frac{1}{x+1}dx$$
$$= x\cdot\ln(x+1) - \int\left(1 - \frac{1}{x+1}\right)dx$$
$$= x\cdot\ln(x+1) - x + \ln(x+1) + C$$
$$= (x+1)\ln(x+1) - x + C$$

예제 2.14 다음 함수의 부정적분을 구하시오.

① $\int x^2 e^x\,dx$ ② $\int x^2\sin x\,dx$

풀이 ① $u' = e^x$, $v = x^2$로 놓으면 $u = e^x$, $v' = 2x$이므로

$$\int x^2e^x\,dx = x^2e^x - \int 2x\cdot e^x\,dx$$

$\int x\cdot e^x\,dx$에서 $u' = e^x$, $v = x$로 놓으면 $u = e^x$, $v' = 1$이므로

$$\int x e^x\,dx = x e^x - \int e^x\cdot 1\,dx = x e^x - e^x + C_1 = (x-1)e^x + C_1$$

$$\therefore \int x^2e^x\,dx = x^2e^x - 2\{(x-1)e^x + C_1\} = x^2e^x - 2(x-1)e^x + C$$
$$= (x^2 - 2x + 2)e^x + C$$

② $u' = \sin x$, $v = x^2$로 놓으면 $u = -\cos x$, $v' = 2x$이므로

$$\int x^2\sin x\,dx = x^2\cdot(-\cos x) + \int 2x\cos x\,dx = -x^2\cos x + 2\int x\cos x\,dx$$

$\int x\cos x\,dx$에서 $u' = \cos x$, $v = x$로 놓으면 $u = \sin x$, $v' = 1$이므로

$$\therefore \int x\cos x\,dx = x\sin x - \int \sin x\,dx = x\sin x + \cos x + C_1$$

$$\therefore \int x^2\sin x\,dx = -x^2\cos x + 2(x\sin x + \cos x + C_1)$$
$$= (2 - x^2)\cos x + 2x\sin x + C$$

부정적분 공식

① $\int k\,dx = kx$ (k는 상수)

② $\int x^n\,dx = \dfrac{x^{n+1}}{n+1}$ $(n \neq -1)$

③ $\int \dfrac{1}{x}dx = \ln|x|$

④ $\int e^x\,dx = e^x$

⑤ $\int a^x\,dx = \dfrac{1}{\ln a}a^x$ $(a>0, a\neq 1)$

⑥ $\int \sin x\,dx = -\cos x$

⑦ $\int \cos x\,dx = \sin x$

⑧ $\int \sec^2 x\,dx = \tan x$

⑨ $\int \csc^2 x\,dx = -\cot x$

⑩ $\int \sec x \tan x\,dx = \sec x$

⑪ $\int \csc x \cot x\,dx = -\csc x$

⑫ $\int \tan x\,dx = \ln|\sec x| = -\ln|\cos x|$

⑬ $\int \cot x\,dx = \ln|\sin x|$

⑭ $\int \sec x\,dx = \ln|\sec x + \tan x| = \ln\left|\tan\left(x+\dfrac{\pi}{2}\right)\right|$

⑮ $\int \csc x\,dx = \ln|\csc x - \cot x| = \ln\left|\tan\left(x+\dfrac{\pi}{2}\right)\right|$

⑯ $\int \dfrac{dx}{\sqrt{a^2-x^2}} = \begin{cases} \sin^{-1}\dfrac{x}{a} \\ -\cos^{-1}\dfrac{x}{a} \end{cases}$

⑰ $\int \dfrac{dx}{a^2+x^2} = \begin{cases} \dfrac{1}{a}\tan^{-1}\dfrac{x}{a} \\ -\dfrac{1}{a}\tan^{-1}\dfrac{x}{a} \end{cases}$

⑱ $\int \dfrac{dx}{x\sqrt{x^2-a^2}} = \begin{cases} \dfrac{1}{a}\sec^{-1}\dfrac{x}{a} \\ -\dfrac{1}{a}\csc^{-1}\dfrac{x}{a} \\ -\dfrac{1}{a}\sec^{-1}\dfrac{x}{a} \\ \dfrac{1}{a}\csc^{-1}\dfrac{x}{a} \end{cases}$

부정적분 공식의 확장

④' $\int e^{ax}\,dx = \dfrac{1}{a}e^{ax}$

⑤' $\int b^{ax}\,dx = \dfrac{b^{ax}}{a\ln b}$ $(b>0, b\neq 1)$

⑥' $\int \sin ax\,dx = -\dfrac{1}{a}\cos ax$

⑦' $\int \cos ax = \dfrac{1}{a}\sin ax$

⑧' $\int \sec^2 ax\,dx = \dfrac{1}{a}\tan ax$

⑨' $\int \csc^2 ax = -\dfrac{1}{a}\cot ax$

⑩' $\int \sec ax \tan ax = \dfrac{1}{a}\sec ax$

⑪' $\int \csc ax \cot ax\,dx = -\dfrac{1}{a}\csc ax$

⑫' $\int \tan ax\,dx = -\dfrac{1}{a}\ln|\cos ax| = \dfrac{1}{a}\ln|\sec ax|$

⑬' $\int \cot ax\,dx = \dfrac{1}{a}\ln|\sin ax|$

⑭' $\int \sec ax\,dx = \dfrac{1}{a}\ln|\sec ax + \tan ax|$

⑮' $\int \csc ax\,dx = \dfrac{1}{a}\ln|\csc ax - \cot ax|$

2.1.7 유리함수의 적분법(부분분수 전개법)

다항식의 분수식에서 부분분수로 전개될 때 쉽게 부정적분을 구할 수 있다. 즉

$$\int \frac{1}{x^2-1}\,dx = \int\left(\frac{\frac{1}{2}}{(x-1)} - \frac{\frac{1}{2}}{(x+1)}\right)dx = \frac{1}{2}\int\frac{1}{x-1}dx - \frac{1}{2}\int\frac{1}{x+1}dx$$

로 전개하여 적분하면

$$\frac{1}{2}\ln|x-1| - \frac{1}{2}\ln|x+1| + C = \frac{1}{2}\ln\left|\frac{x-1}{x+1}\right| + C$$

로 쉽게 적분할 수 있다.

예제 2.15 $\int \frac{x+2}{x(x+1)}\,dx$를 구하시오.

풀이 부분분수를 전개하면

$$f(x) = \frac{x+2}{x(x+1)} = \frac{A}{x} + \frac{B}{x+1} = \frac{2}{x} - \frac{1}{x+1}$$

$$\left(\begin{array}{l} A = f(x)\cdot x|_{x=0} = 2 \\ B = f(x)\cdot(x+1)|_{x=-1} = -1 \end{array}\right)$$

$$\therefore \int\frac{x+2}{x(x+1)}dx = \int\frac{2}{x}dx - \int\frac{1}{x+1}dx$$

$$= 2\ln|x| - \ln|x+1| + C$$

$$= \ln\frac{x^2}{|x+1|} + C$$

예제 2.16 $\int \frac{dx}{x^4-1}$를 구하시오.

풀이 부분분수를 전개하면

$$\frac{1}{x^4-1} = \frac{1}{2}\left(\frac{1}{x^2-1} - \frac{1}{x^2+1}\right) = \frac{1}{4}\left(\frac{1}{x-1} - \frac{1}{x+1}\right) - \frac{1}{2(x^2+1)}$$

따라서

$$\int\frac{dx}{x^4-1} = \frac{1}{4}\int\left(\frac{1}{x-1} - \frac{1}{x+1}\right)dx - \frac{1}{2}\int\frac{dx}{(x^2+1)}$$

$$= \frac{1}{4}\ln\left|\frac{x-1}{x+1}\right| - \frac{1}{2}\tan^{-1}x + C$$

예제 2.17 $\int \frac{x^2+2x-2}{x^3-4x}dx$를 구하시오.

풀이 먼저 부분분수를 전개하면

$$\frac{x^2+2x-2}{x^3-4x}=\frac{A}{x}+\frac{B}{x+2}+\frac{C}{x-2}$$

양변에 $x(x+2)(x-2)$를 곱하면

$$x^2+2x-2=A(x+2)(x-2)+Bx(x-2)+Cx(x+2)$$

양변에 $x=0$, $x=2$, $x=-2$를 대입하여 정리하면

$$A=\frac{1}{2},\ B=-\frac{1}{4},\ C=\frac{3}{4}$$

$$\begin{aligned}\therefore \int \frac{x^2+2x-2}{x^3-4x}dx &= \frac{1}{2}\int \frac{1}{x}dx-\frac{1}{4}\int \frac{dx}{x+2}+\frac{3}{4}\int \frac{dx}{x-2}\\ &= \frac{1}{2}\ln|x|-\frac{1}{4}\ln|x+2|+\frac{3}{4}\ln|x-2|\\ &= \frac{1}{4}\ln\frac{x^2|x-2|^3}{|x+2|}+C\end{aligned}$$

예제 2.18 $\int \frac{x^2+6x-1}{(x-1)(x-3)^2}dx$를 구하시오.

풀이 먼저 부분분수를 전개하면

$$\frac{x^2+6x-1}{(x-1)(x-3)^2}=\frac{A}{x-1}+\frac{B}{(x-3)^2}+\frac{C}{x-3}$$

양변에 $(x-1)(x-3)^2$을 곱하면

$$x^2+6x-1=A(x-3)^2+B(x-1)+C(x-1)(x-3)$$

$x=1$일 때 $6=4A$ $\quad\therefore A=\frac{3}{2}$

$x=3$일 때 $26=2B$ $\quad\therefore B=13$

$x=0$일 때 $-1=9A-B+3C$에서 $C=-\frac{1}{2}$

$$\begin{aligned}\therefore \int \frac{x^2+6x-1}{(x-1)(x-3)^2}dx &= \frac{3}{2}\int \frac{dx}{x-1}+13\int \frac{dx}{(x-3)^2}-\frac{1}{2}\int \frac{dx}{x-3}\\ &= \frac{3}{2}\ln|x+1|-\frac{13}{x-3}-\frac{1}{2}\ln|x-3|+C\\ &= \ln\sqrt{\frac{(x+1)^3}{x-3}}-\frac{13}{x-3}+C\end{aligned}$$

2.1.8 무리함수의 적분법

상수와 변수 x에 가감승제의 연산을 하여 얻은 결과는 항상 유리함수가 되지만 가감승제 외에 근호를 넣으면 그 결과는 반드시 x의 유리함수가 되지 않는다. 예를 들면

$$x^2+\sqrt[3]{x},\quad \sqrt{x}+\frac{1}{\sqrt[3]{x}},\quad \sqrt[3]{ax^2+bx+c}$$

는 유리함수 이외의 함수이다. 이와 같은 함수를 무리함수(irrational function)라 한다.

무리함수의 부정적분은 지금까지 알고 있는 초등함수로서 반드시 표시되지 않으나, 어떤 특별한 모양의 것은 적당히 치환하면 알고 있는 초등함수로 표시되어 적분할 수 있다. 즉 무리함수를 적분하려면 적당한 치환에 의하여 피적분함수를 유리함수로 변형시켜야 한다.

1) 유리함수로의 치환법

(1) $I=\int f(x,\sqrt[p]{x},\sqrt[q]{x},\sqrt[r]{x})\,dx \quad (p,q,r$는 자연수$)$

p,q,r의 최소공배수 l에 대하여 $\sqrt[l]{x}=t$, 즉 $x=t^l$이라 놓으면

$$dx=lt^{l-1}dt$$

이들을 주어진 부정적분에 대입하면

$$I=l\int f\left(t^l,\ t^{\frac{l}{p}},\ t^{\frac{l}{q}},\ t^{\frac{l}{r}}\right)t^{l-1}dt$$

이고, $\frac{l}{p},\ \frac{l}{q},\ \frac{l}{r}$은 모두 자연수이므로 t의 유리함수의 적분이 된다.

예제 2.19 $\int \frac{\sqrt{x}}{\sqrt[4]{x^3+1}}dx$를 구하시오.

풀이 $x^{\frac{1}{2}},\ x^{\frac{3}{4}}$에서 지수의 분모 2, 4의 최소공배수는 4이므로 $x=t^4$라 놓으면, $dx=4t^3$이므로 $\sqrt{x}=t^2,\ \sqrt[4]{x^3}=t^3$

$$\therefore \int\frac{\sqrt{x}}{\sqrt[4]{x^3}+1}dx=\int\frac{t^2}{t^3+1}\cdot 4t^3dt=4\int\frac{t^5}{t^3+1}dt=4\int\left(t^2-\frac{t^2}{t^3+1}\right)dt$$

$$=\frac{4}{3}t^3-\frac{4}{3}\ln|t^3+1|+C=\frac{4}{3}x^{\frac{3}{4}}-\frac{4}{3}\ln\left|x^{\frac{3}{4}}+1\right|+C$$

(2) $I=\int f\left(x, \sqrt[n]{\dfrac{ax+b}{cx+d}}\right)dx$ ($ad-bc\neq 0$, n는 0 아닌 정수)

$\sqrt[n]{\dfrac{ax+b}{cx+d}}=t$ 즉, $x=\dfrac{dt^n-b}{a-ct^n}$라 놓으면

$$dx=\frac{n(ad-bc)t^{n-1}}{(a-ct^n)^2}dt$$

$$\therefore I=\int f\left(\frac{dt^n-b}{a-ct^n}, t\right)\frac{n(ad-bc)t^{n-1}}{(a-ct^n)^2}dt$$

가 되어 t의 유리함수의 적분으로 치환된다.

예제 2.20 $I=\int\dfrac{x+1}{x\sqrt{x-2}}dx$를 구하시오.

풀이 $\sqrt{x-2}=t$라 하면 $x=t^2+2$, $dx=2t\,dt$

$$\therefore I=\int\frac{(t^2+3)2t}{(t^2+2)t}dt=2\int\frac{t^2+3}{t^2+2}dt=2\int dt+2\int\frac{1}{t^2+2}dt$$

$$=2t+\frac{2}{\sqrt{2}}\tan^{-1}\frac{t}{\sqrt{2}}+C=2\sqrt{x-2}+\sqrt{2}\tan^{-1}\frac{\sqrt{x-2}}{\sqrt{2}}+C$$

---

(3) $I=\int f(x, \sqrt{ax^2+bx+c})dx$ ($a\neq 0$)

① $a>0$일 때

$\sqrt{ax^2+bx+c}=t-\sqrt{a}\,x$로 놓으면

$$ax^2+bx+c=t^2-2\sqrt{a}\,tx+ax^2$$

$$\therefore x=\frac{t^2-c}{b+2\sqrt{a}\,t},\quad dx=\frac{2\sqrt{a}\,t^2+2bt+2\sqrt{a}\,c}{(b+2\sqrt{a}\,t)^2}dt$$

$$I=\int f\left(\frac{t^2-c}{b+2\sqrt{a}\,t}, t-\frac{\sqrt{a}(t^2-ac)}{b+2\sqrt{a}\,t}\right)\frac{2(\sqrt{a}\,t^2+bt+\sqrt{a}\,c)}{(b+2\sqrt{a}\,t)^2}dt$$

로 되어 t의 유리함수의 적분이 된다.

② $a<0$일 때

만일 $ax^2+bx+c=0$이 2개의 허근을 갖는다면 $b^2-4ac<0$이므로 2차식

$$a(ax^2+bx+c)=\left(ax+\frac{b}{2}\right)^2-\frac{1}{4}(b^2-ac)>0$$

이 되어 x의 모든 실수에 대하여 ax^2+bx+c는 a와 같은 부호를 갖게 된다.

그런데, $a<0$일 때 x의 모든 실수에 대하여 ax^2+bx+c는 음이 되며 $\sqrt{ax^2+bx+c}$는 허수가 된다. 한편 $ax^2+bx+c=0$이 서로 다른 실근을 가질 때는 $b^2-4ac>0$이고, 이때 두 실근을 α, $\beta(\alpha<\beta)$라 하면 $\alpha \le x \le \beta$인 모든 x에 대하여 $\sqrt{ax^2+bx+c}$는 항상 실수가 된다.

$$\sqrt{ax^2+bx+c} = \sqrt{a(x-\alpha)(x-\beta)} = \sqrt{-a(x-\alpha)(\beta-x)}$$

여기서, $\sqrt{\dfrac{x-\alpha}{\beta-x}}=t$라 놓으면

$$t^2=\frac{x-\alpha}{\beta-x},\quad x=\frac{\alpha+\beta t^2}{1+t^2},\quad dx=\frac{2(\beta-\alpha)t}{(1+t^2)^2}dt$$

$$\sqrt{ax^2+bx+c} = \sqrt{-\alpha}\,t(\beta-x) = \sqrt{-\alpha}\,t\left(\beta-\frac{\alpha+\beta t^2}{1+t^2}\right)$$

$$\therefore I=\int f\left(\frac{\alpha+\beta t^2}{1+t^2},\ \sqrt{-\alpha}\,t\left(\beta-\frac{\alpha+\beta t^2}{1+t^2}\right)\right)\frac{2(\beta-\alpha)t}{(1+t^2)^2}\,dt$$

가 되어 유리함수의 적분이 된다.

예제 2.21 $\displaystyle\int\frac{dx}{\sqrt{x^2+a^2}}$를 구하시오.

풀이 x^2의 계수가 양수이므로 $\sqrt{x^2+a^2}=t-x$, $t=x+\sqrt{x^2+a^2}$로 놓으면

$$x^2+a^2=t^2-2tx+x^2,\quad \therefore x=\frac{t^2-a^2}{2t},\quad dx=\frac{t^2+a^2}{2t^2}dt$$

$$\sqrt{x^2+a^2}=t-\frac{t^2-a^2}{2t}=\frac{t^2+a^2}{2t}$$

$$\therefore\ I=\int\frac{2t}{t^2+a^2}\cdot\frac{t^2+a^2}{2t^2}dt=\int\frac{1}{t}dt=\ln|t|+C=\ln\left|x+\sqrt{x^2+a^2}\right|+C$$

예제 2.22 $\displaystyle\int\frac{dx}{x\sqrt{3x-2-x^2}}$를 구하시오.

풀이 x^2의 계수가 음수이므로

$$3x-2-x^2=(x-1)(2-x),\quad \sqrt{\frac{x-1}{2-x}}=t$$

로 놓으면

$$x = \frac{2t^2+1}{t^2+1},\ dx = \frac{2t}{(t^2+1)^2}dt$$

가 된다.

$$I = \int \frac{1}{\frac{2t^2+1}{t^2+1} \cdot \frac{t}{t^2+1}} \cdot \frac{2t}{(t^2+1)^2}dt$$

$$= \int \frac{1}{t^2+\frac{1}{2}}dt = \sqrt{2}\tan^{-1}(\sqrt{2}\,t) + C$$

$$= \sqrt{2}\tan^{-1}\sqrt{\frac{2(x-1)}{2-x}} + C$$

---

(4) $I = \int x^m (a+bx^n)^{\frac{p}{q}} dx$ ($b \neq 0, n \neq 0, p, q$는 정수)

① $\frac{m+1}{n}$이 정수일 때

$a + bx^n = t^q$, 즉 $x = \left(\frac{t^q - a}{b}\right)^{\frac{1}{n}}$라 놓으면

$$dx = \frac{qt^{q-1}}{nb}\left(\frac{t^q-a}{b}\right)^{\frac{1}{n}-1}$$

$$\therefore I = \frac{q}{nb^{\frac{m+1}{n}}}\int t^{p+q-1}(t^q-a)^{\frac{m+1}{n}-1}dt$$

가 되어 t의 유리함수의 적분이 된다.

② $\frac{m+1}{n} + \frac{p}{q}$가 정수일 때

$ax^{-n} + b = t^q$, 즉, $x = \left(\frac{a}{t^q - b}\right)^{\frac{1}{n}}$라 놓으면

$$dx = \frac{-qt^{q-1}}{na^{-\frac{1}{n}}}(t^q-b)^{-\frac{1}{n}-1}$$

$$\therefore I = \frac{-q}{na^{\frac{-p}{q}-\frac{m+1}{n}}}\int t^{p+q-1}(t^q-b)^{\frac{-p}{q}-\frac{m+1}{n}-1}dt$$

가 되어 역시 t의 유리함수 적분이 된다.

예제 2.23 $\int \frac{dx}{\sqrt[3]{(1+x^3)^4}}$를 구하시오.

풀이 준식에서 $m=0$, $n=3$, $\frac{p}{q}=-\frac{4}{3}$이다. 따라서

$$\frac{m+1}{n}+\frac{p}{q}=\frac{1}{3}-\frac{4}{3}=-1 \text{ (정수)}$$

$\sqrt[3]{1-x^{-3}}=t$라 놓으면

$$x=\frac{1}{\sqrt[3]{t^3-1}},\quad dx=\frac{-t^2}{\sqrt[3]{(t^2-1)^4}}dt$$

이고

$$\sqrt[3]{1+x^3}=\sqrt[3]{x^3(x^{-3}+1)}=xt=\frac{t}{\sqrt[3]{t^3-1}}$$

가 된다.

$$\therefore \int \frac{dx}{\sqrt[3]{(1+x^3)^4}}=\int \frac{1}{\frac{t^4}{\sqrt[3]{(t^3-1)^4}}}\cdot\frac{-t^2}{\sqrt[3]{(t^3-1)^4}}dt=-\int \frac{1}{t^2}dt=\frac{1}{t}+C$$

$$=\frac{1}{\sqrt[3]{1+x^{-3}}}+C=\frac{x}{\sqrt[3]{1+x^3}}+C$$

연습문제 11

1. 다음 함수의 부정적분을 구하시오.

① $\int 2dx$ ② $\int 5x\,dx$

③ $\int (5x^2+3x-2)dx$ ④ $\int (x^2+1)(x-1)\,dx$

⑤ $\int \frac{1}{x^3}\,dx$ ⑥ $\int \sqrt{x+3}\,dx$

⑦ $\int \frac{x+1}{x^2+2x+3}dx$ ⑧ $\int \frac{\sqrt{x}}{1+x\sqrt{x}}dx$

2. 다음 함수의 부정적분을 구하시오.

① $\int (2\sin x-5\cos x)\,dx$ ② $\int \cot^2 x\,dx$

③ $\int \csc x\, dx$

④ $\int \frac{\sin x}{\cos^2 x} dx$

⑤ $\int \frac{\cos x}{\sin^2 x} dx$

⑥ $\int \sin^4 x\, dx$

3. 다음 함수의 부정적분을 구하시오.

① $\int 3e^x\, dx$

② $\int \frac{3^x}{2} dx$

③ $\int e^{2x+1} dx$

④ $\int (2e^{3x} - 2^x) dx$

4. 다음 부정적분을 구하시오.

① $\int \sin^3 x\, dx$

② $\int x^2 e^x\, dx$

③ $\int \frac{3x-1}{\sqrt{x+1}} dx$

④ $\int x^2 \sin x\, dx$

5. 다음 부정적분을 구하시오.

① $\int x^2 \cos x\, dx$

② $\int (\ln x)^2\, dx$

③ $\int e^x \sin x\, dx$

④ $\int e^{-x} \sin x\, dx$

6. 다음 부정적분을 구하시오.

① $\int \frac{1}{(2x+1)^2} dx$

② $\int \sqrt[3]{2x+1}\, dx$

③ $\int 5^{3x+2} dx$

④ $\int (e^x - e^{-x})^2 dx$

7. 다음 부정적분을 구하시오.

① $\int \frac{1}{e^x+1} dx$

② $\int \frac{1}{e^{2x}+1} dx$

③ $\int \frac{e^x}{1+e^{-x}} dx$

8. 다음 부정적분을 구하시오.

① $\int \frac{dx}{x^2 - a^2}$

② $\int \sqrt{a^2 - x^2}\, dx \ (a > 0)$

③ $\int \frac{1}{\sqrt{a^2 - x^2}} dx$

④ $\int \sin 5x \sin 3x\, dx$

9. 다음 부정적분을 구하시오.

① $\int e^{ax}\cos bx\,dx$ ② $\int \frac{x^3}{\sqrt{1-x^2}}dx$

③ $\int \sec^3 x\,dx$ ④ $\int e^x \cos ax\,dx$

10. 다음 부정적분을 구하시오.

① $\int \frac{dx}{(x-1)(x+1)}$ ② $\int \frac{dx}{x^2+2x}$

③ $\int \frac{x}{x^2+4x-5}dx$ ④ $\int \frac{x^2}{(x-1)(x-2)}dx$

⑤ $\int \frac{dx}{(1+x^2)^2}$ ⑥ $\int \frac{x^4-x^3-x-1}{x^3-x^2}dx$

11. 다음 부정적분을 구하시오.

① $\int \frac{\sqrt{x}}{1+x}dx$ ② $\int \frac{\sqrt[3]{x}}{\sqrt{x}-1}dx$

③ $\int \frac{dx}{\sqrt{x}+\sqrt[3]{x}}$ ④ $\int \frac{dx}{x+\sqrt{x-1}}$

2.2 정 적 분

함수 $f(x)$가 폐구간 $[a, b]$에서 연속이면 $f(x)$는 이 구간에서 극한값이 존재한다. 폐구간 $[a, b]$를 n개의 분점에 의하여

$$a=x_0<x_1<x_2<\cdots\cdots<x_n=b$$

와 같이 n개의 소구간 (x_{k-1}, x_k), $k=1,2,\ldots\ldots,n$으로 분할한다. 그리고 (x_{k-1}, x_k) 내의 임의의 한 점 ξ을 취하여

$$S_n=f(\xi_1)(x_1-x_0)+f(\xi_2)(x_2-x_1)+\cdots\cdots+f(\xi_n)(x_n-x_{n-1})$$

$$=\sum_{k=1}^{n}f(\xi_k)(x_k-x_{k-1})$$

위 식에서 n의 $x_k-x_{k-1}(k=1,2,\ldots,n)$은 x의 증분이므로 이것을 Δx_k로 표시하면

$$S_n=f(\xi_1)(\Delta x_1)+f(\xi_2)(\Delta x_2)+\cdots\cdots+f(\xi_n)(\Delta x_n)$$

$$= \sum_{k=1}^{n} f(\xi_k)(\Delta x_k)$$

이고 $n \to \infty$ 일 때의 극한값을 I 라 하면

$$I = \lim_{n\to\infty} \sum_{k=1}^{n} f(\xi_k)\Delta x_k = \int_a^b f(x)dx$$

이것을 $f(x)$의 $x=a$에서 $x=b$까지 정적분(definite integral)이라 하며 a를 정적분의 하단(lower limit), b를 상단(upper limit), 양자를 정적분의 한계(limit)라 한다.

정적분의 정의

함수 $f(x)$가 폐구간 $[a, b]$에서 연속일 때

$$\int_a^b f(x)dx = \lim_{n\to\infty}\sum_{k=1}^{n} f(x_k)\cdot \Delta x$$

단, $\Delta x = \dfrac{b-a}{n}$, $x_k = a + k\Delta x$

예제 2.24 정적분의 정의에 의하여 $\int_0^1 x^2 dx$를 구하시오.

풀이 구간 $[0, 1]$을 n등분하여 $\Delta x = \dfrac{1-0}{n} = \dfrac{1}{n}$로 놓는다. 그러면 $\xi_0, \xi_1, \cdots, \xi_n$은 각각 $0,\ \dfrac{1}{n},\ \cdots,\ \dfrac{n-1}{n}$이 되므로 $f(x) = x^2$에서

$$S_n = f(\xi_0)\Delta x + f(\xi_1)\Delta x + \cdots\cdots + f(\xi_{n-1})\Delta x$$

$$= \frac{1}{n^3}[1^2 + 2^2 + \cdots + (n-1)^2]$$

$$= \frac{1}{n^3}\left(\frac{n(n+1)(2n+1)}{6}\right) = \frac{1}{6}\left(1+\frac{1}{n}\right)\left(2+\frac{1}{n}\right)$$

이 된다. 따라서

$$\int_0^1 x^2 dx = \lim_{n\to\infty} S_n = \lim_{n\to\infty}\frac{1}{6}\left(1+\frac{1}{n}\right)\left(2+\frac{1}{n}\right) = \frac{1}{3}$$

정적분과 부정적분의 관계

$\int f(x)dx = F(x) + C$라 할 때

$$\int_a^b f(x)dx = F(b) - F(a) = [F(x)]_a^b$$

예제 2.25 다음 정적분의 값을 구하시오.

① $\int_0^2 4x^3 dx$ ② $\int_1^2 \frac{1}{x} dx$

③ $\int_0^\pi \cos x\, dx$ ④ $\int_0^3 e^x dx$

풀이 ① $\int 4x^3 dx = x^4 + C$ 이므로 $\int_0^2 4x^3 dx = [x^4]_0^2 = 16$

② $\int_1^2 \frac{1}{x} dx = [\ln|x|]_0^2 = \ln 2 - \ln 1 = \ln 2$

③ $\int_0^\pi \cos x\, dx = [\sin x]_0^\pi = \sin\pi - \sin 0 = 0$

④ $\int_0^3 e^x dx = [e^x]_0^3 = e^3 - e^0 = e^3 - 1$

2.2.1 정적분의 기본 공식

정적분의 기본 공식

① $\int_a^a f(x)dx = 0$ ② $\int_a^b f(x)dx = -\int_b^a f(x)dx$

③ $\int_a^b kf(x)dx = k\int_a^b f(x)dx$ (k는 상수)

④ $\int_a^b f(x) \pm g(x)dx = \int_a^b f(x)dx \pm \int_a^b g(x)dx$

⑤ $\int_a^b f(x)dx = \int_a^c f(x)dx + \int_c^b f(x)dx \; (a < c < b)$

⑥ $f(x)$가 우함수이면 $\int_{-a}^a f(x)dx = 2\int_0^a f(x)dx$

⑦ $f(x)$가 기함수이면 $\int_{-a}^a f(x)dx = 0$

예제 2.26 정적분 $\int_3^1 (x^2 - 4x + 3)dx$를 구하시오.

풀이 $\int_3^1 (x^2 - 4x + 3)dx = \left[\frac{1}{3}x^3 - 2x^2 + 3x\right]_3^1$

$= \frac{1}{3}[1^3 - 3^3] - 2[1^2 - 3^2] + 3[1 - 3] = \frac{4}{3}$

예제 2.27 정적분 $\int_0^1 3x^2dx + \int_1^3 3x^2dx$를 구하시오.

풀이 $\int_0^1 3x^2dx + \int_1^3 3x^2dx = \int_0^3 3x^2dx = [x^3]_0^3 = 3^3 = 27$

예제 2.28 다음 정적분의 값을 구하시오.

① $\int_1^1 x^2dx$ ② $\int_2^0 3x^2dx$

풀이 ① $\int_1^1 x^2dx=0$

② $\int_2^0 3x^2dx= -\int_0^2 3x^2dx = -[x^3]_0^2 = -8$

예제 2.29 다음 정적분의 값을 구하시오.

① $\int_2^3 (x+1)^2dx - \int_2^3 (x-1)^2dx$ ② $\int_{-1}^1 (x^3-x+1)dx$

③ $\int_0^\pi \cos x\, dx$ ④ $\int_0^\pi (e^{4x} - \sin^2 x)dx$

풀이 ① $\int_2^3 [(x^2+2x+1)-(x^2-2x+1)]dx = \int_2^3 4x\, dx = [2x^2]_2^3 = 18-8=10$

② $\int_{-1}^1 (x^3-x+1)dx = \left[\frac{x^4}{4} - \frac{x^2}{2} + x\right]_{-1}^1 = \left(\frac{1}{4} - \frac{1}{2} + 1\right) - \left(\frac{1}{4} - \frac{1}{2} - 1\right) = 2$

③ $\int_0^\pi \cos x\, dx = [\sin x]_0^\pi = 0$

④ $\int_0^\pi (e^{4x} - \sin^2 x)dx = \int_0^\pi \left(e^{4x} - \left(\frac{1-\cos 2x}{2}\right)\right)dx = \left[\frac{1}{4}e^{4x} - \frac{1}{2}x + \frac{1}{4}\sin 2x\right]_0^\pi$

$= \left(\frac{1}{4}e^{4\pi} - \frac{1}{2}\pi\right) - \left(\frac{1}{4}e^0\right) = \frac{1}{4}(e^{4\pi} - 2\pi - 1)$

예제 2.30 $f(x) = \begin{cases} x^2+1 & (x \le 1) \\ -x+3 & (x \ge 1) \end{cases}$일 때 다음 정적분의 값을 구하시오.

① $\int_{-1}^1 f(x)dx$ ② $\int_0^3 f(x)dx$ ③ $\int_0^4 f(x)dx$

풀이 ① [그림 2.1]을 참조하면 적분구간 $[-1, 1]$ 에서 $f(x)=x^2+1$ 이다.

$$\int_{-1}^{1} f(x)dx = \int_{-1}^{1}(x^2+1)dx$$
$$= 2\left[\frac{1}{3}x^3+x\right]_0^1$$
$$= \frac{8}{3}$$

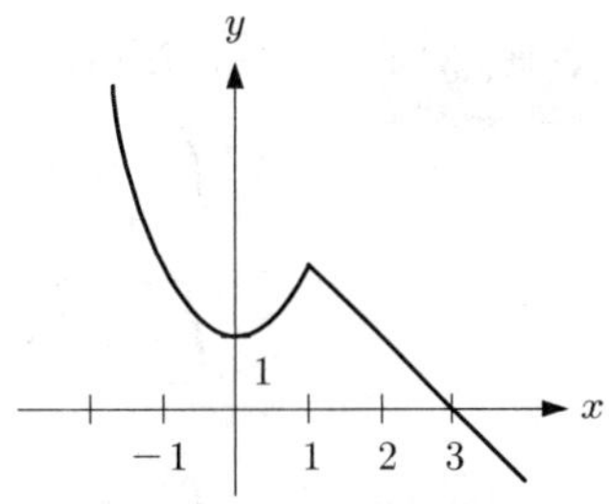

[그림 2.1] 정적분 예제

② 적분구간 $[0, 3]$은

$$\begin{cases} \text{적분구간 } [0, 1]\text{에서는 } f(x)=x^2+1 \\ \text{적분구간 } [1, 3]\text{에서는 } f(x)=-x+3 \end{cases}$$

$$\int_0^3 f(x)dx = \int_0^1 (x^2+1)dx + \int_1^3 (-x+3)dx$$
$$= \left[\frac{x^3}{3}+x\right]_0^1 + \left[-\frac{1}{2}x^2+3x\right]_1^3 = \frac{4}{3}+2 = \frac{10}{3}$$

③ 적분구간 $[0,4]$은 $\begin{cases} \text{적분구간 } [0, 1]\text{에서는 } f(x)=x^2+1 \\ \text{적분구간 } [1, 4]\text{에서는 } f(x)=-x+3 \end{cases}$

$$\int_0^4 f(x)dx = \int_0^1 f(x)dx + \int_1^4 f(x)dx = \int_0^1 (x^2+1)dx + \int_1^4 (-x+3)dx$$
$$= \left[\frac{1}{3}x^3+x\right]_0^1 + \left[-\frac{1}{2}x^2+3x\right]_1^4 = \frac{4}{3}+\frac{3}{2} = \frac{17}{6}$$

예제 2.31 $\int_0^3 |x^2-1|dx$ 의 정적분의 값을 구하시오.

풀이 적분구간 $[0, 3]$은 $\begin{cases} \text{적분구간 } [0, 1]\text{에서는 } f(x)=-(x^2-1) \\ \text{적분구간 } [1, 3]\text{에서는 } f(x)=x^2-1 \end{cases}$

$$\int_0^3 |x^2-1|dx = \int_0^1 -(x^2-1)dx + \int_1^3 (x^2-1)dx$$
$$= -\int_0^1 (x^2-1)dx + \int_1^3 (x^2-1)dx$$
$$= -\left[\frac{x^3}{3}-x\right]_0^1 + \left[\frac{x^3}{3}-x\right]_1^3$$
$$= -\left[\frac{1}{3}-1\right] + \left[\left(\frac{27}{3}-3\right)-\left(\frac{1}{3}-1\right)\right] = \frac{22}{3}$$

예제 2.32 다음 정적분의 값을 구하시오.

① $\int_{-1}^{1} x^3 dx$　　② $\int_{-2}^{2} (3x^2+4x+1)dx$

③ $\int_{-\pi}^{\pi} (\sin x + \cos x)\,dx$

풀이 ① $\int_{-1}^{1} x^3 dx = \int_{-1}^{1} (\text{기함수})dx = \left[\frac{x^4}{4}\right]_{-1}^{1} = 0$

② $\int_{-2}^{2} (3x^2+4x+1)dx = \int_{-2}^{2} (\text{우함수})dx + \int_{-2}^{2} (\text{기함수})dx + \int_{-2}^{2} (\text{우함수})dx$

$= 2\int_{0}^{2} 3x^2 dx + 0 + 2\int_{0}^{2} dx = 2\int_{0}^{2} (3x^2+1)dx = 20$

③ $\int_{-\pi}^{\pi} \sin x\, dx + \int_{-\pi}^{\pi} \cos x\, dx = 0 + 2\int_{0}^{\pi} \cos x\, dx = 2[\sin x]_0^{\pi} = 0$

2.2.2 정적분의 치환적분법

함수 $f(x)$가 구간$[a, b]$에서 연속이고 $x = g(x)$를 미분가능한 함수라 할 때 t가 t_1에서 t_2까지 변하는 사이에 x는 a에서 b까지 변하면

$$\int_{a}^{b} f(x)dx = \int_{t_1}^{t_2} f\{g(t)\}\, g'(t)dt, \quad \{a = g(t_1),\, b = g(t_2)\}$$

증명 $f(x)$의 원시함수의 하나를 $F(x)$라 하면

$$\frac{d}{dx}F(x) = f(x)$$

에서

$$\frac{d}{dx}F\{g(t)\} = f\{g(t)\}$$

가 된다. 그런데

$$\frac{d}{dt}F\{g(t)\}\frac{dt}{dx} = f\{g(t)\}$$

에서

$$\frac{d}{dt}F\{g(t)\} = f\{g(t)\}\frac{dx}{dt} = f\,g(t)\,g'(t)$$

가 되므로 이것을 t_1에서 t_2까지 t에 관하여 적분하면 다음과 같다.

$$\int_{t_1}^{t_2} f\{g(t)\}g'(t)dt = \int_{t_1}^{t_2} \frac{d}{dt}F\{g(t)\}dt = [F\{g(t)\}]_{t_1}^{t_2}$$

$$= F\{g(t_2)\} - F\{g(t_1)\} = F(b) - F(a)$$
$$= \int_a^b f(x)dx$$

정적분을 치환에 의하여 구할 때에는 적분변수의 치환과 동시에 적분의 한계도 변경하여야 한다.

예제 2.33 다음 정적분의 값을 구하시오.

① $\int_0^2 (2x+1)^3 dx$ ② $\int_3^5 \sqrt{x-3}\,dx$ ③ $\int_0^2 2xe^{x^2} dx$

풀이 ① $2x+1 = t$

$2dx = dt$

$dx = \frac{1}{2}dt$

x	0	2
t	1	5

$$\int_1^5 t^3 \cdot \frac{1}{2}dt = \left[\frac{1}{8}t^4\right]_1^5 = \frac{1}{8}(5^4-1) = 78$$

② $x-3 = t \Rightarrow dx = dt$ 이므로

$$\int_3^5 \sqrt{x-3}\,dx = \int_0^2 \sqrt{t}\,dt$$
$$= \left[\frac{2}{3}t^{\frac{3}{2}}\right]_0^2 = \frac{4\sqrt{2}}{3}$$

x	3	5
t	0	2

③ $x^2 = t$ 로 놓으면 $2x\,dx = dt$ 이므로

$dx = \frac{1}{2x}dt$

x	0	2
t	0	4

$$\int_0^2 2xe^{x^2}dx = \int_0^4 e^t dt = [e^t]_0^4 = e^4 - 1$$

예제 2.34 $\int_0^1 \frac{x^2}{(x+1)^2}dx$ 를 구하시오.

풀이 $x+1 = t$ 로 놓으면 $dx = dt$

x	0	1
t	1	2

$$\int_0^1 \frac{x^2}{(x+1)^2}dx = \int_1^2 \frac{(t-1)^2}{t^2}dt$$
$$\int_1^2 \left(1 - \frac{2}{t} + \frac{1}{t^2}\right)dt = \left[t - 2\ln t - \frac{1}{t}\right]_1^2 = \frac{3}{2} - 2\ln 2$$

2.2.3 정적분의 부분적분법

$f(x)$, $g(x)$가 다 같이 구간 $[a, b]$에서 미분가능한 함수이면

$$\int_a^b f(x)g'(x)dx = [f(x)g(x)]_a^b - \int_a^b f'(x)g(x)dx$$

특히

$$\int_a^b f(x)\,dx = [\,xf(x)\,]_a^b - \int_a^b x\,f'(x)dx$$

증명 부정적분에 관한 부분적분 공식에 의하여

$$\int f(x)g'(x)dx = f(x)g(x) - \int f'(x)g(x)dx$$

또는

$$\int f(x)dx = xf(x) - \int xf'(x)dx$$

이므로

$$\int_a^b f(x)g'(x)dx = \left[\int f(x)g'(x)dx\right]_a^b$$

$$= [\,f(x)g(x)\,]_a^b - \int_a^b f'(x)g(x)dx$$

또는

$$\int_a^b f(x)dx = \left[\int f(x)dx\right]_a^b = [xf(x)]_a^b - -\int_a^b xf'(x)$$

가 된다.

> **정적분의 부분적분법**
>
> $$\int_a^b f'(x)g(x)dx = [f(x)g(x)]_a^b - \int_a^b f(x)g'(x)dx$$

예제 2.35 다음 정적분의 값을 구하시오.

① $\displaystyle\int_1^2 xe^x dx$　　② $\displaystyle\int_0^\pi x\cos x\,dx$

③ $\displaystyle\int_0^\infty te^{-st}dt$　　④ $\displaystyle\int_0^\infty t^2e^{-st}dt$

풀이 ① $u' = e^x$, $v = x$로 놓으면 $u = e^x$, $v' = 1$ 이므로

$$\int_1^2 xe^x\,dx = [x \cdot e^x]_1^2 - \int_1^2 e^x\,dx = 2e^2 - e^1 - e^2 + e^1 = e$$

② $u' = \cos x$, $v = x$로 놓으면 $u = \sin x$, $v' = 1$이므로

$$\int_0^{\pi} x\cos x\, dx = [x \cdot \sin x]_0^{\pi} - \int_0^{\pi} \sin x \cdot 1\, dx = 0 - [-\cos x]_0^{\pi} = -2$$

③ $u' = e^{-st}$, $v = t$로 놓으면 $u = -\frac{1}{s}e^{-st}$, $v' = 1$이므로

$$\int_0^{\infty} te^{-st}dt = \left[-\frac{1}{s}e^{-st} \cdot t\right]_0^{\infty} - \int_0^{\infty}\left(-\frac{1}{s}e^{-st}\right) \cdot 1\, dt$$

$$= 0 + \frac{1}{s}\int_0^{\infty} e^{-st}dt = \frac{1}{s}\left[-\frac{1}{s}e^{-st}\right]_0^{\infty} = \frac{1}{s^2}$$

④ $u' = e^{-st}$, $v = t^2$로 놓으면 $u = -\frac{1}{s}e^{-st}$, $v' = 2t$

$$\int_0^{\infty} t^2e^{-st}dt = \left[-\frac{1}{s}e^{-st} \cdot t^2\right]_0^{\infty} - \int_0^{\infty}\left(-\frac{1}{s}e^{-st}\right) \cdot 2t\, dt$$

$$= 0 + \frac{2}{s}\int_0^{\infty} e^{-st} \cdot t\, dt = \frac{2}{s}\left(\frac{1}{s^2}\right) = \frac{2!}{s^3}$$

연습문제 12

※ 다음 함수들의 정적분을 구하시오.

1. $\int_0^2 3x^2dx$

2. $\int_0^2 (x^2 - 2x + 1)dx$

3. $\int_1^2 (3t^2 - t)dt$

4. $\int_1^e \frac{1}{x}dx$

5. $\int_0^{\pi} \cos x\, dx$

6. $\int_1^2 \frac{1}{\sqrt{x}}dx$

7. $\int_0^2 \sqrt{x+1}\, dx$

8. $\int_1^6 \frac{x}{\sqrt{x+3}}dx$

9. $\int_0^1 x\ln x\, dx$

10. $\int_1^2 (4x^3 - 3x^2 + 1)dx - \int_{-1}^2 (4x^3 + 2x^2 - x)dx$

11. $\int_2^3 x\sqrt{x-2}\, dx$

12. $\int_0^1 xe^{-x}dx$

2.2.4 이상적분

지금까지의 정적분은 상단 및 하단이 다 같고 유한이고 그 피적분함수는 구간 $[a, b]$ 내 있어서 연속임을 가정하였다. 이들의 조건을 만족시키지 못할 때의 정적분을 이상적분(異常積分, improper integral)이라 하며 여기서는 이상적분의 값을 구하는 정의를 한다.

1) 상단, 하단의 한쪽 또는 양쪽이 무한대일 때

만일

$$\lim_{b\to\infty}\int_a^b f(x)dx,\quad \lim_{a\to-\infty}\int_a^b f(x)dx,\quad \lim_{\substack{a\to-\infty\\ b\to\infty}}\int_a^b f(x)dx$$

가 확정된 무한값을 가지면 이것을 각각

$$\int_a^{\infty} f(x)dx,\quad \int_{-\infty}^{b} f(x)dx,\quad \int_{-\infty}^{\infty} f(x)dx$$

의 값이라고 정의한다. 이러한 적분을 특히 무한적분(infinite integral)이라 한다.

예제 2.36 $D=\int_0^{\infty} e^{-x}dx$ 를 구하시오.

풀이 $D=\int_0^{\infty} e^{-x}dx=\lim_{b\to\infty}\int_0^b e^{-x}dx=\lim_{b\to\infty}[-e^{-x}]_0^b$

$=\lim_{b\to\infty}(-e^{-b}-(-1))=\lim_{b\to\infty}\left(-\frac{1}{e^b}+1\right)=1$

예제 2.37 $D=\int_{-\infty}^{\infty}\frac{1}{1+x^2}dx$를 구하시오.

풀이 $\int_a^b\frac{1}{1+x^2}dx=[\tan^{-1}x]_a^b=\tan^{-1}b-\tan^{-1}a$ 이므로

$D=\lim_{\substack{a\to-\infty\\ b\to\infty}}\int_a^b\frac{dx}{1+x^2}=\lim_{\substack{a\to-\infty\\ b\to\infty}}(\tan^{-1}b-\tan^{-1}a)=\frac{\pi}{2}-\left(-\frac{\pi}{2}\right)=\pi$

2) 피적분함수 $f(x)$가 상단 또는 하단에 있어서 불연속일 때

$f(x)$가 하단 $x=a$에서 불연속이고 ϵ을 대단히 작은 양수라 할 때

$$\lim_{\epsilon\to 0^+}\int_{a+\epsilon}^{b} f(x)dx$$

가 확정된 무한값을 가지면 이것을

$$\int_a^b f(x)dx$$

의 값이라고 정의한다. 마찬가지로 상단 b에 있어서 불연속일 때

$$\int_a^b f(x)dx = \lim_{\epsilon\to 0^-}\int_0^{b-\epsilon} f(x)dx$$

로 정의한다.

예제 2.38 $D=\int_0^1 \frac{dx}{1-x^2}$를 구하시오.

풀이 피적분함수는 $x=1$에서 무한대가 되어 불연속이므로

$$D=\int_0^1 \frac{dx}{1-x^2} = \lim_{\epsilon\to 0^+}\int_0^{1-\epsilon}\frac{dx}{1-x^2} = \lim_{\epsilon\to 0^+}\left[\frac{1}{2}\ln\frac{1+x}{1-x}\right]_0^{1-\epsilon}$$

$$=\lim_{\epsilon\to 0^+}\left(\frac{1}{2}\ln\frac{2-\epsilon}{\epsilon}-\frac{1}{2}\ln 1\right) = \lim_{\epsilon\to 0^+}\frac{1}{2}\ln\left(\frac{2}{\epsilon}-1\right)=\infty$$

---

3) 피적분함수 $f(x)$가 구간 $[a, b]$ 내의 한 점 $x=C$에서 불연속일 때

먼저 구간 $[a, b]$ 내의 한 점 $x=C$에서 $f(x)$가 불연속이고 무한대가 될 때에는

$$\int_a^b f(x)dx = \int_a^c f(x)dx + \int_c^b f(x)dx$$

로 나누고

$$\lim_{\epsilon\to 0^+}\int_a^{c-\epsilon} f(x)dx, \quad \lim_{\epsilon'\to 0^+}\int_{c+\epsilon'}^{b} f(x)dx$$

가 각각 확정된 극한값을 가지면 이들의 합을

$$\int_a^b f(x)dx$$

의 값이라고 정의한다.

$$\int_a^b f(x)dx = \lim_{\epsilon \to 0^+}\int_a^{c-\epsilon} f(x)dx + \lim_{\epsilon' \to 0^+}\int_{c+\epsilon'}^b f(x)dx$$

예제 2.39 $D = \int_{-1}^{1} \frac{1}{x^2}dx$를 구하시오.

풀이 피적분함수는 $x=0$에 있어서 무한대이므로

$$D = \int_{-1}^{1}\frac{dx}{x^2} = \lim_{\epsilon \to 0^+}\int_{-1}^{-\epsilon}\frac{dx}{x^2} + \lim_{\epsilon' \to 0^+}\int_{\epsilon'}^{1}\frac{dx}{x^2} = \lim_{\epsilon \to 0^+}\left[-\frac{1}{x}\right]_{-1}^{-\epsilon} + \lim_{\epsilon' \to 0^+}\left[-\frac{1}{x}\right]_{\epsilon'}^{1}$$

$$= \lim_{\epsilon \to 0^+}\left(\frac{1}{\epsilon} - 1\right) + \lim_{\epsilon' \to 0^+}\left(-1 + \frac{1}{\epsilon'}\right) = \infty + \infty = \infty$$

주의 구간 $[a, b]$ 내에서 $f(x)$의 불연속점이 있을 때에는

$$\int_a^b f(x)dx = \left[\int f(x)\,dx\right]_a^b$$

로 계산하면 안 된다. 즉

$$\int_{-1}^{1}\frac{dx}{x^2} = \left[-\frac{1}{x}\right]_{-1}^{1} = -2$$

는 잘못된 계산이다.

4) 정적분의 근사계산

정적분

$$\int_a^b f(x)dx \tag{2.1}$$

의 값은 부정적분 $F(x)$를 구하여 $F(b) - F(a)$를 계산함으로써 얻을 수 있다. 그러나 $F(x)$를 구하기 곤란하거나 또는 $F(x)$를 초등함수로 나타낼 수 없을 때 정적분의 근삿값을 계산하는 방법에 대하여 생각하기로 한다.

정적분의 값은 곡선 $y = f(x)$가 폐구간 $[a, b]$ 상을 덮는 부분의 넓이이므로 이 넓이의 근삿값은 바로 정적분의 근삿값이 된다.

(1) 사다리꼴 공식

폐구간 $[a, b]$를 n등분하여 n개의 소구간으로 나누어서 각 소구간의 길이를 $h = \frac{b-a}{n}$ 되게 한다.

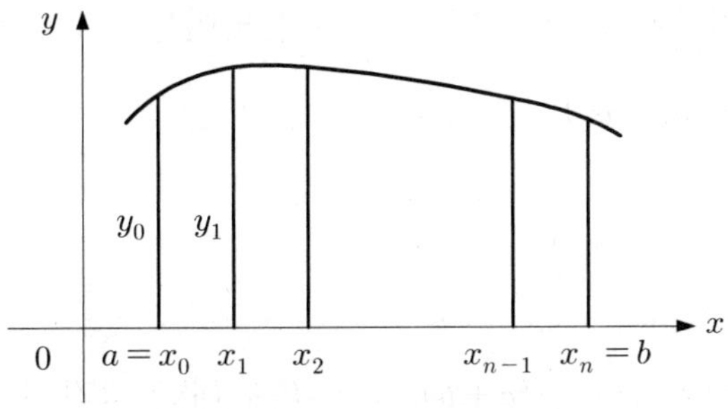

[그림 2.2] 사다리꼴 공식

[그림 2.2]에서 보는 것과 같이 소구간으로 나눈 분점을

$$a=x_{0,}x_1\cdots\cdots\cdots,x_{n-1},x_n=b$$

라 하면 각 분점에서의 곡선 $y=f(x)$의 y좌표는

$$y_0,\ y_{1,}\ y_2,\cdots\cdots\cdots,\ y_{n-1},\ y_n$$

세로줄의 끝점을 차례로 연결하게 n개의 사다리꼴을 만들어 그 넓이의 합을 구하면

$$\frac{1}{2}h(y_0+y_1)+\frac{1}{2}h(y_1+y_2)+\cdots\cdots\cdots+\frac{1}{2}h(y_{n-1}+y_n)$$

을 얻는다. 따라서 식 (2.1)의 근삿값은

$$\int_a^b f(x)\,dx \approx h\left(\frac{1}{2}y_0+y_1+\cdots\cdots+y_{n-1}+\frac{1}{2}y_n\right) \tag{2.2}$$

이 되며 이것을 사다리꼴 공식(trapezoidal formular)이라 한다. 일반적으로 소구간의 수가 많을수록 더욱 정확한 근삿값을 얻을 수 있다.

(2) 심프슨 공식

세로줄의 끝점을 차례로 현으로 연결하여 사다리꼴로 만드는 대신에 포물선의 호로 연결하면 더욱 정밀한 근삿값을 얻을 수 있다.

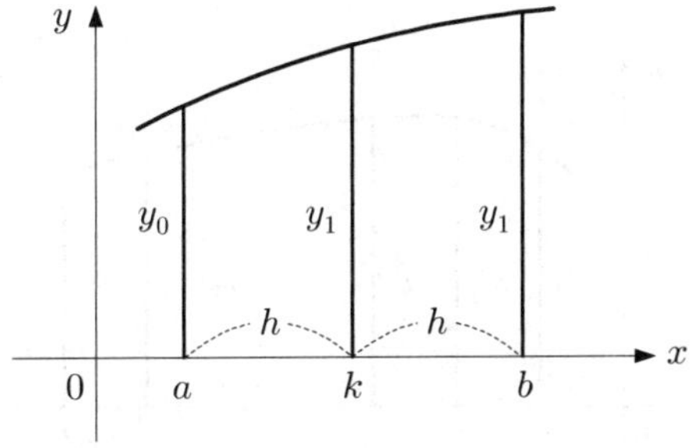

[그림 2.3] 심프슨(Simpson) 공식(1)

즉, 포물선이 폐구간 $[a, b]$상을 덮는 부분의 넓이는

$$S = \frac{1}{3}h\,(y_0 + 4y_1 + y_2)$$

로 주어진다. 여기에

$$h = \frac{1}{2}(b-a)$$

이고 y_0, y_1, y_2는 $x_0 = a$, $x = \frac{1}{2}(a+b)$, $x_2 = b$에 대한 각각의 세로줄이다.

증명 포물선의 방정식을 $y = A + B(x-k) + C(x-k)^2$이라 하면 넓이 S는

$$S = \int_{k-h}^{k+h}\{A + B(x-k) + C(x-k)^2\}\,dx$$

$$= 2Ah + \frac{2}{3}Ch^3$$

$$= \frac{1}{3}h(6A + 2Ch^2)$$

그런데 포물선의 방정식에 $x = k-h,\ k,\ k+h$를 대입하면

$$y_0 = A - Bh + Ch^2$$

$$y_1 = A$$

$$y_2 = A + Bh + Ch^2$$

에서

$$S = \frac{1}{3}h(y_0 + 4y_1 + y_2)$$

가 된다.

[그림 2.4]와 같이 구간 $[a, b]$를 $2n$ 등분하여 각 소구간의 길이를 $h = \frac{b-a}{2n}$ 되게 하고 각 분점에 대응하는 함수 $y = f(x)$의 값을

$$y_0,\ y_1,\ y_2,\ \cdots\cdots y_{2n}$$

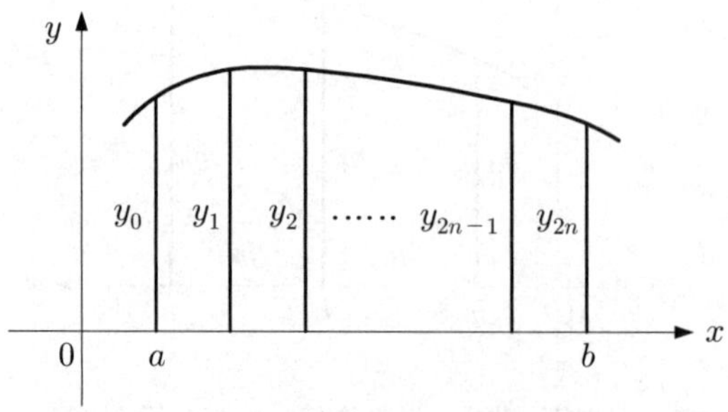

[그림 2.4] 심프슨 공식(2)

이라 하면 곡선 $y=f(x)$가 폐구간 $[a, b]$상을 덮는 부분의 넓이는

$$\frac{1}{3}h(y_0+4y_1+y_2)+\frac{1}{3}h(y_2+4y_3+y_4)+\cdots\cdots+\frac{1}{3}h(y_{2n-2}+4y_{2n-1}+y_{2n})$$

이므로

$$\int_a^b f(x)dx \fallingdotseq \frac{1}{3}h\{y_0+y_{2n}+4(y_1+y_3+\cdots+y_{2n-1})+2(y_2+y_4+\cdots+y_{2n-2})\}$$

을 얻으며 이것을 심프슨(Simpson) 공식이라 한다.

예제 2.40 $\int_0^1 x^2\,dx$의 근삿값을 사다리꼴 공식에 의하여 구하시오. 단, 구간 $[0, 1]$을 10등분한다.

풀이 $h=\frac{1-0}{10}=0.1$이므로 넓이 $S=\int_0^1 x^2dx$의 근삿값은

$$S=\frac{h}{2}(y_0+y_{10})+2(y_1+y_2+\cdots+y_9)$$
$$=\frac{0.1}{2}(0+1)+2(0.01+0.04+0.09+0.16+0.25+0.36+0.49+0.64+0.81)$$
$$=0.335$$

참고 $\int_0^1 x^2\,dx=\left[\frac{1}{3}x^3\right]_0^1=0.333\cdots$ (참값)

예제 2.41 다음 정적분 값을 심프슨 공식을 이용하여 구하시오. 단, 적분구간을 10등분한다.

$$\int_0^1 \sqrt{1-x^2}\,dx$$

풀이

$$\int_0^1 \sqrt{1-x^2}\,dx=\frac{1}{3}h\{y_0+y_{10}+4(y_1+y_3+y_5+y_7+y_9)+2(y_2+y_4+y_6+y_8)\}$$
$$=\frac{1}{3}(0.1)\{1+0+4(0.9950+0.9539+\cdots+0.4359)+2(0.9798+0.9165+\cdots+0.6)\}$$
$$=0.782$$

예제 2.42 다음 정적분에서 적분구간 [0, 1]을 4등분하여 심프슨의 공식으로 적분값을 구하시오.

$$\int_0^1 \frac{dx}{1+x^2}$$

풀이 $h=\dfrac{1-0}{4}=0.25$ 이고 $y=\dfrac{1}{1+x^2}$ 이므로

$$S=\frac{0.25}{3}\{1+0.5+4(0.941+0.64)+2(0.8)\}=0.7854$$

k	0	1	2	3	4
x_k	0	0.25	0.5	0.75	1
y_k	1	0.941	0.8	0.64	0.5

연습문제 13

1. 사다리꼴 공식을 사용하여 다음 정적분의 근삿값을 구하시오.

① $\int_2^7 \frac{1}{x^2}\,dx \quad n=5$

② $\int_3^6 \frac{dx}{\sqrt{x-2}} \quad n=6$

③ $\int_0^1 \frac{dx}{1+x^2} \quad n=10$

④ $\int_0^4 \sqrt{4+x^3}\,dx \quad n=4$

⑤ $\int_2^8 \sqrt{1+x^2}\,dx \quad n=4$

⑥ $\int_0^{0.8} \sin x^2\,dx \quad n=4$

2. 심프슨의 공식을 사용하여 다음 정적분의 근삿값을 구하시오.

① $\int_2^8 x^3\,dx \quad n=2$

② $\int_0^1 \frac{1}{1+x^2}\,dx \quad n=10$

③ $\int_0^4 \frac{x}{\sqrt{x^2+9}}\,dx \quad n=4$

④ $\int_0^4 \sqrt{x+x^3}\,dx \quad n=4$

⑤ $\int_0^{0.6} e^{-x^2}\,dx \quad n=6$

⑥ $\int_2^3 \frac{dx}{\ln x} \quad n=4$

2.3 정적분의 응용

2.3.1 평면도형의 넓이

정적분의 응용으로서 평면상에 주어진 연속곡선으로 둘러싸인 부분의 넓이를 생각하여 본다. 지금 구하는 넓이 S가 폐구간 $[a, b]$상에서 연속곡선 $y = f(x)$가 덮는 부분일 때 그 넓이는

$$S = \int_a^b f(x)\,dx \tag{2.3}$$

로 주어진다.

$a < b$라 할 때 구간 $[a, b]$ 내에 한 점 x를 잡고 $[a, x]$상에서 곡선 $y = f(x)$가 덮는 넓이를 $F(x)$라 한다. 그러면 $F(b)$가 구하는 넓이 S가 되며 $F(a)$는 분명이 0이 된다.

x가 $x + \Delta x$까지 변하면 넓이 $F(x)$의 변화량 ΔF는 구간 $[x, x + \Delta x]$ 상에서 곡선 $y = f(x)$가 덮는 넓이가 된다.

그래서 $[x, x + \Delta x]$상의 $f(x)$의 최댓값을 G, 최솟값을 L이라 하면 다음의 관계가 성립한다.

$$L\,\Delta x \leq \Delta F \leq G\,\Delta x \qquad (\Delta Ex > 0)$$

$$L \leq \frac{\Delta F}{\Delta x} \leq G$$

여기서 $\Delta x < 0$이면 $\Delta F < 0$이므로 같은 결과가 얻어진다.

위 식에 있어서 $\Delta x \to 0$일 때의 극한을 생각하면 $f(x)$는 연속이므로 G, L은 다같이 $f(x)$에 수렴한다. 따라서

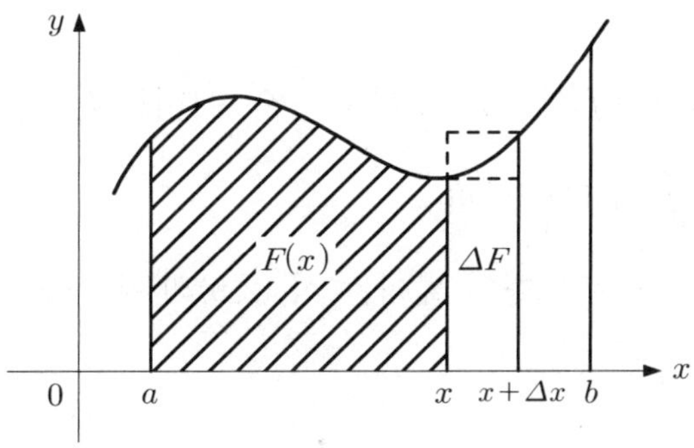

[그림 2.5] 평면도형의 넓이

$$\frac{dF}{dx} = \lim_{\Delta x \to 0} \frac{\Delta F}{\Delta x} = f(x)$$

에서 $F(a) = 0$을 고려하여 다음 식을 얻는다.

$$S = F(b) - F(a) = \int_a^b f(x)\,dx$$

일반적으로 평면도형의 넓이를 계산할 때에도 그것을 적절하게 나누어서 위에서 설명한 넓이의 합 또는 차로 하여 구한다. [그림 2.6]과 같은 폐곡선의 넓이 S를 구하려면 y축에 평행인 두 직선 $x = a$, $x = b$를 만들고 구간 $[a, b]$상에서 곡선 $ACB(f_1(x))$가 덮는 넓이 $S_1 = aACb$와 곡선 $ADB(f_2(x))$가 덮는 넓이 $S_2 = aADBb$를 계산해서 차를 구하면 된다.

$$S = S_1 - S_2 = \int_a^b f_1(x)\,dx - \int_a^b f_2(x)\,dx$$

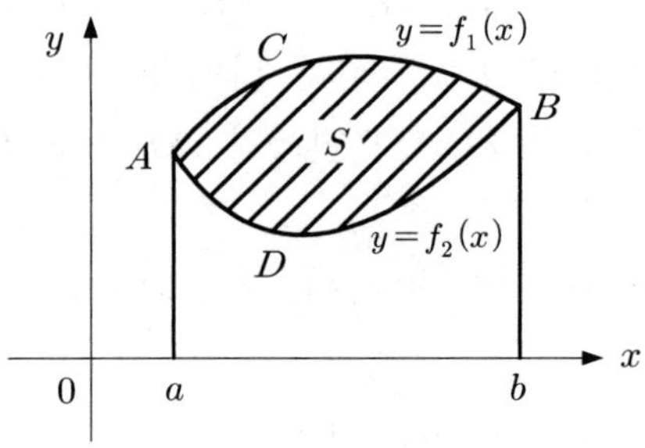

[그림 2.6] 폐곡선의 넓이

이상의 구적법은 x를 적분변수로 하였으나 만일 y를 적분변수로 하려면 곡선의 방정식을 x에 관해서 풀고 y의 폐구간 $[c, d]$상에서 곡선 $x = g(y)$가 덮는 넓이를 다음에 의해서 구하면 된다.

$$S = \int_c^d g(y)\,dy \tag{2.4}$$

또 곡선의 방정식이 $x = f(t)$, $y = g(t)$로 주어질 때는 t_1, t_2를 적당히 취하면

$$\int_a^b f(x)\,dx = \int_{t_1}^{t_2} g(t) f'(t)\,dt \tag{2.5}$$

가 되므로 위의 곡선이 덮는 도형의 넓이는 식 (2.5)의 우변을 적분함으로써 구할 수 있다.

예제 2.43 타원 $\frac{x^2}{a^2}+\frac{y^2}{b^2}=1$의 넓이를 구하시오.

풀이 타원은 x축, y축에 관하여 대칭이므로 제1상한의 부분의 넓이를 구하고 그것을 4배하여 구한다. 먼저 타원의 방정식을 y에 대하여 풀면

$$y=\pm\frac{b}{a}\sqrt{a^2-x^2}$$

이므로 제1상한에 있는 부분의 넓이를 S라 하면

$$S=\int_0^a y\,dx=\frac{b}{a}\int_0^a\sqrt{a^2-x^2}\,dx$$

$$=\frac{b}{a}\left[\frac{a^2}{2}\sin^{-1}\frac{x}{a}+\frac{1}{2}x\sqrt{a^2-x^2}\right]=\frac{1}{4}ab\pi$$

가 된다. 따라서 타원의 전 넓이는 $ab\pi$가 된다.

예제 2.44 포물선 $y^2=x$와 직선 $x-y=1$로 둘러싸인 부분의 넓이를 구하시오.

풀이 두 곡선의 교점을 구하기 위하여 위의 방정식을 연립하여 풀면 y는

$$y=\frac{1\pm\sqrt{5}}{2}$$

그리고 y를 적분변수로 하면 구하는 넓이 S는 폐구간 $\left[\frac{1-\sqrt{5}}{2},\frac{1+\sqrt{5}}{2}\right]$상에서 $x=y+1$과 $x=y^2$사이의 넓이가 되므로

$$S=\int_{\frac{1-\sqrt{5}}{2}}^{\frac{1+\sqrt{5}}{2}}(y+1)-y^2\,dy$$

$$=\left|\frac{1}{2}y^2+y-\frac{1}{3}y^3\right|_{\frac{1-\sqrt{5}}{2}}^{\frac{1+\sqrt{5}}{2}}$$

$$=\frac{5\sqrt{5}}{6}$$

2.3.2 x축과 곡선 사이의 넓이

[그림 2.7]과 같이 x축과 곡선 사이의 넓이는 구간 $[a, b]$에서 곡선 $y=f(x)$와 x축 및 두 직선 $x=a$, $x=b$로 둘러싸인 도형의 넓이를 구하면 된다.

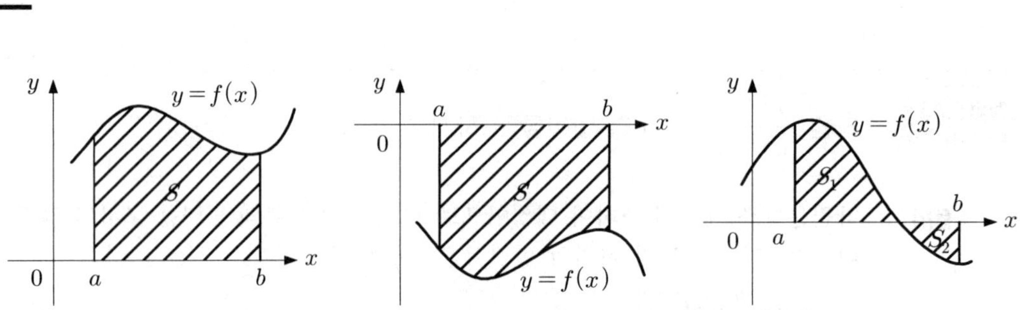

[그림 2.7] x축과 곡선 사이의 넓이

> **x축과 곡선 사이의 넓이**
>
> ① $f(x) \geq 0$인 경우, 구간 $[a, b]$에 대하여
>
> $$S = \int_a^b f(x)\, dx$$
>
> ② $f(x) \leq 0$인 경우, 구간 $[a, b]$에 대하여
>
> $$S = -\int_a^b f(x)\, dx$$
>
> ③ 일반적인 경우, 구간 $[a, b]$에 대하여
>
> $$S = S_1 + S_2 = \int_a^c f(x)\, dx - \int_c^b f(x)\, dx = \int_a^b |f(x)|\, dx$$

예제 2.45 $x \geq 0$에서 곡선 $y = x^2 - 4x + 3$과 x축으로 둘러싸인 부분의 면적을 구하시오.

풀이 $y=0$으로 놓으면 $x^2-4x+3=0$에서 $x=1,\ 3$이다. 따라서 그림의 빗금 부분의 면적을 구하는 것과 같다.

$$S = \int_0^1 y\, dx + \left\{-\int_1^3 y\, dx\right\}$$

$$= \int_0^1 (x^2-4x+3)dx - \int_1^3 (x^2-4x+3)dx$$

$$= \left[\frac{1}{3}x^3 - 2x^2 + 3\right]_0^1 - \left[\frac{1}{3}x^3 - 2x^2 + 3\right]_1^3 = \frac{8}{3}$$

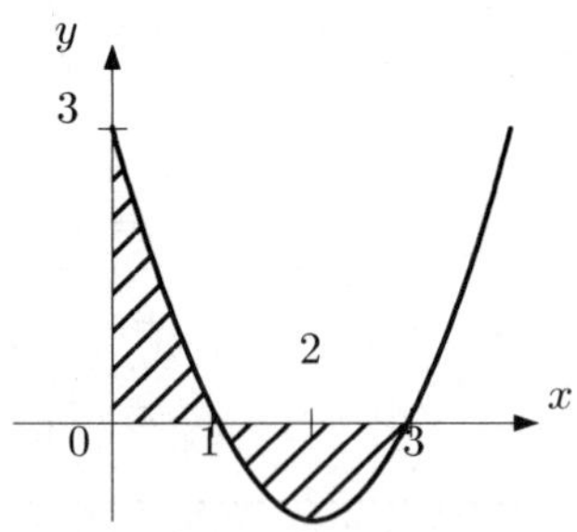

[그림 2.8] $y = x^2 - 4x + 3$

예제 2.46 곡선 $y = -x^2 + 1$과 x축으로 둘러싸인 도형의 면적을 구하시오.

풀이 함수 $y = -x^2 + 1$가 x축의 교점을 $-x^2 + 1 = 0$이므로 $x = -1, 1$이다.

따라서 그림의 빗금 부분의 면적을 구하면 된다.

$$S=\int_{-1}^{1}(-x^2+1)dx=2\int_{0}^{1}(-x^2+1)\,dx$$

$$=2\left[-\frac{1}{3}x^3+x\right]_0^1=\frac{4}{3}$$

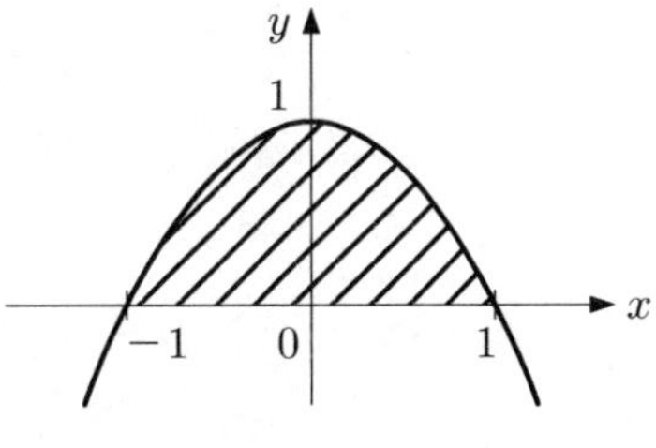

[그림 2.9] $y=-x^2+1$

예제 2.47 곡선 $y^2=x+1$과 y축으로 둘러싸인 도형의 넓이를 구하시오.

풀이 $x=y^2-1=0$으로 놓고 풀면 $y=-1, 1$이다.
그림의 빗금부분의 면적을 구하면 된다.

$$S=-\int_{-1}^{1}x\,dy=-\int_{-1}^{1}(y^2-1)dy$$

$$=-\left[\frac{1}{3}y^3-y\right]_{-1}^{1}=\frac{4}{3}$$

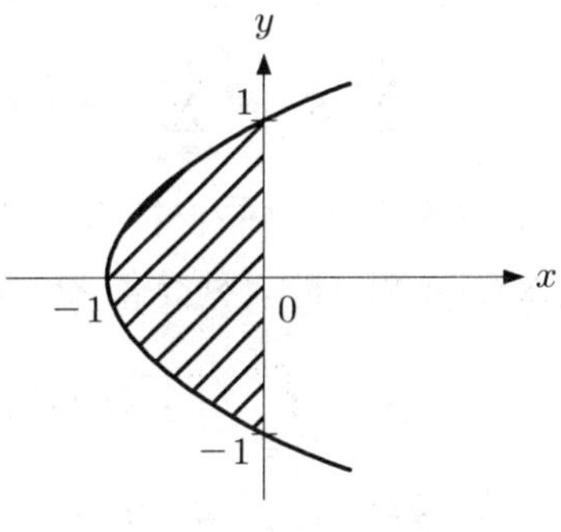

[그림 2.10] $y^2=x+1$

2.3.3 곡선의 길이

함수 $y=f(x)$가 나타나는 곡선 c의 $x=a$, $x=b$ 사이에 있는 부분, 즉 폐구간 $[a, b]$에 대응하는 c의 길이를 구하려면 a, b 사이를 n개의 소구간으로 나누어서 그 분점을

$$a=x_0,\ x_1,\ x_2\ \cdots\ x_{n-1},\ x_n=b$$

라 하고 각각의 소구간의 길이를 Δx_i라 한다.

그리고 이것에 대응하는 곡선 C상의 점을 각각 P_0, P_1, $P_2, \cdots$ P_{n-1}, P_n이라 하고, 이들의 점을 연결하여 굴절선을 만든다. 이때 분점 x_{i-1}, x_i에 대한 $\overline{P_{i-1}P_i}$의 길이를 S_i라 하면

$$S_i=\sqrt{(x_i-x_{i-1})^2+\{f(x_i)-f(x_{i-1})\}^2}$$

이 된다. 근데 $f(x)$가 이 구간에서 미분가능이라 하면 평균값의 정리에 의하여

$$f(x_i)-f(x_{i-1})=(x_i-x_{i-1})f'(\xi),\qquad x_{i-1}<\xi<x_i$$

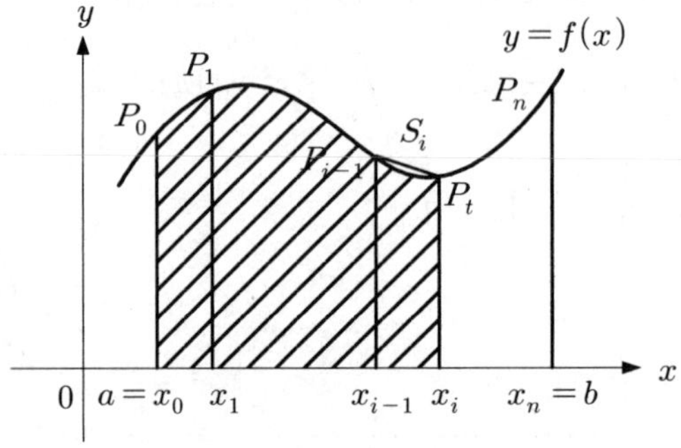

[그림 2.11] 곡선의 길이

가 되므로, $a = x_0, b = x_n$ 사이에 있는 굴절선의 길이는

$$\sum_{i=1}^{n} S_i = \sum_{i=1}^{n} \sqrt{1+f'(\xi)^2}\,(x_i - x_{i-1})$$

로 표시된다. 여기서 적분의 정의에 따르면 $f'(x)$가 연속일 때에는 이 식의 우변은 $\Delta x_i \to 0$일 때 극한값을 갖는다. 이것을 S라 하면

$$S = \int_a^b \sqrt{1+\{f'(x)\}^2}\,dx = \int_a^b \sqrt{1+\left(\frac{dy}{dx}\right)^2}\,dx \tag{2.6}$$

이 S를 곡선 $y = f(x)$, $(a \le x \le b)$의 길이로 정의한다. 만일 곡선의 방정식이 $x = g(y)$의 모양으로 주어질 때에는

$$S = \int_c^d \sqrt{1+\left(\frac{dx}{dy}\right)^2}\,dy \tag{2.7}$$

그리고 곡선의 방정식이 $x = f(t)$, $y = g(t)$로 주어질 때에는 t의 구간 $[\ t_1,\ t_2\ ]$에 대한 곡선의 길이는 다음 식과 같이 된다.

$$S = \int_{t_1}^{t_2} \sqrt{\{f'(t)\}^2 + \{g'(t)\}^2}\,dt$$

$$= \int_{t_1}^{t_2} \sqrt{\left(\frac{dx}{dt}\right)^2 + \left(\frac{dy}{dt}\right)^2}\,dt$$

예제 2.48 다음 함수에서 주어진 구간에서 직선 또는 곡선의 길이 l을 구하시오.

① $y = 3x + 1 \quad (0 \le x \le 1)$

② $x = 3t^2,\ y = 1 - t^2 \quad (0 \le t \le 2)$

풀이 ① $l = \int_0^1 \sqrt{1+\left(\frac{dy}{dx}\right)^2}\,dx = \int_0^1 \sqrt{1+(3)^2}\,dx = [\sqrt{10}\,x]_0^1 = \sqrt{10}$

② $l=\int_0^2\sqrt{\left(\frac{dx}{dt}\right)^2+\left(\frac{dy}{dt}\right)^2}\,dt=\int_0^2\sqrt{(6t)^2+(-2t)^2}\,dt$

$=\int_0^2\sqrt{40t^2}\,dt=\sqrt{40}\int_0^2 t\,dt=\sqrt{40}\left[\frac{t^2}{2}\right]_0^2=4\sqrt{10}$

극좌표에 의하면

$$x=r\cos\theta,\quad y=r\sin\theta \tag{2.8}$$

에서 곡선의 방정식은

$$r=f(\theta)$$

가 되므로 식 (2.8)은 θ를 매개변수로 하는 곡선의 방정식이다. 따라서

$$\frac{dx}{d\theta}=\cos\theta\frac{dr}{d\theta}-r\sin\theta$$

$$\frac{dy}{d\theta}=\sin\theta\frac{dr}{d\theta}+r\cos\theta$$

이고

$$\left(\frac{dx}{d\theta}\right)^2+\left(\frac{dy}{d\theta}\right)^2=\left(\cos\theta\frac{dr}{d\theta}-r\sin\theta\right)^2+\left(\sin\theta\frac{dr}{d\theta}+r\cos\theta\right)^2=\left(\frac{dr}{d\theta}\right)^2+r^2$$

이므로 곡선의 길이 S는

$$S=\int_{\theta_1}^{\theta_2}\sqrt{r^2+\left(\frac{dr}{d\theta}\right)^2}\,d\theta$$

가 된다. 여기서 $\theta_1,\ \theta_2$는 적분의 한계이다.

예제 2.49 $r=a(1+\cos\theta)$, $(a>0)$의 전 길이를 구하시오.

풀이 이 곡선은 전점에 대하여 대칭이다. 곡선의 방정식에서

$$\frac{dr}{d\theta}=-a\sin\theta$$

$$r^2+\left(\frac{dr}{d\theta}\right)^2=a^2(1+\cos\theta)^2+a^2\sin^2\theta=4a^2\cos^2\frac{\theta}{2}$$

이므로 구하는 곡선의 길이 S는

$$S=2\int_0^{\pi}2a\cos\frac{\theta}{2}\,d\theta=4a\left[2\sin\frac{\theta}{2}\right]_0^{\pi}=8a$$

연습문제 14

1. 곡선 $y^2 = x$ 및 직선 $y=2, x=0$으로 둘러싸인 부분의 면적을 구하시오.

2. 다음 곡선 및 직선으로 둘러싸인 부분의 면적을 구하시오.
   ① $y^2 = 4-x$, $x=0$
   ② $y^2 = x+1$, $y=2, x=0$

3. 곡선 $y = x^3 - 3x^2 + 2x$와 x축으로 둘러싸인 부분의 면적 S를 구하시오.

4. 다음 직선 또는 곡선으로 둘러싸인 부분의 면적을 구하시오.
   ① $y=-x$, $y=-x^2+2x$
   ② $y=x^2-1$, $y=-x^2+2x+3$
   ③ $y=x^3-6x^2+9x$, $y=x$
   ④ $y=x^2$, $y=x^3-2x$

5. 다음 곡선의 호의 길이를 구하시오.
   ① $y=x\sqrt{x}$ 의 x에서 $x=\dfrac{4}{3}$까지
   ② $x=\ln y$의 $y=\dfrac{3}{4}$에서 $y=\dfrac{4}{3}$까지
   ③ $6xy=x^4+3$ 의 $x=1$에서 $x=3$ 까지
   ④ $x=t^3-3t$, $y=3t^2$의 $t=0$에서 $t=1$까지
   ⑤ 원 $r=a\sin\theta+b\cos\theta$의 전 길이

제 3 장

미분방정식 (선형 상미분방정식)

3.1 기본 개념

3.1.1 미분방정식의 종류

미분방정식은 도함수 y', y'', $\cdots$ 등을 포함하는 방정식을 말한다. 미분방정식에 포함되어 있는 최고계 도함수의 계수를 그 미분방정식의 계수(order)라 한다. 또, 미분방정식의 미지수와 그 도함수에 대해서 다항식인 경우, 최고계인 도함수의 차수를 그 미분방정식의 차수(degree)라 한다. 특히, 모든 미지함수와 도함수에 대해서 1차일 때 이 미분방정식을 선형(linear)이라 한다.

또한 1개의 독립변수와 이에 대한 도함수만을 포함하는 미분방정식을 상미분방정식(ordinary differential equation)이라 하며, 2개 이상의 독립변수를 갖고 그들의 편도함수를 포함하고 있는 미분방정식을 편미분방정식(partial differential equation)이라 한다.

예제 3.1 다음 미분방정식의 계수, 차수 및 명칭을 쓰시오.

① $\dfrac{dy}{dx} - 2y = x^2$　　② $\left(\dfrac{d^2y}{dx^2}\right)^3 - 3\dfrac{dy}{dx} + y^2 = e^x$

③ $\dfrac{\partial z}{\partial x} + \dfrac{\partial z}{\partial y} = 0$　　④ $\dfrac{\partial^2 z}{\partial x^2} + \dfrac{\partial^2 z}{\partial y^2} = xy$

풀이
① 1계 1차 상미분방정식
② 2계 3차 상미분방정식
③ 1계 1차 편미분방정식
④ 2계 1차 편미분방정식

3.1.2 미분방정식의 해

어떤 함수가 주어진 미분방정식을 만족할 때, 이것을 이 미분방정식의 해(solution)라 한다.

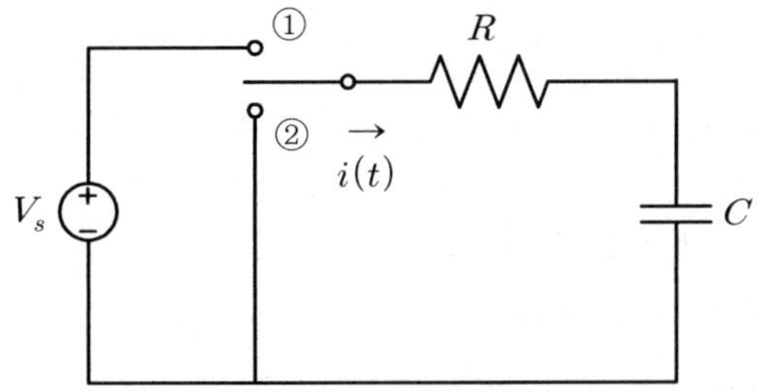

[그림 3.1] 전기회로

예를 들면, ①에 있을 때 전압방정식을 쓰면

$$V_s = Ri(t) + \frac{1}{C}\int i(t)\,dt$$

이 된다. 이 수식을 시간 t에 대하여 미분하고 정리하면

$$R\frac{d}{dt}i(t) + \frac{1}{C}i(t) = 0$$

양변을 R로 나누면

$$\frac{d}{dt}i(t) + \frac{1}{RC}i(t) = 0$$

이며, 적분하기 위하여 수식을 정립하면 다음과 같다.

$$\frac{di(t)}{i(t)} = -\frac{1}{RC}dt$$

양변을 적분하면

$$\int \frac{1}{i(t)}dt = -\frac{1}{RC}\int dt$$

이며, 적분의 결과는 다음과 같다.

$$\ln i(t) = -\frac{1}{RC}t + K = \left(-\frac{1}{RC}t + K\right)\ln e$$

우변을 정리하면

$$\ln i(t) = \ln e^{\left(-\frac{1}{RC}t + K\right)}$$

이고, $i(t)$를 구하면 다음과 같다.

$$i(t) = e^{-\frac{1}{RC}t} \cdot e^K$$

여기서, $e^K = A$라 하면

$$i(t) = Ae^{-\frac{1}{RC}t}$$

이 수식은 일반해이다. 일반식의 형태로 쓰면

$$i(t) = c_1e^{sx}$$

$\frac{d^2y}{dx^2} - y = 0$의 해는 다음과 같다.

$$y = c_1e^x + c_2e^{-x}$$

$$y' = c_1e^x - c_2e^{-x},\ y'' = c_1e^x + c_2e^{-x}$$

이고, 이 y와 y''을 수식에 대입하면

$$y'' - y = c_1e^x + c_2e^{-x} - (c_1e^x + c_2e^{-x}) = 0$$

을 만족하기 때문이다.

c_1, c_2는 상수이기만 하면 어떤 값이라도 미분방정식의 해가 된다. 이러한 의미에서 c_1, c_2를 임의상수라 한다.

일반적으로 미분방정식에서 계수와 같은 개수의 임의상수를 포함하는 해를 일반해(general solution)라 한다. 또 일반해에서 임의의 상수에 특정한 값을 취할 때의 해를 특수해(particular solution) 또는 특해라 한다. 따라서 특수해는 일반해에 포함되는 하나의 해이다.

또한, 얻어진 일반해의 임의상수에 대한 어떤 값을 대입하여도 얻을 수 없는 해를 특이해(singular solution)라 하며 이 해는 직관에 의해 구해진다.

예제 3.2 $y = 2x + ce^x$는 $y' - y = 2(1-x)$의 일반해임을 보이고 $x = 0$일 때 $y = 5$인 특수해를 구하시오.

풀이 $y = 2x + ce^x$에서 $y' = 2 + ce^x$이므로

$$\therefore y' - y = 2 + ce^x - (2x + ce^x) = 2(1-x)$$

그러므로 $y = 2x + ce^x$는 $y' - y = 2(1-x)$의 일반해이다.

특수해를 구하기 위해 $y = 2x + ce^x$에 $x = 0$, $y = 5$를 대입하면

$$5 = 2 \cdot 0 + ce^0$$

$$\therefore c = 5$$

따라서 특수해는 다음과 같다.

$$y = 2x + 5e^x$$

예제 3.3 $(y')^2 = 4y$의 일반해는 $y = (x+c)^2$이고, 특이해(singular solution)는 $y = 0$임을 밝혀라.

풀이 $y = (x+c)^2$을 미분하면

$$y' = 2(x+c)$$

이며, 이를 수식에 대입하면

$$(y')^2 = (2(x+c))^2 = 4(x+c)^2 = 4y$$

이므로 일반해이다.

$y=0$ 에서 $y'=0$이므로 $y=0$는 $(y')^2=4y$의 해이다. 하지만, 일반해의 임의의 상수 c에 어떠한 특정한 값을 넣어도 $y=0$가 될 수 없으므로 $y=0$는 일반해에 포함되지 않으며 특이해이다.

3.1.3 반복적분에 의한 일반해

반복적분으로 $\frac{d^n y}{dx^n} = f(x)$인 형태의 미분방정식의 일반해를 구할 수 있다. 즉,

$$\frac{d^{n-1}}{dx^{n-1}}y = \int \frac{d^n y}{dx^n}dx$$

$$\vdots$$

$$y = \int f(x)dx + c_1 x^{n-1} + \ldots\ldots$$

의 형태로, 계속되는 적분마다 새로운 적분상수가 나온다.

예제 3.4 $\frac{d^2}{dx^2}y = x^2$의 일반해를 구하시오.

풀이 양변을 적분하면

$$\int \frac{d^2 y}{dx^2}dx = \frac{dy}{dx} = \int x^2 dx = \frac{1}{3}x^3 + c$$

이며, 다시 양변을 적분하여 일반해를 구하면 다음과 같다.

$$y = \int \frac{dy}{dx}dx = \int \left(\frac{1}{3}x^3 + c\right)dx = \frac{1}{12}x^4 + c_1 x + c_2$$

예제 3.5 $\frac{d^3}{dx^3}y = \sin x + \cos x$

풀이 수식의 양변을 적분하면

$$\frac{d^2}{dx^2}y = \int (\sin x + \cos x)dx = -\cos x + \sin x + c_1$$

이며, 다시 양변을 적분하면

$$\frac{d}{dx}y = \int(-\cos x + \sin x + c_1)dx = -\sin x - \cos x + c_1 x + c_2$$

이고, 마지막으로 양변을 적분하여 일반해를 구하면 다음과 같다.

$$y = \int(-\sin x - \cos x + c_1 x + c_2) = \cos x - \sin x + \frac{1}{2}c_1 x^2 + c_2 x + c_3$$

3.2 1계 선형 미분방정식

어떤 미분방정식이 그 종속변수 y와 도함수들이 1차일 때, 선형 미분방정식(linear differential equation)이라 한다. $P(x)$, $Q(x)$가 x만의 함수일 때

$$\frac{dy}{dx} + P(x)y = Q(x)$$

와 같은 형을 1계 선형 미분방정식이라 하며 일반해는 다음과 같이 구할 수 있다.

위 식의 양변에 $e^{\int P(x)dx}$를 곱하면

$$\frac{dy}{dx}e^{\int P(x)dx} + P(x)ye^{\int P(x)dx} = Q(x)e^{\int P(x)dx}$$

여기서, 좌변을 살펴보면

$$\begin{aligned}\frac{d}{dx}\left(ye^{\int P(x)dx}\right) &= \frac{d}{dx}y \cdot e^{\int P(x)dx} + y\left(\frac{d}{dx}e^{\int P(x)dx}\right)\\ &= \frac{d}{dx}y \cdot e^{\int P(x)dx} + yP(x)e^{\int P(x)dx}\end{aligned}$$

으로 수식이 간략화된다. 이를 적용하면 다음과 같다.

$$\therefore \frac{d}{dx}\left(ye^{\int P(x)dx}\right) = Q(x)e^{\int P(x)dx}$$

이 수식을 적분하면

$$\int\left(\frac{d}{dx}ye^{\int P(x)dx}\right)dx = \int Q(x)e^{\int P(x)dx}dx$$

이며, 정리하여 표현하면

$$ye^{\int P(x)dx} = \int Q(x)e^{\int P(x)dx}dx + C$$

일반해를 구하기 위해서 양변에 $e^{-\int P(x)dx}$를 곱하면

$$ye^{\int P(x)dx} \cdot e^{-\int P(x)dx} = e^{-\int P(x)dx}\left[\int Q(x)e^{\int P(x)dx}dx + C\right]$$

따라서, 일반해는 다음과 같다.

$$y = e^{-\int P(x)dx}\left[\int Q(x)e^{\int P(x)dx}dx + C\right]$$

예제 3.6 $\dfrac{dy}{dx} + 5y = 50$, $\left(\dfrac{d}{dx}y + P(x)y = Q(x)\right)$의 일반해를 구하시오.

풀이 $P(x) = 5$, $Q(x) = 50$이므로

$$y = e^{-\int 5dx}\left[\int 50e^{\int 5dx}dx + c\right]$$

여기서, $\int 5dx = 5x$를 적용하면 일반해는 다음과 같다.

$$\therefore y = e^{-5x}\left[50\int e^{5x}dx + C\right] = e^{-5x}\left[50 \times \frac{1}{5}e^{5x} + C\right] = 10 + Ce^{-5x}$$

예제 3.7 $\dfrac{dy}{dx} = x^2 - y$를 푸시오.

풀이 $\dfrac{dy}{dx} + y = x^2$ $(P(x) = 1,\ Q(x) = x^2)$이므로

$$y = e^{-\int dx}\left[\int x^2e^{\int dx}dx + C\right]$$

$$= e^{-x}\left[\int x^2e^xdx + C\right]$$

여기서,

$$\int x^2e^xdx = x^2e^x - 2\int xe^xdx + c$$

$$= x^2e^x - 2[xe^x - e^x] + c = e^x(x^2 - 2x + 2) + c$$

이므로 일반해는 다음과 같다.

$$\therefore y = e^{-x}[e^x(x^2 - 2x + 2) + C] = x^2 - 2x + 2 + Ce^{-x}$$

3.3 미분연산자

도함수 $\frac{dy}{dx}$, $\frac{d^2y}{dx^2}$, ……, $\frac{d^ny}{dx^n}$ 및 y에 관한 1차식

$$\frac{d^ny}{dx^n}+P_1\frac{d^{n-1}y}{dx^{n-1}}+\cdots\cdots+P_{n-1}\frac{dy}{dx}+P_ny=R(x)$$

에서 $P_1, P_2, \cdots, P_n$ 및 R이 x의 함수일 때 n계 선형 미분방정식이라 하고 $R(x)=0$일 때 동차 미분방정식, $R(x)\neq 0$일 때 비동차 미분방정식이라 한다.

위 식에서 미분의 연산을 나타내는 $\frac{d}{dx}$를 D로 나타내어 즉, $D=\frac{d}{dx}$를 미분연산자(differential operator)라 한다.

또한 $D_y=\frac{dy}{dx}$, $D_y^n=\frac{d^ny}{dx^n}$로 나타내며, 특히 D^0는 단위연산자라 부르고 $D^0y=y$로 정의한다.

예제 3.8 $f(D)y$를 푸시오.

풀이 $f(D)y=(D^2+3D-4)y=D^2y+3Dy-4y$

$$=\frac{d^2}{dx^2}y+3\frac{d}{dx}y-4y$$

예제 3.9 $D(x^2+\sin x+e^{3x})$를 푸시오.

풀이 $\frac{d}{dx}(x^2+\sin x+e^{3x})=\frac{d}{dx}x^2+\frac{d}{dx}\sin x+\frac{d}{dx}e^{3x}$

$$=2x+\cos x+3e^{3x}$$

3.4 교류회로해석

[그림 3.2]와 같은 1차 RC 회로에서 KCL 방정식을 이용하여 응답을 나타내면

$$C\frac{d}{dt}v(t)=\frac{1}{R}(v_s-v(t))$$

양변을 C로 나누면 다음과 같다.

$$\frac{d}{dt}v(t)=\frac{1}{RC}(v_s-v(t))$$

$v(t)$에 대해 정리하면

$$\frac{d}{dt}v(t)+\frac{1}{RC}v(t)=\frac{1}{RC}v_s$$

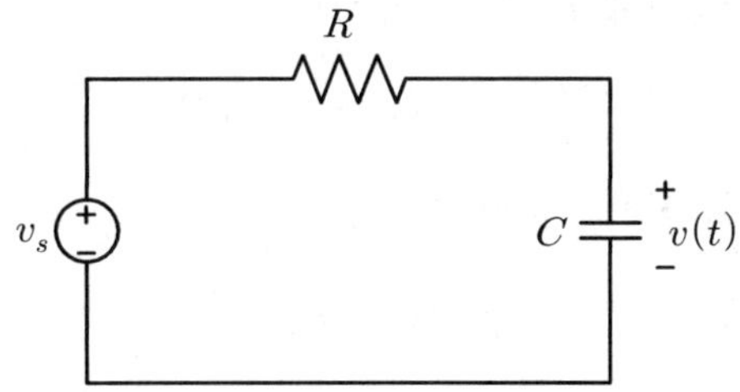

[그림 3.2] 1차 *RC* 회로

이 수식은 1계 1차 선형 미분방정식이므로 이 선형 미분방정식의 해는 $v(t)=Ae^{s_1t}$와 같다고 하자. 먼저 무전원응답(자유응답)을 구하기 위해, $v(t)$를 수식에 대입하면

$$\frac{d}{dt}\left(Ae^{s_1t}\right)+\frac{1}{RC}Ae^{s_1t}=0$$

이며, 미분을 하고 수식을 정리하면

$$s_1Ae^{s_1t}+\frac{1}{RC}Ae^{s_1t}=0$$

공통된 항을 묶어 수식을 정리하면

$$\left(s_1+\frac{1}{RC}\right)Ae^{s_1t}=0,\ \left(\left(s_1+\frac{1}{RC}\right)v(t)=0\right)$$

여기서, $A(s)=s_1+\dfrac{1}{RC}=0$을 특성방정식이라 하며, 이 특성방정식의 근 s_1은 다음과 같이 자연응답(일반해)의 지수를 결정한다. 즉,

$$s_1=-\frac{1}{RC},\quad v(t)=Ae^{s_1t}=Ae^{-\frac{1}{RC}t}$$

임의의 1차 무전원 미분방정식을 해석

임의의 1차 무전원 미분방정식을 해석하기 위해서, 미분을 s의 곱으로 대치하고 종속변수($v(t)$)로 나누어서 특성방정식을 구할 수 있다. 자연응답(일반해)은 Ae^{s_1t}이 된다. 여기서 s_1은 특성방정식의 근이고 A는 적분상수이다. 초기시간에서 이 자연응답의 값을 구한 후, 이를 종속변수의 초깃값과 같게 놓고 A를 구한다. 여기서 무전원응답을 얻을 수 있다.

구동된 1차 방정식

$$\frac{d}{dt}v(t)+\frac{1}{RC}v(t)=\frac{1}{RC}v_s$$

를 일반식 형태로 정리하면 다음과 같다.

$$\frac{d}{dt}v(t)-s_1v(t)=g(t),\ (\text{ 여기서 } s_1=-\frac{1}{RC}\ ,\ g(t)=\frac{1}{RC}v_s)$$

양변에 e^{-s_1t}를 곱하면

$$e^{-s_1t}\left(\frac{d}{dt}v(t)-s_1v(t)\right)=e^{-s_1t}g(t)$$

수식을 전개하면

$$e^{-s_1t}\frac{d}{dt}v(t)-s_1e^{-s_1t}v(t)=e^{-s_1t}g(t)$$

여기서, 좌변을 살펴보면

$$\frac{d}{dt}\left(e^{-s_1t}\cdot v(t)\right)=-s_1e^{-s_1t}v(t)+e^{-s_1t}\frac{d}{dt}v(t)$$

이므로, 이를 적용하면

$$\frac{d}{dt}\left(e^{-s_1t}\cdot v(t)\right)=e^{-s_1t}g(t)$$

이 된다. 이 수식의 양변을 시간에 대하여 적분하면

$$d\left(e^{-s_1t}\cdot v(t)\right)=e^{-s_1t}g(t)\,dt$$

$$e^{-s_1t}\cdot v(t)=\int e^{-s_1t}g(t)\,dt+A$$

이며, e^{s_1t}를 곱하면

$$v(t)=Ae^{s_1t}+e^{s_1t}\int e^{-s_1t}g(t)\,dt \tag{3.1}$$

이 된다. 이 수식은 1차 회로의 완전응답이다.

완전응답은 다음으로 구성된다.

$$v(t)=v_n+v_p$$

여기서 v_n은 자연응답이며 다음과 같다.

$$v_n=Ae^{s_1t}$$

v_p는 강제응답이며 다음과 같다.

$$v_p=e^{s_1t}\int e^{-s_1t}g(t)dt$$

적분상수 A를 구하기 위해, $t=0^+$에서 $v(t)=v_n+v_p$의 값을 구한 후, 이를 초깃값 $v(0^+)$와 등호로 놓으면

$$v(0^+)=v_n(0^+)+v_p(0^+)=Ae^0+v_p(0^+)$$

가 되고, 다시 정리하면

$$A = v(0^+) - v_p(0^+)$$

따라서, 완전응답 $v(t)$는 다음과 같다.

$$v(t) = v_p(t) + \left[v(0^+) - v_p(0^+)\right]e^{s_1 t}$$

예제 3.10 그림 3.2의 RC 회로에서 완전응답을 구하시오.
(단, $R = 16\,\Omega$, $C = \frac{1}{128}F$, $v(0^+) = 4\text{V}$, $v_s(t) = 12e^{-4t}\text{V}$ $\quad t > 0$ 이다.)

풀이 1 $\frac{1}{128}\frac{d}{dt}v(t) + \frac{1}{16}v(t) = \frac{1}{16}v_s$이고, 이 수식에 128을 곱하고 대수식을 간단히 정리하면

$$\frac{d}{dt}v(t) + 8v(t) = 8v_s$$

이 된다. 특성방정식을 유도하면

$$s_1 + 8 = 0$$

따라서 근은 $s_1 = -8$이 된다. 자연응답을 구하면

$$v_n = Ae^{-8t} \qquad t > 0$$

이 된다. 여기서 입력

$$v_s = 12e^{-4t} \qquad t > 0$$

를 미분방정식에 대입하고, $\frac{d}{dt}$를 $s_p = -4$로 대치하여 정리하면

$$-4v_p(t) + 8v_p(t) = 8(12e^{-4t}) \qquad t > 0$$

을 얻는다. 여기서 강제응답($v_p(t)$)을 구하면

$$v_p = 24e^{-4t}\,\text{V}$$

가 된다. 완전응답은 자연응답과 강제응답의 합으로 다음과 같다.

$$v(t) = Ae^{-8t} + 24e^{-4t}$$

적분상수 A를 결정하기 위하여 $t = 0^+$일 때의 초깃값 $v(0^+)$를 이용하면

$$v(0^+) = 4 = Ae^0 + 24e^0$$

이 된다. 따라서, $A = -20$이고, 완전응답은 다음과 같다.

$$v(t) = -20e^{-8t} + 24e^{-4t}\,\text{V} \qquad t > 0$$

풀이 2 $P(x)$와 $Q(x)$를 사용하여 s_1을 구하면

$$\begin{cases} \frac{d}{dt}v(t) + P(x)v(t) = Q(x) \\ \\ \frac{d}{dt}v(t) + 8v(t) = 8(12e^{-4t}) \end{cases}$$

이므로

$$s_1 + 8 = 0, \quad \therefore s_1 = -8$$

식 (3.1)의 1차 회로 완전응답 식은

$$v(t) = Ae^{s_1 t} + e^{s_1 t}\int e^{-s_1 t} g(t)\,dt$$

이 수식에 $s_1 = -8$, $g(t) = \frac{1}{RC}v_s = 96e^{-4t}$을 대입하면

$$\begin{aligned} v(t) &= Ae^{-8t} + e^{-8t}\int e^{8t}(96)e^{-4t}\,dt \\ &= Ae^{-8t} + 96e^{-8t}\int e^{4t}dt \\ &= Ae^{-8t} + \frac{96}{4}e^{-8t}e^{4t} \\ &= Ae^{-8t} + 24e^{-4t} \end{aligned}$$

여기서, A를 구하기 위해 초깃값 $v(0^+) = 4\text{V}$을 대입하면 다음과 같다.

$$v(0) = Ae^0 + 24e^0 = 4$$

$$\therefore A = -20$$

따라서, 완전응답은

$$v(t) = -20e^{-8t} + 24e^{-4t}$$

풀이 3 $v = e^{-\int P(t)dt}\left[\int Q(t)e^{\int P(t)dt}dt + C\right]$을 사용하여 완전응답을 구하면,

$$P(t) = 8, \quad Q(t) = 96e^{-4t}$$

이며,

$$\int P(t)dt = \int 8dt = 8t$$

이므로,

$$\begin{aligned} \therefore v(t) &= e^{-8t}\left[\int 96e^{-4t}e^{8t}dt + A\right] \\ &= Ae^{-8t} + 96e^{-8t}\int e^{-4t}e^{8t}dt \\ &= Ae^{-8t} + 96e^{-8t}\int e^{4t}dt \\ &= Ae^{-8t} + 24e^{-4t} \end{aligned}$$

A를 구하기 위해 초깃값 $v(0^+) = 4\text{V}$을 대입하면

$$v(0) = Ae^0 + 24e^0 = 4$$

$$\therefore A = -20$$

따라서, 완전응답은 다음과 같다.

$$\therefore v(t) = -20e^{-8t} + 24e^{-4t}$$

3.5 2계 선형 상미분방정식

3.5.1 A, B가 상수일 때 미분방정식

$$\frac{d^2y}{dx^2} + A\frac{dy}{dx} + By = 0 \qquad (3.2)$$

의 특수해가 $y = e^{sx}$, $y' = se^{sx}$, $y'' = s^2e^{sx}$라 할 때 이들을 식에 대입하면,

$$s^2e^{sx} + Ase^{sx} + Be^{sx} = e^{sx}(s^2 + As + B) = 0$$

가 된다. 여기서 $y = e^{sx}$가 위 식의 해가 되기 위해서는 $e^{sx} \neq 0$이므로,

$$s^2 + As + B = 0 \qquad (3.3)$$

여기서 식 (3.3)을 식 (3.2)의 보조방정식(auxiliary equation) 또는 특성방정식(characteristic equation)이라 하고 식 (3.3)은 s에 관한 2차 방정식이므로 2개의 근 s_1, s_2를 가진다. 따라서 근의 종류에 따라 다음과 같이 3가지 방법으로 식 (3.2)의 일반해를 결정한다.

1) 특성방정식의 근이 서로 다른 실근 $s = s_1, s_2$를 가지려면

식 (3.2)는 특수해 e^{s_1x}와 e^{s_2x}를 가진다. 일반해는,

$$y = C_1e^{s_1x} + C_2e^{s_2x}$$

와 같다.

예제 3.11 $\frac{d^2y}{dx} - \frac{dy}{dx} - 2y = 0$의 일반해를 구하시오.

풀이 특성방정식 $s^2 - s - 2 = 0$에서 근은 $s_1 = 2, s_2 = -1$이다.
따라서 일반해는 $y = C_1e^{2x} + C_2e^{-x}$이다.

예제 3.12 $(D^2 + D - 2)y = 0$를 푸시오.

풀이 특성방정식 $s^2 + s - 2 = 0$에서 근은 $s_1 = -2$, $s_2 = 1$이다.
따라서 일반해는 $y = C_1e^{-2x} + C_2e^{x}$이다.

2) 특성방정식이 중근인 경우($s_1 = s_2$일 때)

미분방정식

$$\frac{d^2y}{dx^2} + 2a\frac{dy}{dx} + by = 0 \tag{3.4}$$

에서 특성방정식의 근을 s_1, s_2라 하면, $s^2 + 2as + b = (s - s_1)(s - s_2) = 0$이며, 근과 계수의 관계에서 $s_1 + s_2 = -2a$이고, $s_1 = s_2 = s$로 놓으면 $s = -a$이다.

$y = e^{sx}$는 미분방정식 (3.4)의 특수해이므로 $y = Ae^{sx}$로 놓고 상수 변화법에 의하여 x의 함수 A를 구한다.

$$y' = Ase^{sx} + A'e^{sx}$$

$$y'' = As^2e^{sx} + 2A'se^{sx} + A''e^{sx}$$

를 식 (3.4)에 대입하여 정리하면

$$(As^2e^{sx} + 2A'se^{sx} + A''e^{sx}) + 2a(Ase^{sx} + A'se^{sx}) + bAe^{sx} = 0$$

$$A'' + 2(s+a)A' + A(s^2 + 2as + b) = 0$$

$s = -a$, $s^2 + 2as + b = 0$이므로

$$A'' = 0$$

$$A' = \int A''dx = \int 0dx = C_1$$

$$A = \int A'dx = \int C_1dx = C_1x + C_2$$

그러므로 식 (3.4)의 일반해 $y = (C_1x + C_2)e^{sx}$이다.

3) 특성방정식이 허근인 경우

특성방정식이 허근 $s = a \pm jb$를 가지면 일반해는

$$y = A_1e^{(a+jb)x} + A_2e^{(a-jb)x} = e^{ax}(A_1e^{jbx} + A_2e^{-jbx})$$

오일러 공식을 이용하여 정리하면

$$\begin{aligned} y &= e^{ax}\{(A_1(\cos bx + j\sin bx) + A_2(\cos bx - j\sin bx)\} \\ &= e^{ax}\{(A_1 + A_2)\cos bx + j(A_1 - A_2)\sin bx\} \\ &= e^{ax}(C_1\cos bx + C_2\sin bx) \end{aligned}$$

예제 3.13 $y'' - 6y' + 13y = 0$을 푸시오.

풀이 특성방정식과 해는 $s^2 - 6s + 13 = 0$, $s = 3 \pm j2$이므로

$$y = e^{3x}(C_1\cos 2x + C_2\sin 2x)$$

예제 3.14 $(D^2 - 4D + 13)y = 0$을 푸시오.

풀이 특성방정식과 해는 $s^2 - 4s + 13 = 0$, $s = 2 \pm j3$이므로

$$y = e^{2x}(C_1\cos 3x + C_2\sin 3x)$$

예제 3.15 $\dfrac{d^2y}{dx^2} + \dfrac{dy}{dx} - 2y = 0$을 푸시오. (일반해)

풀이 $y = e^{sx}$라 놓으면, $\dfrac{dy}{dx} = s\,e^{sx}$, $\dfrac{d^2y}{dx^2} = s^2e^{sx}$이므로

$$\frac{d^2}{dx^2}y + \frac{d}{dx}y - 2y = s^2e^{sx} + se^{sx} - 2e^{sx} = 0$$

$$e^{sx}(s^2 + s - 2) = 0$$

$$\therefore s = 1, -2$$

$$\therefore y = c_1e^x + c_2e^{-2x}$$

예제 3.16 $\dfrac{d^2y}{dx^2} - 4\dfrac{dy}{dx} + 4y = 0$을 푸시오. (일반해)

풀이 $y = e^{sx}$로 놓으면, $\dfrac{dy}{dx} = se^{sx}$, $\dfrac{d^2y}{dx^2} = s^2e^{sx}$이므로

$$\frac{d^2}{dx^2}y - 4\frac{d}{dx}y + 4y = s^2e^{sx} - 4se^{sx} + 4e^{sx} = 0$$

$$e^{sx}(s^2 - 4s + 4) = 0$$

$s = 2$ (중근)

$$\therefore y = (c_1x + c_2)e^{2x}$$

예제 3.17 $\frac{d^2y}{dx^2}+2\frac{dy}{dx}+2y=0$을 푸시오. (일반해)

풀이 $y=e^{sx}$로 놓으면, $\frac{dy}{dx}=se^{x}$, $\frac{d^2y}{dx^2}=s^2e^{sx}$이므로

$$\frac{d^2}{dx^2}y+2\frac{d}{dx}y+2y=e^{sx}(s^2+2s+2)=0$$

특성방정식 $s^2+2s+2=0$의 근은 $s_1=-1+i$, $s_2=-1-i$이므로

$$\therefore y=e^{-x}(c_1\cos x+c_2\sin x)$$

〈표 3.1〉 상수계수 2계 선형 상미분방정식의 일반해

특성방정식의 근	일반해
서로 다른 두 실근 $s=s_1, s_2$	$y=C_1e^{s_1x}+C_2e^{s_2x}$
중근 $s=s_1=s_2$	$y=e^{sx}(C_1x+C_2)$
공액 복소수근 $s=a\pm jb$	$y=e^{ax}(C_1\cos bx+C_2\sin bx)$

3.5.2 2차 교류회로해석

무전원 병렬 RLC 회로는 [그림 3.3]과 같다.

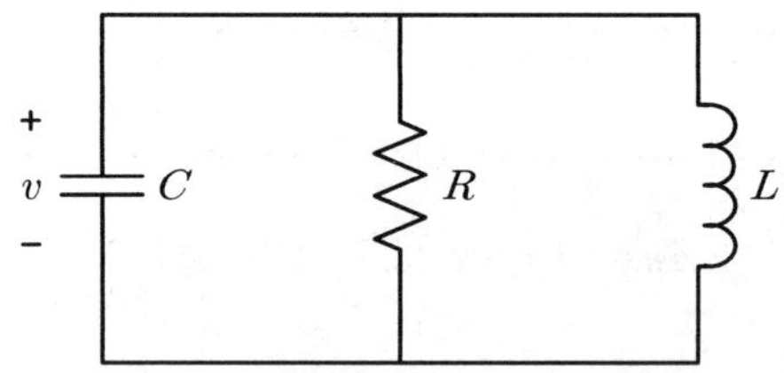

[그림 3.3] 무전원 병렬 RLC회로

회로의 마디에서 KCL 방정식은 다음과 같다.

$$C\frac{d}{dt}v+\frac{1}{R}v+\frac{1}{L}\int vdt=0$$

예제 3.18 [그림 3.3]의 RLC 병렬회로에서 $R=\frac{8}{25}$, $L=\frac{1}{100}H$, $C=\frac{1}{64}F$라 할 때, 이때의 응답을 구하시오.

풀이 KCL 방정식에 적용하면,

$$\frac{1}{64}\frac{d}{dt}v+\frac{25}{8}v+100\int_{\infty}^{t}vd\lambda=0$$

적분을 없애기 위해서 위 식을 한 번 더 미분한 뒤 정리하면,

$$\frac{d^2}{dt^2}v+200\frac{d}{dt}v+6400v=0 \qquad t>0$$

가 된다.

특성방정식은 $A(s)=s^2+200s+6400=0$이고, 두 근은 $s_1=-40$, $s_2=-160$이다. 여기서 이 두 근은 서로 다른 음의 실수이므로 응답은 다음과 같다.

$$v=C_1e^{-40t}+C_2e^{-160t}$$

예제 3.19 예제 3.18의 RLC 병렬회로에서 $R=\frac{2}{5}\Omega$, $L=\frac{1}{100}H$, $C=\frac{1}{64}F$일 때 자연응답을 구하시오.

풀이 회로의 KCL 방정식은

$$\frac{1}{64}\frac{d}{dt}v+\frac{5}{2}v+100\int_{-\infty}^{t}vd\lambda=0$$

위 식을 다시 미분한 후 양변에 64를 곱하여 정리하면

$$\frac{d^2}{dt^2}v+160\frac{d}{dt}v+6400v=0$$

위 식의 특성방정식은 $A(s)=s^2+160s+6400=0$이며, 두 근은 $s_1=s_2=-80$의 중근이다. 따라서 자연응답은

$$v=(C_1+C_2t)e^{-80t}$$

예제 3.20 예제 3.18의 RLC 병렬회로에서 $R=\frac{2}{3}\Omega$, $L=\frac{1}{100}H$, $C=\frac{1}{64}F$일 때, 자연응답을 구하시오.

풀이 회로의 KCL 방정식을 세우면

$$\frac{1}{64}\frac{d}{dt}v+\frac{3}{2}v+100\int_{-\infty}^{t}vd\lambda=0$$

이고, 위 식을 한 번 더 미분한 후에 양변에 64를 곱하여 정리하면,

$$\frac{d^2}{dt^2}v + 96\frac{d}{dt}v + 6400v = 0 \qquad t > 0$$

특성방정식은 $A(s) = s^2 + 96s + 6400 = 0$ 이고 이 방정식의 근은 $s = -48 \pm j64$이며, 미분방정식의 자연응답은

$$v = e^{-48t}(A\cos 64t + B\sin 64t)$$

예제 3.21 [그림 3.4]와 같은 회로에서 전류에 관한 미분방정식을 쓰고 일반해 및 특수해를 구하시오.

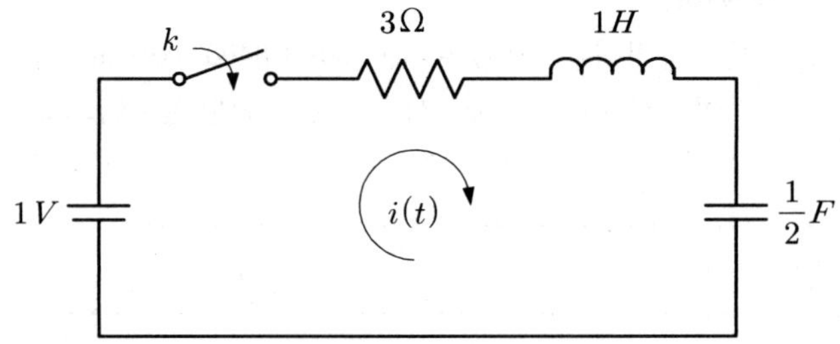

[그림 3.4] *RLC* 직렬회로

풀이 *RLC* 직렬회로에서 *KCL* 방정식(미분방정식)은

$$L\frac{d}{dt}i(t) + Ri(i) + \frac{1}{C}\int i(t)dt = V \tag{3.5}$$

이므로, 값을 대입하면

$$\frac{d}{dt}i(t) + 3i(t) + 2\int i(t)\,dt = 1$$

식을 다시 미분하면

$$\frac{d^2}{dt^2}i(t) + 3\frac{d}{dt}i(t) + 2i(t) = 0 \tag{3.6}$$

특성방정식은 $s^2 + 3s + 2 = 0$이며, 근은 $s_1 = -1$과 $s_2 = -2$이다.

따라서 일반해는

$$i(t) = k_1 e^{-t} + k_2 e^{-2t} \tag{3.7}$$

여기에 임의의 상수 k_1과 k_2는 초기조건을 이용하여 구할 수 있다. 초기조건은 스위치 k가 $t=0$에서 닫힌다면 인덕터의 전류는 갑자기 변하지 못하므로 $i(0+) = 0$가 되므로 식 (3.7)은

$$i(0+) = 0 = k_1 e^{-(0+)} + k_2 e^{-2(0+)}$$

$$k_1 + k_2 = 0 \tag{3.8}$$

이며, 또한 스위치를 닫는 순간 $i(0+) = 0$이므로 저항과 커패시터 양단의 전압은 0이다. 따라서 식 (3.5)는

$$\frac{d}{dt}i(0+) = \frac{V}{L} = 1$$

이다. 즉,

$$\frac{d}{dt}(i(0+)) = \frac{d}{dt}\left(k_1 e^{-(0+)} + k_2 e^{-2(0+)}\right) = 1$$

$$-k_1 - 2k_2 = 1 \tag{3.9}$$

식 (3.8)과 (3.9)를 풀면 $k_1 = 1$, $k_2 = -1$이다.

$\therefore$ 특수해 : $i(t) = e^{-t} - e^{-2t}$

3.6 기타 미분방정식

3.6.1 변수분리형 미분방정식

1계 1차 미분방정식에서 미분 dx, dy의 계수가 각 x만의 함수, y만의 함수로 분리될 때 즉, $M(x)dx + n(y)dy = 0$ 형의 미분방정식을 변수분리형(variables separable)이라 하고, 이 경우 미분방정식의 일반해는 양변을 적분하면 다음과 같다.

$$\int M(x)\,dx + \int N(y)\,dy = c$$

예제 3.22 $\dfrac{dy}{dx} = \dfrac{x}{y}$의 일반해를 구하시오.

풀이 $\dfrac{dy}{dx} = \dfrac{x}{y}$를 변수분리하면 $x\,dx - y\,dy = 0$가 되고, 이 식을 적분하면

$$\int x\,dx - \int y\,dy = 0$$

$$\frac{1}{2}x^2 - \frac{1}{2}y^2 = c_1$$

$$x^2 - y^2 = 2c_1$$

따라서 일반해는

$$x^2 - y^2 = c \quad (c = 2c_1)$$

예제 3.23 $(1+x^2)\dfrac{dy}{dx}+xy=0$의 일반해를 구하시오.

풀이 주어진 방정식을 변수분리하면

$$\frac{x}{1+x^2}\,dx+\frac{1}{y}\,dy=0$$

이고, 이것을 적분하면,

$$\frac{1}{2}\ln(1+x^2)+\ln y=\ln c$$

$$\ln y\sqrt{1+x^2}=\ln c$$

를 얻으며, 일반해는 다음과 같다.

$$y\sqrt{1+x^2}=c$$

3.6.2 동차형 미분방정식

미분방정식

$$M(x,\, y)\,dx+N(x,y)\,dy=0 \tag{3.10}$$

에서 M, N이 x, y에 관하여 동일한 차수의 동차식이면, M/N이 x, y에 관하여 0차인 동차함수이므로 이 경우 식 (3.10)은

$$\frac{dy}{dx}=-\frac{M}{N}=f\left(\frac{y}{x}\right) \tag{3.11}$$

의 형으로 쓸 수 있다. 이러한 미분방정식을 동차형(homogeneous)이라 한다. 동차형의 미분방정식은 변수변환에 의하여 변수분리형으로 고친다.

즉, $\dfrac{y}{x}=v$, $y=vx$라 하면

$$\frac{dy}{dx}=v+x\,\frac{dv}{dx}$$

이므로, 이 식을 식 (3.11)에 대입하면,

$$v+x\frac{dv}{dx}=f(v)$$

가 된다. 따라서, 변수분리하면,

$$\frac{dx}{x}=\frac{dv}{f(v)-v}$$

이고, 이를 적분하면

$$\ln x=\int\frac{dv}{f(v)-v}+c$$

예제 3.24 $(x-y)\dfrac{dy}{dx}+x+y=0$를 푸시오.

풀이 양변을 x로 나누면

$$\left(1-\frac{y}{x}\right)\frac{dy}{dx}+1+\frac{y}{x}=0 \tag{3.12}$$

이므로 동차형이다. $v=\dfrac{y}{x}$, $y=vx$로 놓으면

$$\frac{dy}{dx}=v+x\frac{dv}{dx} \tag{3.13}$$

식 (3.13)을 식 (3.12)에 대입하면

$$(1-v)\left(v+x\frac{dv}{dx}\right)+1+v=0$$

$$\frac{1-v}{1+2v-v^2}dv+\frac{1}{x}dx=0$$

이며, 이 식을 적분하면

$$\frac{1}{2}\ln(1+2v-v^2)+\ln x=C_1$$

$$x^2(1+2v-v^2)=C \qquad (C=e^{2c_1})$$

$$x^2\left\{1+2\frac{y}{x}-\left(\frac{y}{x}\right)^2\right\}=C$$

$$\therefore\ x^2+2xy-y^2=C$$

예제 3.25 $x(y-x)\dfrac{dy}{dx}=y^2$을 푸시오.

풀이

$$\frac{dy}{dx}=\frac{y^2}{xy-x^2} \tag{3.14}$$

식 (3.14)의 분모, 분자를 x^2으로 나누면

$$\frac{dy}{dx}=\frac{\left(\dfrac{y}{x}\right)^2}{\dfrac{y}{x}-1}$$

이 되며 동차형이다. $\dfrac{y}{x}=v$라 놓으면

$$\frac{dy}{dx}=x\frac{dv}{dx}+v \tag{3.15}$$

식 (3.15)를 식 (3.14)에 대입하면

$$x\frac{dv}{dx}+v=\frac{v^2}{v-1}$$

$$\frac{dx}{x} = \frac{v-1}{v}dv$$

적분하면

$$\int \frac{1}{x}dx = \int (1-\frac{1}{v})dv$$

$$\ln x + C = v - \ln v$$

$$v = \ln xv + C$$

이고, 위 식에 $v = \frac{y}{x}$를 대입하면 해를 구할 수 있다.

$$\frac{y}{x} = \ln y + C$$

$$\therefore y = x \ln y + Cx$$

3.6.3 완전 미분방정식

미분방정식

$$M(x, y)dx + N(x, y)dy = 0$$

에서, 좌변이 x, y의 하나의 함수 $u(x, y)$의 전미분과 같을 때 즉

$$M(x, y)dx + N(x, y)dy = du = \frac{\partial u}{\partial x}dx + \frac{\partial u}{\partial y}dy$$

일 때, 이를 완전 미분방정식(exact differential equation)이라 하고 완전 미분방정식이 되기 위한 필요충분조건은

$$\frac{\partial M}{\partial y} = \frac{\partial N}{\partial x}$$

이고, 일반해는 다음과 같다.

완전 미분방정식

① $\int Mdx + \int \left[N - \frac{\partial}{\partial y}\int Mdx\right]dy = C$

② $\int Mdx$와 $\int Ndy$에서 공통인 항은 한 항만 취하고 각 항을 더한다.

예제 3.26 $(3x^2 + 2y)dx + 2xdy = 0$을 푸시오.

풀이 $\frac{\partial}{\partial y}M = \frac{\partial}{\partial y}(3x^2 + 2y) = 2$, $\frac{\partial N}{\partial x} = \frac{\partial}{\partial x}2x = 2$, $\frac{\partial M}{\partial y} = \frac{\partial N}{\partial x}$이므로 준식은 완전 미분방정식이다. 따라서,

$$\int M dx = \int (3x^2 + 2y) dx = x^3 + 2xy$$

$$\int N dy = \int 2x dy = 2xy$$

이며, 이 두 식에서 공통인 항 $2xy$는 하나만 취하고 각 항을 더한 일반해는 다음과 같다.

$$x^3 + 2xy = C$$

예제 3.27 $(\cos y + y \cos x) dx + (\sin x - x \sin y) dy = 0$를 푸시오.

풀이 $\dfrac{\partial M}{\partial y} = -\sin y + \cos x = \dfrac{\partial N}{\partial x}$이므로 준식은 완전 미분방정식이다.

$$\int (\cos y + y \cos x) dx = x \cos y + y \sin x$$

$$\int (\sin x - x \sin y) dy = y \sin x + x \cos y$$

따라서 일반해는

$$x \cos y + y \sin x = C$$

연습문제 15

1. 다음 1계 선형 미분방정식을 푸시오. (일반해)

① $\dfrac{dy}{dx} + y = e^x$　　② $\dfrac{dy}{dx} + \dfrac{y}{x} = x^3$

③ $\dfrac{dy}{dx} + 2y = e^{-x}$　　④ $2\dfrac{dy}{dx} - y = e^{\frac{x}{2}}$

⑤ $x\dfrac{dy}{dx} + 3y = \dfrac{\sin x}{x^2}$　　⑥ $x\,dy + y\,dx = \sin x\,dx$

⑦ $\dfrac{dy}{dx} + y = x^2$　　⑧ $(1 + x^2)\dfrac{dy}{dx} = xy + 1$

2. 다음 2계 선형 미분방정식을 푸시오. (일반해)

① $\dfrac{d^2y}{dx^2} - a^2 y = 0$, $(a > 0)$　　② $\dfrac{d^2y}{dx^2} + 6\dfrac{dy}{dx} + 5y = 0$

③ $\frac{d^2}{dx^2}y + 5\frac{dy}{dx} + 6y = 0$

④ $\frac{d^2y}{dx^2} - 2\frac{dy}{dx} + 4y = 0$

⑤ $\frac{d^2y}{dx^2} + 6\frac{dy}{dx} + 9y = 0$

⑥ $\frac{d^2y}{dx^2} - 6\frac{dy}{dx} + 10y = 0$

3. 다음 미분방정식의 특수해를 구하시오.

① $\frac{d}{dt}v + 6v = 0, \ v(0+) = 12$

② $3\frac{d}{dt}v + 6v = 0, \ v(0+) = 12$

③ $i + 4\int_{\infty}^{t} i\, d\lambda = 0, \ i(0+) = 7$

4. 다음 미분방정식의 일반해를 구하시오.

① $\frac{d^2}{dt^2}v + 6\frac{d}{dt}v + 8v = 0$

② $\frac{d^2}{dt^2}v + 4\frac{d}{dt}v + 4v = 0$

③ $\frac{d^2}{dt^2}v + 6\frac{d}{dt}v + 25v = 0$

④ $\frac{d^2}{dt^2}v + 4v = 0$

5. 다음 변수분리형 미분방정식을 푸시오.

① $\frac{dy}{dx} + xy = 0$

② $\frac{dy}{dx} = e^{x-y}$

③ $y\frac{dy}{dx} + x = 0$

④ $y^2\frac{dy}{dx} - xy = x$

⑤ $y\,dy + x\,dx = 0$

⑥ $(x+1)\frac{dy}{dx} = x(y^2+1)$

6. 다음 동차형 미분방정식을 푸시오.

① $xy^2\frac{dy}{dx} = x^3 + y^3$

② $(x^2 + y^2)dx + 2xy\,dy = 0$

③ $(x+y)dy + (x-y)dx = 0$

④ $(6x - 2y - 3)dx + (-2x - 2y + 1)dy = 0$

7. 다음 완전형 미분방정식을 푸시오.

① $x(x^2 + 2y)dx + (x^2 - y^2)dy = 0$

② $\left(3x^2 + \frac{1}{x}\right)dx + \frac{2x^2y^2 - 1}{y}dy = 0$

8. 다음 회로의 KCL 방정식을 세우고, 주어진 RC 회로의 커패시턴스 전압에 관한 미분방정식의 해를 구하시오. 이때 전류원 i_s는 다음과 같다(초기전압은 0이다).

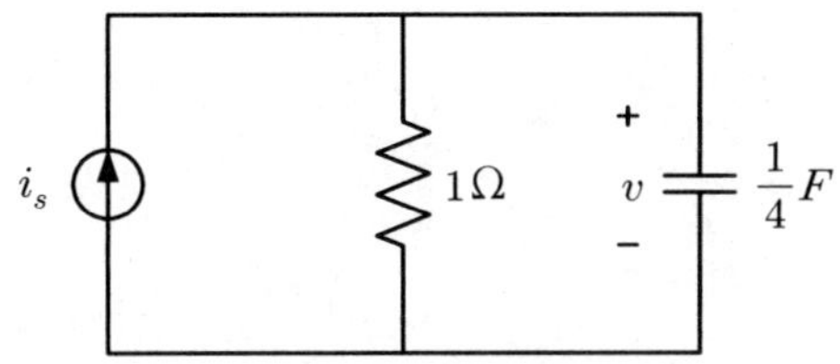

[그림 3.5] 연습문제 8

① $10u(t)\,[A]$　　② $10e^{-2t}u(t)\,[A]$

9. 다음 미분방정식의 일반해를 구하시오.

① $\frac{d^2}{dt^2}y(t) - 3\frac{d}{dt}y(t) + 2y(t) = 0$

② $\frac{d^2}{dt^2}y(t) + 6\frac{d}{dt}y(t) + 9y(t) = 0$

③ $\frac{d^2}{dt^2}y(t) + \frac{d}{dt}y(t) - 6y(t) = 0$

④ $\frac{d^2}{dt^2}y(t) + 2\frac{d}{dt}y(t) + 2y(t) = 0$

⑤ $\frac{d^2}{dt^2}y(t) - 4\frac{d}{dt}y(t) + 4y(t) = 0$

10. 그림과 같은 회로에서 $V_s = 12e^{-4t}\ [V]\ (t > 0)$일 때, 강제응답(특수해)을 구하시오.

$$R = \frac{1}{6}\Omega\ ,\ L = \frac{1}{4}H,\ C = 2F$$

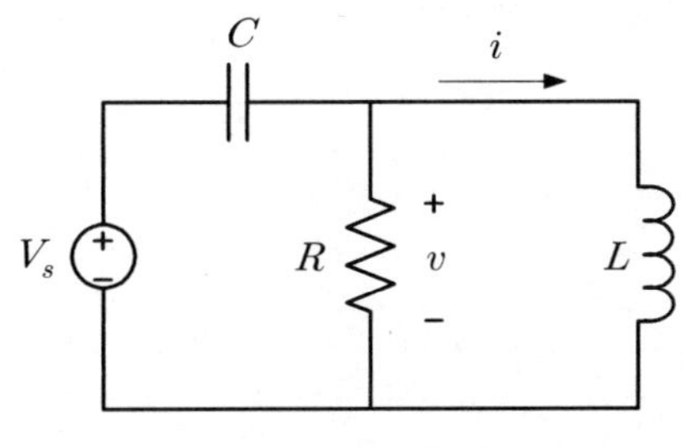

[그림 3.6] 연습문제 10

제 4 장

라플라스 변환

4.1 기본 개념

라플라스 변환(Laplace transformation)은 최초에 선형 상미분방정식을 쉽게 풀기 위하여 연구된 것으로 선형 상미분방정식을 대수방정식 풀듯이 쉽게 풀 수 있는 수학적 도구의 하나이다. 선형 미분방정식을 라플라스 변환을 통하여 대수방정식으로 변환하고 이 대수방정식을 적절하게 정리한 다음 라플라스 역변환에 의하여 선형 미분방정식의 해를 구할 수 있다. 라플라스 변환법은 선형 미분방정식의 고전적 해법에 비하여 다음과 같은 두 가지 장점을 가진다.

① 제차방정식의 일반해와 특수해가 한 번의 연산으로 얻어진다.

② 라플라스 변환에 의하여 미분방정식이 s의 대수방정식으로 바뀐다. 이 대수방정식에 간단한 대수연산법을 적용함으로써 s영역에서 해가 구해지고 라플라스 역변환에 의하여 최종해가 얻어진다.

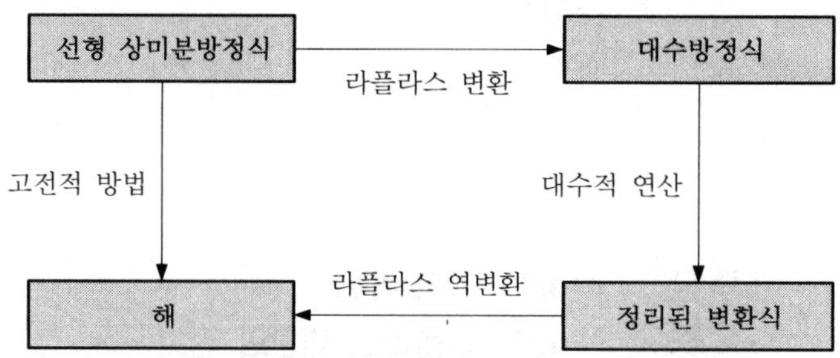

[그림 4.1] 선형 상미분방정식의 해

4.2 라플라스 변환의 정의

어떤 시간함수 $f(t)$가 있을 때, 이 함수에 e^{-st}를 곱하고, 0에서 ∞까지 시간에 대하여 적분한 것을 함수 $f(t)$의 라플라스 변환식(Laplace transformation)이라고 말하고 $\mathcal{L}[f(t)]$ 또는 $F(s)$로 표시한다.

$$\mathcal{L}[f(t)] = F(s) = \int_0^\infty f(t)e^{-st}dt$$

$$(\text{단, } \lim_{t\to\infty} f(t)e^{-st} = 0, \quad s\text{의 실수부} > 0)$$

변수 s는 복소변수이고 라플라스 연산자(Laplace operator)라 하며, 정의식은 적분구간이 0에서 ∞까지이므로 일방적 라플라스 변환이라 한다. 이것은 $t=0$ 이전의 $f(t)$에 포함된 모든 정보는 무시되거나 0으로 간주되는 것을 의미한다.

예제 4.1 함수 $f(t)=c$를 라플라스 변환하시오.

풀이

$$F(s) = \mathcal{L}[f(t)] = \int_0^\infty ce^{-st}dt$$

$$= c\left[-\frac{1}{s}e^{-st}\right]_0^\infty = \frac{c}{s}$$

4.3 기본적인 함수의 라플라스 변환

4.3.1 단위계단함수

[그림 4.2]와 같이 $t<0$에서는 0이고, $t=0$에서 진폭의 크기가 1이며 그 값이 t에 관계없이 일정하게 유지되는 함수를 단위계단함수(unit step function)라 하며 $u(t)$라 표시한다.

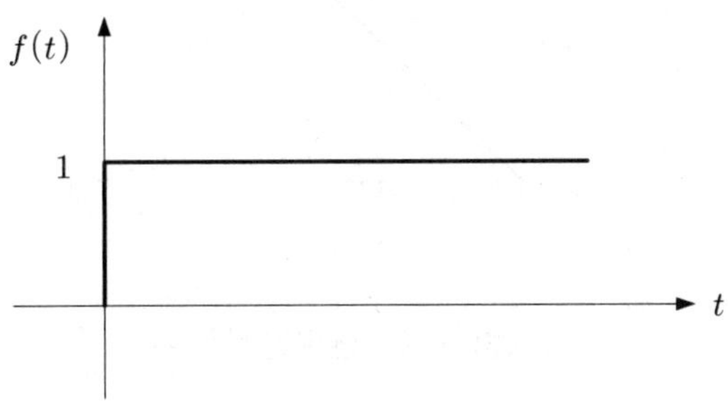

[그림 4.2] 단위계단함수

즉,

$$f(t) = u(t) = \begin{cases} 0 : t < 0 \\ 1 : t > 0 \end{cases}$$

계단함수를 라플라스 변환하면 다음과 같다.

$$\mathcal{L}[u(t)] = \int_0^{\infty} 1 \cdot e^{-st} dt = \left[-\frac{1}{s} e^{-st}\right]_0^{\infty}$$

$$= -\frac{1}{s}(e^{-\infty} - e^{0}) = \frac{1}{s}$$

4.3.2 단위경사함수

[그림 4.3]과 같이 기울기가 1인 1차 함수를 단위경사함수(unit ramp function)라 하며 $tu(t)$로 표시한다. 즉

$$f(t) = tu(t) = \begin{cases} 0 : t < 0 \\ t : t > 0 \end{cases}$$

경사함수를 라플라스 변환하면

$$\mathcal{L}[f(t)] = \int_0^{\infty} te^{-st} dt = \left[t \cdot -\frac{1}{s} e^{-st}\right]_0^{\infty} - \int_0^{\infty} 1 \cdot -\frac{1}{s} e^{-st} dt$$

$$= 0 - 0 + \frac{1}{s}\int_0^{\infty} e^{-st} dt = \frac{1}{s} \cdot \frac{1}{s} = \frac{1}{s^2}$$

또한, $t^n u(t)$의 라플라스 변환은 다음 식과 같다.

$$\mathcal{L}[t^n u(t)] = \frac{n!}{s^{n+1}}$$

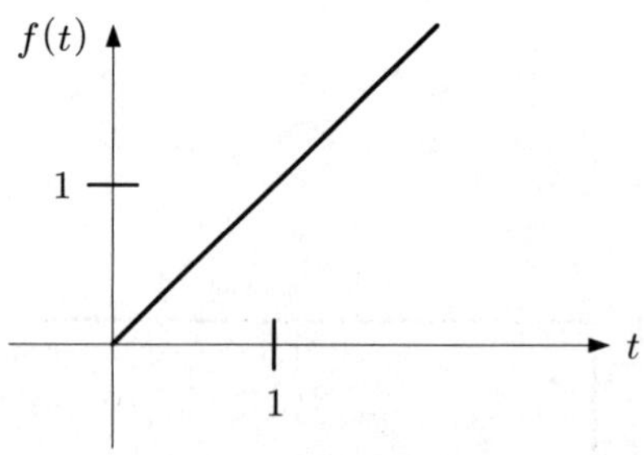

[그림 4.3] 단위경사함수

4.3.3 단위 임펄스 함수

[그림 4.4]와 같이 폭 ϵ, 높이 $\frac{1}{\epsilon}$ 이며, 전체 면적이 1인 파형에서 $\epsilon \to 0$으로 극한파형을 단위충격함수 또는 단위 임펄스 함수(unit impulse function)라 부르며, $\delta(t)$로 표시한다. 즉

$$f(t) = \delta(t) = \begin{cases} 0 & : t \neq 0 \\ \infty & : t = 0 \end{cases}$$

이며, 적분으로 나타내면

$$\int_{-\infty}^{\infty} \delta(t)\, dt = 1$$

인 함수이다.

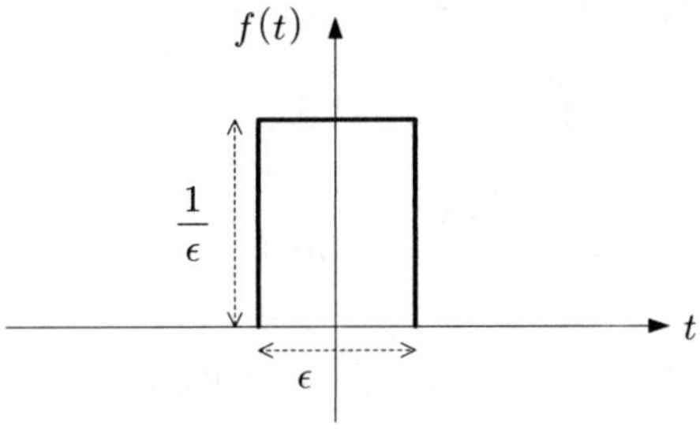

[그림 4.4] 단위 임펄스 함수

단위 임펄스 함수를 라플라스 변환하면

$$\begin{aligned}\mathcal{L}[\delta(t)] &= \mathcal{L}[\lim_{\epsilon \to 0} \delta(t)] = \lim_{\epsilon \to 0} \int_0^{\infty} \delta(t) e^{-st} dt \\ &= \lim_{\epsilon \to 0} \frac{1}{\epsilon} \int_0^{\infty} u(t) - u(t-\epsilon) e^{-st}\, dt \\ &= \lim_{\epsilon \to 0} \frac{1}{\epsilon} \cdot \frac{1 - e^{-\epsilon s}}{s} = 1\end{aligned}$$

4.3.4 지수함수

지수함수 $f(t) = e^{\pm at}$의 라플라스 변환은 다음과 같다.

$$\begin{aligned}\mathcal{L}[f(t)] &= \int_0^{\infty} e^{\pm at} e^{-st} dt = \int_0^{\infty} e^{-(s \mp a)t} dt \\ &= \left[-\frac{1}{s \mp a} e^{-(s \mp a)t} \right]_0^{\infty} = \frac{1}{s \mp a}\end{aligned}$$

4.3.5 삼각함수

삼각함수는 오일러 정리(Euler's theorem)를 이용하여 지수함수 형식으로 라플라스 변환에 적용하면 쉽게 변환할 수 있다.

오일러 정리

$$\sin\omega t = \frac{1}{2j}(e^{j\omega t} - e^{-j\omega t})$$

$$\cos\omega t = \frac{1}{2}(e^{j\omega t} + e^{-j\omega t})$$

$\sin\omega t$의 라플라스 변환을 하면 다음과 같다.

$$\begin{aligned}
\mathcal{L}[\sin\omega t] &= F(s) = \int_0^\infty \sin\omega t e^{-st}dt \\
&= \int_0^\infty \left(\frac{e^{j\omega t} - e^{-j\omega t}}{2j}\right)e^{-st}dt \\
&= \frac{1}{2j}\int_0^\infty (e^{-(s-j\omega)t} - e^{-(s+j\omega)t})dt \\
&= \frac{1}{2j}\left[-\frac{e^{-(s-j\omega)t}}{s-j\omega} + \frac{e^{-(s+j\omega)t}}{s+j\omega}\right]_0^\infty \\
&= \frac{1}{2j}\left(\frac{1}{s-j\omega} - \frac{1}{s+j\omega}\right) \\
&= \frac{\omega}{s^2+\omega^2}
\end{aligned}$$

같은 방법으로 $\cos\omega t$의 라플라스 변환을 하면 다음과 같다.

$$\begin{aligned}
\mathcal{L}[\cos\omega t] &= \frac{1}{2}\mathcal{L}[e^{j\omega t} + e^{-j\omega t}] \\
&= \frac{1}{2}\left[\int_0^\infty e^{j\omega t}\cdot e^{-st}dt + \int_0^\infty e^{-j\omega t}\cdot e^{-st}dt\right] \\
&= \frac{1}{2}\left[\frac{1}{s-j\omega} + \frac{1}{s+j\omega}\right] = \frac{2s}{2(s^2+\omega^2)} \\
&= \frac{s}{s^2+\omega^2}
\end{aligned}$$

예제 4.2 $f(t)= e^{at}$의 라플라스 변환식을 구하시오.

풀이

$$\begin{aligned} F(s) &= \int_0^{\infty} e^{at}e^{-st}dt \\ &= \int_0^{\infty} e^{-(s-a)t}dt \\ &= -\frac{1}{s-a}\left[e^{-(s-a)t}\right]_0^{\infty} \\ &= \frac{1}{s-a} \end{aligned}$$

예제 4.3 $f(t) = t$를 라플라스 변환하시오.

풀이

$$\begin{aligned} F(s) &= \int_0^{\infty} te^{-st}dt \\ &= \left[-t\frac{1}{s}e^{-st}\right]_0^{\infty} - \int_0^{\infty}(-\frac{1}{s})e^{-st}dt \\ &= 0 + \frac{1}{s}\int_0^{\infty} e^{-st}dt = \frac{1}{s^2} \end{aligned}$$

4.4 라플라스 변환의 중요한 정리

정리 4.1 선형성

라플라스 변환은 선형 연산이다.

$$\mathcal{L}\left[\, af(t)+ bg(t)\,\right]= a\mathcal{L}\left[f(t)\right] + b\mathcal{L}\left[g(t)\right]$$

예제 4.4 $f(t)= e^{-3t} + 4t + 2\sin 5t+ 8$의 라플라스 변환식을 구하시오.

풀이

$$\begin{aligned} \mathcal{L}\left[f(t)\right] &= \mathcal{L}\left[e^{-3t} +4t+ 2\sin 5t+ 8\right] \\ &= \mathcal{L}\left[e^{-3t}\right] + \mathcal{L}\left[4t\right]+ \mathcal{L}\left[2\sin 5t\right]+ \mathcal{L}\left[8\right] \\ &= \frac{1}{s+3}+\frac{4}{s^2}+\frac{10}{s^2+25}+\frac{8}{s} \end{aligned}$$

예제 4.5 $f(t) = 4e^{5t} + 6t^3 - 3\sin 4t + 2\cos 2t$의 라플라스 변환식을 구하시오.

풀이

$$\begin{aligned}\mathcal{L}[f(t)] &= \mathcal{L}\left[4e^{5t} + 6t^3 - 3\sin 4t + 2\cos 2t\right] \\ &= \mathcal{L}[4e^{5t}] + \mathcal{L}[6t^3] - \mathcal{L}[3\sin 4t] + \mathcal{L}[2\cos 2t] \\ &= \frac{4}{s-5} + \frac{36}{s^4} - \frac{12}{s^2+16} + \frac{2s}{s^2+4}\end{aligned}$$

정리 4.2 제1 이동정리

$\mathcal{L}[f(t)] = F(s)$이면

$$\mathcal{L}\left[e^{at}f(t)\right] = F(s-a)$$

증명

$$\begin{aligned}\mathcal{L}\left[e^{at}f(t)\right] &= \int_0^\infty e^{at}f(t)e^{-st}dt \\ &= \int_0^\infty f(t)e^{-(s-a)t}dt = F(s-a)\end{aligned}$$

예제 4.6 $f(t) = e^{3t}\sin 100t$의 라플라스 변환식을 구하시오.

풀이

$$\mathcal{L}[\sin 100t] = \frac{100}{s^2+100^2}$$

이므로,

$$\mathcal{L}\left[e^{3t}\sin 100t\right] = \frac{100}{(s-3)^2+100^2}$$

예제 4.7 다음 함수의 라플라스 변환식을 구하시오.

① $e^{4t}t^2$ ② $e^{-5t}\cos 4t$ ③ $1-e^{-t}t$

풀이

① $\mathcal{L}[t^2] = \dfrac{2}{s^3}$ 이므로 $\mathcal{L}[e^{4t}t^2] = \dfrac{2}{(s-4)^3}$

② $\mathcal{L}[\cos 4t] = \dfrac{s}{s^2+16}$ 이므로

$$\mathcal{L}[e^{-5t}\cos 4t] = \frac{s+5}{(s+5)^2+16}$$

③ $\mathcal{L}[1-e^{-t}t] = \dfrac{1}{s} - \dfrac{1}{(s+1)^2}$

정리 4.3 제 2 이동정리

$\mathcal{L}[f(t)] = F(s)$이고, $t < a$일 때 $f(t-a) = 0$이면

$$\mathcal{L}[f(t-a)] = e^{-as}F(s)$$

증명

$$\begin{aligned}\mathcal{L}[f(t-a)] &= \int_0^\infty f(t-a)e^{-st}dt = \int_0^a f(t-a)e^{-st}dt + \int_a^\infty f(t-a)e^{-st}dt \\ &= 0 + \int_a^\infty f(t-a)e^{-st}dt = \int_0^\infty f(u)e^{-s(u+a)}du \\ &= \int_0^\infty f(u)e^{-sa}e^{-su}du = e^{-as}\int_0^\infty f(u)e^{-su}du \\ &= e^{-as}F(s)\end{aligned}$$

예제 4.8 $f(t) = (t-2)^3$을 라플라스 변환하시오. 단 $t < 2$에서 $f(t) = 0$이다.

풀이 $\mathcal{L}[t^3] = \dfrac{6}{s^4}$ 이므로

$$\mathcal{L}[(t-2)^3] = 6\frac{e^{-2s}}{s^4}$$

예제 4.9 $f(t) = e^{-2(t-3)}$ 을 라플라스 변환하시오. 단 $t < 3$ 에서 $f(t) = 0$ 이다.

풀이 $\mathcal{L}[e^{-2t}] = \dfrac{1}{s+2}$ 이므로

$$\mathcal{L}[e^{-2(t-3)}] = \frac{e^{-3s}}{s+2} \text{ (단, } e^{-2(t-3)} = 0,\ t < 3)$$

정리 4.4 미 분

$\mathcal{L}[f(t)] = F(s)$라 하고, $f(t)$가 연속함수이고 $\lim_{t\to 0} f(t) = f(0)$이면 $f(t)$의 도함수 즉 $\dfrac{d}{dt}f(t) = f'(t)$의 라플라스 변환식은 다음과 같다.

$$\mathcal{L}[f'(t)] = sF(s) - f(0)$$

증명 $\mathcal{L}[f'(t)] = \int_0^\infty f'(t)e^{-st}dt$

$$= [e^{-st}f(t)]_0^\infty - \int_0^\infty (-s)e^{-st}f(t)dt$$
$$= -f(0) + s\int_0^\infty e^{-st}f(t)dt$$
$$= sF(s) - f(0)$$

만일 2계 도함수의 라플라스 변환식을 구하면

$$\mathcal{L}[f''(t)] = \int_0^\infty f''(t)e^{-st}dt$$
$$= [e^{-st}f'(t)]_0^\infty - \int_0^\infty (-s)e^{-st}f'(t)dt$$
$$= -f'(0) + s\mathcal{L}[f'(t)]$$
$$= -f'(0) + s[sF(s) - f(0)]$$
$$= s^2F(s) - sf(0) - f'(0)$$

이와 같이 하여 n계 도함수의 라플라스 변환식을 구하면

$$\mathcal{L}[f^n(t)] = s^nF(s) - s^{n-1}f(0) - s^{n-2}f'(0) \cdots\cdots - sf^{(n-2)}(0) - f^{(n-1)}(0)$$

예제 4.10 $f(t) = e^{-3t}$일 때 다음 라플라스 변환식을 구하시오.

① $f(t)$ ② $f'(t)$ ③ $f'''(t)$

풀이 $f(t) = e^{-3t}$, $f(0) = 1$

$f'(t) = -3e^{-3t}$, $f'(0) = -3$

$f''(t) = 9e^{-3t}$, $f''(0) = 9$

① $\mathcal{L}[e^{-3t}] = \dfrac{1}{s+3}$

② $\mathcal{L}[f'(t)] = sF(s) - f(0)$

$$= s\frac{1}{s+3} - 1$$
$$= \frac{-3}{s+3}$$

③ $\mathcal{L}[f'''(t)] = s^3F(s) - s^2f(0) - sf'(0) - f''(0)$

$$= s^3\frac{1}{s+3} - s^2 - s(-3) - (9) = \frac{s^3}{s+3} - s^2 + 3s - 9$$
$$= \frac{-27}{s+3}$$

정리 4.5 적 분

$\mathcal{L}[f(t)] = F(s)$가 존재하면 $\mathcal{L}\left[\int_0^t f(t)dt\right] = \frac{F(s)}{s}$가 성립한다.

증명

$$\mathcal{L}\left[\int_0^t f(t)dt\right] = \int_0^\infty \left[\int_0^t f(t)dt\right] e^{-st}dt$$
$$= \left[\left\{\int_0^t f(t)dt\right\}\left(-\frac{1}{s}e^{-st}\right)\right]_0^\infty - \int_0^\infty f(t)\left(-\frac{1}{s}\right)e^{-st}dt$$
$$= 0 + \frac{1}{s}\int_0^\infty f(t)e^{-st}dt = \frac{F(s)}{s}$$

예제 4.11 $\int_0^t (t^2 + e^{-t})dt$의 라플라스 변환식을 구하시오.

풀이 $\mathcal{L}[t^2 + e^{-t}] = \frac{2}{s^3} + \frac{1}{s+1} = F(s)$이므로

$$\mathcal{L}\left[\int_0^t (t^2 + e^{-t})dt\right] = \frac{1}{s}F(s) = \frac{1}{s}\left(\frac{2}{s^3} + \frac{1}{s+1}\right) = \frac{s^3+2s+2}{s^4(s+1)}$$

예제 4.12 $i(t) = 5\sin 120\pi$라고 할 때의 다음 식을 라플라스 변환하시오.

$$f(t) = Ri(t) + L\frac{d}{dt}i(t) + \frac{1}{C}\int_0^t i(t)dt$$

풀이

$$I(s) = \frac{5\times 120\pi}{s^2 + (120\pi)^2} = \frac{600\pi}{s^2 + (120\pi)^2}$$

이고, $i(0) = 5\sin 120\pi(0) = 0$이다.

$$F(s) = \left(R + Ls + \frac{1}{Cs}\right)I(s)$$
$$= \left(R + Ls + \frac{1}{Cs}\right)\frac{600}{s^2 + (120\pi)^2}$$

정리 4.6 t를 곱한 함수의 변환

$\mathcal{L}[f(t)] = F(s)$라 하면

$$\mathcal{L}[tf(t)] = -\frac{d}{ds}F(s)$$

증명 $\frac{d}{ds}F(s) = \frac{d}{ds}\int_0^\infty f(t)e^{-st}dt$

$$= \int_0^\infty \left[\frac{d}{ds}f(t)e^{-st}\right]dt$$

$$= \int_0^\infty (-tf(t)e^{-st})dt = -\mathcal{L}[tf(t)]$$

$$\therefore \mathcal{L}[tf(t)] = -\frac{d}{ds}F(s)$$

또한,

$$\mathcal{L}[t^2 f(t)] = \mathcal{L}[t\,tf(t)]$$

$$= -\frac{d}{ds}\left[-\frac{d}{ds}F(s)\right]$$

$$= (-1)^2\frac{d^2}{ds^2}F(s)$$

일반화하면

$$\mathcal{L}[t^n f(t)] = (-1)^n\frac{d^n}{ds^n}F(s)$$

예제 4.13 다음 함수를 라플라스 변환하시오.

① $t\sin\omega t$ ② $t^2 e^{-3t}$

풀이 ① $\mathcal{L}[\sin\omega t] = \frac{\omega}{s^2+\omega^2}$ 이므로,

$$\mathcal{L}[t\sin\omega t] = -\frac{d}{ds}\left(\frac{\omega}{s^2+\omega^2}\right) = \frac{2\omega s}{(s^2+\omega^2)^2}$$

② $\mathcal{L}[e^{-3t}] = \frac{1}{s+3}$ 이므로,

$$\mathcal{L}[t^2e^{-3t}] = (-1)^2\frac{d^2}{ds^2}\left(\frac{1}{s+3}\right)$$

$$= \frac{d}{ds}\left(\frac{-1}{(s+3)^2}\right)$$

$$= \frac{2}{(s+3)^3}$$

정리 4.7 초깃값 정리

함수 $f(t)$와 그 도함수 $f'(t)$의 라플라스 변환이 가능하면,

$$\lim_{t\to 0} f(t) = \lim_{s\to\infty} sF(s)$$

가 성립한다.

정리 4.8 **최종값 정리**

함수 $f(t)$와 그 도함수 $f'(t)$의 라플라스 변환이 가능하고, $t\to\infty$일 때 $f(t)$의 극한값이 존재하면

$$\lim_{t\to\infty} f(t) = \lim_{s\to 0} sF(s)$$

가 항상 성립한다.

예제 4.14 함수 $f(t)$의 라플라스 변환식이 다음과 같을 때 이 함수의 초깃값을 구하시오.

① $\dfrac{3s^2-2s+8}{s(s^2+1)}$ ② $\dfrac{2}{s}+\dfrac{2s}{s^2+16}$

풀이 ① $\displaystyle\lim_{t\to 0} f(t) = \lim_{s\to\infty} s\frac{3s^2-2s+8}{s(s^2+1)} = \lim_{s\to\infty}\frac{3-\dfrac{2}{s}+\dfrac{8}{s^2}}{1+\dfrac{1}{s^2}} = 3$

② $\displaystyle\lim_{t\to 0} f(t) = \lim_{s\to\infty} s\left(\frac{2}{s}+\frac{2s}{s^2+16}\right) = \lim_{s\to\infty}\left(2+\frac{2}{1+\dfrac{16}{s^2}}\right) = 2+2=4$

예제 4.15 함수 $f(t)$의 라플라스 변환식이 다음과 같을 때 이 함수의 최종값을 구하시오.

① $\dfrac{2s^2+4s+2}{s(s^2+2s+2)}$ ② $\dfrac{6}{(s+2)^4}$

풀이 ① $\displaystyle\lim_{t\to\infty} f(t) = \lim_{s\to 0} s\frac{2s^2+4s+2}{s(s^2+2s+2)} = 1$

② $\displaystyle\lim_{t\to\infty} f(t) = \lim_{s\to 0} s\frac{6}{(s+2)^4} = 0$

정리 4.9 **실수합성적분, 복소곱셈**

라플라스 변환함수 $F_1(s)$, $F_2(s)$가 각각 함수 $f_1(t)$, $f_2(t)$의 라플라스 변환이고, $t<0$에서 $f_1(t)=f_2(t)=0$이다. 그러면,

$$F_1(s)F_2(s) = \mathcal{L}\left[f_1(t) * f_2(t)\right] = \mathcal{L}\left[\int_0^t f_1(\tau)f_2(t-\tau)d\tau\right]$$

$$= \mathcal{L}\left[\int_0^t f_2(\tau)f_1(t-\tau)d\tau\right]$$

여기서 기호 *은 시간영역에서 합성적분을 나타낸다.

예제 4.16 실수합성적분(Convolution integral)을 이용하여 다음 라플라스 변환식을 역라플라스로 변환하시오.

$$X(s) = \frac{1}{s(s+2)^2}$$

풀이 $X(s)$를 분수식의 곱으로 표현하면

$$X(s) = \frac{1}{s}\cdot\frac{1}{s+2}\cdot\frac{1}{s+2} = F_1(s)\,F_2(s)\,F_3(s)$$

실수합성적분(Convolution integral) 공식을 다시 정리하면

$$\mathcal{L}^{-1}[F_1(s)\,F_2(s)] = \int_0^t f_1(t-\tau)\,f_2(\tau)\,d\tau$$
$$= \int_0^t f_1(\tau)\,f_2(t-\tau)\,d\tau$$

여기서

$$\mathcal{L}^{-1}[F_1(s)] = f_{1(t)} = 1$$

$$\mathcal{L}^{-1}[F_2(s)] = \mathcal{L}^{-1}\left[\frac{1}{s+2}\right] = e^{-2t} = f_2(t)$$

$$\mathcal{L}^{-1}[F_3(s)] = \mathcal{L}^{-1}\left[\frac{1}{s+2}\right] = e^{-2t} = f_3(t)$$

그리고

$$\mathcal{L}^{-1}\left[\frac{1}{(s+2)^2}\right] = \int_0^t e^{-2(t-\tau)}\cdot e^{-2\tau}d\tau$$
$$= e^{-2t}\int_0^t d\tau = te^{-2t}$$

역라플라스 변환식을 구하면

$$\mathcal{L}^{-1}[X(s)] = \mathcal{L}^{-1}\left[\frac{1}{s(s+2)^2}\right] = \int_0^t 1\cdot\tau e^{-2\tau}d\tau$$
$$= \tau\frac{e^{-2\tau}}{-2}\Bigg|_0^t - \int_0^t \frac{e^{-2\tau}}{-2}\,d\tau = t\frac{e^{-2t}}{-2} + \frac{1}{2}\left(\frac{e^{-2\tau}}{-2}\right)\Bigg|_0^t$$
$$= -\frac{1}{2}te^{-2t} - \frac{1}{4}e^{-2t} + \frac{1}{4}$$

4.5 라플라스 역변환

라플라스 변환식 $F(s)$로부터 그 본래의 함수 $f(t)$를 구하는 것을 $F(s)$의 라플라스 역변환(inverse laplace transformation)이라 하며, 그 결과식을 라플라스 역변환식이라 하고 다음과 같이 표시한다.

$$\mathcal{L}^{-1}[F(s)] = f(t)$$

앞에서 배운 정리들을 이용하여 많은 변환식들이 라플라스 역변환을 쉽게 할 수 있다.

〈표 4.1〉 간단한 라플라스 역변환

$F(s)$	$f(t)$
$\frac{1}{s}$	1
$\frac{1}{s^2}$	t
$\frac{1}{s^3}$	$\frac{1}{2}t^2$
$\frac{1}{s^n}$	$\frac{1}{(n-1)!}t^{n-1}$
$\frac{1}{s+a}$	e^{-at}
$\frac{\omega}{s^2+\omega^2}$	$\sin\omega t$
$\frac{s}{s^2+\omega^2}$	$\cos\omega t$

예제 4.17 다음 함수들의 라플라스 역변환식을 구하시오.

① $\frac{1}{s+3}$ ② $\frac{2}{s-5}$ ③ $\frac{4}{s^3}$

④ $\frac{8s}{s^2+16}$ ⑤ $\frac{1}{2s-5}$

풀이 ① $\mathcal{L}^{-1}\left[\frac{1}{s+3}\right] = e^{-3t}$

② $\mathcal{L}^{-1}\left[\dfrac{2}{s-5}\right]=2e^{5t}$

③ $\mathcal{L}^{-1}\left[\dfrac{4}{s^3}\right]=2t^2$

④ $\mathcal{L}^{-1}\left[\dfrac{8s}{s^2+16}\right]=\mathcal{L}^{-1}\left[\dfrac{8s}{s^2+4^2}\right]=8\cos 4t$

⑤ $\mathcal{L}^{-1}\left[\dfrac{1}{2s-5}\right]=\mathcal{L}^{-1}\left[\dfrac{\frac{1}{2}}{\left(s-\frac{5}{2}\right)}\right]=\dfrac{1}{2}e^{\frac{5}{2}t}$

예제 4.18 다음 함수들의 라플라스 역변환식을 구하시오.

① $\dfrac{1}{(s-2)^3}$ ② $\dfrac{3s-8}{4s^2+25}$ ③ $\dfrac{s+5}{s^2+2s+5}$

풀이 ① $\mathcal{L}^{-1}\left[\dfrac{1}{s^3}\right]=\dfrac{1}{2}t^2$이며, (제1 이동정리)에 의해 $\mathcal{L}^{-1}[F(s+a)]=e^{-at}f(t)$이므로

$$\mathcal{L}^{-1}\left[\frac{1}{(s-2)^3}\right]=e^{2t}\frac{1}{2}t^2=\frac{1}{2}e^{2t}t^2$$

② $\dfrac{3s-8}{4s^2+25}=\dfrac{3s-8}{4\left(s^2+\frac{25}{4}\right)}=\dfrac{3}{4}\cdot\dfrac{s}{s^2+\left(\frac{5}{2}\right)^2}-2\dfrac{1}{s^2+\left(\frac{5}{2}\right)^2}$

이고,

$$\begin{cases}\mathcal{L}^{-1}\left[\dfrac{s}{s^2+\omega^2}\right]=\cos\omega t\\ \mathcal{L}^{-1}\left[\dfrac{\omega}{s^2+\omega^2}\right]=\sin\omega t\end{cases}$$

이므로

$$\begin{aligned}\mathcal{L}^{-1}\left[\frac{3s-8}{4s^2+25}\right]&=\mathcal{L}^{-1}\left[\frac{3}{4}\cdot\frac{s}{s^2+\left(\frac{5}{2}\right)^2}-2\frac{1}{s^2+\left(\frac{5}{2}\right)^2}\right]\\&=\frac{3}{4}\cos\frac{5}{2}t-\frac{4}{5}\sin\frac{5}{2}t\end{aligned}$$

③ $$\begin{aligned}\mathcal{L}^{-1}\left[\frac{s+5}{s^2+2s+5}\right]&=\mathcal{L}^{-1}\left[\frac{s+5}{(s+1)^2+2^2}\right]=\mathcal{L}^{-1}\left[\frac{(s+1)+4}{(s+1)^2+2^2}\right]\\&=\mathcal{L}^{-1}\left[\frac{(s+1)}{(s+1)^2+2^2}+\frac{2\cdot 2}{(s+1)^2+2^2}\right]\\&=e^{-t}\cos 2t+2e^{-t}\sin 2t\end{aligned}$$

4.5.1 부분분수법

라플라스 변환식 $F(s)$의 역변환은 $F(s)$를 부분분수로 전개하여 역변환을 구하면 쉽게 구할 수 있다.

라플라스 변환식이

$$F(s) = \frac{P(s)}{Q(s)}$$

의 분수식으로 표시된다고 하면, 분모 $Q(s)$를 인수분해하여, 각 인수에 대한 분수식의 합으로 표시하면

$$F(s) = \frac{P(s)}{Q(s)} = \frac{P(s)}{(s-a_1)(s-a_2)\cdots(s-a_n)}$$

$$= \frac{C_1}{s-a_1} + \frac{C_2}{s-a_2} + \cdots + \frac{C_n}{s-a_n}$$

로 표시되며, 이들 각각의 라플라스 역변환의 합이 바로 $F(s)$의 역변환이 된다.

1) 부분분수 전개

먼저, $F(s)$가 단순극, 중복극, 공액복소극의 각 경우에 대하여 부분분수 전개를 알아본다.

(1) $F(s)$가 단순극을 갖는 경우

만일 $F(s)$의 모든 극이 단순하고 실수라면, 식 $F(s)$는

$$F(s) = \frac{P(s)}{Q(s)} = \frac{P(s)}{(s+a_1)(s+a_2)\cdots(s+a_n)}$$

로 쓸 수 있으며, $a_1 \neq a_2 \neq \cdots \neq a_n$이다. 부분분수 전개법을 적용하면

$$F(s) = \frac{K_{a_1}}{s+a_1} + \frac{K_{a_2}}{s+a_2} + \cdots + \frac{K_{a_n}}{s+a_n}$$

이 되며, 식의 분자계수 K_{a_1}을 구하려면 분모 $(s+a_1)$을 식의 양변에 곱하고 s 대신 $-a_1$을 대입하여 구한다. 즉, 다음과 같다.

$$K_{a_1} = \left[(s+a_1)\frac{P(s)}{Q(s)}\right]_{s=-a_1} = \frac{Q(-a_1)}{(a_2-a_1)(a_3-a_1)\cdots(a_n-a_1)}$$

예제 4.19 다음을 라플라스 역변환하시오.

$$F(s)=\frac{5s+3}{(s+1)(s+2)(s+3)}$$

풀이 부분분수 전개식을 쓰면

$$F(s)=\frac{K_{-1}}{s+1}+\frac{K_{-2}}{s+2}+\frac{K_{-3}}{s+3}$$

계수 K_{-1}, K_{-2}와 K_{-3}은 다음과 같이 구해진다.

$$K_{-1}=[(s+1)F(s)]_{s=-1}=\frac{5(-1)+3}{(2-1)(3-1)}=-1$$

$$K_{-2}=[(s+2)F(s)]_{s=-2}=\frac{5(-2)+3}{(1-2)(3-2)}=7$$

$$K_{-3}=[(s+3)F(s)]_{s=-3}=\frac{5(-3)+3}{(1-3)(2-3)}=-6$$

따라서 부분분수 전개식은 다음과 같다.

$$F(s)=\frac{-1}{s+1}+\frac{7}{s+2}-\frac{6}{s+3}$$

(2) $F(s)$가 중복극을 갖는 경우

만일 $F(s)$가 n개의 극 중에서 r개가 같다면, $s=-a_i$의 극이 r차의 중근이라면, $F(s)$는

$$F(s)=\frac{P(s)}{Q(s)}=\frac{P(s)}{(s+a_1)(s+a_2)\cdots(s+a_{n-r})(s+a_i)^r}$$

과 같이 되고 $F(s)$는 다음과 같이 전개될 수 있다.

$$F(s)=\frac{K_{a_1}}{s+a_1}+\frac{K_{a_2}}{s+a_2}+\cdots+\frac{K_{a_{n-r}}}{s+a_{n-r}}+\frac{A_1}{s+a_i}+\frac{A_2}{(s+a_i)^2}+\cdots+\frac{A_r}{(s+a_i)^r}$$

|← $(n-r)$개의 단순극 →|← r개의 중복극 →|

$(n-r)$개의 단순극의 계수, K_{a_1}, K_{a_2}, $\cdots$, $K_{a_{n-r}}$는 단순극을 갖는 경우와 같은 방법으로 구한다.

그러나 중복극에 대응되는 계수는 다음과 같이 결정한다.

$$A_r=\left[(s+a_i)^r F(s)\right]_{s=-a_i}$$

$$A_{r-1}=\frac{d}{ds}\left[(s+a_i)^r F(s)\right]_{s=-a_i}$$

$$A_{r-2} = \frac{1}{2!}\frac{d}{ds^2}\left[(s+a_i)^r F(s)\right]_{s=-a_i}$$

$$A_1 = \frac{1}{(r-1)!}\frac{d^{r-1}}{ds^{r-1}}\left[(s+a_i)^r F(s)\right]_{s=-a_i}$$

예제 4.20 라플라스 변환식을 부분분수로 전개하시오.

$$F(s) = \frac{1}{s(s+2)(s+1)^3}$$

풀이 부분분수로 전개하면

$$F(s) = \frac{K_0}{s} + \frac{K_{-2}}{s+2} + \frac{A_1}{(s+1)^3} + \frac{A_2}{(s+1)^2} + \frac{A_3}{s+1}$$

와 같다. 단순극과 중복극에 대응되는 계수는

$$K_0 = [sF(s)]_{s=0} = \frac{1}{2}$$

$$K_{-2} = [(s+2)F(s)]_{s=-2} = \frac{1}{2}$$

$$A_1 = [(s+1)^3F(s)]_{s=-1} = -1$$

$$A_2 = \frac{d}{ds}[(s+1)^3F(s)]_{s=-1} = 0$$

$$A_3 = \frac{1}{2!}\frac{d^2}{ds^2}[(s+1)^3F(s)]_{s=-1} = -1$$

부분분수는

$$F(s) = \frac{1}{2s} + \frac{1}{2(s+2)} - \frac{1}{(s+1)^3} - \frac{1}{s+1}$$

(3) $F(s)$가 단순 복소극을 갖는 경우

$F(s)$가 단순 공액복소극

$$s = -\alpha + j\omega \text{ 및 } s = -\alpha - j\omega$$

를 가진다고 가정한다.

이 극에 대응하는 계수들은

$$K_{-\alpha+j\omega} = [(s+\alpha-j\omega)F(s)]_{s=-\alpha+j\omega}$$

$$K_{-\alpha-j\omega} = [(s+\alpha+j\omega)F(s)]_{s=-\alpha-j\omega}$$

로 계산된다.

예제 4.21 라플라스 변환함수를 부분분수로 전개하시오.

$$F(s) = \frac{2}{s^2 + 2s + 2} = \frac{2}{(s+1+j)(s+1-j)}$$

풀이

$$F(s) = \frac{K_{-1-j}}{s+1+j} - \frac{K_{-1+j}}{s+1-j}$$

$$K_{-1-j} = [(s+1+j)F(s)]_{s=-1-j} = \frac{2}{(-1-j+1-j)} = -\frac{1}{j}$$

$$K_{-1+j} = [(s+1-j)F(s)]_{s=-1+j} = \frac{2}{(-1+j+1+j)} = \frac{1}{j}$$

부분분수 전개식은

$$F(s) = -\frac{1}{j(s+1+j)} - \frac{1}{j(s+1-j)}$$

예제 4.22 $\mathcal{L}^{-1}\left[\frac{s+1}{s(s^2+s-6)}\right]$를 구하시오.

풀이

$$\frac{s+1}{s(s^2+s-6)} = \frac{s+1}{s(s-2)(s+3)} = \frac{K_0}{s} + \frac{K_2}{s-2} + \frac{K_{-3}}{s+3}$$

$$K_0 = [sF(s)]_{s=0} = -\frac{1}{6}$$

$$K_2 = [(s-2)F(s)]_{s=2} = \frac{3}{10}$$

$$K_{-3} = [(s+3)F(s)]_{s=-3} = -\frac{2}{15}$$

따라서

$$F(s) = -\frac{1}{6}\frac{1}{s} + \frac{3}{10}\frac{1}{s-2} - \frac{2}{15}\frac{1}{s+3}$$

$$\mathcal{L}^{-1}[F(s)] = -\frac{1}{6} + \frac{3}{10}e^{2t} - \frac{2}{15}e^{-3t}$$

예제 4.23 다음 라플라스 변환식의 역변환식을 구하시오.

① $\frac{3s+7}{s^2-2s-3}$ ② $\frac{2s^2-4}{(s+1)(s-2)(s-3)}$

풀이 ① $\frac{3s+7}{s^2-2s-3} = \frac{3s+7}{(s-3)(s+1)} = \frac{K_3}{s-3} + \frac{K_{-1}}{s+1}$

$$K_3 = [(s-3)F(s)]_{s=3} = 4$$

$$K_{-1} = [(s+1)F(s)]_{s=-1} = -1$$

$$\mathcal{L}^{-1}\left[\frac{4}{s-3}-\frac{1}{s+1}\right]=4e^{3t}-e^{-t}$$

② $$\frac{2s^2-4}{(s+1)(s-2)(s-3)}=\frac{K_{-1}}{s+1}+\frac{K_2}{s-2}+\frac{K_3}{s-3}$$

$$K_{-1}=[(s+1)F(s)]_{s=-1}=-\frac{1}{6}$$

$$K_2=[(s-2)F(s)]_{s=2}=-\frac{4}{3}$$

$$K_3=[(s-3)F(s)]_{s=3}=\frac{7}{2}$$

$$\mathcal{L}^{-1}\left[-\frac{1}{6(s+1)}-\frac{4}{3(s-2)}+\frac{7}{2(s-3)}\right]=-\frac{1}{6}e^{-t}-\frac{4}{3}e^{2t}+\frac{7}{2}e^{3t}$$

예제 4.24 다음 식의 라플라스 역변환식을 구하시오.

① $F(s)=\dfrac{3s+1}{(s-1)(s^2+1)}$　　② $F(s)=\dfrac{s}{(s+1)^5}$

풀이 ① $$F(s)=\frac{3s+1}{(s-1)(s^2+1)}=\frac{3s+1}{(s-1)(s+j)(s-j)}$$

$$=\frac{K_1}{s-1}-\frac{K_2}{s+j}-\frac{K_3}{s-j}$$

$$K_1=[(s-1)F(s)]_{s=1}=2$$

$$K_2=[(s+j)F(s)]_{s=-j}=-1+\frac{1}{2}j$$

$$K_3=[(s-j)F(s)]_{s=j}=-1-\frac{1}{2}j$$

$$\mathcal{L}^{-1}\left[\frac{2}{s-1}-\frac{\left(-1+\frac{1}{2}j\right)}{s+j}+\frac{\left(-1-\frac{1}{2}j\right)}{s-j}\right]$$

$$=2e^t+\left(-1+\frac{1}{2}j\right)e^{-jt}+\left(-1-\frac{1}{2}j\right)e^{jt}$$

$$=2e^t+\left(-1+\frac{1}{2}j\right)(\cos t-j\sin t)+\left(-1-\frac{1}{2}j\right)(\cos t+j\sin t)$$

$$=2e^t-2\cos t+\sin t$$

② $$F(s)=\frac{s}{(s+1)^5}=\frac{c_{11}}{(s+1)^5}+\frac{c_{12}}{(s+1)^4}+\frac{c_{13}}{(s+1)^3}+\frac{c_{14}}{(s+1)^2}+\frac{c_{15}}{(s+1)}$$

$$c_{11}=\left[\frac{s}{(s+1)^5}(s+1)^5\right]_{s=-1}=-1$$

$$c_{12}=\left[\frac{d}{ds}\frac{s}{(s+1)^5}(s+1)^5\right]_{s=-1}=1$$

$$c_{13} = \frac{1}{2!}\left[\frac{d^2}{ds^2}\frac{s}{(s+1)^5}(s+1)^5\right]_{s=-1} = 0$$

$$c_{14} = \frac{1}{3!}\left[\frac{d^3}{ds^3}\frac{s}{(s+1)^5}(s+1)^5\right]_{s=-1} = 0$$

$$c_{15} = \frac{1}{4!}\left[\frac{d^4}{ds^4}\frac{s}{(s+1)^5}(s+1)^5\right]_{s=-1} = 0$$

그러므로

$$\mathcal{L}^{-1}\left[\frac{s}{(s+1)^5}\right] = \mathcal{L}^{-1}\left[-\frac{1}{(s+1)^5} + \frac{1}{(s+1)^4}\right]$$

$$= -e^{-t}\frac{t^4}{4!} + e^{-t}\frac{t^3}{3!} = \frac{e^{-t}}{24}(4t^3 - t^4)$$

예제 4.25 다음 식들의 라플라스 역변환식을 구하시오.

① $\dfrac{s+4}{(s+3)^2}$ ② $\dfrac{s+2}{(s+1)^2(s+3)}$

풀이 ① $\dfrac{s+4}{(s+3)^2} = \dfrac{K_{11}}{(s+3)^2} + \dfrac{K_{12}}{(s+3)}$

$$K_{11} = \left[\frac{s+4}{(s+3)^2}(s+3)^2\right]_{s=-3} = 1$$

$$K_{11} = \left[\frac{d}{ds}\frac{s+4}{(s+3)^2}(s+3)^2\right]_{s=-3} = 4$$

$$\mathcal{L}^{-1}\left[\frac{1}{(s+3)^2} + \frac{4}{(s+3)}\right] = te^{-3t} + 4e^{-3t}$$

② $\dfrac{s+2}{(s+1)^2(s+3)} = \dfrac{K_1}{s+3} + \dfrac{K_{21}}{(s+1)^2} + \dfrac{K_{22}}{s+1}$

$$K_1 = \left[\frac{s+2}{(s+1)^2(s+3)}(s+3)\right]_{s=-3} = -\frac{1}{4}$$

$$K_{21} = \left[\frac{s+2}{(s+1)^2(s+3)}(s+1)^2\right]_{s=-1} = \frac{1}{2}$$

$$K_{22} = \left[\frac{d}{ds}\frac{s+2}{(s+1)^2(s+3)}(s+1)^2\right]_{s=-1} = \frac{1}{4}$$

$$\mathcal{L}^{-1}\left[\frac{-1}{4(s+3)} + \frac{1}{2(s+1)^2} + \frac{1}{4(s+1)}\right] = -\frac{1}{4}e^{-3t} + \frac{1}{2}te^{-t} + \frac{1}{4}e^{-t}$$

$$= \frac{1}{4}e^{-t}(2t+1) - \frac{1}{4}e^{-3t}$$

예제 4.26 다음 함수를 실수합성적분 공식을 이용하여 라플라스 역변환하시오.

$$F(s) = \frac{1}{s^2(s^2+1)}$$

풀이 $F(s) = F_1(s)F_2(s)$라 하면, $F_1(s) = \frac{1}{s^2}$, $F_2(s) = \frac{1}{s^2+1}$이다. 각각을 라플라스 역변환하면

$$\mathcal{L}^{-1}[F_1(s)] = f_1(t) = t$$

$$\mathcal{L}^{-1}[F_2(s)] = f_2(t) = \sin t$$

$$f(t) = f_1(t) * f_2(t)$$

실수합성적분 공식에 의해서

$$F(s) = F_1(s)F_2(s) = \mathcal{L}\left[\int_0^t f_1(\tau)f_2(t-\tau)d\tau\right] = \mathcal{L}\left[\int_0^t f_2(\tau)f_1(t-\tau)d\tau\right]$$

$$\mathcal{L}^{-1}[F(s)] = f(t) = \int_0^t (t-\tau)\sin\tau\, d\tau$$

가 되며, 부분적분법에 의해서 다음과 같다.

$$f(t) = [-(t-\tau)\cos\tau - \sin\tau]_0^t = t - \sin t$$

예제 4.27 그림과 같은 단형파(square wave)를 단위계단함수를 이용하여 표시하고, 라플라스 변환식을 구하시오.

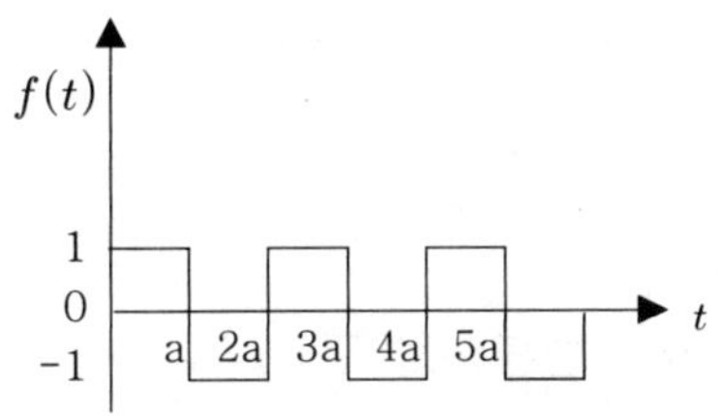

풀이 그림과 같은 구형파를 단위계단함수들의 합과 차로 표시할 수 있다.

즉, $f(t) = U(t) - 2U(t-a) + 2U(t-2a) - 2U(t-3a) + \cdots$

이 식의 Laplace변환식은

$$F(s) = \frac{1}{s} - 2\frac{e^{-as}}{s} + 2\frac{e^{-2as}}{s} - 2\frac{e^{-3as}}{s} + \cdots$$

$$= \frac{1}{s}[1 - 2e^{-as}(1 - e^{-as} + e^{-2as} - e^{-3as} + \cdots)]$$

등비급수 공식에 의해

$$= \frac{1}{s}(1-\frac{2e^{-as}}{1+e^{-as}}) = \frac{1}{s}(\frac{1-e^{-as}}{1+e^{-as}})$$

(등비급수 : $S_n = a+ar+ar^2+ar^3+ar^4+\cdots+ar^n = \frac{a(1-r^n)}{1-r}$

예제 4.28 그림과 같은 파형의 라플라스 변환식을 구하시오.

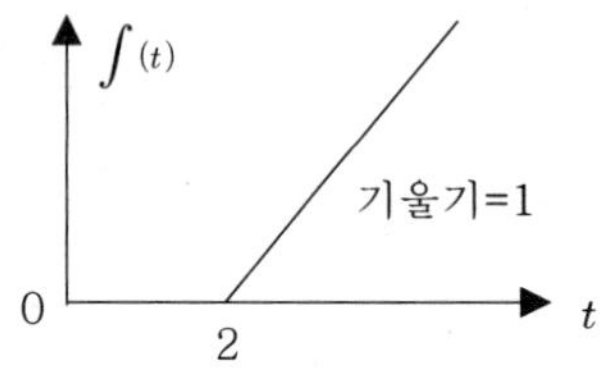

풀이 그림의 함수는 경사(ramp)함수로

$r(t) = tu(t)$ 를 2만큼 이동시킨 것으로 $\mathcal{L}[r(t)] = \frac{1}{s^2}$ 이므로

제2이동정리에 의해서

$\mathcal{L}[f(t-a)u(t-a)] = e^{-as}F(s)$를 이용하여 풀면 다음과 같이 된다.

$f(t) = (t-2)u(t-a)$이므로

$$F(s) = \mathcal{L}^{-1}[(t-2)u(t-2)] = \frac{e^{-2s}}{s^2}$$

예제 4.29 그림의 파형의 함수가

$f(t) = \sin \pi t \quad 0 \le t \le 1$

$\quad = 0 \qquad 1 \le t$

로 표시될 때 이 파형의 라플라스 변환식을 구하시오.

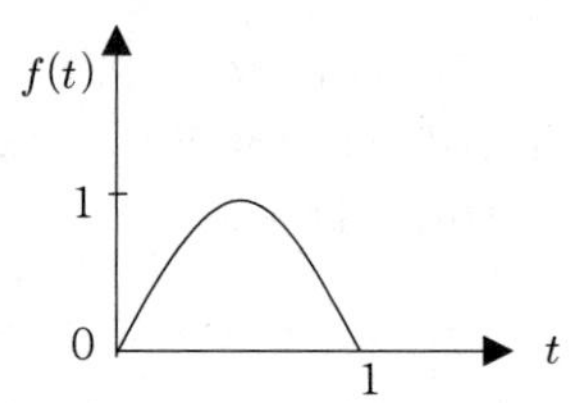

풀이 그림의 파형은 사인파에 사인파를 구간을 1만큼 이동시킨 파형을 합한 것과 같다.

이를 식으로 표현하면

$f(t) = \sin \pi t \cdot u(t) + \sin \pi(t-1)u(t-1)$로 표시되며

이를 라플라스 변환하면

$$F(s) = \mathcal{L}[\sin \pi t \cdot u(t) + \sin \pi (t-1) u(t-1)]$$
$$= \frac{\pi}{s^2+\pi^2} + \frac{\pi}{s^2+\pi^2} e^{-s} = \frac{\pi}{s^2+\pi^2}(e^{-s}+1)$$

4.6 미분방정식 해법에의 응용

선형 물리계의 관계를 나타내는 미분방정식을 라플라스 변환법을 이용하여 풀면 쉽게 그 해를 구할 수 있으며, 고전적인 방법에서는 일반해를 구한 후에 주어진 조건들을 일반해에 대입하여 미지의 적분상수들을 결정하였으나, 라플라스 변환을 이용하여 미분방정식을 풀 때에는 풀이과정 중에 주어진 조건들이 미리 들어가 그 해를 구했을 때에는 미지의 적분상수를 포함하지 않는 완전한 해가 구해진다.

예제 4.30 다음 미분방정식을 푸시오.

$$\frac{d^2}{dt^2}x(t) + 3\frac{d}{dt}x(t) + 2x(t) = 5u(t)$$

단, $x(0) = -1$, $x'(0) = \frac{d}{dt}x(0) = 2$

풀이 미분방정식을 라플라스 변환하면

$$[s^2X(s) - sx(0) - x'(0)] + 3[sX(s) - x(0)] + 2X(s) = \frac{5}{s}$$

이고, 초기조건을 대입하여 정리하면

$$s^2X(s) + s - 2 + 3sX(s) + 3 + 2X(s) = \frac{5}{s}$$

로 되며, $X(s)$에 대하여 정리하면

$$(s^2 + 3s + 2)X(s) = -s - 1 + \frac{5}{s}$$

$$X(s) = \frac{-s^2 - s + 5}{s(s^2+3s+2)}$$

이 문제의 해 $x(t)$를 구하기 위하여 $X(s)$를 부분분수로 전개한 후 라플라스 역변환식을 구하면 된다.

$$X(s) = \frac{5}{2s} - \frac{5}{s+1} + \frac{3}{2(s+2)}$$

$$x(t) = \mathcal{L}^{-1}[X(s)] = \frac{5}{2} - 5e^{-t} + \frac{3}{2}e^{-2t}$$

예제 4.31 그림과 같은 전기회로에서 $t=0$ 순간에 스위치 k를 닫아 일정전압 E를 가한 경우 흐르는 전류 $i(t)$를 구하시오.

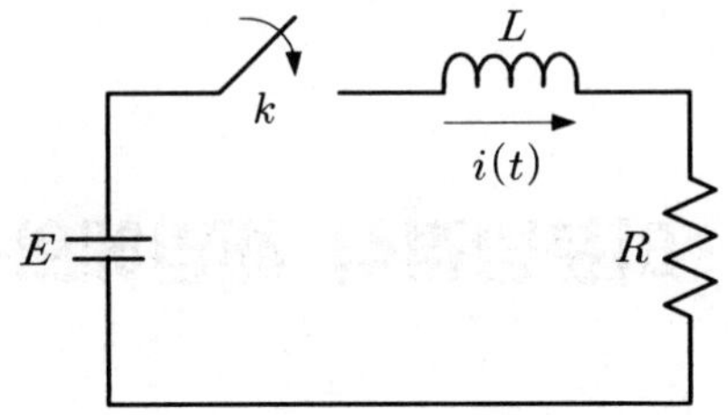

[그림 4.5] *RL*

풀이 전기회로의 전압방정식은 다음과 같다.

$$L\frac{d}{dt}i(t) + Ri(t) = E, \quad i(0) = 0$$

전압방정식을 라플라스 변환하면

$$L\{sI(s) - i(0)\} + RI(s) = \frac{E}{s}$$

초깃값을 대입하여 정리하면

$$(Ls+R)I(s) = \frac{E}{s}$$

$$I(s) = \frac{E}{s(Ls+R)} = \frac{E}{L}\frac{1}{s\left(s+\frac{R}{L}\right)}$$

가 되며, 이 식의 라플라스 역변환식을 구하면 해가 구해진다.

$$i(t) = \mathcal{L}^{-1}\left[\frac{E}{L}\frac{1}{s\left(s+\frac{R}{L}\right)}\right] = \mathcal{L}^{-1}\left[\frac{E}{R}\left(\frac{1}{s} - \frac{1}{s+\frac{R}{L}}\right)\right] = \frac{E}{R}\left(1-e^{-\frac{R}{L}t}\right)$$

예제 4.32 그림과 같은 회로에서 $t=0$에서 스위치 k를 닫았다. 이때 커패시터에 나타나는 전압 $v_c(t)$를 구하시오. (단, 초기조건은 0이다.)

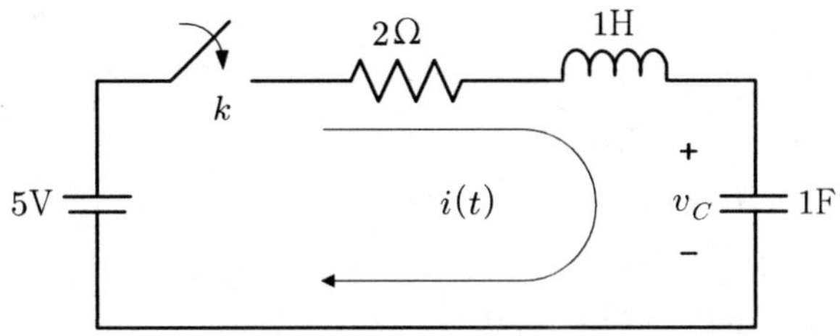

[그림 4.6] *RLC* 직렬회로

풀이 그림과 같은 RLC 직렬회로의 전압방정식과 커패시터의 전압 $v_c(t)$에 대한 식을 쓰면

$$L\frac{d}{dt}i(t) + Ri(t) + \frac{1}{C}\int_0^t i(t) = E$$

$$\frac{1}{C}\int_0^t i(t) = v_c(t)$$

소자의 값을 대입하고 라플라스 변환하면

$$sI(s) - i(0) + 2I(s) + \frac{1}{s}I(s) = \frac{5}{s}$$

$$\frac{1}{s}I(s) = V_c(s)$$

이며, 초깃값을 대입하고 $\frac{1}{s}I(s)$에 대하여 정리하면

$$\frac{1}{s}I(s)(s^2+2s+1) = \frac{5}{s}$$

$$V_c(s)(s^2+2s+1) = \frac{5}{s}$$

$$V_c(s) = \frac{5}{s(s^2+2s+1)} = 5\left(\frac{1}{s} - \frac{1}{(s+1)^2} - \frac{1}{s+1}\right)$$

라플라스 역변환을 하면 $v_c(t)$를 구할 수 있다.

$$v_c(t) = \mathcal{L}^{-1}[V_c(s)] = 5(1 - te^{-t} - e^{-t})$$

요점 정리 **라플라스 변환의 중요한 정리**

1) 선형성

$\mathcal{L}[af(t)+bg(t)] = a\mathcal{L}[f(t)]+b\mathcal{L}[g(t)]$

2) 제 1 이동정리

$\mathcal{L}[e^{at}f(t)] = F(s-a)$

3) 제 2 이동정리

$\mathcal{L}[f(t-a)u(t-a)] = e^{-as}F(s)$

4) 미분의 변환

$\mathcal{L}[f'(t)] = sF(s)-f(0)$

$\mathcal{L}[f''(t)] = s^2F(s)-sf(0)-f'(0)$

$\mathcal{L}[f'''(t)] = s^3F(s)-s^2f(0)-sf'(0)-f''(0)$

5) 적분의 변환

$\mathcal{L}[\int_0^t f(t)\,dt] = \dfrac{F(s)}{s}$

6) t를 곱한 함수

$\mathcal{L}[tf(t) = -\dfrac{d}{ds}F(s)$

7) 초기값 및 최종값 정리

$\lim_{t\to 0} f(t) = \lim_{s\to\infty} sF(s)$

$\lim_{t\to\infty} f(t) = \lim_{s\to 0} sF(s)$

8) 실수합성적분, 복소곱셈(Convolution integral)

라플라스 변환함수 $F_1(s)$, $F_2(s)$가 각각 함수 $f_1(t)$, $f_2(t)$의 라플라스 변환이고, $t<0$에서 $f_1(t)=f_2(t)=0$ 이다. 그러면,

$$F_1(s)F_2(s) = \mathcal{L}[f_1(t)*f_2(t)] = \mathcal{L}\left[\int_0^t f_1(\tau)f_2(t-\tau)d\tau\right]$$

$$= \mathcal{L}\left[\int_0^t f_2(\tau)f_1(t-\tau)d\tau\right]$$

9) 단위계단 함수는

$$\begin{aligned} u(t-a) &= 1 \quad a<t \\ &= 0 \quad a>t \end{aligned}$$

로 정의되며, 라플라스 변환식은 다음과 같다.

$\mathcal{L}[u(t-a)] = \dfrac{e^{-as}}{s}$

10) 단위 임펄스 함수는

$\delta(t-a)=0 \quad t\neq a \quad \int_0^t \delta(t-a)\,dt = 1$

로 정의되며 라플라스 변환식은 다음과 같다.

$\mathcal{L}[\delta(t-a)] = e^{-as}$

연습문제 16

1. 다음 시간함수들 중에 라플라스 변환이 불가능한 것은?

① e^{-t}　　② e^{2t}　　③ e^{-t^2}　　④ e^{t^2}

2. 다음 함수를 라플라스 변환하시오.

① $f(t)= e^{-at}$　　② $f(t)= e^{3t}\cos 100t$

③ $f(t)= t^3 e^{-3t}$　　④ $f(t)= t^n$

3. 다음 함수를 라플라스 변환하시오.

① $f(t)= 1- te^{-t}$

② $f(t)= 4e^{5t}+6t^3-3\sin 4t+2\cos 2t$

4. $f(t)= e^{-2t}$일 때 라플라스 변환식을 구하시오.

① $f(t)$　　② $f'(t)$　　③ $f''(t)$　　④ $f'''(t)$

5. $\int_0^t (t^3+e^{-2t})\,dt$의 라플라스 변환식을 구하시오.

6. $i(t)= 10\sin 60t$일 때 다음 함수의 라플라스 변환식을 구하시오.

$$f(t)= 5i(t)+10\frac{di(t)}{dt}+\frac{1}{2}\int_0^t i(t)\,dt$$

7. 그림과 같은 단위 계단함수의 라플라스 변환식을 구하시오.

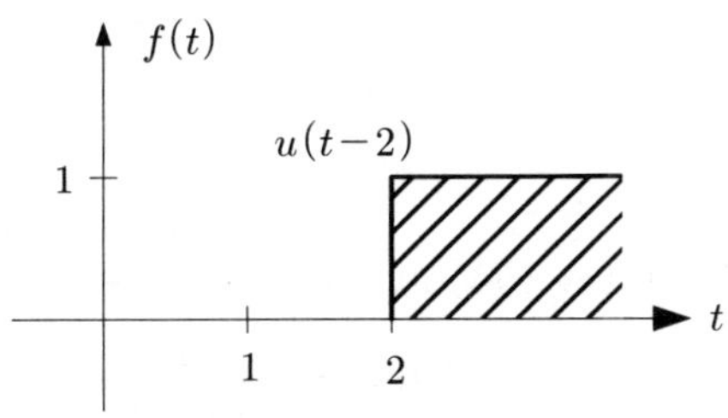

[그림 4.7] 연습문제 7

8. 그림과 같은 파형의 다음 라플라스 변환식을 구하시오.

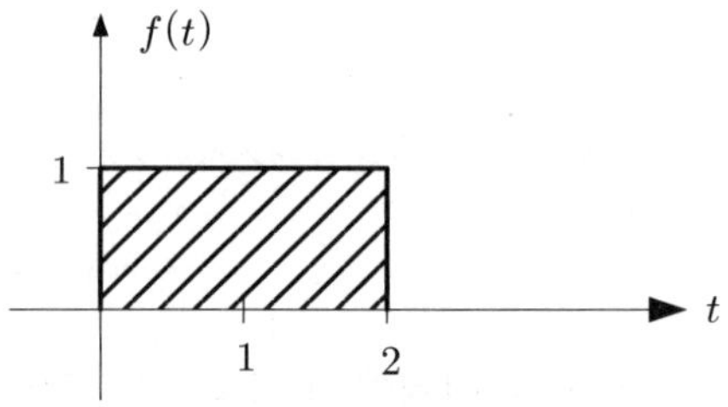

[그림 4.8] 연습문제 8

9. 다음 식을 라플라스 역변환하시오.

① 1
② $F(s) = \dfrac{3}{s+5}$
③ $F(s) = \dfrac{3}{s^2}$
④ $F(s) = \dfrac{1}{s-2} - \dfrac{1}{s+2}$

10. 다음 식을 라플라스 역변환하시오.

① $\dfrac{16}{s^4}$
② $\dfrac{1}{(s-3)^2}$
③ $\dfrac{1}{s^3} + \dfrac{1}{(s-3)^3}$
④ $1 + \dfrac{1}{s} + \dfrac{1}{s^2}$
⑤ $\dfrac{15}{s^2+9}$
⑥ $\dfrac{1}{s^2+16}$
⑦ $\dfrac{2s}{s^2+4}$
⑧ $\dfrac{s+4}{2s^2+8}$
⑨ $\dfrac{1}{s^2+4s+13}$
⑩ $\dfrac{s+1}{2s^2-4s+4}$

11. 다음 식을 라플라스 역변환하시오.

① $e^{-2s}\dfrac{1}{s}$
② $\dfrac{4}{s-2} - \dfrac{3s}{s^2+16} + \dfrac{5}{s^2+4}$
③ $\dfrac{1}{s^2+2s+5}$

12. 다음 식을 실수합성적분(real convolution) 공식으로 라플라스 역변환하시오.

$$H(s) = \frac{1}{s(s+2)^2}$$

13. $F(s) = \dfrac{5s+3}{s(s+1)}$ 일 때 함수의 초깃값을 구하시오.

14. $X(s) = \dfrac{s+8}{4s(s+6)}$ 일 때 함수의 최종값을 구하시오.

제 5 장

상태방정식

5.1 기본 개념

선형 상미분방정식의 해를 구하는 데 쓰이는 수학적 도구인 라플라스 변환에 의한 전달함수방법은 주로 선형 시불변제어 계통의 해석과 설계만 접근하는 것과 대조적으로 상태변수법은 최적제어에 강력한 힘이 되기 때문에 현대적인 방법으로 간주한다. 상태변수화로의 기본 특성은 선형과 비선형 계통, 시불변 및 시변 계통 그리고 단일변수 및 다변수 계통이 모두 똑같은 한 가지 방법으로 모델화된다. 이 장에서는 상태변수와 상태방정식의 기본적인 해법을 다룬다.

5.2 미분방정식의 상태방정식 표현

선형 시불변 시스템의 n계 미분방정식이 다음과 같다고 하자.

$$\frac{d^n y(t)}{dt^n} + a_{n-1}\frac{d^{n-1}y(t)}{dt^{n-1}} + a_{n-2}\frac{d^{n-2}y(t)}{dt^{n-2}} + \dots + a_1\frac{dy(t)}{dt} + a_0 y(t) = r(t) \quad (5.1)$$

(여기서, $c(t)$는 출력변수, $r(t)$는 입력변수이다.)

n계 동적 계통의 미분방정식을 n개의 1계 미분방정식으로 표현한 식을 상태방정식이라 하며, 상태방정식과 출력방정식을 동시에 표현한 식을 동적방정식(dynamic equation)이라 한다.

상태방정식은 벡터 행렬의 형태로 편리하게 표현된다.

선형 2차 계통이 다음과 같은 상태방정식으로 기술된다고 하자

$$\frac{dx_1(t)}{dt} = a_{11}x_1(t) + a_{12}x_2(t) + b_{11}u(t)$$

$$\frac{dx_2(t)}{dt} = a_{21}x_1(t) + a_{22}x_2(t) + b_{21}u(t)$$

여기서 $x_1(t)$, $x_2(t)$는 상태 벡터이며, $u(t)$는 입력이다. a_{11}, a_{12}, a_{21}, a_{22}는 상태계수 그리고 b_{11}, b_{21}는 입력계수이다.

상태 벡터(state vector)가 2×1행렬

$$X(t) = \begin{bmatrix} x_1(t) \\ x_2(t) \end{bmatrix} \quad (5.2)$$

으로 정의되는 것으로 한다. 벡터 행렬 형태로 표현된 상태방정식은

$$\frac{dX(t)}{dt} = AX(t) + BU(t) \tag{5.3}$$

여기서

$$A = \begin{bmatrix} a_{11} & a_{12} \\ a_{21} & a_{22} \end{bmatrix} \qquad B = \begin{bmatrix} b_{11} \\ b_{21} \end{bmatrix}$$

n계 미분방정식을 상태방정식으로 변환하기 위해서는 n개의 상태변수가 정의되어야 한다.

5.2.1 상태변수의 정의

다음과 같이 상태변수 n개를 정의한다.

$$x_1(t) = y(t)$$

$$x_2(t) = \frac{dx_1(t)}{dt} = \frac{dy(t)}{dt}$$

$$\vdots$$

$$x_n(t) = \frac{dx_{n-1}}{dt} = \frac{d^{n-1}y(t)}{dt^{n-1}}$$

상태변수에 의한 상태방정식은

$$\frac{dx_1(t)}{dt} = x_2(t)$$

$$\frac{dx_2(t)}{dt} = x_3(t)$$

$$\vdots$$

$$\frac{dx_{n-1}(t)}{dt} = x_n(t)$$

$$\frac{dx_n(t)}{dt} = -a_0x_1(t) - a_1x_2(t) - \cdots - a_{n-2}x_{n-1}(t) - a_{n-1}x_n(t) + r(t)$$

여기서 마지막 상태방정식은 미분방정식의 최고차항에 의해 얻어지며, 출력방정식은 다음과 같다.

$$y(t) = x_1(t)$$

상태방정식을 벡터 행렬 형태로 다시 정리하면

$$\frac{dx(t)}{dt} = AX(t) + BU(t)$$

여기서 $x(t)$는 $n \times 1$의 상태 벡터이고 $r(t)$는 입력이며, 계수행렬은

$$A=\begin{bmatrix} 0 & 1 & 0 & 0 & \cdots \\ 0 & 0 & 1 & \cdots & 0 \\ . & . & . & . & . \\ 0 & 0 & 0 & . & 1 \\ -a_0 & -a_1 & -a_2 & \cdots & -a_{n-1} \end{bmatrix} \quad (n\times n) \tag{5.4}$$

$$B=\begin{bmatrix} 0 \\ 0 \\ . \\ 0 \\ 1 \end{bmatrix} \quad (n\times 1) \tag{5.5}$$

출력방정식은

$$y(t)= CX(t) \tag{5.6}$$

여기서

$$C= [1\ 0\cdots 0] \tag{5.7}$$

예제 5.1 다음 미분방정식을 상태방정식으로 표현하시오.

$$\frac{d^3y(t)}{dt}+5\frac{d^2y(t)}{dt^2}+\frac{dy(t)}{dt}+2y(t)=r(t)$$

풀이 미분방정식의 최고차항을 정리하면

$$\frac{d^3y(t)}{dt}=-5\frac{d^2y(t)}{dt^2}-\frac{dy(t)}{dt}-2y(t)+r(t)$$

상태변수는 다음처럼 정의한다.

$$x_1(t)= y(t)$$

$$x_2(t)=\frac{dx_1(t)}{dt}=\frac{dy(t)}{dt}$$

$$x_3(t)=\frac{dx_2(t)}{dt}=\frac{d^2y(t)}{dt^2}$$

그리고 상태방정식은 다음과 같다.

$$\frac{dx_1(t)}{dt}=x_2(t)$$

$$\frac{dx_2(t)}{dt}=x_3(t)$$

$$\frac{dx_3(t)}{dt}=-2x_1(t)-x_2(t)-5x_3(t)+r(t)$$

이 상태방정식을 벡터 행렬 형태로 정리하면

$$\begin{bmatrix} \dfrac{dx_1(t)}{dt} \\ \dfrac{dx_2(t)}{dt} \\ \dfrac{dx_3(t)}{dt} \end{bmatrix} = \begin{bmatrix} 0 & 1 & 0 \\ 0 & 0 & 1 \\ -2 & -1 & -5 \end{bmatrix} \begin{bmatrix} x_1(t) \\ x_2(t) \\ x_3(t) \end{bmatrix} + \begin{bmatrix} 0 \\ 0 \\ 1 \end{bmatrix} r(t)$$

다시 간단히 정리하면

$$\frac{dx(t)}{dt} = AX(t) + Br(t)$$

즉, $A = \begin{pmatrix} 0 & 1 & 0 \\ 0 & 0 & 1 \\ -2 & -1 & -5 \end{pmatrix}$ $B = \begin{bmatrix} 0 \\ 0 \\ 1 \end{bmatrix}$

출력방정식은

$$y(t) = x_1(t)$$

벡터 행렬로 다시 정리하면 출력방정식은

$$y(t) = CX(t)$$

여기서 계수행렬은

$$C = [1\ 0\ 0]$$

또한 동적방정식은

$$\begin{bmatrix} \dfrac{dx_1(t)}{dt} \\ \dfrac{dx_2(t)}{dt} \\ \dfrac{dx_3(t)}{dt} \end{bmatrix} = \begin{bmatrix} 0 & 1 & 0 \\ 0 & 0 & 1 \\ -2 & -1 & -5 \end{bmatrix} \begin{bmatrix} x_1(t) \\ x_2(t) \\ x_3(t) \end{bmatrix} + \begin{bmatrix} 0 \\ 0 \\ 1 \end{bmatrix} r(t)$$

$$y(t) = x_1(t)$$

이며, 벡터 행렬로 동적방정식을 다시 정리하면

$$\frac{dx(t)}{dt} = AX(t) + BU(t)$$

$$y(t) = CX(t)$$

여기서 계수행렬은

즉, $A = \begin{pmatrix} 0 & 1 & 0 \\ 0 & 0 & 1 \\ -2 & -1 & -5 \end{pmatrix}$ $B = \begin{bmatrix} 0 \\ 0 \\ 1 \end{bmatrix}$ $C = [1\ 0\ 0]$

5.3 상태방정식의 벡터 행렬 표현

상태방정식 : $\dfrac{dx(t)}{dt} = AX(t) + BU(t) + EW(t)$

출력방정식 : $y(t) = CX(t) + DU(t) + HW(t)$

여기서 $X(t)$는 상태 벡터, $U(t)$는 입력 벡터, $y(t)$는 출력 벡터, $W(t)$는 외란 벡터이며, 각 계수행렬은 다음과 같다.

$$A = \begin{pmatrix} a_{11} & a_{12} & \cdots & a_{1n} \\ a_{21} & a_{22} & \cdots & a_{2n} \\ . & . & . & . \\ a_{n1} & a_{n2} & \cdots & a_{nn} \end{pmatrix} \qquad (n \times n)$$

$$B = \begin{pmatrix} b_{11} & b_{12} & \cdots & b_{1p} \\ b_{21} & b_{22} & \cdots & b_{2p} \\ . & . & . & . \\ b_{n1} & b_{n2} & \cdots & b_{np} \end{pmatrix} \qquad (n \times p)$$

$$C = \begin{pmatrix} c_{11} & c_{12} & \cdots & c_{1n} \\ c_{21} & c_{22} & \cdots & c_{2n} \\ . & . & \cdots & . \\ c_{q1} & c_{q2} & \cdots & c_{qn} \end{pmatrix} \qquad (q \times n)$$

$$D = \begin{pmatrix} d_{11} & d_{12} & \cdots & d_{1p} \\ d_{21} & d_{22} & \cdots & d_{2p} \\ . & . & \cdots & . \\ d_{q1} & d_{q2} & \cdots & d_{qp} \end{pmatrix} \qquad (q \times p)$$

$$E = \begin{pmatrix} e_{11} & e_{12} & \cdots & e_{1v} \\ e_{21} & e_{22} & \cdots & e_{2v} \\ . & . & \cdots & . \\ e_{n1} & e_{n2} & \cdots & e_{nv} \end{pmatrix} \qquad (n \times v)$$

$$H = \begin{pmatrix} h_{11} & h_{12} & \cdots & h_{1v} \\ h_{21} & h_{22} & \cdots & h_{2v} \\ . & . & \cdots & . \\ h_{q1} & h_{q2} & \cdots & h_{qv} \end{pmatrix} \qquad (q \times v)$$

5.4 상태방정식의 해법

5.4.1 상태천이행렬

상태방정식을 풀기 위해서는 먼저 상태천이행렬을 구해야 한다.

상태천이행렬(state transition matrix)은 상태방정식의 입력을 0으로 한 선형 제차상태방정식을 만족시키는 행렬($\Phi(t)$)을 말한다.

$$\frac{dx(t)}{dt} = Ax(t)$$

상태천이행렬($\Phi(t)$)은 $(n \times n)$ 행렬이며, 다음 ①, ② 조건을 만족해야 한다.

① $\dfrac{d\Phi(t)}{dt} = A\Phi(t)$

② $x(t) = \Phi(t)x(0)$

상태천이행렬 $\Phi(t)$를 결정하기 위하여, 먼저 $\dfrac{dx(t)}{dt} = Ax(t)$을 라플라스 변환한다.

$$sX(s) - x(0) = AX(s)$$

$$sX(s) - AX(s) = x(0)$$

$$X(s)(sI - A) = x(0)$$

$$X(s) = (sI - A)^{-1}x(0)$$

여기서 $(sI - A)$는 정칙(nonsingular)이다.

$$X(s) = (sI - A)^{-1}x(0)$$

의 역 라플라스 변환을 구하면

$$x(t) = \mathcal{L}^{-1}[(sI - A)^{-1}]x(0)$$

이며,

$$x(t) = \Phi(t)x(0)$$

이기 때문에

$$\mathcal{L}^{-1}[(sI - A)^{-1}]$$

이 상태천이행렬($\Phi(t)$)이다. 즉,

$$\Phi(t) = \mathcal{L}^{-1}[(sI - A)^{-1}]$$

이며, 역 라플라스 변환하여 정리하면

$$\Phi(t) = e^{At}$$

따라서

$$x(t) = e^{At}x(0)$$

$$\left(e^{At} = I + At + \frac{1}{2!}A^2t^2 + \frac{1}{3!}A^3t^3 + \cdots\right)$$

예제 5.2 다음 상태방정식의 상태천이행렬을 구하시오.

풀이

$$\begin{bmatrix} \dfrac{dx_1(t)}{dt} \\ \dfrac{dx_2(t)}{dt} \end{bmatrix} = \begin{bmatrix} 0 & 1 \\ -2 & -3 \end{bmatrix} \begin{bmatrix} x_1(t \\ x_2(t) \end{bmatrix} + \begin{bmatrix} 0 \\ 1 \end{bmatrix} r(t)$$

$$A = \begin{bmatrix} 0 & 1 \\ -2 & -3 \end{bmatrix} \qquad B = \begin{bmatrix} 0 \\ 1 \end{bmatrix}$$

그러므로

$$sI - A = \begin{bmatrix} s & 0 \\ 0 & s \end{bmatrix} - \begin{bmatrix} 0 & 1 \\ -2 & -3 \end{bmatrix} = \begin{bmatrix} s & -1 \\ 2 & s+3 \end{bmatrix}$$

$(sI-A)$의 역행렬

$$(sI-A)^{-1} = \frac{1}{s^2+3s+2}\begin{bmatrix} s+3 & 1 \\ -2 & s \end{bmatrix}$$

따라서 A의 상태천이행렬($\Phi(t)$)은 $(sI-A)^{-1}$ 의 역 라플라스 변환을 함으로써 구한다.

$$\Phi(t) = L^{-1}[(sI-A)^{-1}] = \begin{bmatrix} 2e^{-t} - e^{-2t} & e^{-t} - e^{-2t} \\ -2e^{-t} + e^{-2t} & -e^{-t} + 2e^{-2t} \end{bmatrix}$$

5.4.2 상태천이행렬의 중요성 및 성질

상태방정식의 상태천이행렬은 제차상태방정식의 해로서 시스템의 자유응답(free response)이며, 초기조건만으로 여기된 응답이다.

정리 5.1 상태천이행렬의 성질

① $\Phi(0) = I$

②. $\Phi^{-1}(t) = \Phi(-t)$

③ $\Phi(t_2 - t_1)\Phi(t_1 - t_0) = \Phi(t_2 - t_0)$

④ $[\Phi(t)]^k = \Phi(kt)$, k = 양의 정수에 대하여

증명 ① $\Phi(t)=e^{At}$ 에서

$$\Phi(0)=e^{A0}=e^0=I$$

② 식 $\Phi(t)=e^{At}$ 에서 $\Phi(-t)=e^{-At}$이다.

또한 $\Phi(t)=e^{At}$ 양변의 우측에 e^{-At}를 곱하면 다음 식을 얻는다.

$$\Phi(t)e^{-At}=e^{At}e^{-At}=I$$

그리고 위의 식 양변 좌측에 $\Phi^{-1}(t)$을 곱하면 다음 식을 얻는다.

$$e^{-At}=\Phi^{-1}(t)$$

그러므로

$$\Phi(-t)=\Phi^{-1}(t)=e^{-At}$$

③ $$\Phi(t_2-t_1)\Phi(t_1-t_0)=e^{A(t_2-t_1)}e^{A(t_1-t_0)}$$
$$=e^{At_2}e^{-At_1}e^{At_1}e^{-At_0}$$
$$=e^{A(t_2-t_0)}=\Phi(t_2-t_0)$$

이와 같은 상태천이행렬의 성질은 상태천이과정이 수많은 연속천이로 세분할 수 있음을 함축하기 때문에 중요하다.

④ $[\Phi(t)]^k=[e^{At}]^k=e^{At}e^{At}e^{At}\cdots e^{At}=e^{kAt}=\Phi(kt)$

즉, $[\Phi(t)]^k=\Phi(kt)$이다.

5.4.3 상태천이방정식

상태천이방정식(state-transition equation)은 상태방정식의 해로서 정의된다.

선형 시불변 상태방정식

$$\frac{dx(t)}{dt}=AX(t)+BU(t)+EW(t)$$

은 라플라스 변환법으로 푼다.

$$sX(s)-x(0)=AX(s)+BU(s)+EW(s) \quad (x(0)\text{는 } t=0\text{에서의 초기상태})$$

$$X(s)=(sI-A)^{-1}x(0)+(sI-A)^{-1}[BU(s)+EW(s)]$$

$$x(t)=\mathcal{L}^{-1}[X(s)]=\mathcal{L}^{-1}[(sI-A)^{-1}]x(0)+\mathcal{L}^{-1}[(sI-A)^{-1}BU(s)+EW(s)]$$

즉, $$x(t)=\Phi(t)x(0)+\int_0^t\Phi(t-\tau)[BU(\tau)+EW(\tau)]d\tau \qquad t\geq 0$$

$$\Phi(t)x(0)=x(t)-\int_0^t\Phi(t-\tau)[BU(\tau)+EW(\tau)]\,d\tau$$

$$x(0)=\Phi^{-1}(t)x(t)-\Phi^{-1}(t)\int_0^t\Phi(t-\tau)[BU(\tau)+EW(\tau)]\,d\tau$$

$(\Phi^{-1}(t)=\Phi(-t))$

초깃값은 입력 $u(t)$와 외란 $w(t)$에 $t \geq 0$에서 공급되므로 초기시간을 t_0로 그리고 이 시간에 대응하는 초기상태를 $x(t_0)$로 나타내고 입력 $u(t)$와 외란 $w(t)$는 $t \geq 0$에 공급된다고 가정하자. 즉 $t = t_0$로 놓고 $x(0)$을 구하면

$$x(0) = \Phi(-t_0)x(t_0) - \Phi(-t_0)\int_0^{t_0}\Phi(t_0-\tau)[BU(\tau)+EW(\tau)]d\tau$$

$x(0)$를 $x(t)$에 대입하여 정리하면

$$\begin{aligned} x(t) &= \Phi(t)[\Phi(t_0)x(t_0) - \Phi(-t_0)\int_0^{t_0}\Phi(t_0-\tau)[BU(\tau)+EW(\tau)]d\tau] \\ &\quad + \int_0^{t}\Phi(t-\tau)[BU(\tau)+EW(\tau)]d\tau \\ &= \Phi(t)\Phi(t_0)x(t_0) - \Phi(t)\Phi(-t_0)\int_0^{t_0}\Phi(t_0-\tau)[BU(\tau)+EW(\tau)]d\tau \\ &\quad + \int_0^{t}\Phi(t-\tau)[BU(\tau)+EW(\tau)]d\tau \\ &= \Phi(t-t_0)x(t_0) + \Phi(t-t_0)\int_{t_0}^{0}\Phi(t_0-\tau)[BU(\tau)+EW(\tau)]d\tau \\ &\quad + \int_0^{t}\Phi(t-\tau)[BU(\tau)+EW(\tau)]d\tau \end{aligned}$$

$$\therefore x(t) = \Phi(t-t_0)x(t_0) + \int_{t_0}^{t}\Phi(t-\tau)[BU(\tau)+EW(\tau)]d\tau \quad t \geq t_0 \tag{5.8}$$

출력방정식 $y(t)$는

$$y(t) = C\Phi(t-t_0)x(t_0) + \int_{t_0}^{t}C\Phi(t-\tau)[BU(\tau)+EW(\tau)]d\tau + DU(t) + HW(t)$$

예제 5.3 다음 상태방정식의 상태천이행렬을 이용하여 상태천이방정식을 구하시오.

풀이

$$\begin{bmatrix} \dfrac{dx_1(t)}{dt} \\ \dfrac{dx_2(t)}{dt} \end{bmatrix} = \begin{bmatrix} 0 & 1 \\ -2 & -3 \end{bmatrix}\begin{bmatrix} x_1(t) \\ x_2(t) \end{bmatrix} + \begin{bmatrix} 0 \\ 1 \end{bmatrix}u(t)$$

예제 5.2에서 계산된 상태천이행렬($\Phi(t)$)을 이용하여 상태천이방정식을 계산한다. 즉,

$$\Phi(t) = L^{-1}[(sI-A)^{-1}] = \begin{bmatrix} 2e^{-t}-e^{-2t} & e^{-t}-e^{-2t} \\ -2e^{-t}+e^{-2t} & -e^{-t}+2e^{-2t} \end{bmatrix}$$

$t \geq 0$ ($t_0 = 0$)에 대한 상태천이방정식은 계수행렬 B 및 $u(t)$를 식 (5.8)에 대입해서 구하면 다음을 얻는다.

$$x(t)=\begin{bmatrix}2e^{-t}-e^{-2t} & e^{-t}-e^{-2t}\\ -2e^{-t}+e^{-2t} & -e^{-t}+2e^{-2t}\end{bmatrix}x(0)+$$

$$\int_0^t\begin{bmatrix}2e^{-(t-\tau)}-e^{-2(t-\tau)} & e^{-(t-\tau)}-e^{-2(t-\tau)}\\ -2e^{-(t-\tau)}+e^{-2(t-\tau)} & -e^{-(t-\tau)}+2e^{-2(t-\tau)}\end{bmatrix}\begin{bmatrix}0\\1\end{bmatrix}dr$$

$$x(t)=\begin{bmatrix}2e^{-t}-e^{-2t} & e^{-t}-e^{-2t}\\ -2e^{-t}+e^{-2t} & -e^{-t}+2e^{-2t}\end{bmatrix}x(0)+\int_0^t\begin{bmatrix}e^{-(t-\tau)}-e^{-2(t-\tau)}\\ -e^{-(t-\tau)}+2e^{-2(t-\tau)}\end{bmatrix}dr$$

적분을 계산하여 정리하면 다음과 같다.

$$x(t)=\begin{bmatrix}2e^{-t}-e^{-2t} & e^{-t}-e^{-2t}\\ -2e^{-t}+e^{-2t} & -e^{-t}+2e^{-2t}\end{bmatrix}x(0)+\begin{bmatrix}0.5-e^{-t}+0.5e^{-2t}\\ e^{-t}-e^{-2t}\end{bmatrix}\quad t\geq 0$$

다른 방법으로는, 상태천이방정식의 두 번째 항은 $(sI-A)^{-1}BU(s)$의 역 라플라스 변환을 취함으로써 얻을 수가 있다.

$$L^{-1}[(sI-A)^{-1}]BU(s)=L^{-1}\left(\frac{1}{s^2+3s+2}\begin{bmatrix}s+3 & 1\\ -2 & s\end{bmatrix}\begin{bmatrix}0\\1\end{bmatrix}\frac{1}{s}\right)$$

$$=L^{-1}\left(\frac{1}{s^2+3s+2}\begin{bmatrix}\frac{1}{s}\\ 1\end{bmatrix}\right)=\begin{bmatrix}0.5-e^{-t}+0.5e^{-2t}\\ e^{-t}-e^{-2t}\end{bmatrix}\quad t\geq 0$$

5.4.4 상태선도로부터 상태천이방정식의 결정

상태방정식을 구하는 라플라스 변환법은 $(sI-A)$의 역행렬을 계산해야 할 필요가 있다.

상태도와 신호흐름선도의 이득공식을 이용하여 라플라스 영역에서 상태천이방정식을 구할 수 있다.

초기시간을 t_0라 놓자. 식

$$X(s)=(sI-A)^{-1}x(0)+(sI-A)^{-1}[BU(s)+EW(s)]$$

에서

$$X(s)=(sI-A)^{-1}x(t_0)+(sI-A)^{-1}[BU(s)+EW(s)]$$

이 된다. 이 방정식은 $X_i(s)$, $i=1,2,\cdots,n$을 입력 노드로 하여 이득공식을 사용함으로써, 상태도로부터 직접 구할 수 있다.

예제 5.4 다음 상태선도에서 초기시간이 $t=t_0$라 할 때 상태천이방정식을 구하시오. (적분기의 출력들을 상태변수로 배정한다. $X_1(s)$, $X_2(s)$를 출력 노드, $x_1(t_0)$와 $x_2(t_0)$ 그리고 $U(s)$를 입력 노드로 한다.)

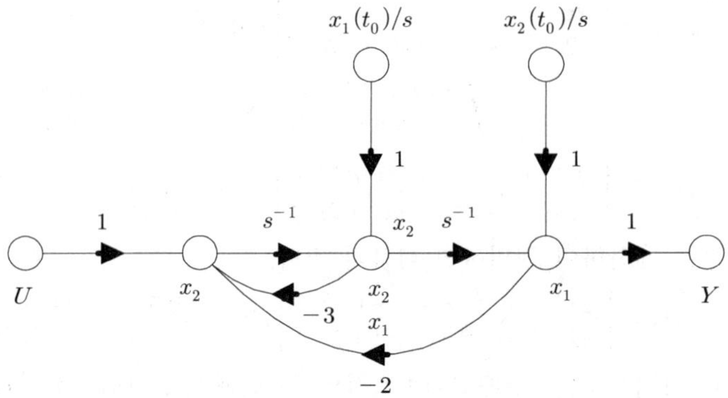

[그림 5.1] 상태선도

풀이

$$X_1(s)=\frac{s^{-1}(1+3s^{-1})}{\Delta}x_1(t_0)+\frac{s^{-2}}{\Delta}x_2(t_0)+\frac{s^{-2}}{\Delta}U(s)$$

$$X_2(s)=\frac{-2s^{-2}}{\Delta}x_1(t_0)+\frac{s^{-1}}{\Delta}x_2(t_0)+\frac{s^{-1}}{\Delta}U(s)$$

여기서 $\Delta=1+3s^{-1}+2s^{-2}$

위 식을 정리하여 벡터 행렬 형태로 나타내면

$$\begin{bmatrix}X_1(s)\\X_2(s)\end{bmatrix}=\frac{1}{(s+1)(s+2)}\begin{bmatrix}s+3 & 1\\-2 & s\end{bmatrix}\begin{bmatrix}x_1(t_0)\\x_2(t_0)\end{bmatrix}+\frac{1}{(s+1)(s+2)}\begin{bmatrix}1\\s\end{bmatrix}U(s) \tag{5.6}$$

$t\ge t_0$에 대한 상태천이방정식은 식 (5.6)의 양변에 역 라플라스 변환을 취해서 구한다.

입력 $u(t)$가 $t=t_0$에서 가해지는 단위계단함수라고 생각하자. 그러면 다음의 역 라플라스 변환 관계가 성립한다.

$$L^{-1}\left(\frac{1}{s}\right)=u_s(t-t_0) \qquad t\ge t_0$$

$$L^{-1}\left(\frac{1}{s+a}\right)=e^{-a(t-t_0)}u_s(t-t_0) \quad t\ge t_0$$

초기시간을 t_0가 되도록 정의하였기 때문에 역 라플라스 변환은

$$\begin{bmatrix}x_1(t)\\x_2(t)\end{bmatrix}=\begin{bmatrix}2e^{-(t-t_0)}-e^{-2(t-t_0)} & e^{-(t-t_0)}-e^{-2(t-t_0)}\\-2e^{-(t-t_0)}+e^{-2(t-t_0)} & -e^{-(t-t_0)}+2e^{-2(t-t_0)}\end{bmatrix}\begin{bmatrix}x_1(t_0)\\x_2(t_0)\end{bmatrix}$$

$$+\begin{bmatrix}0.5u_s(t-t_0)-e^{-(t-t_0)}+0.5e^{-2(t-t_0)}\\e^{-(t-t_0)}-e^{-2(t-t_0)}\end{bmatrix} \quad t\ge t_0$$

이다.

5.5 상태방정식과 전달함수 사이의 상호관계

$$\frac{dx(t)}{dt} = Ax(t) + BU(t) + EW(t)$$
$$y(t) = Cx(t) + DU(t) + HW(t)$$

양변을 라플라스 변환하면 다음과 같다.

$$sX(s) - x(0) = AX(s) + BU(s) + EW(s)$$
$$sX(s) - AX(s) = x(0) + BU(s) + EW(s)$$
$$X(s)(sI - A) = x(0) + BU(s) + EW(s)$$
$$X(s) = (sI - A)^{-1}x(0) + (sI - A)^{-1}[BU(s) + EW(s)]$$
$$Y(s) = CX(s) + DU(s) + HW(s)$$
$$Y(s) = C(sI - A)^{-1}x(0) + C(sI - A)^{-1}[BU(s) + HW(s)] + DU(s) + HW(s)$$

전달함수의 정의에 의해 초깃값($x(0)$)을 0으로 하여 위 식을 정리하면

$$Y(s) = [C(sI - A)^{-1}B + D]U(s) + [C(sI - A)^{-1}E + H]W(s)$$

위 식에서

입력 $U(s)$의 전달함수 : $\dfrac{Y(s)}{U(s)} = G_u(s) = C(sI - A)^{-1}B + D$

외란 $W(s)$의 전달함수 : $\dfrac{Y(s)}{W(s)} = G_w(s) = C(sI - A)^{-1}E + H$

$$Y(s) = G_u(s)U(s) + G(s)_w W(s)$$

예제 5.5 다음 미분방정식으로 표현되는 다변수 시스템의 전달함수를 구하시오.

풀이

$$\frac{d^2y_1(t)}{dt^2} + 4\frac{dy_1(t)}{dt} - 3y_2(t) = u_1(t) + 2w(t)$$
$$\frac{dy_1(t)}{dt} + \frac{dy_2(t)}{dt} + y_1(t) + 2y_2(t) = u_2(t)$$
$$\left(x_1(t) = y_1(t), \quad x_2(t) = \frac{dy_1(t)}{dt}, \quad x_3(t) = y_2(t)\right)$$

위의 상태변수를 이용하여 동적방정식(상태방정식, 출력방정식)을 쓰면

$$\begin{bmatrix} \dfrac{dx_1(t)}{dt} \\ \dfrac{dx_2(t)}{dt} \\ \dfrac{dx_3(t)}{dt} \end{bmatrix} = \begin{bmatrix} 0 & 1 & 0 \\ 0 & -4 & 3 \\ -1 & -1 & -2 \end{bmatrix} \begin{bmatrix} x_1(t) \\ x_2(t) \\ x_3(t) \end{bmatrix} + \begin{bmatrix} 0 & 0 \\ 1 & 0 \\ 0 & 1 \end{bmatrix} \begin{bmatrix} u_1(t) \\ u_2(t) \end{bmatrix} + \begin{bmatrix} 0 \\ 2 \\ 0 \end{bmatrix} w(t)$$

$$\begin{bmatrix} y_1(t) \\ y_2(t) \end{bmatrix} = \begin{bmatrix} 1 & 0 & 0 \\ 0 & 0 & 1 \end{bmatrix} \begin{bmatrix} x_1(t) \\ x_2(t) \\ x_3(t) \end{bmatrix} = CX(t)$$

입력 $u(t)$와 $y(t)$ 사이의 전달함수

$$G_u(s) = C(sI - A)^{-1}B = \frac{1}{s^3 + 6s^2 + 11s + 3} \begin{bmatrix} s+2 & 3 \\ -(s+4) & s(s+4) \end{bmatrix}$$

그리고 외란 $w(t)$와 출력 $y(t)$ 사이의 전달함수

$$G_w(s) = C(sI - A)^{-1}E = \frac{1}{s^3 + 6s^2 + 11s + 3} \begin{bmatrix} 2(s+2) \\ -2(s+1) \end{bmatrix}$$

5.6 특성방정식

5.6.1 미분방정식으로부터 특성방정식

$$\frac{d^n y(t)}{dt^n} + a_{n-1}\frac{d^{n-1}y(t)}{dt^{n-1}} + \cdots + a_1\frac{dy(t)}{dt} + a_0 y(t)$$

$$= b_m\frac{d^m u(t)}{dt^m} + b_{m-1}\frac{d^{m-1}u(t)}{dt^{m-1}} + \cdots + b_1\frac{du(t)}{dt} + b_0 u(t)$$

$$\left(s^k = \frac{d^k}{dt^k} \quad k = 1, 2, \cdots, n\right)$$

위 식을 다시 쓰면

$$(s^n + a_{n-1}s^{n-1} + \cdots + a_1 s + a_0)y(t) = (b_m s^m + b_{m-1}s^{m-1} + \cdots + b_1 s + b_0)u(t)$$

이 식에서 특성방정식은

$$s^n + a_{n-1}s^{n-1} + \cdots + a_1 s + a_0 = 0$$

5.6.2 전달함수로부터 특성방정식

전달함수의 분모다항식을 0으로 놓은 식을 특성방정식이라 한다.

$$G(s) = \frac{b_m s^m + b_{m-1}s^{m-1} + \cdots + b_1 s + b_0}{s^n + a_{n-1}s^{n-1} + \cdots + a_1 s + a_0}$$

즉, 특성방정식은

$$s^n + a_{n-1}s^{n-1} + \cdots + a_1 s + a_0 = 0$$

예제 5.6 아래의 미분방정식의 전달함수에서 특성방정식을 구하시오.

$$\frac{Y(s)}{U(s)} = \frac{1}{s^3 + 5s^2 + s + 2}$$

풀이 ① 전달함수에 특성방정식 구하기

특성방정식 : $s^3 + 5s^2 + s + 2 = 0$

② 상태방정식으로부터 특성방정식 구하기

상태변수로부터 전달함수

$$G_r(s) = C\frac{adj(sI - A)}{|sI - A|}B + D = \frac{C[adj(sI - A)]B + (|s - A|)D}{|sI - A|}$$

이며, 전달함수의 분모식을 0으로 놓은 식 즉, 특성방정식은

$$|sI - A| = 0$$

이다. 전달함수로부터 상태방정식의 계수행렬 A를 구하면

$$A = \begin{bmatrix} 0 & 1 & 0 \\ 0 & 0 & 1 \\ -2 & -1 & -5 \end{bmatrix}$$

이므로, 특성방정식은

$$|sI - A| = \begin{bmatrix} s & -1 & 0 \\ 0 & s & -1 \\ 2 & 1 & s+5 \end{bmatrix} = s^3 + 5s^2 + s + 2 = 0$$

연습문제 17

1. 다음 미분방정식은 선형 시불변 계통을 나타낸다. 동적방정식(상태방정식 및 출력방정식)을 벡터 행렬 형식으로 쓰시오.

① $\dfrac{d^2y(t)}{dt^2} + 4\dfrac{dy(t)}{dt} + y(t) = 5u(t)$

② $2\dfrac{d^3y(t)}{dt^3} + 3\dfrac{d^2y(t)}{dt^2} + 5\dfrac{dy(t)}{dt} + 2y(t) = u(t)$

③ $\frac{d^3y(t)}{dt^3}+5\frac{d^2y(t)}{dt^2}+3\frac{dy(t)}{dt}+y(t)+\int_0^t y(\tau)d\tau=u(t)$

④ $\frac{d^4y(t)}{dt^4}+1.5\frac{d^3y(t)}{dt^3}+2.5\frac{dy(t)}{dt}+y(t)=2u(t)$

2. 다음 상태방정식으로 기술되는 선형 계통의 계수행렬 A가 주어졌을 때

$$\frac{dX(t)}{dt}=AX(t)+Bu(t)$$

① $A=\begin{bmatrix}0 & 1\\ -1 & 0\end{bmatrix}$ ② $A=\begin{bmatrix}-1 & 0\\ 0 & -2\end{bmatrix}$ ③ $A=\begin{bmatrix}0 & 1\\ 1 & 0\end{bmatrix}$

다음 방법으로 상태천이행렬 $\Phi(t)$를 구하시오.

a) e^{At}의 무한급수전개

b) $(sI-A)^{-1}$의 역 라플라스 변환

3. 시불변 계통의 상태방정식이 다음과 같을 때 상태천이행렬 $\Phi(t)$를 구하시오.

$$\frac{dX(t)}{dt}=AX(t)+Bu(t)$$

$$A=\begin{bmatrix}3 & 0\\ 0 & -3\end{bmatrix} \qquad B=\begin{bmatrix}0\\ 1\end{bmatrix}$$

4. 선형 시불변 계통이 다음 미분방정식과 같다.

$$\frac{d^3y(t)}{dt^3}+3\frac{d^2y(t)}{dt^2}+3\frac{dy(t)}{dt}+y(t)=r(t)$$

① 이 계통의 상태방정식을 쓰시오.

② 상태천이행렬 $\Phi(t)$를 구하시오.

③ 모든 초깃값 $y(0)=1,\ \frac{dy(0)}{dt}=0,\ \frac{d^2y(0)}{dt^2}=0$ 그리고 $r(t)=u_s(t)$이다. 계통의 상태천이방정식을 구하시오.

5. 스프링-질량-마찰 계통이 다음 미분방정식으로 기술된다.

$$\frac{d^2y(t)}{dt^2}+2\frac{dy(t)}{dt}+y(t)=u(t)$$

① 상태변수 $x_1(t)=y(t),\ x_2(t)=\frac{dy(t)}{dt}$ 그리고 $x_3(t)=\frac{d^3y(t)}{dt^3}$가 정의될 때 벡터 행렬 형식으로 이 계통의 상태방정식을 쓰시오.

② 상태천이행렬 $\Phi(t)$를 구하시오.

③ $y(0)=1,\ \frac{dy(0)}{dt}=0,\ \frac{d^2y(0)}{dt^2}=0$ 그리고 $u(t)=u_s(t)$일 때 이 계통의 상태천이방정식을 구하시오.

제 6 장

Z 변환

6.1 기본 개념

z 변환은 선형 차분방정식의 해석에 적용되는 변환법으로 디지털 데이터를 갖는 선형 시스템의 해석에 응용되는 연산법이다. 이 z 변환은 미분방정식의 해석도구로 사용되는 라플라스(Laplace) 변환을 이산 시스템에 적용할 수 있도록 확장하고 변조한 변환법이다.

6.2 Z 변환의 정의

많은 이산 시스템에서 신호흐름은 이산시간 t에서 고려되었다. 즉,

$nT(n=1, 2, \cdots, T$는 샘플링 주기)

그러한 이산 시스템은 z 변환을 이용하여 해석할 수 있다.

시간함수 $f(t)$의 z 변환은

$$Z[\, f\,] = F(z) = \sum_{n=0}^{\infty} f(\, nT\,)z^{-n}$$

여기서, $|Z| > R = \dfrac{1}{\rho}$ (ρ는 수렴반경)

이다. 여기서, $Z[f(n)]$는 시간함수 $f(t)$의 z 변환을 의미한다.

nT에서 시간함수 $f(t)$의 $f_n = f(nT)$로 표현하면 z 변환은

$$Z[f_n] = \sum_{n=0}^{n} f(nT)z^{-n} = F(z)$$

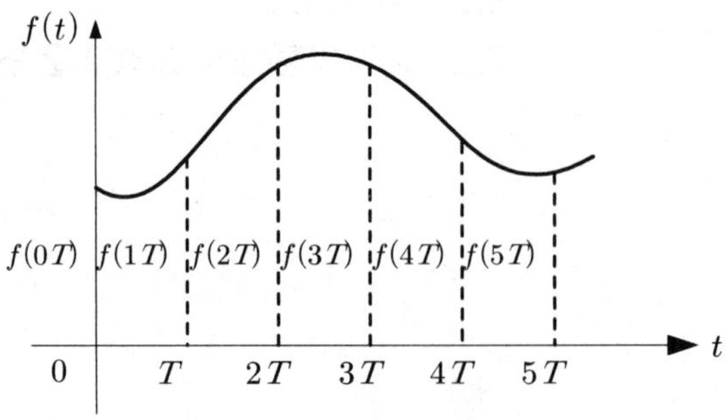

[그림 6.1] 연속 및 이산 함수

예제 6.1 $f(t)=t$를 z 변환하시오.

풀이

$$F(z)=Z[f]=\sum_{n=0}^{\infty}f(nT)z^{-n}=\sum_{n=0}^{\infty}(nT)z^{-n}=Tz^{-1}+2Tz^{-2}+3Tz^{-3}+\cdots$$

$$=Tz^{-1}(1+2z^{-1}+3z^{-2}+\cdots)$$

$$z^{-1}F(z)=Tz^{-2}+2Tz^{-3}+3Tz^{-4}+\cdots$$

$$F(z)-z^{-1}F(z)=F(z)(1-z^{-1})=Tz^{-1}+Tz^{-2}+Tz^{-3}+\cdots$$

$$=Tz^{-1}(1+z^{-1}+z^{-2}+z^{-3}+\cdots+)$$

$$=\frac{Tz^{-1}}{(1-z^{-1})^2}=\frac{Tz}{(z-1)^2}$$

6.3 기본적인 함수의 Z 변환

6.3.1 단위계단함수

[그림 6.2]와 같이 $t<0$에서는 0이고, $t=0$ 에서 진폭의 크기가 1이며 그 값이 t에 관계없이 일정하게 유지되는 함수를 단위계단함수(unit step function)라 하며 $u(t)$라 표시한다. 즉

$$y(t)=u(t)=\begin{cases}0 : t<0\\ 1 : t>0\end{cases}$$

계단함수를 z 변환하면 다음과 같다.

$$\mathcal{Z}[y(t)]=Y(z)=\sum_{n=0}^{\infty}1\,z^{-n}$$

$$=1+z^{-1}+z^{-2}+\cdots \qquad (|z^{-1}|<1)$$

$$Y(z)(1-z^{-1})=1$$

$$\therefore\ Y(z)=\frac{1}{1-z^{-1}}=\frac{z}{z-1}$$

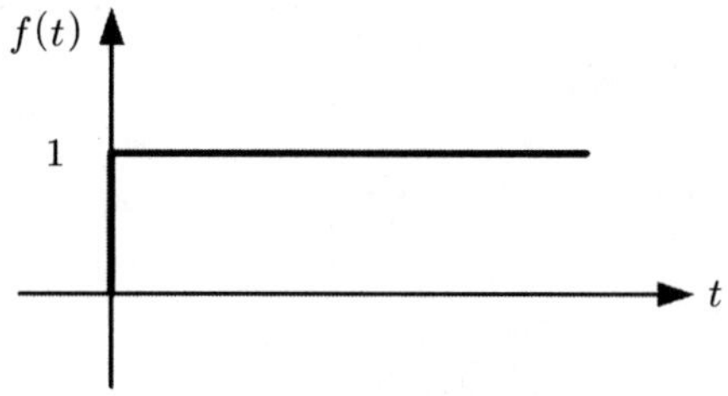

[그림 6.2] 단위계단함수

6.3.2 단위경사함수

[그림 6.3]과 같이 기울기가 1인 1차 함수를 단위경사함수(unit ramp function)라 하며 $tu(t)$로 표시한다. 즉

$$y(t) = tu(t) = \begin{cases} 0 \ : \ t < 0 \\ t \ : \ t > 0 \end{cases}$$

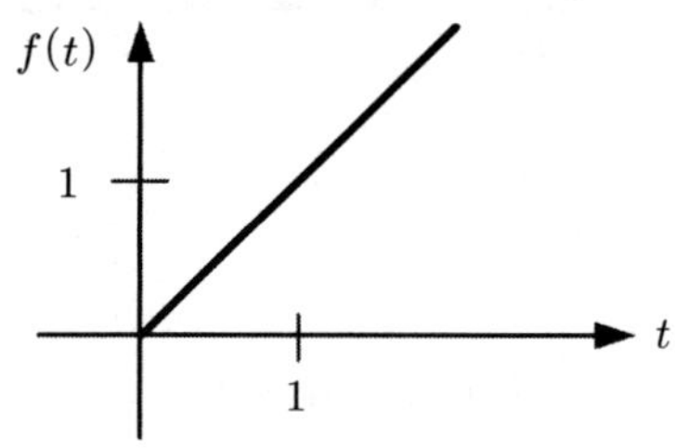

[그림 6.3] 단위경사함수

경사함수를 z 변환하면

$$\mathcal{Z}[y(t)] = Y(z) = \sum_{n=0}^{\infty}(nT)z^{-n} = Tz^{-1} + 2Tz^{-2} + 3Tz^{-3} + \cdots \tag{6.1}$$

양변에 z^{-1}을 곱해서 정리하면

$$z^{-1}Y(z) = Tz^{-2} + 2Tz^{-3} + 3Tz^{-4} + \cdots \tag{6.2}$$

식 (6.1)에서 식(6.2)를 빼면

$$(1 - z^{-1})Y(z) = Tz^{-1} + Tz^{-2} + Tz^{-3} + \cdots = T(z^{-1} + z^{-2} + z^{-3} + \cdots)$$

$$= \frac{Tz^{-1}}{1 - z^{-1}}$$

따라서

$$Y(z) = \frac{Tz^{-1}}{(1-z^{-1})^2} = \frac{Tz}{(z-1)^2}$$

또한, $t^2u(t)$의 z 변환은

$$\mathcal{Z}[\,t^2\,u(t)\,] = \frac{T^2z^{-1}(1+z^{-1})}{(1-z^{-1})^3} = \frac{T^2z(z+1)}{(z-1)^3}$$

6.3.3 지수함수

지수함수의 $y(t) = e^{\pm at}$ 를 z 변환하면 다음과 같다.

$$\mathcal{Z}[y(t)] = Y(z) = \sum_{n=0}^{\infty} e^{\pm anT} z^{-n}$$

$$= 1 + e^{\pm aT}z^{-1} + e^{\pm 2aT}z^{-2} + e^{\pm 3aT}z^{-3} + \cdots$$

$$Y(z)e^{\pm aT}z^{-1} = e^{\pm aT}z^{-1} + e^{\pm 2aT}z^{-2} + \cdots, \qquad (\,|e^{\pm aT}z^{-1}| < 1\,)$$

$$Y(z) - Y(z)e^{\pm aT}z^{-1} = 1$$

$$Y(z)(1 - e^{\pm aT}z^{-1}) = 1$$

$$\therefore\; Y(z) = \frac{1}{1 - e^{\pm aT}z^{-1}} = \frac{z}{z - e^{\pm aT}}$$

6.3.4 삼각함수

삼각함수는 오일러 정리(Euler' theorem)를 이용하여 지수함수 형식으로 z 변환에 적용하면 쉽게 변환할 수 있다.

오일러 정리

$$\sin\omega t = \frac{1}{2j}(e^{j\omega t} - e^{-j\omega t})$$

$$\cos\omega t = \frac{1}{2}(e^{j\omega t} + e^{-j\omega t})$$

$\sin\omega t$의 z 변환을 하면 다음과 같다.

$$\sin\omega t = \frac{e^{j\omega t} - e^{-j\omega t}}{2j}$$

따라서

$$\mathcal{Z}[y(t)] = Z\left[\frac{e^{j\omega t} - e^{-j\omega t}}{2j}\right] = Z\left[\frac{e^{j\omega t}}{2j} - \frac{e^{-j\omega t}}{2j}\right]$$

이며, $Z[e^{-at}] = \dfrac{z}{z - e^{-aT}}$ 이므로

$$Y(z) = \frac{1}{2j}\left[\frac{z}{z - e^{j\omega T}} + \frac{z}{z - e^{-j\omega T}}\right]$$

$$= \frac{1}{2j}\left[\frac{z(e^{j\omega T} - ze^{-j\omega T})}{z^2 - z(e^{j\omega T} + ze^{-j\omega T}) + 1}\right]$$

$$= \frac{z\sin\omega T}{z^2 - 2z\cos\omega T + 1}$$

같은 방법으로 $\cos\omega t$의 z 변환을 하면 다음과 같다.

$$Y(z) = \sum_{n=0}^{\infty} y(nT)z^{-n}$$

$$= \sum_{n=0}^{\infty} \cos\omega nT \cdot z^{-n}, \quad \left(\cos\omega nT = \frac{e^{j\omega nT} + e^{-j\omega nT}}{2}\right)$$

$$= \sum_{n=0}^{\infty} \frac{e^{j\omega nT} + e^{-j\omega nT}}{2} \cdot z^{-n}, \quad (\,|z^{-1}| < 1\,)$$

$$= \frac{1}{2}\left[\frac{1}{1 - e^{j\omega T}z^{-1}} + \frac{1}{1 - e^{-j\omega T}z^{-1}}\right]$$

정리하면

$$Y(z) = \frac{1}{2}\left[\frac{z}{z - e^{j\omega T}} + \frac{z}{z - e^{-j\omega T}}\right]$$

$$= \frac{1}{2}\left[\frac{z(z - e^{-j\omega T}) + z(z - e^{j\omega T})}{(z - e^{j\omega T})(z - e^{-j\omega T})}\right]$$

$$= \frac{1}{2}\left[\frac{z^2 - ze^{-j\omega T} + z^2 - ze^{j\omega T}}{z^2 - z(e^{j\omega T} + e^{-j\omega T}) + 1}\right]$$

$$= \frac{z(z - \cos\omega T)}{z^2 - 2z\cos\omega T + 1}$$

예제 6.2 $y(t) = e^{-3t}$를 z 변환하시오.

풀이

$$Z[y(t)] = Y(z) = \sum_{n=0}^{\infty} e^{-3nT}z^{-n}$$

$$= 1 + e^{-1\times 3T}z^{-1} + e^{-2\times 3T}z^{-2} + e^{-3\times 3T}z^{-3} + \cdots$$

$$Y(z)e^{-3T}z^{-1} = e^{-1\times 3T}z^{-1} + e^{-2\times 3T}z^{-2} + \cdots, \quad (\ |e^{-3T}z^{-1}| < 1\ )$$

$$Y(z) - Y(z)e^{-3T}z^{-1} = 1$$

$$Y(z)(1 - e^{-3T}z^{-1}) = 1$$

$$\therefore\ Y(z) = \frac{1}{1 - e^{-3T}z^{-1}} = \frac{z}{z - e^{-3T}}$$

예제 6.3 $y(t) = 2t$를 z 변환하시오.

풀이

$$Y(z) = Z[f] = \sum_{n=0}^{\infty} y(nT)z^{-n} = 2(nT)z^{-n} = 2(Tz^{-1} + 2Tz^{-2} + 3Tz^{-3} + \cdots)$$

$$= 2Tz^{-1}(1 + 2z^{-1} + 3z^{-2} + \cdots) = 2\frac{Tz}{(z-1)^2}$$

〈표 6.1〉 기본적인 함수의 z 변환표

	$Y(s)$	$y(t)$	$y(nT)$	$Y(z)$
1	$\frac{1}{s}$	1(t)	1	$\frac{1}{1-z^{-1}}$
2	$\frac{1}{s^2}$	t	nT	$\frac{Tz^{-1}}{(1-z^{-1})^2}$
3	$\frac{2}{s^3}$	t^2	$(nT)^2$	$\frac{T^2z^{-1}(1+z^{-1})}{(1-z^{-1})^3}$
4	$\frac{1}{s+a}$	e^{-at}	e^{-anT}	$\frac{1}{1-e^{-aT}z^{-1}}$
5	$\frac{1}{s-a}$	e^{at}	e^{anT}	$\frac{1}{1-e^{aT}z^{-1}}$
6			a^k	$\frac{1}{1-az^{-1}}$
7	$\frac{\omega}{s^2+\omega^2}$	$\sin\omega t$	$\sin\omega nT$	$\frac{z^{-1}\sin\omega T}{1-2z^{-1}\cos\omega T+z^{-2}}$

	$Y(s)$	$y(t)$	$y(nT)$	$Y(z)$
8	$\frac{s}{s^2+w^2}$	$\cos\omega t$	$\cos\omega nT$	$\frac{1-z^{-1}\cos\omega T}{1-2z^{-1}\cos\omega T+z^{-2}}$
9	$\frac{1}{(s+a)^2}$	te^{-at}	nTe^{-anT}	$\frac{Te^{-aT}z^{-1}}{(1-e^{-aT}z^{-1})^2}$
10	$\frac{2}{(s+a)^3}$	t^2e^{-at}	$(nT)^2e^{-anT}$	$\frac{T^2e^{-aT}z^{-1}(1+e^{-aT}z^{-1})}{(1-e^{-aT}z^{-1})^3}$
11	$\frac{\omega}{(s+a)^2+\omega^2}$	$e^{-at}\sin\omega t$	$e^{-anT}\sin\omega nT$	$\frac{e^{-aT}z^{-1}\sin\omega T}{1-2e^{-aT}z^{-1}\cos\omega T+e^{-2aT}z^{-2}}$
12	$\frac{s+a}{(s+a)^2+\omega^2}$	$e^{-at}\cos\omega t$	$e^{-anT}\cos\omega nT$	$\frac{1-e^{-aT}z^{-1}\cos\omega T}{1-2e^{-aT}z^{-1}\cos\omega T+e^{-2aT}z^{-2}}$
13		$\Delta f(nT)=f(n+1)T-f(nT)$		$(z-1)F(z)-zf(0)$
14		$\nabla f(nT)=f(nT)-f(n-1)T$		$(1-z^{-1})F(z)$

6.4 Z 변환의 중요한 정리

6.4.1 선형성

상수 C_1, C_2에 대해서 다음 식이 성립한다.

$$
\begin{aligned}
Z[c_1f_1+c_2f_2] &= \sum_{n=0}^{\infty}[c_1f_1(nT)+c_2f_2(nT)]z^{-n} \\
&= c_1\sum_{n=0}^{\infty}f_1(nT)z^{-n}+c_2\sum_{n=0}^{\infty}f_2(nT)z^{-n} \\
&= c_1Z[f_1]+c_2Z[f_2]
\end{aligned}
$$

예제 6.4 $f(t) = e^{-3t} + 4t + 2\sin 5t + 8$의 z 변환식을 구하시오.

풀이

$$\mathcal{Z}[f(t)] = \mathcal{Z}\left[e^{-3t} + 4t + 2\sin 5t + 8\right]$$
$$= \mathcal{Z}[e^{-3t}] + \mathcal{Z}[4t] + \mathcal{Z}[2\sin 5t] + \mathcal{Z}[8]$$
$$= \frac{1}{1-e^{-3T}z^{-1}} + \frac{4Tz^{-1}}{(1-z^{-1})^2} + \frac{z^{-1}\sin 5T}{1-2z^{-1}\cos 5T + z^{-2}} + \frac{8}{1-z^{-1}}$$

예제 6.5 전달함수 $G(s) = \dfrac{s+3}{(s+1)(s+2)}$일 때 시간함수 $g(t)$를 구하고 z 변환하시오.

풀이

$$G(s) = \frac{2}{s+1} - \frac{1}{s+2}$$
$$g(t) = 2e^{-t} - e^{-2t}$$
$$G(z) = \frac{2z}{z-e^{T}} - \frac{z}{z-e^{-2T}}$$

6.4.2 복소추이(complex scale change)

$\mathcal{Z}[f(t)] = F(z)$이면

$$Z\left[e^{-at}f(t)\right] = F(e^{aT}z)$$

증명 z 변환 정의로부터

$$Z\left[e^{-at}f(t)\right] = \sum_{n=0}^{\infty} e^{-anT}f(nT)z^{-n}$$
$$= \sum_{n=0}^{\infty} f(nT)(e^{aT}\cdot z)^{-n} = F(e^{aT}\cdot z)$$

예제 6.6 $f(t) = e^{3t}\sin 100t$의 z 변환식을 구하시오.

풀이

$$\mathcal{Z}[\sin 100t] = \frac{z^{-1}\sin 100T}{1-2z^{-1}\cos 100T + z^{-2}}$$

이므로,

$$\mathcal{Z}\left[e^{3t}\sin 100t\right] = \frac{e^{3T}z^{-1}\sin 100T}{1-2e^{3T}z^{-1}\cos 100T + e^{6T}z^{-2}}$$

예제 6.7 $f(t)=e^{-at}\sin\omega t$를 z 변환하시오.

풀이

$$Z[\sin\omega t]=\frac{z\sin\omega T}{z^2-2z\cos\omega T+1}$$

이고, 정리 $Z[e^{\mp at}f(t)]=F(ze^{\pm aT})$를 이용하여 z 대신 ze^{aT}로 정리하면

$$F(z)=\frac{ze^{aT}\sin\omega T}{z^2e^{2aT}-2ze^{aT}\cos\omega T+1}$$

$$=\frac{ze^{-aT}\sin\omega T}{z^2-2ze^{-aT}\cos\omega T+e^{-2aT}}$$

예제 6.8 $f(t)=te^{-at}$를 z 변환하시오.

풀이

$$Z(t)=\frac{Tz^{-1}}{(1-z^{-1})^2}=F(z)$$

$$Z(te^{-at})=F(ze^{aT})=\frac{Te^{-aT}z^{-1}}{(1-e^{-aT}z^{-1})^2}$$

6.4.3 제1 이동정리

만일 $Z[f]=F(z)$이면

$$Z[f(t+T)]=z[F(z)-f(0^+)]$$

증명 정의에 의해서

$$Z[f(t+T)]=\sum_{n=0}^{\infty}f[(n+1)T]z^{-n}$$

$$=z\sum_{n=0}^{\infty}f[(n+1)T]z^{-(n+1)}=z\sum_{k=1}^{\infty}f(kT)z^{-k}$$

이며, 여기서 $k=n+1$이다.

위 식에 $f(0^+)$를 더하고 뺌으로써 다음 식과 같이 쓸 수 있다.

$$Z[f(t+T)]=z\left[\sum_{k=0}^{\infty}f(kT)z^{-k}-f(0^+)\right]=z[F(z)-f(0^+)]$$

위의 과정을 확장하면

$$Z[f(t+mT)]=z^m\left[F(z)-\sum_{k=0}^{m-1}f(kT)z^{-k}\right]$$

예제 6.9 $\mathcal{Z}[f(t+2T)]$을 구하시오.

풀이 $\mathcal{Z}[f(t+2T)] = z^2\left[F(z) - \sum_{k=0}^{1} f(kT)z^{-k}\right]$이므로

$$\mathcal{Z}[f(t+2T)] = z^2F(z) - z^2f(0) - zf(T)$$

6.4.4 제2 이동정리

만일 $Z[f(t)] = F(z)$이라면,

$$Z[f(t-nT)u(t-nt)] = z^{-n}F(z)$$

여기서, $u(t)$는 단위계단함수이다. $n = 0, 1, 2, \cdots$

증명 정의에 의해서

$$Z[f(t-nT)u(t-nT)] = \sum_{m=0}^{\infty}[f(m-n)Tu(m-n)T]z^{-m}$$

$$= z^{-n}\sum_{m=0}^{\infty}\{f[(m-n)T]\,u[(m-n)T]\}z^{-(m-n)}$$

이다. 여기서 $m-n=k$면,

$$Z[f(t-nT)u(t-nT)] = z^{-n}\sum_{k=-n}^{\infty}f(kT)u(kT)z^{-k}$$

$$= z^{-n}\sum_{k=0}^{\infty}f(kT)z^{-k} = z^{-n}F(z)$$

순방향 차분 및 역방향 차분

① 순방향 차분

$$Z[\Delta^k f(nT)] = (z-1)^kF(z) - z\sum_{j=0}^{k-1}(z-1)^{k-j-1}\Delta^j f(0T)$$

여기서 $\Delta f(nT) = f(n+1)T - f(nT)$이다.

② 역방향 차분

$$Z[\nabla^k f(nT)] = (1-z^{-1})^kF(z)$$

여기서 $\nabla f(nT) = f(nT) - f(n-1)T$이다.

예제 6.10 $\mathcal{Z}[f(t-2T)]$을 구하시오.

풀이 $\mathcal{Z}[f(t-2T)]=z^{-2}F(z)$

예제 6.11 다음 식을 증명하시오.

① $Z\left[\sum_{k=0}^{n} x(k)\right]=\frac{z}{z-1}X(z)$ ② $Z\left[\sum_{k=0}^{n-1} x(k)\right]=\frac{1}{z-1}X(z)$

③ $\sum_{k=0}^{\infty} x(k)=\lim_{z\to 1} X(z)$

풀이 순방향 차분의 z 변환을 사용하면

$$\begin{aligned} Z[\triangle f(k)] &= Z[f(k+1)]-Z[f(k)] \\ &= [zF(z)-zf(0)]-F(z) \\ &= (z-1)F(z)-zf(0) \end{aligned}$$

이며, $x(n)$은 다음과 같이 쓸 수 있다.

$$x(n)=\sum_{k=0}^{n} x(k)-\sum_{k=0}^{n-1} x(k)=\triangle\sum_{k=0}^{n-1} x(k)$$

그리고

$$Z\left[\triangle\sum_{k=0}^{n-1} x(k)\right]=z[x(n)]=X(z)=(z-1)z\left[\sum_{k=0}^{n-1} x(k)\right]$$

이다. 여기서 $\sum_{k=0}^{n-1} x(k)=0$, $n=0$이다. 그러므로

$$Z\left[\sum_{k=0}^{n-1} x(k)\right]=\frac{X(z)}{z-1}$$

이고,

$$\begin{aligned} Z\left[\sum_{k=0}^{n} x(k)\right] &= Z\left[\sum_{k=0}^{n-1} x(k)\right]+Z[x(n)]=\frac{X(z)}{z-1}+X(z) \\ &= \frac{z}{z-1}X(z) \end{aligned}$$

최종값 정리를 이용하면

$$\lim_{n\to\infty}\left[\sum_{k=0}^{n} x(k)\right]=\lim_{z\to 1}\left[(z-1)\frac{z}{z-1}X(z)\right]$$

이다. 따라서 다음이 성립한다.

$$\sum_{k=0}^{\infty} x(k)=\lim_{z\to 1} X(z)$$

6.4.5 미분(t의 곱)의 Z 변환

$F(z)$가 함수 $f(t)$의 z 변환이라 하면

$$Z[tf(t)] = -Tz\frac{d}{dz}F(z)$$

증명 정의에 의해서

$$Z[tf(t)] = \sum_{n=0}^{\infty}(nT)f(nT)z^{-n} = -Tz\sum_{n=0}^{\infty}f(nT)[-nz^{-n-1}]$$

이다. 괄호 속은 z^{-n}의 미분을 나타내므로 정리하면

$$Z[tf(t)] = -Tz\sum_{n=0}^{\infty}f(nT)\frac{d}{dz}z^{-n} = -Tz\frac{d}{dz}\sum_{n=0}^{\infty}f(nT)z^{-n}$$

$$= -Tz\frac{d}{dz}F(z)$$

가 되며, 동일하게 확장하면

$$Z[t^k f(t)] = -Tz\frac{d}{dz}F(z),\ \left(F_1(z) = Z[t^{k-1}f(t)],\quad k>0\right)$$

예제 6.12 $f(t)=t$를 미분곱의 z 변환의 정리를 이용하여 구하시오.

풀이 $$Z[t] = -Tz\frac{d}{dz}[z1(t)] = -Tz\frac{d}{dz}\left(\frac{1}{1-z^{-1}}\right) = \frac{Tz^{-1}}{(1-z^{-1})^2}$$

예제 6.13 $f(t)=te^{-at}$를 z 변환하시오(편미분정리 이용).

풀이 $$Z[f(t)] = Z[te^{-at}] = Z\left[-\frac{d}{da}e^{-at}\right]$$

이고, 편미분정리를 이용하면

$$Z\left[-\frac{d}{da}e^{-at}\right] = -\frac{d}{da}z[e^{-at}] = -\frac{d}{da}\left[\frac{z}{z-e^{-aT}}\right] = \frac{Tze^{-aT}}{(z-e^{-aT})^2}$$

6.4.6 실수합성적분(real convolution)

만일 함수 f_1과 f_2의 z 변환이 $F_1(z)$와 $F_2(z)$라 하면

$$F_1(z)F_2(z) = Z\left[\sum_{k=0}^{n}f_1(kT)f_2(n-k)T\right]$$

증명 정의에 의해서

$$F_1(z)F_2(z) = \sum_{k=0}^{\infty} f_1(kT)z^{-k}F_2(z)$$

이며

$$z^{-k}F_2(z) = Z[f_2(t-kT)]$$

이다. 따라서

$$\begin{aligned} F_1(z)F_2(z) &= \sum_{k=0}^{\infty} f_1(kT)Z[f_2(t-kT)] \\ &= \sum_{k=0}^{\infty} f_1(kT)\sum_{n=0}^{\infty} f_2[(n-k)T]z^{-n} \\ &= \sum_{n=0}^{\infty}\left\{\sum_{k=0}^{\infty} f_1(kT)f_2[(n-k)T]\right\}z^{-n} \end{aligned}$$

$$\therefore \quad F_1(z)F_2(z) = Z\left[\sum_{k=0}^{\infty} f_1(kT)f_2(n-k)T\right]$$

6.4.7 초깃값 및 최종값

1) 초깃값(initial)

$$f(0) = \lim_{z\to\infty} F(z)$$

증명 z 변환의 정의로부터

$$F(z) = \sum_{n=0}^{\infty} f(nT)z^{-n} = f(0T) + \frac{f(1T)}{z} + \frac{f(2T)}{z^2} + \cdots$$

따라서 초깃값은 $f(0) = \lim_{z\to\infty} F(z)$ 이다.

그리고 $f(0) = 0$ 면, $f(T) = \lim_{z\to\infty} zF(z)$ 이다.

2) 최종값(final values)

$$\lim_{n\to\infty} f(nT) = \lim_{z\to 1}(z-1)F(z)$$

증명

$$Z[f(t+T) - f(t)] = \lim_{n\to\infty}\sum_{k=0}^{n}[f(k+1)T - f(kT)]z^{-k}$$

좌변을 z 변환하여 정리하고 $z\to 1$ 이면

$$zF(z) - zf(0T) - F(z) = \lim_{n\to\infty}\sum_{k=0}^{n}[f(k+1)T - f(kT)]z^{-k}$$

$$\lim_{z\to 1}(z-1)F(z)-f(0T)=\lim_{z\to 1}\lim_{n\to\infty}\sum_{k=0}^{n}[f(k+1)T-f(kT)]z^{-k}$$

$$\begin{aligned}\lim_{z\to 1}(z-1)F(z)-f(0T)&=\lim_{n\to\infty}\sum_{k=0}^{n}[f(k+1)T-f(kT)]\\&=\lim_{n\to\infty}\{[f(1T)-f(0T)]+[f(2T)-f(1T)]+\cdots\\&\quad+[f(n+1)T-f(nT)]\}\\&=\lim_{n\to\infty}[-f(0T)+f(n+1)T]\\&=-f(0T)+f(\infty)\end{aligned}$$

다시 정리하면

$$\lim_{z\to 1}(z-1)F(z)-f(0T)=-f(0T)+f(\infty)$$

$$\therefore \lim_{n\to\infty}f(nT)=f(\infty)=\lim_{z\to 1}(z-1)F(z)$$

예제 6.14 z 변환함수가 다음과 같을 때 초깃값 $f(0)$ 을 구하시오.

$$F(z)=\frac{(1-e^{-T})z^{-1}}{(1-z^{-1})(1-e^{-T}z^{-1})}$$

풀이 초깃값 정리를 적용하면

$$f(0)=\lim_{z\to\infty}\frac{(1-e^{-T})z^{-1}}{(1-z^{-1})(1-e^{-T}z^{-1})}=0$$

예제 6.15 $F(z)=\dfrac{0.387Z^2}{(z-1)(z^2-2.37z+0.25)}$ 이다. 최종값 정리를 이용하여 $f(kT)$의 최종값을 구하시오.

풀이 최종값 정리는

$$\lim_{k\to\infty}f(kT)=\lim_{z\to 1}(1-z^{-1})F(z)$$

이므로,

$$\begin{aligned}f(\infty)=\lim_{k\to\infty}f(kT)&=\lim_{z\to 1}(1-z^{-1})\frac{0.387z^2}{(z-1)(z^2-2.37z+0.25)}\\&=\lim_{z\to 1}\left(\frac{z-1}{z}\right)\left(\frac{0.387z^2}{(z-1)(z^2-2.37z+0.25)}\right)\\&=\lim_{z\to 1}\frac{0.387z^2}{(z^2-2.37z+0.25)}\\&=-0.345\end{aligned}$$

6.5 역 Z 변환

이산함수 $f(nT)$는 z 변환함수 $F(z)$의 역 z 변환에 의해서 얻을 수 있다.

$$f(nT) = \mathscr{Z}^{-1}[F(z)]$$

역 z 변환 방법은 멱급수 전개법(the power series method), 부분분수 전개법(partial fraction expansion)과 복소적분법(complex integral formula)이 있다.

6.5.1 멱급수 전개법

z 변환함수 $F(z)$가 주어졌을 때 $f(nT)$의 값을 멱급수 전개(테일러급수)의 z^{-n}의 계수로써 쉽게 구할 수 있다. 즉 $F(z)$의 z^{-n}의 계수가 바로 $f(nT)$인 것을 알 수 있다.

$$F(z) = f(0) + f(T)z^{-1} + \cdots + f(KT)z^{-k} + \cdots + f(nT)z^{-n} + \cdots \tag{6.3}$$

위 식으로부터 $f(nT)$는 z^{-n}의 계수로써 쉽게 알 수 있다. 또한 $F(z)$가 식 (6.4)처럼 분수식으로 주어졌을 때, 멱급수의 계수($f(0)$, $f(T)$, $\cdots$, $f(nT)$)는 다음처럼 구해진다.

$$\begin{aligned} F(z) &= \frac{P_0 + P_1 z^{-1} + P_2 z^{-2} + \cdots + P_n z^{-n}}{q_0 + q_1 z^{-1} + q_2 z^{-1} + \cdots + q_n z^{-n}} \\ &= f(0) + f(1T)z^{-1} + f(2T)z^{-2} + \cdots \end{aligned} \tag{6.4}$$

여기서

$$P_0 = f(0T)q_0$$

$$P_1 = f(1T)q_0 + f(0T)q_1$$

$$\Downarrow$$

$$P_n = f(nT)q_0 + f(n-1)Tq_1 + f(n-2)Tq_2 + \cdots + f(0)q_n$$

예제 6.16 z 변환함수 $F(z)$ 를 역 z 변환하시오.

$$F(z) = \frac{1}{z+1} = \frac{z^{-1}}{1+z^{-1}}$$

풀이 $F(z) = \dfrac{z^{-1}}{1+z^{-1}} = z^{-1} - z^{-2} + z^{-3} - z^{-4} + \cdots$ (직접 나눗셈)

$$
\begin{array}{l}
\quad\quad\quad z^{-1}-z^{-2}+z^{-3}+\cdots \\
* \ 1+z^{-1}\,)\,z^{-1} \\
\quad\quad\quad z^{-1}+z^{-2} \\
\quad\quad\quad\quad -z^{-2} \\
\quad\quad\quad\quad -z^{-2}-z^{-3} \\
\quad\quad\quad\quad\quad +z^{-3}
\end{array}
$$

$$=f(0)+f(T)z^{-1}+f(2T)z^{-2}+f(3T)z^{-3}+\cdots$$

$$f(0)=0,\ f(1)=1,\ f(2)=-1,\ f(3)=1,\ f(4)=-1,\ \cdots$$

예제 6.17 z 변환함수 $F(z)$를 역 z 변환하시오.

$$F(z)=\frac{(1-e^{-aT})z}{(z-1)(z-e^{-aT})}$$

풀이 $F(z)$의 분자다항식을 분모다항식으로 나누면 z^{-1}의 무한급수가 주어진다. 즉

$$F(z)=(1-e^{-aT})z^{-1}+(1-e^{-2aT})z^{-2}+\cdots+(1-e^{-kaT})z^{-k}+\cdots$$

이므로

$$F(nT)=1-e^{-anT}\quad n=0,\,1,\,2,\,\cdots$$

6.5.2 부분분수 전개법

z 변환함수 $F(z)$를 부분분수로 전개한 후 $F(z)$의 역변환함수 $f(nT)$은 전개된 부분분수로 얻어진 가가의 역변환함수의 합으로 얻어진다.

$$F(z)=F_1(z)+F_2(z)+F_3(z)+\cdots\cdots$$

$$f(nT)=\mathscr{Z}^{-1}F(z)=\mathscr{Z}^{-1}[F_1(z)+F_2(z)]+\cdots\cdots$$

참고 $F(z)=\dfrac{k_1z}{z-e^{-aT}}+\dfrac{k_2z}{z-e^{-bT}}+\cdots\cdots$ 꼴로 전개하여야 한다. 따라서 먼저 $\dfrac{F(z)}{z}$를 부분분수로 전개한 후 z를 양변에 곱하여 최종 식을 얻는다.

예제 6.18 z 변환함수 $F(z)$를 역변환하시오.

$$F(z)=\frac{(1-e^{-aT})z}{(z-1)(z-e^{-aT})}$$

풀이 먼저 $\dfrac{F(z)}{z}$을 부분분수로 전개하면

$$\frac{F(z)}{z}=\frac{1}{z-1}-\frac{1}{z-e^{-at}}$$

$$F(z)=\frac{z}{z-1}-\frac{z}{z-e^{-aT}}$$

$F(z)$의 역변환은

$$f(nT)=1-e^{-anT}\ ,\ n=0,1,2,\cdots$$

예제 6.19 z 변환 함수 $F(z)$를 역변환하시오.

$$F(z)=\frac{z^2+z+2}{(z-1)(z^2-z+1)}$$

풀이 윗 식을 부분분수 전개하면

$$F(z)=\frac{A}{z-1}+\frac{Bz+c}{z^2-z+1}=\frac{A(z^2-z+1)+(Bz+C)(z-1)}{(z-1)(z^2-z+1)}$$

($A+B=1,\ -A-B+C=1,\ A-C=2$를 풀면)

$A=4,\ B=-3,\ C=2$

$$F(z)=\frac{4}{z-1}+\frac{-3z+2}{z^2-z+1}=\frac{4z^{-1}}{1-z^{-1}}+\frac{-3z^{-1}+2z^{-2}}{1-z^{-1}+z^{-2}}$$

다음 식처럼 다시 정리하면

$$F(z)=\frac{4z^{-1}}{1-z^{-1}}-3\frac{(z^{-1}-0.5z^{-2})}{1-z^{-1}+z^{-2}}+\frac{0.5z^{-2}}{1-z^{-1}+z^{-2}}$$

$$=4z^{-1}\frac{1}{1-z^{-1}}-3z^{-1}\frac{1-0.5z^{-1}}{1-z^{-1}+z^{-2}}+z^{-1}\frac{0.5z^{-1}}{1-z^{-1}+z^{-2}}$$

여기서

$$Z(e^{-akT}\cos\omega kT)=\frac{1-e^{-aT}z^{-1}\cos\omega T}{1-2e^{-aT}z^{-1}\cos\omega T+e^{-2aT}z^{-2}}$$

$$Z(e^{-akT}\sin\omega kT)=\frac{e^{-aT}z^{-1}\sin\omega T}{1-2e^{-aT}z^{-1}\cos\omega T+e^{-2aT}z^{-2}}$$ 이며,

$$[e^{-2aT}-=1,\ \cos\omega T=\frac{1}{2},\ \sin\omega T=\frac{\sqrt{3}}{2},\ (\omega T=\frac{\pi}{3})]$$

그리고

$$z^{-1}\left[\frac{1-0.5z^{-1}}{1-z^{-1}+z^{-2}}\right]=1^k\cos\frac{k\pi}{3}$$

$$z^{-1}\left[\frac{0.5z^{-1}}{1-z^{-1}+z^{-2}}\right]=z^{-1}\left[\frac{1}{\sqrt{3}}\frac{(\sqrt{3}/2)z^{-1}}{1-z^{-1}+z^{-2}}\right]=\frac{1}{\sqrt{3}}1^k\sin\frac{k\pi}{3}$$

따라서

$$f(k)=4(1^{k-1})-3(1^{k-1})\cos\frac{(k-1)\pi}{3}+\frac{1}{\sqrt{3}}(1^{k-1})\sin\frac{(k-1)\pi}{3}$$

윗 식을 다시 정리하면

$$f(k)=4-3\cos\frac{(k-1)\pi}{3}+\frac{1}{\sqrt{3}}\sin\frac{(k-1)\pi}{3},\quad k=1,2,3,\cdots$$

$$(f(k)=0,\quad k\leq 0)$$

다른 방법으로 풀면

$$F(z)=\frac{4}{z-1}+\frac{-3z+2}{z^2-z+1}=\frac{4z^{-1}}{1-z^{-1}}+\frac{-3z^{-1}+2z^{-2}}{1-z^{-1}+z^{-2}}$$

$$=4\frac{z^{-1}}{1-z^{-1}}-3\left(\frac{z^{-1}}{1-z^{-1}+z^{-2}}\right)+2z^{-1}\frac{z^{-1}}{1-z^{-1}+z^{-2}}$$

여기서

$$Z^{-1}\left[\frac{z^{-1}}{1-z^{-1}}\right]=1,\quad k=1,2,3,\cdots$$

$$=0,\quad k\leq 0$$

$$Z^{-1}\left[\frac{z^{-1}}{1-z^{-1}+z^{-2}}\right]=\frac{2}{\sqrt{3}}(1^k)\sin\frac{k\pi}{3}$$

따라서

$$f(k)=4-2\sqrt{3}\sin\frac{k\pi}{3}+\frac{4}{\sqrt{3}}\sin\frac{(k-1)\pi}{3},\quad k=1,2,3,\cdots$$

$$(f(k)=0,\quad k\leq 0)$$

(이 해는 먼저 구해진 역 z 변환식과 다르게 보이나 똑같은 결과를 얻는다.)

6.5.3 복소적분법

복소적분으로 $f(nT)$를 나타낼 수 있다.

$$f(nT)=\frac{1}{2\pi j}\oint_T F(z)z^{n-1}dz$$

이 식은 경로 Γ에 따른 주회적분이며, 이 주회적분을 계산하는 한 가지 방법은 복소변수 이론의 나머지 정리를 이용하는 것이다.

$$f(nT)=\frac{1}{2\pi j}\oint_F F(z)z^{n-1}dz=F(z)z^{n-1}$$

의 나머지 합이다.

예제 6.20 $X(z)=\dfrac{10z}{(z-1)(z-2)}$를 복소적분법을 이용하여 $X(kT)$를 구하시오.

풀이

$$X(kT)=\frac{1}{2\pi j}\oint X(z)\,z^{k-1}dz$$
$$=\sum_k[X(z)\text{의 극점에서 } X(z)z^{k-1}\text{의 나머지}]$$

$$X(kT)=\frac{1}{2\pi j}\oint\frac{10z}{(z-1)(z-2)}z^{k-1}dz$$
$$\left(\frac{1}{(z-1)(z-1)}=\frac{-1}{z-1}+\frac{1}{z-2}\right)$$

따라서

$$X(kT)=\frac{1}{2\pi j}\oint\left(\frac{10z^k}{z-2}-\frac{10z^k}{z-1}\right)dz$$
$$X(kT)=\left(\text{극점 } z=2\text{에서 }\frac{10z^k}{z-2}\text{의 나머지}\right)$$
$$+\left(\text{극점 } z=1\text{에서 }-\frac{10z^k}{z-1}\text{의 나머지}\right)$$
$$=10(-1+2^k),\quad (\text{단, } k=0,1,2,\cdots)$$

예제 6.21 $X(kT)$를 구하시오.

$$X(z)=\frac{2z(z^2-1)}{(z^2+1)^2}$$

풀이 $\dfrac{X(z)}{z}$를 부분분수 전개하면

$$\frac{X(z)}{z}=\frac{1}{(z+j)^2}+\frac{0}{(z+j)}+\frac{1}{(z-j)}+\frac{0}{(z-j)}$$

따라서

$$\frac{z}{(z+j)^2}+\frac{z}{(z-j)}=X(z)$$

오일러 공식에서 $e^{j\theta}=\cos\theta+j\sin\theta$, $\theta=\dfrac{\pi}{2}$라 하면 $j=e^{j\frac{\pi}{2}}$ 그리고 $-j=e^{-j\frac{\pi}{2}}$이다.

$$X(z)=e^{j\frac{\pi}{2}}\frac{ze^{-j\frac{\pi}{2}}}{\left(z-e^{-j\frac{\pi}{2}}\right)^2}+e^{-j\frac{\pi}{2}}\frac{ze^{-j\frac{\pi}{2}}}{\left(z-e^{j\frac{\pi}{2}}\right)^2}$$

$$\left(\frac{Tze^{-aT}}{(z-e^{-aT})^2}\right)\Leftrightarrow Ke^{-aK}$$

역 z 변환하면 다음 식과 같다.

$$X(KT) = e^{j\frac{\pi}{2}}Ke^{-j\frac{\pi}{2}} + e^{-j\frac{\pi}{2}}Ke^{j\frac{\pi}{2}} \left(j = e^{j\frac{\pi}{2}}, -j = e^{-j\frac{\pi}{2}}\right)$$

$$= jK\left[\cos\frac{\pi K}{2} - j\sin\frac{\pi K}{2}\right] - jK\left[\cos\frac{\pi K}{2} + j\sin\frac{\pi K}{2}\right]$$

$$= 2K\sin\frac{\pi K}{2}, \quad K = 0, 1, 2, \cdots$$

예제 6.22 $F(z)$을 역 z 변환하시오.

$$F(z) = \frac{(1-e^{-aT})z}{z^2 - (1+e^{-aT})z + e^{-aT}}$$

풀이 ① 분자식을 분모식으로 나누면

$$F(z) = (1-e^{-aT})z^{-1} + (1-e^{-2aT})z^{-2} + (1-e^{-3aT})z^{-3} + \cdots\cdots$$

$$F(KT) = 1 - e^{-aKT}, \quad K = 0, 1, 2, \cdots$$

그리고

$$f^*(t) = \sum_{k=0}^{\infty}(1-e^{-aKT})\delta(t-KT)$$

② 부분분수를 전개하면

$$F(z) = \frac{(1-e^{-aT})z}{(z-e^{-aT})(z-1)} = \frac{z}{z-1} - \frac{z}{z-e^{-aT}}$$

$$= \frac{1}{1-z^{-1}} - \frac{1}{1-e^{-aT}z^{-1}}$$

$F(z)$를 역변환하면

$$f(KT) = 1 - e^{-aKT}$$

③ 복소적분법으로 전개하면

$$f(kT) = k_1 + k_2$$

$$k_1 = \lim_{z\to 1}(z-1)\frac{(1-e^{-aT})z}{(z-1)(z-e^{-aT})}z^{k-1} = 1$$

$$k_2 = \lim_{z\to e^{-aT}}(z-e^{-aT})\frac{(1-e^{-aT})z}{(z-1)(z-e^{-aT})}z^{k-1} = e^{-akT}$$

$$f(KT) = 1 - e^{-aKT}$$

6.6 차분방정식의 해법에 Z 변환의 적용

z 변환은 선형 차분방정식을 푸는 데 이용될 수 있다. 다음의 1계 제차 차분방정식을 생각해 보자.

$$y(k+1)+y(k)=0$$

먼저 이 식의 양변을 z 변환한다. 이것은 식의 양변에 z^{-k}을 곱하고 $k=0$에서 $t=\infty$까지 합을 취하는 것을 의미한다. 그러면

$$\sum_{k=0}^{\infty} y(k+1)z^{-1}+\sum_{k=0}^{\infty} y(k)z^{-k}=0$$

$X(z)$의 정의와 시간 앞섬에 대한 실수추이정리를 이용하면

$$z[Y(z)-y(0)]+Y(z)=0$$

이 되고, $Y(z)$에 관하여 풀면

$$Y(z)=\frac{z}{z+1}y(0)$$

을 얻는다. 위 식의 역 z 변환은 $Y(z)$를 z^{-1}의 무한급수로 전개함으로써 얻는다. 즉

$$Y(z)=(1-z^{-1}+z^{-2}-z^{-3}+\cdots)y(0)$$

$$Y(z)=\sum_{k=0}^{\infty}(-z)^k y(0)$$

$$=\sum_{k=0}^{\infty}(-1)^k(z)^k y(0)$$

이므로 $y(k)$는 다음과 같다.

$$y(k)=(-1)^k y(0)$$

예제 6.23 시스템의 응답을 구하시오.

$$X(K+2)-3X(K+1)+2X(K)=u(K)$$

여기서

$$u(0)=1$$

$$u(K)=0 \quad K\neq 0$$

$$X(K)=0 \quad |K|\leq 0$$

풀이 초깃값은 $X(0)=X(1)=0$이다. 식을 Z 변환하고 초깃값을 대입하면

$$(z^2-3z+2)X(z)=u(z),\ \left(u(z)=\sum_{k=0}^{\infty}u(K)z^{-1}=1\right)$$

$$(z^2-3z+2)X(z)=1$$

$$X(z)=\frac{1}{z^2-3z+2}=\frac{1}{(z-1)(z-2)}=\frac{-1}{z-1}+\frac{1}{z-2}$$

$$(\mathfrak{I}[X(k+1)]=zX(z)-zX(0)),\ (X(0)=0)$$

$$\mathfrak{I}[X(k+1)]=zX(z)=-\frac{z}{z-1}+\frac{z}{z-2}$$

$$X(k+1)=-1+2^K,\quad K=0,1,2,\cdots$$

따라서

$$X(k)=-1+2^{K-1},\quad K=1,2,3,\cdots$$

예제 6.24 다음 차분방정식의 해를 구하시오($X(0)$, $X(1)$).

$$X(K+2)+0.5X(K+1)+0.2X(K)=u(K) \tag{6.5}$$

$$u(K)=u_s(K)=1 \quad k=0,1,2,\cdots$$

단, $X(K)$의 초기조건 $X(0)=X(1)=0$이다.

풀이 식 (6.5)를 z 변환하면

$$[z^2X(z)-z^2X(0)-zX(1)]+0.5[zX(z)-zX(0)]+0.2X(z)=u(z) \tag{6.6}$$

$$\mathfrak{I}[u(K)]=u(z)=\frac{z}{z-1}$$

$X(K)$의 초기조건과 $u(z)$를 식 (6.6)에 대입하고 $X(z)$에 대하여 정리하면

$$X(z)=\frac{z}{(z-1)(z^2+0.5z+0.2)}$$

이 되고 $\frac{F(z)}{z}$를 부분분수 전개하면

$$\frac{X(z)}{z}=\frac{0.588}{z-1}-\frac{1.036e^{j1.283}}{z+0.25+j0.37}-\frac{1.036e^{-j1.283}}{z+0.25-j0.37}$$

이 얻어지고, 분자계수의 지수항은 라디안이다.

$X(z)$의 역 z 변환으로부터

$$X(K)=0.588-1.036(0.447)^K[e^{-j(2.165K-1,283)}+e^{j(2.165K-1,283)}]$$

$$=0.588-2.072(0.447)^K\cos(2.165K-1.283)$$

을 얻는다.

연습문제 18

1. 다음을 z 변환하시오.

① $f(t) = e^{-t}$

② $f(t) = A^{t}$, (A는 $n \times n$ matrix)

③ $f(t) = \cos 3t$

④ $f(t) = \sin 5t$

⑤ $f(t) = 3t\,u_s(t)$

⑥ $G(s) = \dfrac{s+3}{s^2+3s+2}$

⑦ $G(s) = \dfrac{s+1}{s^2+s-6}$

⑧ $f(t) = e^{-at}\sin t$

⑨ $f(t) = te^{-t}$

⑩ $f(t) = e^{-5t}$

2. 다음을 역 z 변환하시오.

① $F(z) = \dfrac{(1-e^{-T})z}{(z-1)(z-e^{-T})}$

② $F(z) = \dfrac{z}{(z-1)(z-3)}$

③ $F(z) = \dfrac{(1-e^{-T})z}{z^2-(1+e^{-T})z+e^{-T}}$

④ $F(z) = \dfrac{(1-e^{-aT})z}{(z-1)(z-e^{-aT})}$ (복소적분법으로 푸시오.)

3. 그림과 같은 회로에서 시스템의 동특성을 차분방정식으로 나타내시오.

$$e(t) = e(kT) \;:\; kT \le t < (k+1)T$$

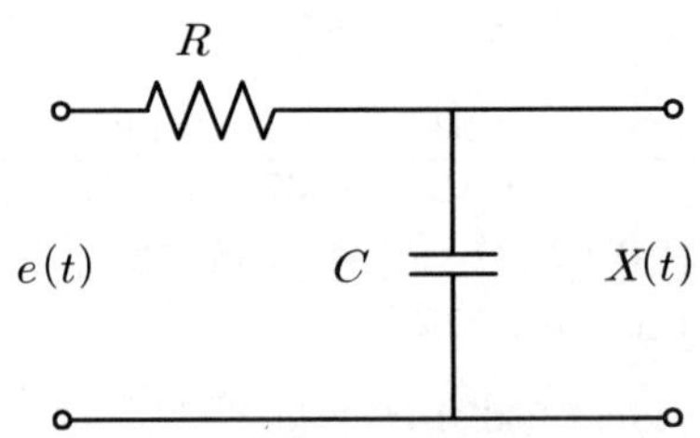

[그림 6.4] 연습문제 3

4. 그림과 같은 시스템의 펄스 응답을 구하시오.

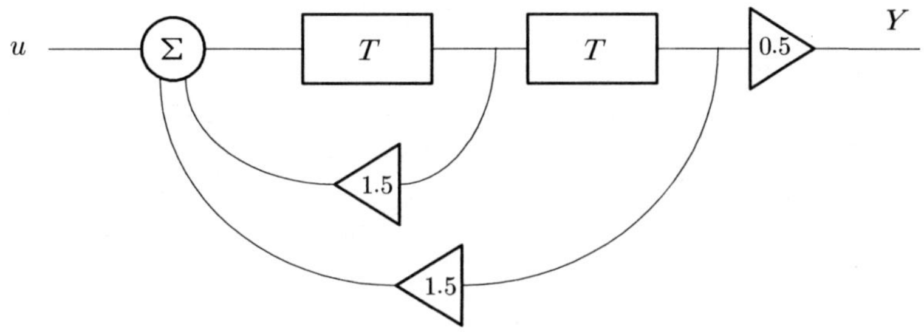

[그림 6.5] 연습문제 4

제 7 장

푸리에 변환

7.1 기본 개념

프랑스 수학자 푸리에(J.B.J Fourier, 1758～1830)는 열의 흐름 문제를 연구 중(1822년에 전기응용은 드물었음) 임의의 주기함수는 고조파적으로 관련 있는 주파수의 정현 및 여현의 무한급수로 표시할 수 있다는 것을 증명했다.

푸리에 해석은 푸리에 급수와 푸리에 변환을 이용해서, 함수나 신호를 주파수에서 크기와 위상성분으로 해석하는 것이다.

푸리에 급수는 유한주기의 비정현적인 주기함수를 간단한 형태의 정수배 고조파 삼각함수들로 기술함으로써, 고조파 해석의 주류를 형성하고 있다. 신호 $f(t)$는 모든 t에 대해서 $f(t)=f(t+T)$이면 주기적이라 하며 이때 T를 주기라 한다. 주기함수는 공학에서 빈번히 나타나며, 이 함수들을 푸리에 급수로 다룰 수 있다.

푸리에 변환은 무한대의 주기가 있는 신호로 가정하여, 비주기적인 신호를 연속적인 무수히 많은 정현파 주파수 성분의 합인 적분으로 나타낸 것이다. 사인(sine)과 코사인(cosine)의 합을 포함하는 일차 결합으로 표시할 수 있는 푸리에 변환은 라플라스 변환과 더불어 공학 분야에서 중요하게 쓰이는 변환이다. 이 장에서는 푸리에 급수의 기본 개념, 기본 사항 등에 대하여 취급한다.

2개 또는 그 이상의 주파수가 다른 정현파(sine wave)를 합하면 비정현 주기파(non-sinusoidal periodic wave)가 생긴다. 특히, 어떤 주파수의 정현파 $f_1(t)$가 그 정수배의 주파수를 갖는 정현파 $f_i(t)(i=2,3,4,\cdots)$들을 합하면 $f_1(t)$와 동일한 주기를 갖는 비정현 주기파가 얻어진다. 이때 $f_1(t)$를 기본파(fundamental wave), $f_i(t)$들을 고조파(higher harmonic wave)라 한다.

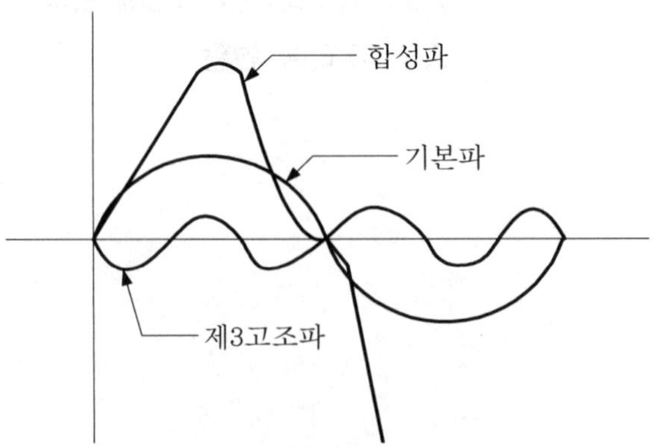

[그림 7.1] 기본파와 고조파

[그림 7.1]은 기본파와 제3고조파를 합해서 비정현 주기파(non-sinusoidal periodic wave : 비정현파)가 얻어짐을 보였다.

이와 같이 주파수가 다른 정현파들을 진폭이나 위상을 변화시키면서 합성하면 여러 가지 파형의 비정현파를 얻을 수 있다.

일반적으로, 비정현파를 분해하면 다음과 같다.

① 일정항 : 직류성분의 일정함
② 기본파 : 비정현파와 주기가 같은 파
③ 고조파 : 기본파 주파수의 정수배의 주파수를 갖는 파

7.2 푸리에 급수

함수 $f(t)$가 주기적이고 디리클레(Dirichlet) 조건을 만족하는 주기 T의 비정현파를 $f(t)$라 하면,

$$f(t) = f(t \pm T)$$

이고, 이것은 푸리에 급수(Fourier series)로 전개할 수 있다.

$$\begin{aligned} f(t) &= a_0 + a_1\cos\omega_0 t + a_2\cos 2\omega_0 t + \cdots\cdots + a_n\cos n\omega_0 t + \cdots\cdots \\ &\quad + b_1\sin\omega_0 t + b_2\sin 2\omega_0 t + \cdots\cdots + b_n\sin n\omega_0 t + \cdots\cdots \\ &= a_0 + \sum_{n=1}^{\infty} a_n\cos n\omega_0 t + \sum_{n=1}^{\infty} b_n\sin n\omega_0 t + \cdots\cdots \end{aligned} \quad (7.1)$$

여기서 a_0, a_n, $b_n\,(n = 1, 2, 3, \cdots)$은 상수이며, ω는 주기파의 각주파수(angular frequency)이다. 식 (7.1)을 함수 $f(t)$의 **푸리에 전개**라 하며, 푸리에 전개식의 각 계수를 **푸리에 급수**(Fourier series)라 한다.

이와 같이 푸리에 급수로 전개할 수 있는 비정현파 $f(t)$는 다음과 같은 디리클레 조건을 만족하는 주기함수여야 한다.

일반적으로 공학적으로 나타나는 거의 모든 비정현파는 이 조건을 만족한다.

디리클레 조건

① 불연속점이 1주기 사이에 유한개일 것
② 1주기 사이에서 극대, 극소점이 유한개일 것
③ $\int_0^T |f(t)|dt$가 유한값을 가질 것

7.2.1 푸리에 계수의 계산

식 (7.1)에서 계수 a, b의 계산은 $\cos n\omega_0 t$, $\sin n\omega_0 t$를 포함하는 일련의 함수의 직교성을 이용하여 유도되는 적분방정식으로 구할 수 있다. 이들 함수들은 어떠한 t_0값에 대해서도 구간 t_0에서 t_0+T까지 직교한다. 보통 t_0값으로 0 또는 $t_0=\dfrac{-T}{2}$로 잡는 경우가 많으나 주기를 임의로 잡을 수 있다는 것만 명심하면 t_0와 t_0+T를 이하 방정식에서처럼 0과 T로 대치하여 표시하여도 된다.

먼저

$$\int_0^T \sin m\omega_0 t\,dt = 0, \quad \text{모든 } m \neq 0 \tag{7.2}$$

$$\int_0^T \cos n\omega_0 t\,dt = 0, \quad \text{모든 } n \neq 0 \tag{7.3}$$

이 되는 것을 알 수 있다. 이는 모든 m 및 n 값에 대해, 한 주기에 대하여 정현파의 평균값이 0이기 때문이다. 다음 3개의 적분값도 이상에서 설명한 이유로 0이다.

$$\int_0^T \sin m\omega_0 t \cos n\omega_0 t\,dt = 0, \quad \text{모든 } m,\, n \tag{7.4}$$

$$\int_0^T \sin m\omega_0 t \sin n\omega_0 t\,dt = 0, \quad m \neq n \tag{7.5}$$

$$\int_0^T \cos m\omega_0 t \cos n\omega_0 t\,dt = 0, \quad m \neq n \tag{7.6}$$

$m=n$일 때 적분값은 0이 아니다. 즉

$$\int_0^T \sin^2 m\omega_0 t\,dt = \frac{T}{2}, \quad \text{모든 } m \tag{7.7}$$

$$\int_0^T \cos^2 n\omega_0 t\,dt = \frac{T}{2}, \quad \text{모든 } n \tag{7.8}$$

계산과정은 다음 3가지 단계로부터 설명할 수 있다.

① 적당한 계수를 식 (7.1)의 양변에 곱한다.
② 시간 0에서 T까지 각 항을 적분한다.
③ 식 (7.2)에서 식 (7.8)까지의 결과를 이용하여 적분값을 계산한다.

1) a_0의 결정

함수 $f(t)$의 양변을 0에서 T까지 1주기 동안 적분하면 sin항 및 cos항은 0이 되고 상수항만 남으므로,

$$\int_0^T f(t)dt = \int_0^T a_0 dt = a_0 T$$

$$\therefore\ a_0 = \frac{1}{T}\int_0^T f(t)dt = \frac{1}{2\pi}\int_0^{2\pi} f(\omega_0 t)d(\omega_0 t),\ \ w = \frac{2\pi}{T}$$

이 식에서 a_0는 주기함수의 1주기 동안의 평균값임을 알 수 있다. 이것은 보통 직류성분이라 한다.

2) a_n의 결정

$f(t)$의 양변에 $\cos m\omega_0 t$를 곱하고, 이것을 0에서 T까지 적분하면,

$$\int_0^T f(t)\cos m\omega_0 t dt = a_0\int_0^T \cos m\omega_0 t dt + \sum_{n=1}^{\infty} a_n \int_0^T \cos n\omega_0 t \cdot \cos m\omega_0 t dt$$
$$+ \sum_{n=1}^{\infty} b_n \int_0^T \sin n\omega_0 t \cdot \cos m\omega_0 t dt \qquad (7.9)$$

우변의 1항

$$\int_0^T \cos m\omega_0 t\, dt = 0$$

우변의 3항

$$\int_0^T \sin n\omega_0 t \cos m\omega_0 t\, dt = 0$$

우변의 2항

$$\int_0^T \cos n\omega_0 t \cdot \cos m\omega_0 t dt = \frac{1}{2}\int_0^T [\cos(m+n)\omega_0 t + \cos(m-n)\omega_0 t]dt$$
$$= \begin{cases} 0 & : \ m \neq n \text{ 일 때} \\ \dfrac{T}{2} & : \ m = n \text{ 일때} \end{cases}$$

따라서 우변은 2항이 $m = n$ 일 때 $a_n \dfrac{T}{2}$가 된다. 즉,

$$\int_0^T f(t)\cos m\omega_0 t dt = a_n \frac{T}{2}$$

$$\therefore a_n = \frac{2}{T}\int_0^T f(t)\cos m\,\omega_0\, t\, dt = \frac{1}{\pi}\int_0^{2\pi} f(\omega_0 t)\cos m\,\omega_0\, t\, d(\omega_0 t)$$

$$(m = 1, 2, 3, \cdots)$$

3) b_n의 결정

함수 $f(t)$의 양변에 $\sin m\omega_0 t$를 곱하고, 이것을 0에서 T까지 적분하면,

$$\int_0^T f(t)\sin m\omega_0 t dt = a_0\int_0^T \sin m\omega_0 t dt + \sum_{n=1}^{\infty} a_n \int_0^T \cos n\omega_0 t \cdot \sin m\omega_0 t dt$$

$$+ \sum_{n=1}^{\infty} b_n \int_0^T \sin n\omega_0 t \cdot \sin m\omega_0 t dt \qquad (7.10)$$

우변의 1항

$$\int_0^T \sin m\omega_0 t dt = 0$$

우변의 2항

$$\int_0^T \cos n\omega_0 t \cdot \sin m\omega_0 t dt = 0$$

우변의 3항

$$\int_0^T \sin n\omega_0 t \cdot \sin m\omega_0 t\, dt = \frac{1}{2}\int_0^T [\cos(m-n)\omega_0 t - \cos(m+n)\omega_0 t] dt\,]$$

$$= \begin{cases} 0 & : \ m \neq n \text{ 일 때} \\ \dfrac{T}{2} & : \ m = n \text{ 일때} \end{cases}$$

이다. 즉, $m = n$ 일 때 $b_n \dfrac{T}{2}$가 된다. 식 (7.10)을 정리하면,

$$\int_0^T f(t)\sin m\omega_0 t dt = b_n \frac{T}{2}$$

이다. 위 식을 정리하면,

$$\therefore b_n = \frac{2}{T}\int_0^T f(t)\sin m\omega_0 t dt = \frac{1}{\pi}\int_0^{2\pi} f(\omega_0 t)\sin m\omega_0 t d(\omega_0 t)$$

($m = 1, 2, 3, \cdots$ 이며, 주기 $T = 2\pi$ 이다.)

7.2.2 푸리에 급수의 정현표시

푸리에 급수로 전개된 식 (7.1)에 있어서 동일 주파수의 cos항과 sin항을 결합하면 sin 항만으로 표시할 수 있다.

$$a_n\cos n\omega_0 t + b_n \sin n\omega_0 t = \sqrt{a_n^2 + b_n^2}\left(\frac{a_n}{\sqrt{a_n^2+b_n^2}}\cos n\omega_0 t + \frac{b_n}{\sqrt{a_n^2+b_n^2}}\sin n\omega_0 t\right)$$

$$= C_n(\sin\theta_n \cdot \cos n\omega_0 t + \cos\theta_n \cdot \sin\omega_0 t)$$

$$= C_n \sin(n\omega_0 t + \theta_n)$$

단, $C_n = \sqrt{a_n^2 + b_n^2}$, $\theta_n = \tan^{-1}\dfrac{a_n}{b_n}$ $\quad (n = 1, 2, 3, \cdots)$

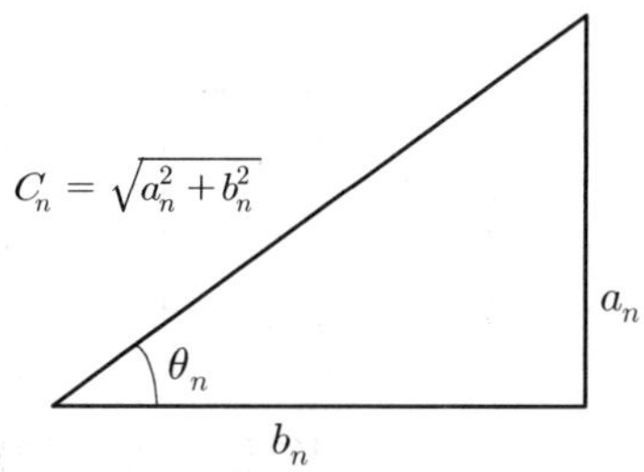

[그림 7.2] 삼각함수의 합성

따라서 푸리에 급수는 다음과 같이 쓸 수 있다.

$$f(t) = a_0 + \sum_{n=1}^{\infty} C_n \sin(n\omega_0 t + \theta_n) \tag{7.11}$$

이 식에서 $n=1$ 인 경우, 즉 $C_1 \sin(\omega_0 t + \theta_1)$이 주기함수 $f(t)$와 같은 주파수 ω_0를 가진 기본파(fundamental wave)가 되고 $n=2, 3, 4, \cdots$ 가 되는 항들을 각각 제2고조파, 제3고조파, ⋯ 라 부르고 이들을 총칭하여 고조파(high harmonic wave)라 한다. 이와 같이 비정현 주기파는 일정항(a_0)과 기본파 및 고조파로 분해할 수 있으며 이러한 분해를 푸리에 분석(Fourier analysis) 또는 고조파 분석(harmonic analysis)이라 한다.

푸리에 급수와 계수

$$f(t) = a_0 + \sum_{n=1}^{\infty} a_n \cos n\omega_0 t + \sum_{n=1}^{\infty} b_n \sin n\omega_0 t$$

$$= a_0 + \sum_{n=1}^{\infty} C_n \sin(n\omega_0 t + \theta_n)$$

$$a_0 = \frac{1}{T}\int_0^T f(t)dt = \frac{1}{2\pi}\int_0^{2\pi} f(\omega_0 t)d(\omega_0 t)$$

$$a_n = \frac{2}{T}\int_0^T f(t)\cos n\omega_0 t dt = \frac{1}{\pi}\int_0^{2\pi} f(\omega_0 t)\cos n\omega_0 t d(\omega_0 t)$$

$$b_n = \frac{2}{T}\int_0^T f(t)\sin n\omega_0 t dt = \frac{1}{\pi}\int_0^{2\pi} f(w_0 t)\sin n\omega_0 t d(\omega_0 t)$$

$$C_n = \sqrt{a_n^2 + b_n^2},\ \theta_n = \tan^{-1}\frac{a_n}{b_n}(n = 1, 2, 3 \cdots),\ T = 2\pi$$

예제 7.1 [그림 7.3]과 같은 직사각파를 푸리에 급수로 전개하시오.
(ω_0는 직사각파의 주기 T와 $\omega_0 = \dfrac{2\pi}{T}$의 관계)

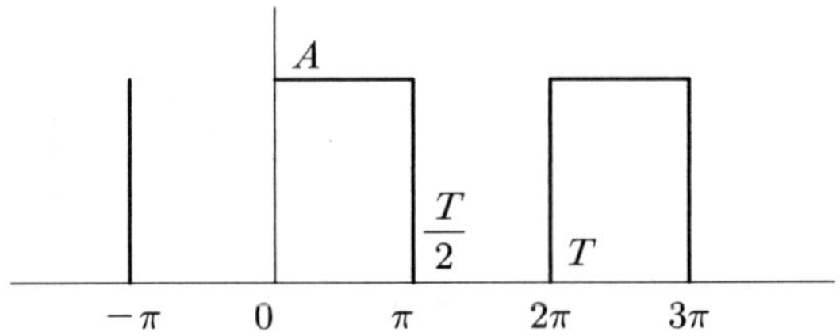

[그림 7.3] 예제

풀이

$$f(t) = \begin{cases} A, & 0 < t < \dfrac{T}{2} \\ 0, & \dfrac{T}{2} < t < T \end{cases}$$

$$a_0 = \frac{1}{T}\int_0^T f(t)dt = \frac{1}{T}\left[\int_0^{\frac{T}{2}} Adt + \int_{\frac{T}{2}}^T 0dt\right] = \frac{A}{T}[t]_0^{\frac{T}{2}} = \frac{A}{2}$$

$$a_n = \frac{2}{T}\int_0^T f(t)\cos n\omega_0 tdt = \frac{1}{\pi}\left[\int_0^\pi A\cos n\omega_0 tdt + 0\right]$$

$$= \frac{A}{\pi n\omega_0}[\sin n\omega_0 t]_0^\pi = 0$$

$$b_n = \frac{2}{T}\int_0^T f(t)\sin\omega_0 tdt = \frac{1}{\pi}\int_0^\pi A\sin n\omega_0 tdt$$

$$= \frac{A}{\pi n\omega_0}[-\cos n\omega_0 t]_0^\pi = \frac{A}{n\pi}(1-\cos n\pi)$$

$$= \begin{cases} 0 & : \quad n = 2, 4, 6, \cdots \\ \dfrac{2A}{n\pi} & : \quad n = 1, 3, 5, \cdots \end{cases}$$

$$\therefore f(t) = \frac{A}{2} + \frac{2A}{\pi}\left(\sin\omega_0 t + \frac{1}{3}\sin 3\omega_0 t + \frac{1}{5}\sin 5\omega_0 t + \cdots\right)$$

7.3 푸리에 계수와 파형의 대칭성

7.3.1 반파대칭

반파대칭(half-wave symmetry)은 반주기마다 그 값의 크기가 같고 부호가 반대이므로 (+)의 반파를 180°만큼 수평축으로 평행이동하면 (−)반파와 수평축에 대해서 대칭이 된다.

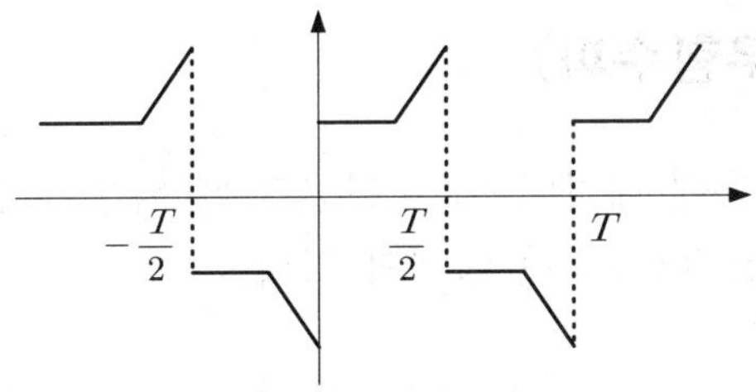

[그림 7.4] 반파대칭함수

반파대칭을 수식으로 표현하면 아래와 같다.

$$f(t) = -f\left(t \pm \frac{T}{2}\right)$$

반파대칭은 (+)반파와 (−)반파의 넓이가 같으므로 $a_0 = 0$이 된다. 따라서 $f(t)$는,

$$f(t) = \sum_{n=1}^{\infty} a_n \cos n\omega_0 t + \sum_{n=1}^{\infty} b_n \sin n\omega_0 t$$

가 되고, $-f\left(t+\frac{T}{2}\right)$는

$$-f\left(t+\frac{T}{2}\right) = -\left\{\sum_{n=1}^{\infty} a_n \cos n\left(\omega_0 + \frac{T}{2}\right) + \sum_{n=1}^{\infty} b_n \sin n\left(\omega_0 + \frac{T}{2}\right)\right\}$$

$$= -\sum_{n=1}^{\infty} a_n (-1)^n \cos n\omega_0 t - \sum_{n=1}^{\infty} b_n (-1)^n \sin n\omega_0 t$$

가 된다. 따라서 $f(t) = -f\left(t+\frac{T}{2}\right)$의 관계가 성립하려면 a_n, b_n의 푸리에 계수에서 n이 홀수이어야 한다. 그리고 반파대칭의 경우는 정의 반파와 부의 반파가 같으므로, a_n, b_n을 구할 때 반주기만 적분하여 2배하여 주면 된다. 따라서

$$a_n = \frac{4}{T}\int_0^{\frac{T}{2}} f(t) \cos n\omega_0 t dt, \quad n = 1, 3, 5, \cdots$$

$$b_n = \frac{4}{T}\int_0^{\frac{T}{2}} f(t) \sin n\omega_0 t dt, \quad n = 1, 3, 5, \cdots$$

반파대칭함수의 푸리에 급수는 다음과 같이 된다.

$$f(t) = a_1 \cos\omega_0 t + a_3 \cos 3\omega_0 t + a_5 \cos 5\omega_0 t + \cdots \qquad (7.12)$$
$$+ b_1 \sin\omega_0 t + b_3 \sin 3\omega_0 t + b_5 \sin 5\omega_0 t + \cdots$$

① $f(t)$의 파형은 상하로 이동하면 a_0만 변하고 a_n, b_n은 변하지 않는다.

② $f(t)$의 파형은 좌우로 이동하면 a_0는 불변이고 a_n, b_n은 변한다.

7.3.2 여현대칭(우함수파)

[그림 7.5]와 같이 수직축에 대하여 180° 회전할 때 좌우가 일치하는 파를 우함수파라 한다. 우함수파를 수식으로 나타내면 아래와 같다.

$$f(t) = f(-t) \tag{7.13}$$

또는 $f(t) = f(T-t)$가 된다.

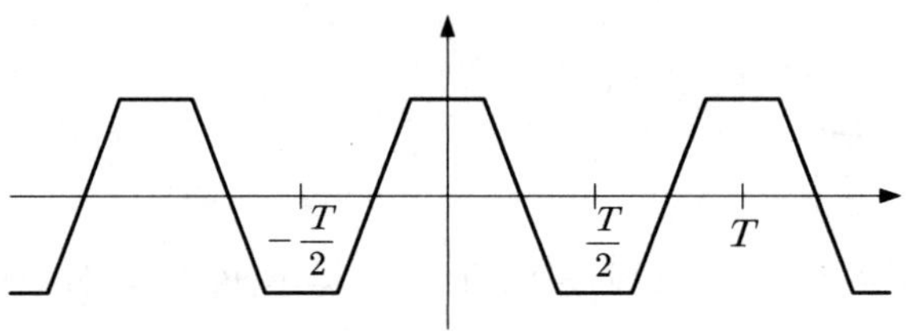

[그림 7.5] 우함수

따라서 $f(t)$는

$$f(t) = a_0 + \sum_{n=1}^{\infty} a_n \cos n\omega_0 t + \sum_{n=1}^{\infty} b_n \sin n\omega_0 t$$

가 되고, $f(T-t)$는

$$\begin{aligned} f(T-t) &= a_0 + \sum_{n=1}^{\infty} a_n \cos n(T-\omega_0 t) + \sum_{n=1}^{\infty} b_n \sin n(T-\omega_0 t) \\ &= a_0 + \sum_{n=1}^{\infty} a_n \cos n\omega_0 t - \sum_{n=1}^{\infty} b_n \sin n\omega_0 t \end{aligned}$$

가 된다.

따라서 $f(t) = f(T-t)$의 관계가 성립하려면 sin항은 존재할 수 없고 a_0, a_n의 푸리에 계수만 존재하여야 한다.

$$f(t) = a_0 + \sum_{n=1}^{\infty} a_n \cos n\omega_0 t$$

$$a_0 = \frac{2}{T}\int_0^{\frac{T}{2}} f(t)dt$$

$$a_n = \frac{4}{T}\int_0^{\frac{T}{2}} f(t)\cos n\omega_0 t dt$$

이때의 푸리에 급수는 다음과 같이 된다.

$$f(t) = a_0 + a_1\cos\omega_0 t + a_2\cos 2\omega_0 t + a_3 \cos 3\omega_0 t + \cdots\cdots \tag{7.14}$$

7.3.3 정현대칭(기함수파)

[그림 7.6]과 같이 정의 반파를 수직축에 대하여 180° 회전하고, 이것을 다시 수평축에 대하여 180° 회전할 때 부의 반파와 일치하는 파를 기함수파라 한다. 기함수파를 수식으로 나타내면 아래와 같다.

$$f(t) = -f(-t) \tag{7.15}$$

또는 $f(t) = -f(T-t)$가 된다. 정현대칭의 경우도 1주기 동안의 평균값은 0이므로 $a_0 = 0$이다.

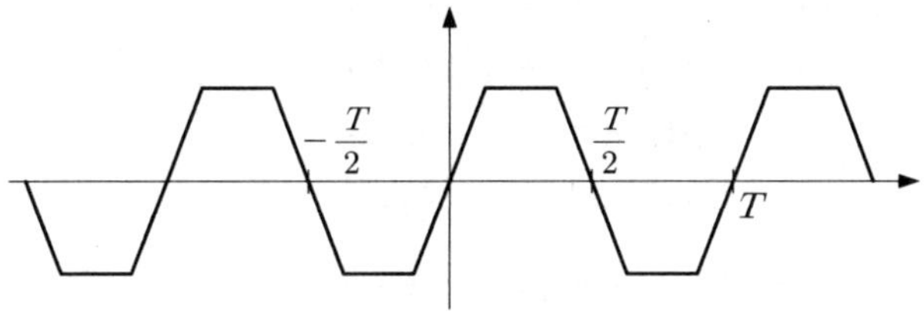

[그림 7.6] 기함수

따라서 $f(t)$는

$$f(t) = \sum_{n=1}^{\infty} a_n \cos n\omega_0 t + \sum_{n=1}^{\infty} b_n \sin n\omega_0 t$$

가 되고, $-f(T-t)$는

$$\begin{aligned} -f(T-t) &= -\sum_{n=1}^{\infty} a_n \cos n(T-\omega_0 t) - \sum_{n=1}^{\infty} b_n \sin n(T-\omega_0 t) \\ &= -\sum_{n=1}^{\infty} a_n \cos n\omega_0 t + \sum_{n=1}^{\infty} b_n \sin n\omega_0 t \end{aligned}$$

가 된다. 따라서 $f(t) = -f(T-t)$의 관계가 성립하려면 cos항은 존재할 수 없고, b_n의 푸리에 계수만 존재하여야 한다.

$$f(t) = \sum_{n=1}^{\infty} b_n \sin n\omega_0 t$$

$$b_n = \frac{4}{T}\int_0^{\frac{T}{2}} f(t) \sin n\omega_0 t dt$$

이때의 푸리에 급수는 다음과 같이 된다.

$$f(t) = b_1 \sin\omega_0 t + b_2 \sin 2\omega_0 t + b_3 \sin 3\omega_0 t + \cdots\cdots \tag{7.16}$$

정리 7.1 **우함수와 기함수의 관계**

이상에서 우함수와 기함수는 다음과 같은 관계가 있다.

$$\int_{-t_1}^{t_1} (\text{우함수})dt = 2\int_{0}^{t_1} (\text{우함수})\ dt$$

$$\int_{-t_1}^{t_1} (\text{기함수})\ dt = 0$$

(우함수) ± (우함수) = (우함수)
(우함수) ± (기함수) = (우함수)도 (기함수)도 아님
(기함수) ± (기함수) = (기함수)
(우함수) × (우함수) = (우함수)
(우함수) × (기함수) = (기함수)
(기함수) × (기함수) = (우함수)

푸리에 급수를 두 부분으로 구분하면 다음과 같다.

$$a_0 + \sum_{n=1}^{\infty} a_n \cos n\omega_0 t \quad : (\text{우함수})$$

$$\sum_{n=1}^{\infty} b_n \sin n\omega_0 t \quad : (\text{기함수})$$

정리 7.2 **함수의 합**

함수의 합 $f_1 + f_2$의 푸리에 급수의 계수는 f_1 및 f_2의 각각의 푸리에 계수의 합과 같다.

예제 7.2 함수 $f(t)$의 푸리에 급수를 구하시오.

$$f(t) = t + \pi\ (-\pi < t < \pi), \quad f(t+2\pi) = f(t)$$

풀이 이 함수는

$$f = f_1 + f_2, \quad f_1 = t, \quad f_2 = \pi$$

와 같이 쓸 수 있다. 여기서 f_2의 푸리에 계수는 첫 항(상수항) π를 제외하고는 0이다. 따라서 정리 7.2에 의하여 푸리에 계수 a_n, b_n는 f_1의 푸리에 계수와 같다. 그리고 f_1은 기함수이므로 $a_n = 0\ (n = 1, 2, 3, \cdots)$이고,

$$b_n = \frac{2}{\pi}\left\{\left[-\frac{1}{n} t\cos nt\right]_0^{\pi} + \frac{1}{n}\int_0^{\pi} \cos nt dt\right\} = -\frac{2}{n}\cos n\pi$$

를 얻는다. 따라서

$$b_1 = 2,\ b_2 = -\frac{2}{2},\ b_3 = \frac{2}{3},\ b_4 = -\frac{2}{4}, \cdots\cdots$$

이고 $f(t)$의 푸리에 급수 전개식은 다음과 같다.

$$f(t)=\pi+2\left(\sin t-\frac{1}{2}\sin 2t+\frac{1}{3}\sin 3t\mp\cdots\cdots\right.$$

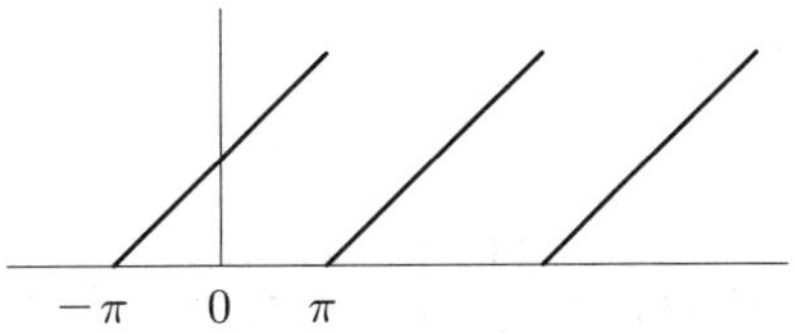

[그림 7.7] 함수 $f(t)$

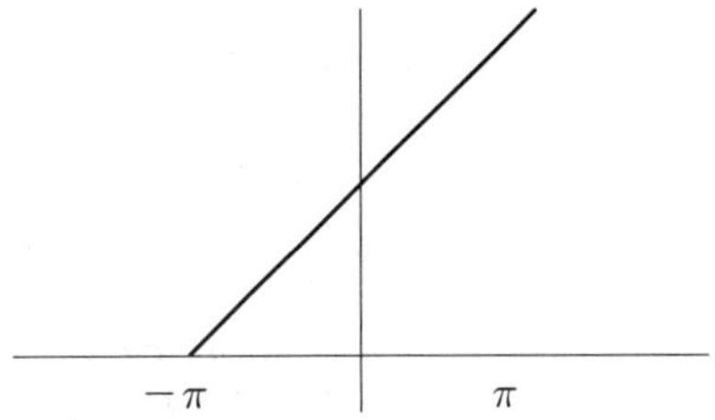

[그림 7.8] 부분 그림

〈표 7.1〉 대칭파의 성질 정리

	우함수	기함수	반파대칭
함수	$f(t)=f(-t)$	$f(t)=-f(-t)$	$f(t)=-f\left(t\pm\frac{T}{2}\right)$
특징	직류성분과 cos항만 존재	sin항만 존재	기수 고조파만 존재
a_0	$\frac{2}{T}\int_0^{\frac{T}{2}}f(t)dt$	0	0
a_n	$\frac{4}{T}\int_0^{\frac{T}{2}}f(t)\cos n\omega_0 tdt$ $n=1, 2, 3, \cdots$	0	$\frac{4}{T}\int_0^{\frac{T}{2}}f(t)\cos n\omega_0 tdt$ $n=1, 2, 3, \cdots$
b_n	0	$\frac{4}{T}\int_0^{\frac{T}{2}}f(t)\sin n\omega_0 tdt$ $n=1, 2, 3, \cdots$	$\frac{4}{T}\int_0^{\frac{T}{2}}f(t)\sin n\omega_0 tdt$ $n=1, 2, 3, \cdots$

예제 7.3 [그림 7.9]와 같은 톱니파를 푸리에 급수로 전개하시오.

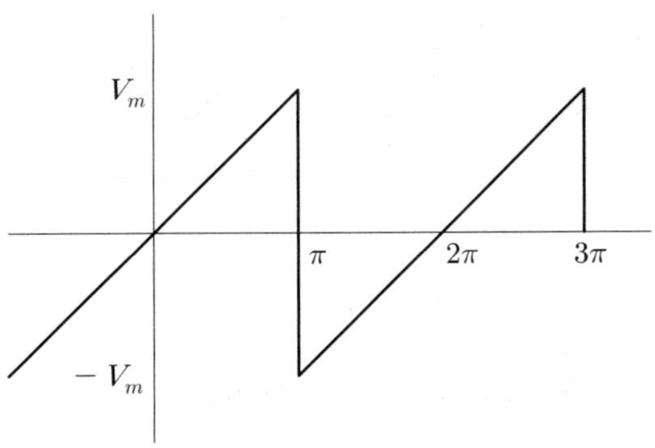

[그림 7.9] 톱니파

풀이 파형은 기함수이므로

$$a_0 = 0,\ a_n = 0$$

이고, b_n은 반주기 적분에 의해서 구할 수 있으므로, 먼저 반주기의 동안의 함수를 표시하면

$$v(\omega_0 t) = \frac{V_m}{\pi}\omega_0 t, \quad 0 < \omega_0 t < \pi$$

이므로

$$b_n = \frac{2}{\pi}\int_0^{\pi}\frac{V_m}{\pi}\omega_0 t \cdot \sin n\omega_0 t d(\omega_0 t) = \frac{2V_m}{\pi^2}\left[-\frac{\omega_0 t\cos n\omega_0 t}{n} + \frac{\sin n\omega_0 t}{n^2}\right]_0^{\pi}$$

$$= \frac{2V_m}{\pi}\left\{-\frac{(-1)^n}{n}\right\}$$

따라서

$$b_1 = \frac{2V_m}{\pi},\ b_2 = -\frac{2V_m}{2\pi},\ b_3 = \frac{2V_m}{3\pi}, \cdots\cdots$$

구하는 푸리에 급수는

$$v(\omega_0 t) = \frac{2V_m}{\pi}\left\{\sin\omega_0 t - \frac{1}{2}\sin 2\omega_0 t + \frac{1}{3}\sin 3\omega_0 t + \cdots\cdots + \frac{(-1)^{n+1}}{n}\sin n\omega_0 t\right\}$$

7.4 삼각함수의 푸리에 급수

sin 및 cosine은 오일러(Euler)의 공식에 의하여 다음과 같이 표현할 수 있다.

오일러 공식

$$\sin n\omega_0 t = \frac{1}{2j}(e^{jn\omega_0 t} - e^{-jn\omega_0 t})$$

$$\cos n\omega_0 t = \frac{1}{2}(e^{jn\omega_0 t} + e^{-jn\omega_0 t})$$

이 식을 푸리에 급수에 적용하면

$$f(t) = a_0 + \sum_{n=1}^{\infty}(a_n \cos n\omega_0 t + b_n \sin n\omega_0 t)$$

$$= a_0 + \sum_{n=1}^{\infty}\left[a_n \frac{e^{jn\omega_0 t} + e^{-jn\omega_0 t}}{2} + b_n \frac{e^{jn\omega_0 t} - e^{-jn\omega_0 t}}{2j}\right]$$

$$= a_0 + \sum_{n=1}^{\infty}\left[\left(\frac{a_n}{2} + \frac{b_n}{2j}\right)e^{jn\omega_0 t} + \left(\frac{a_n}{2} - \frac{b_n}{2j}\right)e^{-jn\omega_0 t}\right]$$

$$= c_0 + \sum_{n=1}^{\infty}\left[c_n e^{jn\omega_0 t} + c_{-n} e^{-jn\omega_0 t}\right]$$

여기서

$$c_0 = a_0 = \frac{1}{T}\int_{-\frac{T}{2}}^{\frac{T}{2}} f(t)dt$$

$$c_n = \frac{1}{2}(a_n - jb_n)$$

$$= \frac{1}{T}\left[\int_{-\frac{T}{2}}^{\frac{T}{2}} f(t)\cos n\omega_0 t dt - j\int_{-\frac{T}{2}}^{\frac{T}{2}} f(t)\sin n\omega_0 t dt\right]$$

$$= \frac{1}{T}\int_{-\frac{T}{2}}^{\frac{T}{2}} f(t)e^{-jn\omega_0 t}dt$$

$$c_{-n} = \frac{1}{2}(a_n + jb_n) = \frac{1}{T}\int_{-\frac{T}{2}}^{\frac{T}{2}} f(t)e^{jn\omega_0 t}dt$$

위에 c_0, c_n, c_{-n}의 계수식을 정리하면 다음과 같이 쓸 수 있다.

$$c_n = \frac{1}{T}\int_{-\frac{T}{2}}^{\frac{T}{2}} f(t)e^{-jn\omega_0 t}dt\,,\ (n = 0, \pm 1, \pm 2, \pm 3, \cdots)$$

이상을 정리하면 주기함수 $f(t)$는 다음과 같은 복소수 형태의 푸리에 급수를 얻는다.

복소 푸리에 지수 급수

$$f(t) = \sum_{n=-\infty}^{\infty} c_n e^{jnw_0 t}$$

여기서

$$c_n = \frac{1}{T}\int_{-\frac{T}{2}}^{\frac{T}{2}} f(t)e^{-jnw_0 t}dt\,,\quad n = 0, \pm 1, \pm 2, \pm 3, \cdots$$

예제 7.4 [그림 7.10]과 같은 톱니파를 복소형 푸리에 급수로 전개하시오.

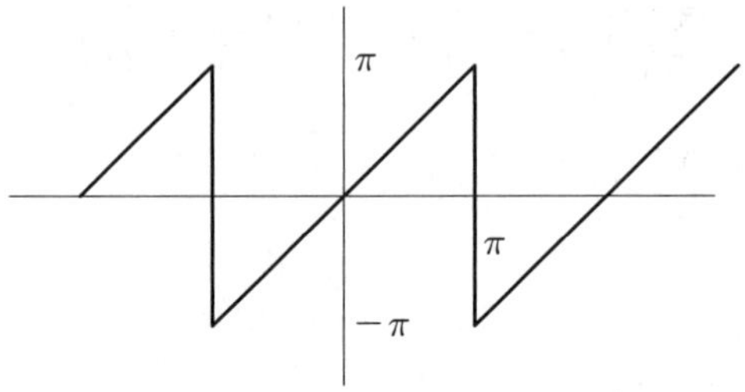

[그림 7.10] 톱니파

풀이 1주기 동안의 함수식을 구하면

$$f(t)=t \quad (-\pi<t<\pi)$$

복소 푸리에 계수는

$$c_n=\frac{1}{2\pi}\int_{-\pi}^{\pi} te^{-jnt}dt$$

이므로, 부분적으로 풀면

$$c_n=\frac{1}{2\pi}\left[-\frac{t}{jn}e^{-jnt}\right]_{-\pi}^{\pi}+\frac{1}{jn}\int_{-\pi}^{\pi}e^{-jnt}dt$$

$$=\frac{1}{2\pi}\left[-\frac{\pi}{jn}(e^{-jn\pi}+e^{jn\pi})+\frac{1}{n^2}(e^{-jn\pi}-e^{jn\pi})\right]$$

$$=\frac{1}{2\pi}\left[-\frac{\pi}{jn}2\cos n\pi-\frac{2j}{n^2}\sin n\pi\right]$$

$$=\frac{1}{jn}(-1)^{n+1}$$

따라서 $f(t)$에 대한 복소 푸리에 급수는

$$f(t)=\sum_{n=-\infty}^{\infty}\frac{1}{jn}(-1)^{n+1}e^{jnt}$$

$$=\frac{1}{j}(e^{jt}-e^{-jt})-\frac{1}{2j}(e^{j2t}-e^{-j2t})+\cdots\cdots$$

$$=2\left[\sin t-\frac{1}{2}\sin 2t+\frac{1}{3}\sin 3t+\cdots\cdots\right]$$

7.5 푸리에 변환

푸리에 급수는 주기함수에서만 적용되지만 이를 비주기함수에도 적용되도록 확장한 것이 푸리에 변환(Fourier transform)이다. 푸리에 변환은 펄스폭은 그대로 유지하고, 주기 T만 $T\to\infty$로 극한을 취하여 더 이상 주기함수가 아닌 한 주기의 파형만이 남게 된다. 즉, 푸리에 계수는 연속함수가 되는 것이다. 푸리에 변환은 비주기성 파형에 대하여 진폭과 위상에 대한 해석적 수단을 제공한다.

함수 $f(t)$에 대한 복소 푸리에 급수

$$f(t)=\frac{1}{T}\sum_{n=-\infty}^{\infty}c_n e^{jn\omega_0 t}\,,\quad \left(\omega_0=\frac{2\pi}{T}\right)$$

$$c_n=\int_{-\frac{T}{2}}^{\frac{T}{2}}f(t)e^{-jn\omega_0 t}dt$$

에서, $T\to\infty$로 취하여 정리하면 각 변수들은 다음과 같은 연속적인 변수로 변한다.

$$\omega_0=d\omega,\ n\omega_0=\omega,\ \frac{1}{T}=\frac{\omega_0}{2\pi}\to\frac{d\omega}{2\pi}$$

$$\begin{aligned}
f(t)&=\lim_{T\to\infty}\sum_{n=-\infty}^{\infty}\left[\frac{1}{T}\int_{-\frac{T}{2}}^{\frac{T}{2}}f(t)e^{-jn\omega_0 t}dt\right]e^{jn\omega_0 t}\\
&=\int_{-\infty}^{\infty}\frac{1}{2\pi}d\omega\int_{-\infty}^{\infty}f(t)e^{-j\omega t}dt e^{j\omega t}\\
&=\frac{1}{2\pi}\int_{-\infty}^{\infty}\left[\int_{-\infty}^{\infty}f(t)e^{-j\omega t}dt\right]e^{j\omega t}d\omega\\
&=\frac{1}{2\pi}\int_{-\infty}^{\infty}F(\omega)e^{j\omega t}d\omega
\end{aligned}$$

여기서

$$F(\omega)=\int_{-\infty}^{\infty}f(t)\,e^{-j\omega t}dt\quad [\text{단, }\int_{-\infty}^{\infty}|f(t)|\,dt<\infty] \tag{7.17}$$

위 식 (7.14)인 $F(\omega)$를 함수 $f(t)$의 푸리에 변환(Fourier transform)이라 하고 식 $f(t)$를 함수 $F(\omega)$의 역 푸리에 변환(inverse Fourier transform)이라 한다.

푸리에 변환은 시간함수 $f(t)$를 주파수 함수 $F(\omega)$로 변환하는 과정이며, 역 푸리에 변환은 주파수 함수 $F(\omega)$를 시간함수 $f(t)$로 변환하는 과정이다.

푸리에 변환, 역푸리에 변환

① 푸리에 변환

$$F(w)=F[f(t)]=\int_{-\infty}^{\infty}f(t)e^{-j\omega t}dt$$

② 역 푸리에 변환

$$f(t)=F^{-1}[F(\omega)]=\frac{1}{2\pi}\int_{-\infty}^{\infty}F(\omega)e^{j\omega t}d\omega=\int_{-\infty}^{\infty}F(\omega)d^{j\omega t}df$$

〈$F(\omega)$는 복소함수로 진폭 및 위상 스펙트럼이 연속함수로 주어진다.〉

7.5.1 중요한 함수의 푸리에 변환

1) 지수함수

$f(t)=e^{-at}u(t)$, $(t\geq 0)$의 푸리에 변환을 하면

$$F[e^{-at}u(t)]=\int_{-\infty}^{\infty}e^{-at}u(t)e^{-j\omega t}dt=\int_{0}^{\infty}e^{-(a+j\omega)t}dt$$

$$=\left[-\frac{1}{a+jw}e^{-(a+j\omega)t}\right]_0^{\infty}$$

$$=\frac{1}{a+j\omega}$$

지수함수(exponential function)의 푸리에 변환

$$F\left[e^{-at}u(t)\right]=\frac{1}{a+j\omega},\ (t\geq 0)$$

$$|F(\omega)|=\frac{1}{\sqrt{a^2+\omega^2}}$$

$$\Phi(\omega)=-\tan^{-1}\frac{\omega}{a}$$

예제 7.5 다음 함수의 푸리에 변환을 구하고, $\omega=4$[rad/sec]일 때 진폭과 위상을 구하시오.

$$f(t)=10e^{-4t}u(t)$$

풀이 i) $F(\omega)=10\int_{-\infty}^{\infty}e^{-4t}u(t)e^{-j\omega t}dt$

$$=10\int_{0}^{\infty}e^{-(4+j\omega)t}dt$$

$$=\frac{10}{4+j\omega}$$

ii) $\omega=4$일 때

$$F(\omega)=\frac{10}{4+4j}=\frac{10}{\sqrt{4^2+4^2}}\angle-\tan\frac{4}{4}$$

$$=\frac{5}{2\sqrt{2}}\angle-45°$$

---

2) 단위 임펄스 함수

[그림 7.11]과 같은 단위 임펄스 함수(unit impulse function)의 푸리에 변환은 정의식에 의하여

$$F[\delta(t)]=\int_{-\infty}^{\infty}\delta(t)e^{-j\omega t}dt=\int_{0-}^{0+}\delta(t)dt=e^{j0}=1$$

와 같으며 [그림 7.12]는 푸리에 변환의 진폭 스펙트럼을 나타내었다.

단위 임펄스 함수

$$F[\delta(t)]=1$$

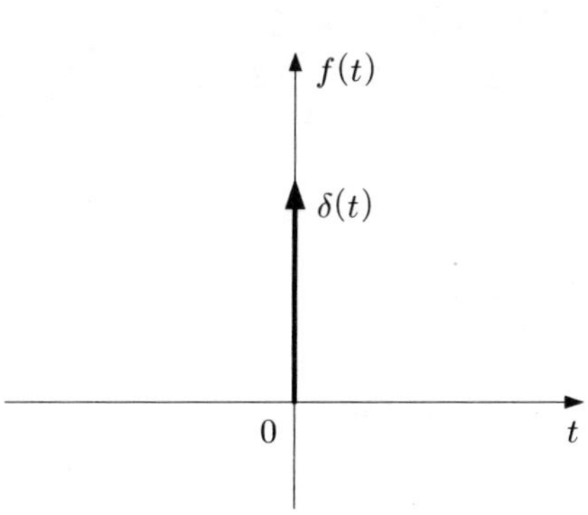

[그림 7.11] 단위 임펄스 함수

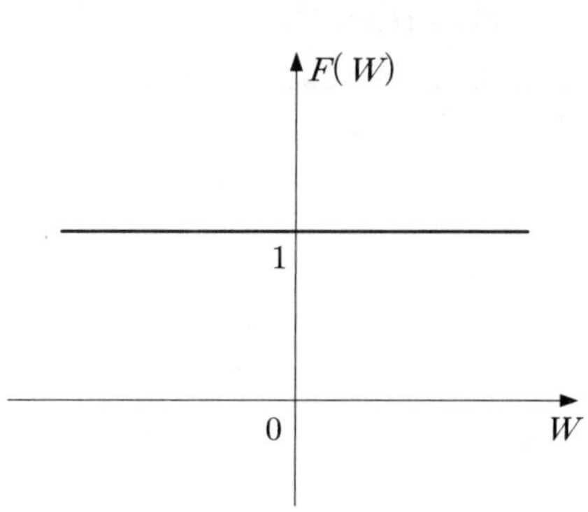

[그림 7.12] 진폭 스펙트럼

예제 7.6 다음 함수의 푸리에 변환을 구하시오.

$$f(t) = 5\delta(t)$$

풀이 $F[5\delta(t)] = 5F[\delta(t)] = 5$

3) 시그넘 함수

[그림 7.13]과 같은 시그넘(signum : 부호) 함수는 다음과 같이 표현된다.

$$sgn(t) = \begin{cases} 1 & : \ t > 0 \\ 0 & : \ t = 0 \\ -1 & : \ t < 0 \end{cases} \qquad \text{또는} \qquad sgn(t) = 2u(t) - 1$$

이 시그넘 함수의 푸리에 변환은 먼저 함수를 변환하고 정의식에 의하여

$$\begin{aligned} F[sgn(t)] &= \lim_{a \to 0}\left[\int_0^{\infty} e^{-at} \cdot e^{-j\omega t}dt - \int_{-\infty}^{0} e^{at} \cdot e^{-j\omega t}dt\right] \\ &= \lim_{a \to 0}\left[\frac{1}{a+j\omega} - \frac{1}{a-j\omega}\right] \\ &= \lim_{a \to 0}\frac{-j2\omega}{a^2+\omega^2} = \frac{2}{j\omega} \end{aligned}$$

으로 변환된다.

시그넘(부호) 함수

$$F[sgn(t)] = \frac{2}{j\omega}$$

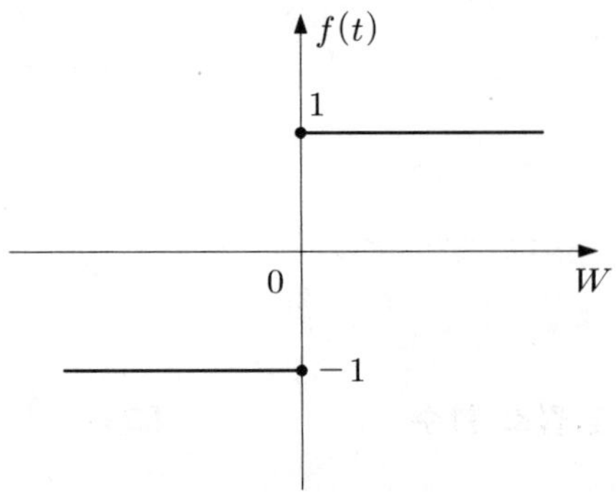

[그림 7.13] 시그넘 함수

예제 7.7 다음 함수의 푸리에 변환을 구하시오.

$$f(t) = 20\,sgn(t)$$

풀이 $F[20sgn(t)] = 20\,F[sgn(t)] = 20\dfrac{2}{j\omega} = \dfrac{40}{j\omega}$

4) 단위계단함수

단위계단함수는 다음과 같이 표현된다.

$$u(t) = \begin{cases} 1 & : \quad t \geq 0 \\ 0 & : \quad t \leq 0 \end{cases}$$

이 계단함수는 평균값과 시그넘 함수를 이용하여 쓰면

$$u(t) = \frac{1}{2}[\,1 + sgn(t)\,]$$

이 된다. 이 식을 푸리에 변환을 하면

$$F[\,u(t)] = \frac{1}{2}F[1] + \frac{1}{2}F[\,sgn(t)] = \pi\delta(\omega) + \frac{1}{j\omega}$$

단위계단함수

$$F[\,u(t)\,] = \pi\delta(\omega) + \frac{1}{j\omega}$$

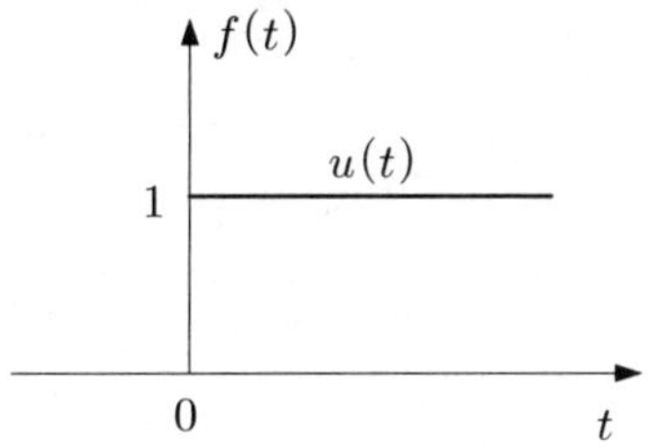

[그림 7.14] **단위계단함수**

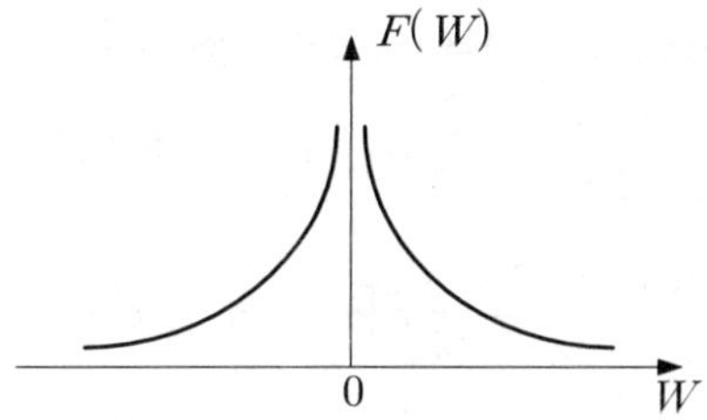

[그림 7.15] **진폭 스펙트럼**

예제 7.8 다음 함수의 푸리에 변환을 구하시오.

$$f(t) = 5u(t) + sgn(t)$$

풀이
$$F[5u(t) + sgn(t)] = 5\,F[u(t)] + F[sgn(t)]$$
$$= 5\left\{\pi\delta(\omega) + \frac{1}{j\omega}\right\} + \frac{2}{j\omega} = 5\pi\delta(\omega) + \frac{7}{j\omega}$$

5) 복소지수함수

$f(t)=e^{j\omega_0 t}$의 푸리에 변환은 $F(\omega)=2\pi\delta(\omega-\omega_0)$이다.

증명

$$F^{-1}[2\pi\delta(\omega-\omega_0)]=\frac{1}{2\pi}\int_{-\infty}^{\infty}2\pi\delta(\omega-\omega_0)e^{j\omega t}d\omega$$
$$=\int_{-\infty}^{\infty}\delta(\omega-\omega_0)e^{j\omega t}d\omega$$
$$=e^{j\omega_0 t}$$

복소지수함수

$$F[e^{j\omega_0 t}]=2\pi\delta(\omega-\omega_0)$$

예제 7.9 다음 함수의 푸리에 변환을 구하시오.

$$f(t)=2e^{j3t}$$

풀이 $F[2e^{j3t}]=2F[e^{j3t}]=4\pi\delta(\omega-3)$

6) 삼각함수

(1) Cosin 함수

$f(t)=\cos\omega_0 t$의 푸리에 변환을 하면 다음 식과 같다.

$$F[\cos\omega_0 t]=\frac{1}{2}F[e^{j\omega_0 t}+e^{-j\omega_0 t}]$$
$$=\frac{1}{2}F[e^{j\omega_0 t}]+\frac{1}{2}F[e^{-j\omega_0 t}]$$
$$=\pi\delta(\omega-\omega_0)+\pi\delta(\omega+\omega_0)$$

(2) Sin 함수

$f(t)=\sin\omega_0 t$의 푸리에 변환을 하면 다음 식과 같다.

$$F[\sin\omega_0 t]=\frac{1}{2j}F[e^{j\omega_0 t}-e^{-j\omega_0 t}]$$
$$=\frac{1}{2j}F[e^{j\omega_0 t}]-\frac{1}{2j}F[e^{-j\omega_0 t}]$$
$$=j\pi\delta(\omega+\omega_0)-j\pi\delta(\omega-\omega_0)$$

삼각함수

$$F[\cos\omega_0 t] = \pi\delta(\omega-\omega_0) + \pi\delta(\omega+\omega_0)$$
$$F[\sin\omega_0 t] = j\pi\delta(\omega+\omega_0) - j\pi\delta(\omega-\omega_0)$$

예제 7.10 다음 함수의 푸리에 변환을 구하시오.

$$f(t) = 5\cos 10t + 10\sin 5t$$

풀이

$$F[5\cos 10t + 10\sin 5t] = 5F[\cos 10t] + 10F[\sin 5t]$$
$$= 5\pi[\delta(\omega+10) + \delta(\omega-10)] + j10\pi[\delta(\omega+5) - \delta(\omega-5)]$$

〈표 7.2〉 **푸리에 변환표**

번호	함수명	$f(t)$	$F(\omega)$
1	단측 지수함수	$e^{-at}u(t)\ (a>0)$	$\dfrac{1}{a+jw}$
2	양측 지수함수	$e^{-a\|t\|}\ (a>0)$	$\dfrac{2a}{a^2+\omega^2}$
3	게이트 함수	$AG_a(t)$	$aAS_a(\omega a/2)$
4	임펄스 함수	$\delta(t)$	1
5	상수	A	$2\pi A\delta(\omega)$
6	시그넘(부호) 함수	$sgn(t)$	$\dfrac{2}{j\omega}$
7	단위계단함수	$u(t)$	$\pi\delta(\omega) + \dfrac{1}{j\omega}$
8	지수함수	$e^{j\omega t}$	$2\pi\delta(\omega-\omega_0)$
9	정현함수	$\sin\omega_0 t$	$j\pi[\delta(\omega+\omega_0) - \delta(\omega-\omega_0)]$
10	여현함수	$\cos\omega_0 t$	$\pi A[\delta(\omega-\omega_0) + \delta(\omega+\omega_0)]$

7.5.2 푸리에 변환과 라플라스 변환의 관계

푸리에 변환과 라플라스 변환 사이의 주요한 차이점은 다음과 같다.

① 푸리에 변환에서 $j\omega$는 라플라스 변환에서 s에 해당한다.

② 정변환에서 적분의 시간극한은 라플라스 변환에서는 한쪽에만(적분구간 : $0 \sim \infty$), 푸리에 변환에서는 양쪽 모두에(적분구간 : $-\infty \sim \infty$) 존재한다.

③ 역변환에서 적분경로는 푸리에 변환에서는 허축이며, 라플라스 변환에서는 σ_1으로 대치된다.

④ $t<0$일 때 $f(t)=0$이면, $f(t)$의 라플라스 변환은, $f(t)$와 수렴인자 $e^{-\sigma t}$를 곱한 함수의 푸리에 변환과 같다. 즉,

$$\mathcal{L}[f(t)] = F[f(t)e^{-\sigma t}]$$

두 변환에 대한 이 관계는 라플라스 변환의 성질을 $s=j\omega$로 하여 푸리에 변환에 응용할 수 있다는 이점을 준다.

〈표 7.3〉 푸리에 변환과 라플라스 변환의 비교

	라플라스 변환	푸리에 변환
정 변 환	$F(s)=\int_0^{\infty} f(t)\,e^{-st}\,dt$	$F(j\omega)=\int_{-\infty}^{\infty} f(t)\,e^{-j\omega t}\,dt$
역 변 환	$f(t)=\frac{1}{2\pi j}\int_{\sigma_1-j\infty}^{\sigma_1+j\infty} F(s)\,e^{st}\,ds$	$f(t)=\frac{1}{2\pi}\int_{-\infty}^{\infty} F(j\omega)\,e^{j\omega t}\,d\omega$

〈표 7.4〉 푸리에 변환의 성질

항 목	$Ff(t)=F(j\omega)$라는 가정에서
정 의	$F(j\omega)=\int_{-\infty}^{\infty} f(t)e^{-j\omega t}\,dt$ $f(t)=\frac{1}{2\pi}\int_{-\infty}^{\infty} F(j\omega)e^{j\omega t}\,d\omega$
중 첩	$F[af_1(t)+bf_2(t)]=aF_1(j\omega)+bF_2(j\omega)$
1) $f(t)$가 우함수일 때	$F(j\omega)=2\int_0^{\infty} f(t)\cos\omega t\,dt$
2) $f(t)$가 기함수일 때	$F(j\omega)=2j\int_0^{\infty} f(t)\sin\omega t\,dt$
t의 음수에 대하여	$F[f(-t)]=F^*(j\omega)$

항　목	$Ff(t)=F(j\omega)$라는 가정에서
스케일(scaling)　a) 시간 b) 크기	$F[f(at)]=\frac{1}{\lvert a\rvert}F\left(\frac{j\omega}{a}\right)$ $F[af(t)]=aF(j\omega)$
미　분	$F\left[\frac{d^n}{dt^n}f(t)\right]=(j\omega)^n F(j\omega)$
적　분	$F[\int_{-\infty}^{t} f(x)\,dx]=\frac{1}{j\omega}F(j\omega)+\pi F(0)\delta(\omega)$
시간이동(shifting)	$F[f(t-a)]=F(j\omega)\,e^{-j\omega a}$
변　조	$F[f(t)e^{j\omega_0 t}]=F[j(\omega-\omega_0)]$ $F[f(t)\cos\omega_0 t]=\frac{1}{2}F[j(\omega-\omega_0)]+F[j(\omega-\omega_0)]$ $F[f(t)\sin\omega_0 t]=\frac{1}{2}jF[j(\omega-\omega_0)-F[j(\omega+\omega_0)]$
시간 콘벌루션(convolution)	$F^{-1}[F_1(j\omega)\,F_2(j\omega)]=\int_{-\infty}^{\infty} f_1(\tau)\,f_2(t-\tau)\,d\tau$
주파수 콘벌루션(convolution)	$F[f_1(t)\,f_2(t)]=\frac{1}{2\pi}\int_{-\infty}^{\infty} F_1(j\lambda)\,F_2[(j(\omega-\lambda)]\,d\lambda$

연습문제 19

1. 그림과 같은 파형을 푸리에 급수로 전개하시오.

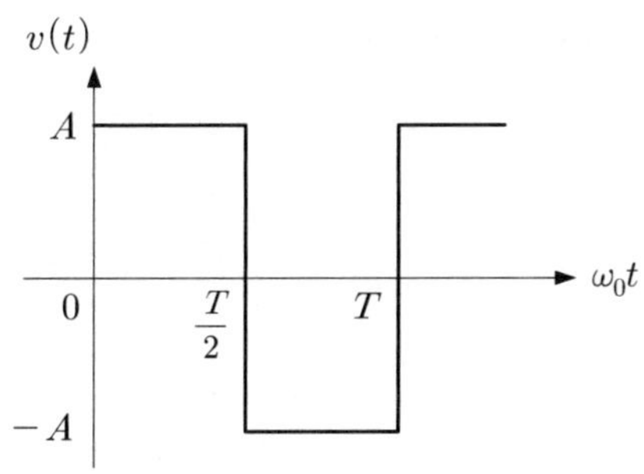

[그림 7.16]　연습문제 1

2. 그림과 같은 파형을 푸리에 급수로 전개하시오.

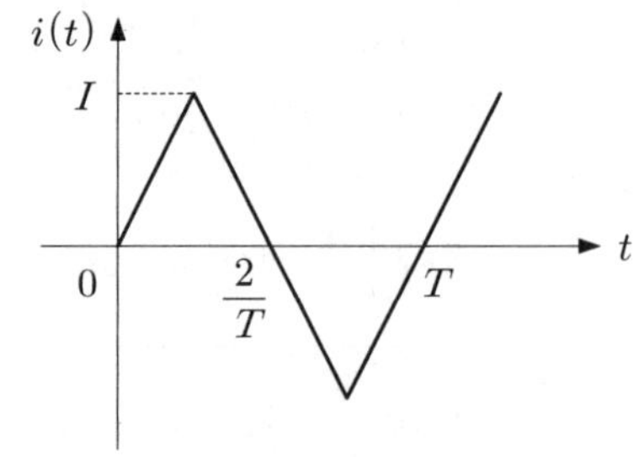

[그림 7.17] 연습문제 2

3. 그림과 같은 파형을 푸리에 급수로 전개하시오.

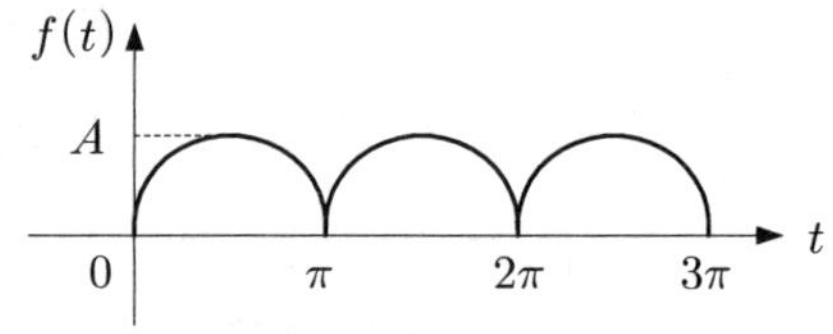

[그림 7.18] 연습문제 3

4. 그림과 같은 파형을 푸리에 급수로 전개하시오.

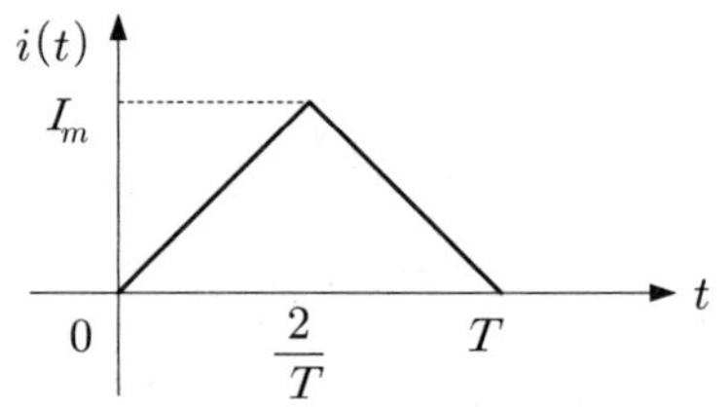

[그림 7.19] 연습문제 4

5. 다음 함수들을 푸리에 변환을 하시오.

① $f(t)=5e^{-3t}u(t)$ ② $f(t)=a$

③ $f(t)=\sin 5t$ ④ $f(t)=\cos 10t$

⑤ $f(t)=5e^{-t}+e^{-3t}$ ⑥ $f(t)=Au(t)$

제 8 장

벡터 해석

8.1 스칼라장과 벡터장

물건의 개수, 길이, 면적, 무게 등의 양은 5개, 10cm, 8kg 등과 같이 단위의 크기를 정하면 하나의 실수 값 5, 10, 8 등을 써서 나타낼 수 있다. 이와 같이 크기만으로 정해지는 양을 스칼라(scalar)라 한다.

또한 평면 또는 공간에 있는 어떤 물체에 힘을 줄 때 힘의 크기에 따라 물체는 다른 운동을 한다. 또 힘의 크기가 같다고 해도 힘이 작용하는 방향에 따라 그 물체의 운동은 달라진다. 따라서 크기와 방향을 함께 고려할 필요가 있다. 곧, 힘, 속도, 도형의 평행이동과 같이 크기와 방향을 함께 가지는 양을 벡터(vector)라 한다.

[그림 8.1]처럼 점 A에서 점 B로 향하는 방향을 갖는 선분 AB를 유향선분이라 하고 A를 시점, B를 종점이라 하며, 유향선분 AB에서 시점 A의 위치에는 관계없이 크기와 방향만을 생각하여 이를 $\overrightarrow{AB}$ 로 나타낸다.

8.2 벡터의 덧셈과 뺄셈

8.2.1 벡터의 합

1) 삼각형의 법칙

벡터 $\overrightarrow{AB}$와 벡터 $\overrightarrow{BC}$의 합은 삼각형 법칙에 의하여 벡터 $\overrightarrow{AC}$가 된다.

$$\vec{a}+\vec{b}=\vec{c} \Leftrightarrow \overrightarrow{AB}+\overrightarrow{BC}=\overrightarrow{AC}$$

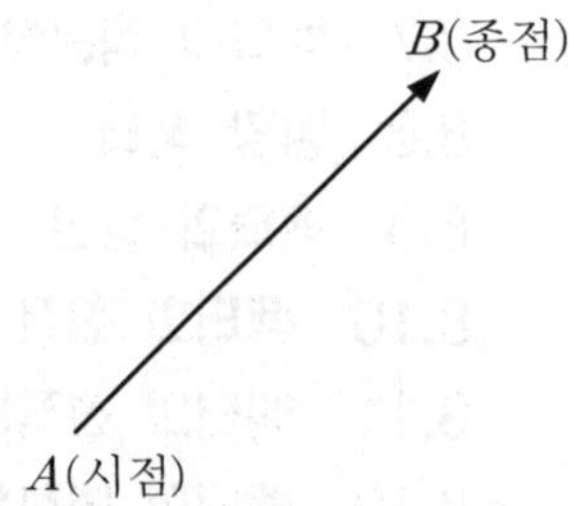

[그림 8.1] 벡터

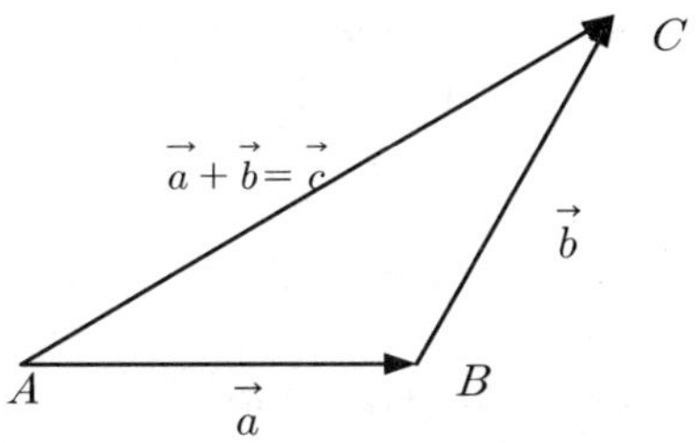

[그림 8.2] 삼각형의 법칙

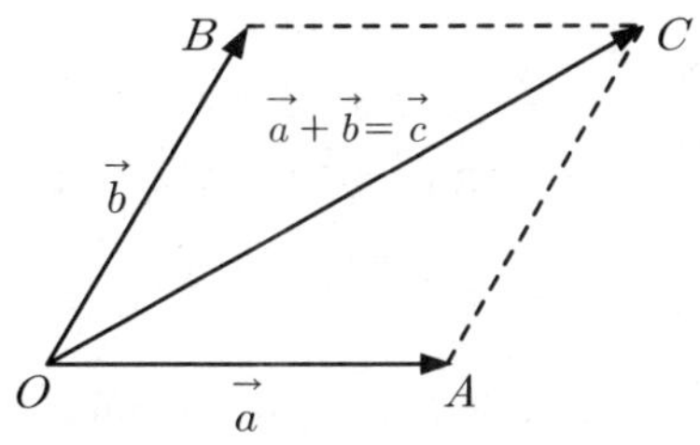

[그림 8.3] 평행사변형의 법칙

2) 평행사변형의 법칙

두 벡터 $\vec{a}$, $\vec{b}$의 합은 그림과 같이 O를 시점으로 하여 벡터 $\vec{a}$, $\vec{b}$와 같게 각각 $\overrightarrow{OA}$, $\overrightarrow{OB}$ 를 잡으면 평행사변형법에 따라 두 벡터의 합은 $\overrightarrow{OC}$ 가 된다.

$$\vec{a}+\vec{b}=\vec{c} \Leftrightarrow \overrightarrow{OA}+\overrightarrow{OB}=\overrightarrow{OC}$$

8.2.2 벡터의 뺄셈

두 벡터 $\vec{a}$, $\vec{b}$ 에 대하여 벡터 $\vec{a}$ 에서 벡터 $\vec{b}$ 를 뺀 벡터를 $\vec{c}$ 라 하면 [그림 8.4]와 같이

$$\vec{a}-\vec{b}=\vec{c} \Leftrightarrow \overrightarrow{OA}-\overrightarrow{OB}=\overrightarrow{BA}$$

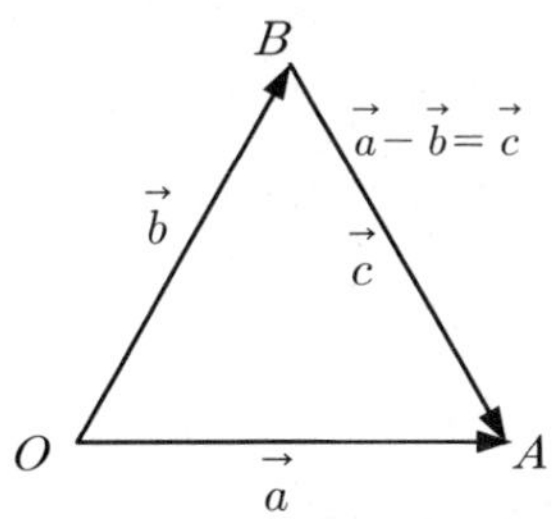

[그림 8.4] 벡터의 뺄셈

벡터의 성질

①	$\vec{a}+\vec{b}=\vec{b}+\vec{a}$	(교환법칙)
②	$(\vec{a}+\vec{b})+\vec{c}=\vec{a}+(\vec{b}+\vec{c})$	(결합법칙)
③	$m(\vec{a}+\vec{b})=m\vec{a}+m\vec{b}$	(배분법칙)
④	$(mn)\vec{a}=m(n\vec{a})=n(m\vec{a})$	
⑤	$0\vec{a}=0,\ 1\vec{a}=\vec{a}$	

예제 8.1 다음 벡터를 간단히 하시오.

① $2(3\vec{a}-2\vec{b})+5(\vec{a}-3\vec{b})$

② $3(\vec{a}+5\vec{b})-2(3\vec{a}-\vec{b})$

풀이 ① $2(3\vec{a}-2\vec{b})+5(\vec{a}-3\vec{b})=6\vec{a}-4\vec{b}+5\vec{a}-15\vec{b}=11\vec{a}-19\vec{b}$

② $3(\vec{a}+5\vec{b})-2(3\vec{a}-\vec{b})=3\vec{a}+15\vec{b}-6\vec{a}+2\vec{b}=-3\vec{a}+17\vec{b}$

8.3 벡터의 성분

8.3.1 평면 벡터의 성분

[그림 8.5]와 같이 좌표평면 위에서 x축의 양의 방향과 같은 방향을 갖는 단위 벡터를 $\vec{e_1}$, y축의 양의 방향과 같은 방향을 갖는 단위 벡터를 $\vec{e_2}$로 나타내고, 벡터 $\vec{e_1}$, $\vec{e_2}$를 평면의 기본 벡터(혹은 기본 단위 벡터)라 한다.

평면 위의 한 벡터 $\vec{a}$에 대하여 $\vec{a}$의 시점을 원점 O로 하여 $\vec{a}=\overrightarrow{OA}$가 되도록 종점 A를 정할 때, A의 좌표가 점$(3, 2)$가 되었다고 하자.

이때, 벡터 $\overrightarrow{OA}$의 x축, y축 위의 정사영을 각각 $\overrightarrow{OA_1}$, $\overrightarrow{OA_2}$라 하면

$$\overrightarrow{OA_1}=3\vec{e_1} \quad \overrightarrow{OA_2}=2\vec{e_2}$$

이므로 $\vec{a}=\overrightarrow{OA}$는 다음과 같다.

$$\vec{a}=\overrightarrow{OA}=\overrightarrow{OA_1}+\overrightarrow{OA_2}=3\vec{e_1}+2\vec{e_2}$$

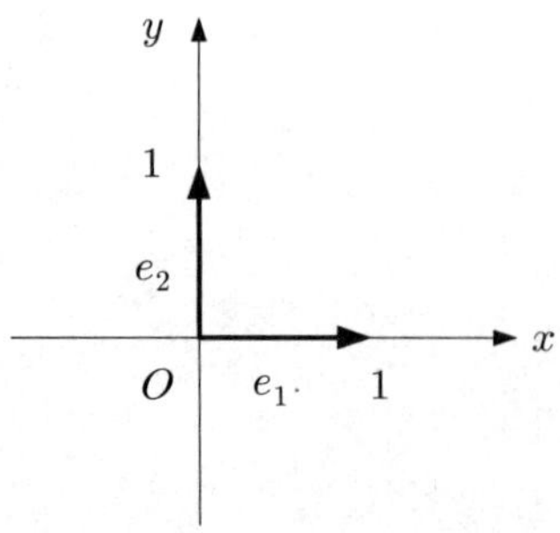

[그림 8.5] 기본 단위 벡터

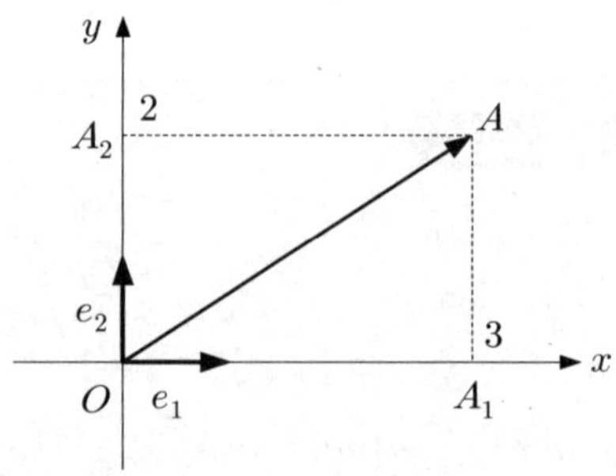

[그림 8.6] 벡터의 성분

이때, 3을 $\vec{a}$의 x 성분, 2를 $\vec{a}$의 y 성분이라 하고, 3, 2를 통틀어서 벡터 $\vec{a}$의 성분이라 한다.

일반적으로, A의 좌표가 $A(a_1, a_2)$일 때에는 다음 식으로 나타낸다.

$$\vec{a} = a_1\overrightarrow{e_1} + a_2\overrightarrow{e_2} \quad \leftrightarrow \quad \vec{a} = (a_1,\ a_2)$$

평면 벡터 성분의 성질

① $\vec{a} = \overrightarrow{OA}$ 에서 $O(0, 0)$, $A(a_1, a_2)$라 하면

$\vec{a} = a_1\overrightarrow{e_1} + a_2\overrightarrow{e_2} \quad \leftrightarrow \quad \vec{a} = (a_1, a_2)$

② $\vec{a} = (a_1, a_2)$, $\vec{b} = (b_1, b_2)$이고 m이 실수일 때

i) $\vec{a} = \vec{b} \Rightarrow a_1 = b_1,\ a_2 = b_2$

ii) $|\vec{a}| = \sqrt{a_1^2 + a_2^2}$

iii) $m\vec{a} = (ma_1,\ ma_2)$

iv) $\vec{a} + \vec{b} = (a_1 + b_1,\ a_2 + b_2)$

v) $\vec{a} - \vec{b} = (a_1 - b_1,\ a_2 - b_2)$

예제 8.2 다음 각 벡터를 성분으로 나타내시오.

① $\vec{a} = 3\overrightarrow{e_1} - 4\overrightarrow{e_2}$ ② $\vec{b} = 4\overrightarrow{e_2} + 3\overrightarrow{e_1}$

풀이 ① $\vec{a} = (3, -4)$

② $\vec{b} = 3\overrightarrow{e_1} + 4\overrightarrow{e_2}$ 이므로, $\vec{b} = (3, 4)$

예제 8.3 $\vec{a} = (2, 1)$, $\vec{b} = (2, -1)$, $\vec{c} = (3, 5)$일 때 다음 각 벡터를 성분으로 나타내시오.

① $-\vec{a}$ ② $3\vec{b}$

③ $\vec{a} + 2\vec{b}$ ④ $4\vec{a} - 2\vec{b} - \vec{c}$

풀이 ① $-\vec{a} = -(2, 1) = (-2, -1)$

② $3\vec{b} = 3(2, -1) = (6, -3)$

③ $\vec{a} + 2\vec{b} = (2, 1) + 2(2, -1) = (2, 1) + (4, -2) = (6, -1)$

④ $4\vec{a} - 2\vec{b} - \vec{c} = 4(2, 1) - 2(2, -1) - (3, 5)$

$= (8, 4) + (-4, 2) + (-3, -5)$

$= (8-4-3,\ 4+2-5) = (1, 1)$

8.4 공간 벡터

8.4.1 공간 벡터의 성분

[그림 8.7]과 같은 좌표공간에서 x축, y축, z축의 양의 방향과 같은 방향을 가지는 단위 벡터를 각각 $\overrightarrow{e_1}, \overrightarrow{e_2}, \overrightarrow{e_3}$를 기본 벡터(기본 단위 벡터)라 한다.

좌표공간에서 임의의 벡터 $\vec{a}$에 대하여 $\vec{a}$의 시점을 원점 O로 하여 $\vec{a}=\overrightarrow{OA}$가 되도록 종점 A를 정할 때, A의 좌표를 $A(a_1, a_2, a_3)$라 하고 점 A에서 x축, y축, z축에 내린 수선의 발을 각각 A_1, A_2, A_3라 하면

$$\overrightarrow{OA_1}=a_1\overrightarrow{e_1},\ \overrightarrow{OA_2}=a_2\overrightarrow{e_2},\ \overrightarrow{OA_3}=a_3\overrightarrow{e_3}$$

이므로 $\vec{a}=\overrightarrow{OA}$ 는

$$\begin{aligned}\vec{a} &= \overrightarrow{OA}=\overrightarrow{OA_1}+\overrightarrow{OA_2}+\overrightarrow{OA_3}\\ &= a_1\overrightarrow{e_1}+a_2\overrightarrow{e_2}+a_3\overrightarrow{e_3}\end{aligned}$$

로 나타낸다.

이때 a_1, a_2, a_3를 각각 $\vec{a}$의 x성분, y성분, z성분이라 하고 a_1, a_2, a_3를 $\vec{a}$의 성분이라 한다.

좌표공간에서 기본 벡터와 0벡터를 성분으로 나타내면 다음과 같다.

$$\overrightarrow{e_1}=(1, 0, 0),\ \overrightarrow{e_2}=(0, 1, 0),\ \overrightarrow{e_3}=(0, 0, 1),\ \vec{0}=(0, 0, 0)$$

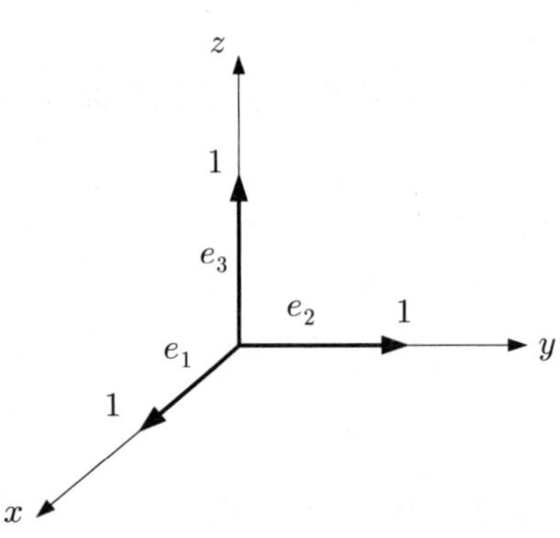

[그림 8.7] 기본 단위 벡터

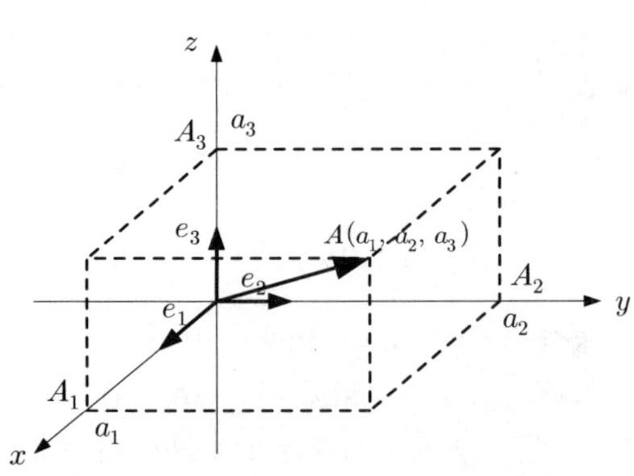

[그림 8.8] 벡터 $A=(a_1, a_2, a_3)$

공간 벡터의 성질

① $\vec{a} = \overrightarrow{OA}$에서 $O(0, 0, 0)$, $A(a_1, a_2, a_3)$이라 하면
$\vec{a} = a_1\vec{e_1} + a_2\vec{e_2} + a_3\vec{e_3} \Leftrightarrow \vec{a} = (a_1, a_2, a_3)$

② $\vec{a} = (a_1, a_2, a_3)$, $\vec{b} = (b_1, b_2, b_3)$이고 m이 실수일 때

i) $\vec{a} = \vec{b} \Rightarrow a_1 = b_1,\ a_2 = b_2,\ a_3 = b_3$

ii) $|\vec{a}| = \sqrt{a_1^2 + a_2^2 + a_3^2}$

iii) $m\vec{a} = (ma_1, ma_2, ma_3)$

iv) $\vec{a} + \vec{b} = (a_1 + b_1, a_2 + b_2, a_3 + b_3)$

v) $\vec{a} - \vec{b} = (a_1 - b_1, a_2 - b_2, a_3 - b_3)$

예제 8.4 다음 벡터를 성분으로 나타내시오.

① $\vec{a} = 2\vec{e_1} + 3\vec{e_2} + 4\vec{e_3}$　　② $\vec{b} = 3\vec{e_3} - 4\vec{e_2} + 5\vec{e_1}$

풀이 ① $\vec{a} = (2, 3, 4)$

② $\vec{b} = 5\vec{e_1} - 4\vec{e_2} + 3\vec{e_3}$ 이므로, $\vec{b} = (5, -4, 3)$

예제 8.5 $\vec{a} = -2\vec{e_1} + \vec{e_2} + 3\vec{e_3}$, $\vec{b} = \vec{e_1} + 3\vec{e_2} + 4\vec{e_3}$일 때 $2\vec{a} + \vec{b}$를 성분으로 나타내시오.

풀이 $\vec{a} = (-2, 1, 3)$, $\vec{b} = (1, 3, 4)$ 이므로 $2\vec{a} + \vec{b} = 2(-2, 1, 3) + (1, 3, 4) = (-3, 5, 10)$

8.5 벡터의 곱셈

8.5.1 벡터의 내적

벡터의 곱셈으로 결정되는 물리량 가운데 스칼라양인 것과 벡터양인 것이 있다. 곱이 스칼라양이 되는 것을 스칼라곱 또는 내적이라 하고 곱의 결과가 벡터양이 되는 것을 벡터곱 또는 외적이라 한다.

1) 벡터의 내적(스칼라곱)

벡터 $\vec{a}, \vec{b}$를 각각 $\vec{a} = \overrightarrow{OA}$, $\vec{b} = \overrightarrow{OB}$로 나타내었을 때, 선분 OA, OB가 이루는 각의 크기 중에서 작은 것을 두 벡터 $\vec{a}, \vec{b}$가 이루는 각의 크기라 한다. 즉, 벡터 $\vec{a}$, $\vec{b}$가 이루는 각의 크기 $\theta = \angle AOB$는 항상 $0 \leq \theta \leq \pi$이다.

이때 벡터 $\vec{a}$, $\vec{b}$의 크기 $|a|$, $|\vec{b}|$와 $\cos\theta$와의 곱 $|\vec{a}||\vec{b}|\cos\theta$를 벡터 $\vec{a}$와 $\vec{b}$의 내적 또는 스칼라곱이라 하고, $\vec{a} \cdot \vec{b}$ 또는 $(\vec{a}, \vec{b})$로 나타낸다.

벡터의 내적 : $\vec{a} \cdot \vec{b} = |a| \cdot |b| \cos\theta$

벡터 내적의 정의

두 벡터 $\vec{a}, \vec{b}$가 이루는 각의 크기를 $\theta(0° \leq \theta \leq 180°)$라 할 때, $|\vec{a}|$, $|\vec{b}|$ 및 $\cos\theta$의 곱을 $\vec{a}$와 $\vec{b}$의 내적이라 하고, $\vec{a} \cdot \vec{b}$ 또는 $(\vec{a}, \vec{b})$로 표시한다.

$$(\vec{a}, \vec{b}) = \vec{a} \cdot \vec{b} = |\vec{a}||\vec{b}|\cos\theta$$

① $\vec{a} = 0$ 또는 $\vec{b} = 0$이면 $\vec{a} \cdot \vec{b} = 0$이다.

② $\vec{a} \cdot \vec{a} = |\vec{a}| \cdot |\vec{a}|\cos 0$ 곧 $\vec{a} \cdot \vec{a} = |\vec{a}|^2$

또한 $\vec{a} = (a_1, a_2)$, $\vec{b} = (b_1, b_2)$이고 $\vec{a}, \vec{b}$가 이루는 각을 θ라 하면

③ $\vec{a} \cdot \vec{b} = a_1 b_1 + a_2 b_2$

④ $\cos\theta = \dfrac{\vec{a} \cdot \vec{b}}{|\vec{a}| \cdot |\vec{b}|} = \dfrac{a_1 b_1 + a_2 b_2}{\sqrt{a_1^2 + a_2^2}\sqrt{b + b_2^2}}$

예제 8.6 다음 두 벡터의 내적과 두 벡터가 이루는 각을 구하시오.

$\vec{a} = (-7, -1)$, $\vec{b} = (-3, -4)$

풀이

$\vec{a} \cdot \vec{b} = (-7, -1) \cdot (-3, -4) = (-7) \cdot (-3) + (-1) \cdot (-4) = 25$

$|\vec{a}| = \sqrt{(-7)^2 + (-1)^2} = 5\sqrt{2}$

$|\vec{b}| = \sqrt{(-3)^2 + (-4)^2} = 5$

$\therefore \cos\theta = \dfrac{\vec{a} \cdot \vec{b}}{|\vec{a}| \cdot |\vec{b}|} = \dfrac{25}{5\sqrt{2} \cdot 5} = \dfrac{1}{\sqrt{2}}$

$\therefore \theta = 45 = \dfrac{\pi}{4}$

두 벡터 $\vec{a}, \vec{b}$ 가 서로 수직인 경우

$$\cos\theta = \cos 90° = 0$$

$$\therefore \vec{a} \cdot \vec{b} = 0$$

가 되고 두 벡터가 같은 방향으로 평행한 경우

$$\cos\theta = \cos 0 = 1$$

$$\therefore \vec{a} \cdot \vec{b} = |\vec{a}| \cdot |\vec{b}|$$

직교좌표계의 기본 벡터 간 스칼라곱을 이용하면

$$i \cdot i = j \cdot j = k \cdot k = 1$$

$$i \cdot j = j \cdot k = k \cdot i = 0$$

가 되므로 두 벡터 A, B를

$$A = A_x i + A_y j + A_z k$$

$$B = B_x i + B_y j + B_z k$$

로 표시하면, 두 벡터의 내적은

$$\begin{aligned} A \cdot B &= (A_x i + A_y j + A_z k) \cdot (B_x i + B_y j + B_z k) \\ &= A_x B_x i \cdot i + A_x B_y i \cdot j + A_x B_z i \cdot k \\ &\quad + A_y B_x j \cdot i + A_y B_y j \cdot j + A_y B_z j \cdot k \\ &\quad + A_z B_z k \cdot k + A_z B_y k \cdot j + A_z B_z k \cdot k \\ &= A_x B_x + A_y B_y + A_z B_z \end{aligned}$$

가 되므로 스칼라곱과 성분은 다음과 같다.

스칼라곱과 성분

① 평면좌표

$A = (A_x, A_y)$, $B = (B_x, B_y)$일 때

$A \cdot B = A_x B_x + A_y B_y$

② 공간좌표

$A = (A_x, A_y, A_z)$, $B = (B_x, B_y, B_z)$일 때

$A \cdot B = A_x B_x + A_u B_u + A_z B_z$

스칼라곱의 연산법칙

① $A \cdot B = B \cdot A$ (교환법칙)

② $(mA) \cdot B = A \cdot (mB) = m(A \cdot B)$, (단, m은 실수) (결합법칙)

③ $A \cdot (B + C) = A \cdot B + A \cdot C$ (분배법칙)

예제 8.7 두 벡터가 $A=4i+j+k$, $B=5i+2j+5k$일 때 스칼라곱 $A\cdot B$와 사잇각 θ를 구하시오.

풀이 $A\cdot B=(4\cdot 5)+(1\cdot 2)+(1\cdot 5)=27$이고, $A\cdot B=|A||B|\cos\theta$이므로

$$\cos\theta=\frac{A\cdot B}{|A||B|}=\frac{27}{\sqrt{4^2+1^2+1^2}\sqrt{5^2+2^2+5^2}}$$

$$=\frac{27}{\sqrt{18}\sqrt{54}}=\frac{\sqrt{3}}{2}$$

$$\therefore \theta=\cos^{-1}\frac{\sqrt{3}}{2}=30°$$

예제 8.8 다음 두 벡터의 내적을 구하시오.

① $A=(2,-3)$, $B=(5,4)$

② $A=(3,1,4)$, $B=(-2,-3,5)$

풀이 ① $A\cdot B=(2\cdot 5)+(-3\cdot 4)=-2$

② $A\cdot B=(2\cdot(-2))+(1\cdot(-3))+(4\cdot 5)=11$

8.5.2 벡터의 외적

두 벡터 A와 B의 사잇각이 θ일 때 벡터곱(vector product) 또는 외적(cross or outer product)은 다음과 같이 정의한다.

벡터곱

두 벡터 $A\cdot B$ 의 사잇각이 θ일 때

$$A\times B=[AB]=|A||B|\sin\theta=AB\sin\theta=AB\sin\theta$$

를 벡터곱으로 정의한다. 벡터곱의 방향은 벡터 A와 B를 포함하는 평행사변형에 수직이고 A쪽으로부터 B쪽으로 돌리는 오른나사의 진행방향이 된다.

벡터 B로부터 A로 돌리는 오른나사가 진행하는 방향은

$$B\times A=-A\times B$$

가 되므로 벡터곱에서는 교환법칙이 성립되지 않는다.

그리고 일반적으로

$$A\times(B\times C)\neq(A\times B)\times C$$

가 성립되어 결합법칙도 성립하지 않는다.

그러나 벡터의 덧셈에 대하여는

$$(A+B)\times C=A\times C+B\times C$$

인 분배법칙이 성립함을 알 수 있다.

두 벡터 A와 B가 수직인 경우

$$\sin\theta=\sin 90°=1$$

이므로

$$A\times B=AB$$

가 되며 두 벡터 A와 B가 같은 방향일 경우

$$\sin\theta=\sin 0=0$$

이므로

$$A\times B=0$$

따라서, 직교좌표의 기본 벡터 i, j, k에 대하여서는

$$i\times i=j\times j=k\times k=0$$

$$i\times j=k,\ j\times k=i,\ k\times i=j$$

$$j\times i=-k,\ k\times j=-i,\ i\times k=-j$$

가 성립하므로 두 벡터 A, B의 벡터곱은

$$\begin{aligned}A\times B&=(A_xi+A_yj+A_zk)\times(B_xi+B_yj+Bzk)\\&=A_xB_yk-A_xB_zj-A_yB_xk+A_yB_zi+A_zB_xj-A_zB_yi\\&=i\begin{vmatrix}A_y&A_z\\B_y&B_z\end{vmatrix}-j\begin{vmatrix}A_x&A_z\\B_x&B_z\end{vmatrix}+k\begin{vmatrix}A_x&A_y\\B_x&B_y\end{vmatrix}\\&=\begin{vmatrix}i&j&k\\A_x&A_y&A_z\\B_x&B_y&B_z\end{vmatrix}\end{aligned}$$

가 되므로 벡터곱과 성분을 정리하면 다음과 같다.

벡터곱과 성분

$A=(A_x, A_y, A_z)$, $B=(B_x, B_y, B_z)$일 때

$$A\times B=\begin{vmatrix}i&j&k\\A_x&A_y&A_z\\B_x&B_y&B_z\end{vmatrix}$$

예제 8.9 두 벡터 $A = 2i - 3j - k$, $B = i + 4j - 2k$일 때 다음을 구하시오.

① 벡터곱 $A \times B$

② A와 B의 사잇각을 θ라 할 때 $\sin\theta$의 값을 구하시오.

③ $(A+B) \times (A-B)$

풀이 ① $A \times B = \begin{vmatrix} i & j & k \\ 2 & -3 & -1 \\ 1 & 4 & -2 \end{vmatrix} = 10i + 3j + 11k$

② $|A| = \sqrt{2^2 + 3^2 + 1^2} = \sqrt{14}$

$|B| = \sqrt{1^2 + 4^2 + 2^2} = \sqrt{21}$

$A \times B = |A||B|\sin\theta$

$|A \times B| = \sqrt{10^2 + 3^2 + 11^2} = \sqrt{230}$

$\therefore \sin\theta = \dfrac{|A \times B|}{|A||B|} = \dfrac{\sqrt{230}}{\sqrt{14}\sqrt{21}} = \sqrt{\dfrac{115}{147}}$

③ $(A+B) \times (A-B) = A \times A + B \times A - A \times B - B \times B$

$= 0 - A \times B - A \times B - 0 = -2(A \times B)$

$= -2(10i + 3j + 11k)$

$= -20i - 6j - 22k$

8.6 벡터의 미분법

8.6.1 벡터의 도함수

일반적으로 함수 t의 각각의 값에 대하여 각각 하나의 벡터 $u(t)$가 대응될 때 $u(t)$를 변수 t의 벡터 함수(vector function)라 한다. 벡터 함수에 따라서는 변수 t가 어떤 한정된 t의 구간에서 정의될 때도 있다. $u(t)$는 t의 변화에 따라서 방향과 크기 또는 어느 하나만이 변화하지만 전혀 방향과 크기가 변화하지 않을 때도 있다. 이러한 벡터를 정벡터(constant vector)라 한다.

지금 $u(t)$가 구간 $[a, b]$에서 정의된 벡터 함수라 할 때, 이 구간 내의 t_0, $t_0 + h$에 대응하는 벡터 $u(t_0)$, $u(t_0 + h)$의 차 $u(t_0 + h) - u(t_0)$도 또한 벡터이다. 이것의 크기를 $|u(t_0 + h) - u(t_0)|$라 할 때

$$\lim_{h \to 0} |u(t_0 + h) - u(t_0)| = 0$$

따라서

$$\lim_{h \to 0} u(t_0 + h) = u(t_0)$$

가 된다. 즉 임의의 작은 양수 ϵ에 대하여 또 다른 적당한 양수 δ가 존재하여

$$|t - t_0| < \delta \text{ 일 때 } |u(t) - u(t_0)| < \epsilon$$

이면 벡터 함수 $u(t)$는 $t = t_0$에서 연속이라 한다. 이것은 $h \to 0$일 때 $u(t_0 + h)$의 크기와 방향이 한없이 $u(t_0)$의 크기와 방향에 접근함을 의미한다.

벡터 $u(t)$가 구간 $[a, b]$ 내의 임의의 t의 값에 대하여 연속일 때에는 $u(t)$는 이 구간에서 연속이라 한다. 그리고

$$\frac{u(t_0 + h) - u(t_0)}{h}$$

도 또한 벡터이며 $h \to 0$일 때의 극한값

$$\lim_{h \to 0} \frac{u(t_0 + h) - u(t_0)}{h}$$

가 존재할 때 벡터 함수 $u(t)$는 $t = t_0$에 있어서 미분이 된다. 또는 미분가능하다고 하며, 이것의 값을

$$u'(t_0) \quad \text{또는} \quad \left(\frac{du}{dt}\right)_{t = t_0}$$

로 표시하고 $t = t_0$에 있어서 $u(t)$의 미분계수라 한다.

$u(t)$가 구간 $[a, b]$ 내에서 임의의 t로 미분이 될 때 t를 변수로 생각하여 $u'(t)$를 벡터 도함수라 한다.

8.6.2 벡터의 미분법 공식

벡터의 미분법에 대해서는 보통 함수의 미분법과 같은 공식이 얻어진다. 즉, $u(t)$, $v(t)$를 벡터 함수, $f(t)$를 스칼라 함수라 하면 다음의 미분법 공식이 된다.

벡터의 미분법 공식

$$\frac{d}{dt}(U + V) = \frac{dU}{dt} + \frac{dV}{dt}$$

$$\frac{d}{dt}(fU) = \frac{df}{dt}U + f\frac{dU}{dt}$$

$$\frac{d}{dt}(U \cdot V) = \frac{dU}{dt} \cdot V + U \cdot \frac{dV}{dt}$$

$$\frac{d}{dt}(U \times V) = \frac{dU}{dt} \times V + U \times \frac{dV}{dt}$$

직교좌표축 상의 기본 벡터를 i, j, k라 하고 벡터 함수 $u(t)$의 성분을 $u_1(t)$, $u_2(t)$, $u_3(t)$라 하면

$$u(t) = u_1(t)i + u_2(t)j + u_3(t)k$$

로 표시된다. 좌표축을 고정하면 기본 벡터는 정 벡터가 되므로

$$\frac{di}{dt} = \frac{dj}{dt} = \frac{dk}{dt} = 0$$

따라서

$$\frac{du}{dt} = u'(t) = u_1{}'(t)i + u_2{}'(t)j + u_3{}'(t)k$$

즉, $\frac{du}{dt}$의 성분은 $u(t)$의 성분의 도함수이다.

마찬가지로 고차 도함수 $\frac{d^2U}{dt^2}$, $\frac{d^3U}{dt^3}$, …… 등도 정의할 수 있다.

예제 8.10 벡터 $U(t)$의 크기를 $u(t)$라 하고 $F(t) = \frac{U(t)}{u(t)}$라 할 때 $F(t) \times \frac{dF(t)}{dt}$를 구하시오.

풀이 $F(t) = \frac{U(t)}{u(t)}$를 t에 관하여 미분하면

$$\frac{dF(t)}{dt} = \frac{1}{u(t)} \cdot \frac{dU(t)}{dt} - \frac{U(t)}{u(t)^2} \cdot \frac{du(t)}{dt}$$

따라서

$$F(t) \times \frac{dF(t)}{dt} = \frac{1}{u(t)^2} U(t) \times \frac{dU(t)}{dt} - \frac{1}{u(t)^3} U(t) \times U(t) \frac{du(t)}{dt}$$

$$U(t) \times U(t) = 0$$

이므로

$$F(t) \times \frac{dF(t)}{dt} = \frac{1}{u(t)^2} U(t) \times \frac{dU(t)}{dt}$$

8.7 벡터의 적분법

벡터 함수 $U(t)$의 도함수 $U'(t)$가 다른 벡터 함수 $V(t)$와 같을 때, 즉

$$U'(t) = V(t)$$

일 때 $U(t)$를 $V(t)$의 부정적분이라 하며 이것을

$$U(t) = \int V(t)\,dt$$

로 표시한다. a를 임의의 정 벡터라 할 때

$$\frac{d}{dt}U(t) + a = U'(t) = V(t)$$

이므로 일반적으로 부정적분은

$$\int V(t)\,dt = U(t) + a$$

로 표시한다.

벡터의 도함수를 구하는 연산에서 알 수 있듯이 직교좌표에 관한 $V(t)$의 성분을 $v_1(t)$, $v_2(t)$, $v_3(t)$라 하면

$$\int V(t)\,dt$$

의 성분은

$$\int v_1(t)\,dt + a_1, \quad \int v_2(t)\,dt + a_2, \quad \int v_3(t)\,dt + a_3$$

이다(여기에서 a_1, a_2, a_3는 적분상수이다).

벡터의 정적분도 보통 함수의 정적분과 같은 방법으로 정의된다. 즉, $V(t)$가 구간 $[a, b]$에서 정의된 t의 연속함수라 하고 이 구간을

$$a = t_0 < t_1 < t_2 \cdots\cdots t_{n-1} < t_n = b$$

의 n개의 소구간으로 분할하여 각 소구간

$$[t_0, t_1],\ [t_1, t_2],\ \cdots\cdots, [t_{n-1}, t_n]$$

에 속하는 임의의 값을 각각 $t_1', t_2', \cdots\cdots, t_n'$라 하자. 이때

$$t_k - t_{k-1} = \Delta t_k \quad (k = 1, 2, \cdots\cdots, n)$$

로 놓고 다음의 합을 만든다.

$$S_n = \sum_{k=1}^{n} V(t_k')\,\Delta t_k$$

이 식에서 n을 한없이 증가시키고 또 모든 Δt_k가 0에 수렴하도록 할 때 위의 합은 일정한 극한값을 가진다. 이 극한값을 $V(t)$의 구간 a에서 b까지의 정적분이라 하며 다음과 같이 표시한다.

$$\lim_{n\to\infty} S_n = \int_a^b V(t)\,dt$$

벡터의 부정적분과 정적분에 대해서는 스칼라 함수와 유사한 공식이 성립한다.

벡터의 정적분 공식

$$\int_a^b c\,dt = (b-a)c \qquad (c\text{는 정 벡터})$$

$$\int_a^b kU(t)\,dt = k\int_a^b U(t)\,dt \qquad (k\text{는 상수})$$

$$\int_a^b U(t)+V(t)\,dt = \int_a^b U(t)\,dt + \int_a^b V(t)\,dt$$

$$\int_a^b U(t)\,dt = \int_a^c U(t)\,dt + \int_c^b U(t)\,dt$$

$$\left|\int_a^b U(t)\,dt\right| \le \int_a^b |U(t)|dt$$

$$\int_a^b V(t)\,dt = [U(t)]_a^b = U(b) - U(a)$$

(단, $U(t)$는 벡터 $V(t)$의 부정적분 벡터임)

이들의 공식을 사용하면 고정된 직교좌표축에 대하여

$$V(t) = v_1(t)i + v_2(t)j + v_3(t)k$$

일 때

$$\int_a^b V(t)\,dt = \int_a^b v_1(t)\,dt\,i + \int_a^b v_2(t)\,dt\,j + \int_a^b v_3(t)\,dt\,k$$

가 된다.

즉, 벡터 $V(t)$의 정적분은 역시 벡터이며 그 성분은 $V(t)$의 성분을 같은 구간에서 정적분한 것과 같다.

예제 8.11 $V(t) = 3t^2 i + 2t j + k$일 때 $\int_2^4 V(t)\,dt$를 구하시오.

풀이 $V(t) = 3t^2 i + 2t j + k$에서

$$\begin{aligned}\int_2^4 V(t)\,dt &= 3\int_2^4 t^2\,dt\,i + 2\int_2^4 t\,dt\,j + \int_2^4 dt\,k \\ &= [t^3]_2^4\,i + [t^2]_2^4\,j + [t]_2^4\,k \\ &= 56i + 12j + 2k\end{aligned}$$

8.8 방향 벡터

공간 내의 임의의 한 점을 P라 할 때 점 P에 대하여 하나의 스칼라 $f(P)$가 대응할 때 이 스칼라 함수가 정의되어 있는 영역을 스칼라장(scalar field)이라 한다.

$$OP = f(P)$$

로 놓으면 $f(P)$는 하나의 스칼라장을 만든다.

지금 O를 원점으로 하는 직교좌표축을 만들어서 P의 좌표를 (x, y, z)로 놓으면

$$f(p) = \sqrt{x^2 + y^2 + z^2}$$

이 된다.

일반적으로 직각좌표축으로 이루어지는 공간에서 스칼라장은

$$f(x, y, z)$$

가 되는 함수로 주어진다.

공간에서 전하를 띤 물질이 분포되어 있을 때 장의 단위전하를 무한원점에서 점 P까지 가져오는 데 소요되는 일(work)을 점 P에 있어서 전위(potential)라 한다. 이때 힘(force)을 F, 전위를 V라 하면

$$-Fdr = dV$$

가 된다. 여기서 dr의 성분을 $(dx,\ dy,\ dz)$라 하면

$$dV = \frac{\partial V}{\partial x}dx + \frac{\partial V}{\partial y}dy + \frac{\partial V}{\partial z}dz$$

에서 F의 성분은 $\left(-\frac{\partial V}{\partial x},\ -\frac{\partial V}{\partial y},\ \frac{\partial V}{\partial z}\right)$임을 알 수 있다.

이와 같이 스칼라장 $f(x, y, z)$에 대하여

$$\left(\frac{\partial f}{\partial x},\ \frac{\partial f}{\partial y},\ \frac{\partial f}{\partial z}\right)$$

를 성분으로 하는 벡터를 스칼라장 $f(x, y, z)$의 방향 벡터(gradient vector)라 부르고 이것을 $\operatorname{grad} f$ 또는 ∇f로 표시한다.

위에서 알 수 있는 바와 같이

$$F = -\nabla f$$

이므로 $\operatorname{grad} f$의 정의는 좌표축을 잡는 방법에는 관계가 없다.

∇f는 단위 벡터 $i,\ j,\ k$를 이용하면

$$\nabla f = \frac{\partial f}{\partial x}i + \frac{\partial f}{\partial y}j + \frac{\partial f}{\partial z}k$$

로 쓸 수도 있다. 또 이것은

$$\nabla f = \left(i\frac{\partial}{\partial x} + j\frac{\partial}{\partial y} + k\frac{\partial}{\partial z}\right)f$$

로 쓸 수 있으므로 ∇f는

$$\nabla = i\frac{\partial}{\partial x} + j\frac{\partial}{\partial y} + k\frac{\partial}{\partial z} \tag{8.1}$$

인 한 벡터 연산자(∇ : nabla 혹은 del)를 f에 적용한 것으로 생각할 수 있다.

지금 스칼라장 $f(x, y, z)$의 주어진 공간 내에 있어서 한 곡선

$$x = x(t),\ y = y(t),\ z = z(t) \tag{8.2}$$

라면 이 곡선에 따라서는 $f(x, y, z)$는

$$f\{x(t), y(t), z(t)\}$$

가 되어서 t의 함수가 된다. 따라서 이것을 t에 관하여 미분하면 다음과 같다.

$$\frac{df}{dt} = \frac{\partial f}{\partial x}\frac{dx}{dt} + \frac{\partial f}{\partial y}\frac{dy}{dt} + \frac{\partial f}{\partial z}\frac{dz}{dt} \tag{8.3}$$

여기에서

$$\left(\frac{\partial f}{\partial x}, \frac{\partial f}{\partial y}, \frac{\partial f}{\partial z}\right)$$

는 ∇f의 성분을 나타내고

$$\left(\frac{dx}{dt}, \frac{dy}{dt}, \frac{dz}{dt}\right)$$

는 곡선 위의 접선 벡터 t의 성분을 나타낸다. 따라서 식 (8.3)은

$$\frac{df}{dt} = (\nabla f) \cdot t = t \cdot \nabla f$$

로 쓸 수 있다. 형식적으로 $\frac{d}{dt}$의 연산은

$$t \cdot \nabla = \frac{dx}{dt}\frac{\partial}{\partial x} + \frac{dy}{dt}\frac{\partial}{\partial y} + \frac{dz}{dt}\frac{\partial}{\partial z}$$

로 생각할 수 있다.

마찬가지로

$$df = \frac{\partial f}{\partial x}dx + \frac{\partial f}{\partial y}dy + \frac{\partial f}{\partial z}dz$$

에서

$$df = (\nabla f) \cdot dr = (dr \cdot \nabla)f$$

가 된다.

일반적으로 한 벡터 S가 주어졌을 때

$$S \cdot \nabla = s_x\frac{\partial}{\partial x} + s_y\frac{\partial}{\partial y} + s_z\frac{\partial}{\partial z}$$

인 연산자를 S의 방향의 미분이라 하며

$$S \cdot \nabla f = s_x \frac{\partial f}{\partial x} + s_y \frac{\partial f}{\partial y} + s_z \frac{\partial f}{\partial z} \tag{8.4}$$

를 S 방향에의 방향도함수라 부른다.

여기서 곡면 $f(x, y, z) = C$ 위에 세운 단위법선을 n이라 하면

$$n \cdot \nabla f = \frac{\partial f}{\partial n}$$

가 된다. 그런데 n과 ∇f와는 같은 방향을 가지며 n은 단위법선이므로

$$\nabla f = \left(\frac{\partial f}{\partial n} \right) \cdot n$$

이 된다.

예제 8.12 위치 벡터 r에 평행 또는 수직인 단위 벡터를 각각 U, V라 할 때 곡선 $f(r, \theta) = C$의 방향함수를 구하시오.

풀이 식 (8.4)에 의하여 곡선의 극방정식 $f(r, \theta) = C$에서

$$U \cdot \nabla f = \frac{\partial f}{\partial r}$$

이고 V 방향의 거리는 $rd\theta$이므로

$$V \cdot \nabla f = \frac{1}{r} \frac{\partial f}{\partial \theta}$$

따라서

$$\begin{aligned} \nabla f &= (U \cdot \nabla f)\, U + (V \cdot \nabla f)\, V \\ &= \frac{\partial f}{\partial r} U + \frac{1}{r} \frac{\partial f}{\partial \theta} V \end{aligned}$$

8.9 벡터의 발산

∇f는 벡터 연산자

$$\nabla = i \frac{\partial}{\partial x} + j \frac{\partial}{\partial y} + k \frac{\partial}{\partial z}$$

를 하나의 벡터장 $F(x, y, z) = F_x i + F_y j + F_z k$에 적용하여 정리하면

$$\nabla \cdot F = \left(i\frac{\partial}{\partial x} + j\frac{\partial}{\partial y} + k\frac{\partial}{\partial z} \right) \cdot (F_x i + F_y j + F_z k)$$

$$= \frac{\partial F_x}{\partial x} + \frac{\partial F_y}{\partial y} + \frac{\partial F_z}{\partial z}$$

위에서 얻어진 스칼라를 벡터장 F의 발산(divergence)이라 부르며

$$\mathrm{div}\, F = \frac{\partial F_z}{\partial x} + \frac{\partial F_y}{\partial y} + \frac{\partial F_z}{\partial z}$$

로 나타낸다.

또한 스칼라장 f에 대하여 벡터 연산자 ∇을 적용하면 $\nabla f = \mathrm{grad}\, f$가 얻어진다. 이것에 대하여 다시 벡터 연산자 ∇을 적용하면

$$\nabla \cdot (\nabla f) = \mathrm{div}\ \mathrm{grad}\, f$$

가 얻어진다. 따라서

$$\nabla^2 f = \frac{\partial^2 f}{\partial x^2} + \frac{\partial^2 f}{\partial y^2} + \frac{\partial^2 f}{\partial z^2}$$

이것을 라플라스(Laplace) 연산자라 한다.

미분방정식

$$\nabla^2 f = \frac{\partial^2 f}{\partial x^2} + \frac{\partial^2 f}{\partial y^2} + \frac{\partial^2 f}{\partial z^2} = 0$$

을 라플라스의 미분방정식이라 하며 이것을 만족하는 함수 f를 조화함수(harmonic function)라 부른다.

예제 8.13 $r = xi + yj + zk$일 때 $\mathrm{grad}\, r$을 구하시오.

풀이 정의에 의하여

$$\mathrm{grad}\, r = \nabla r$$

$$= \left(i\frac{\partial}{\partial x} + j\frac{\partial}{\partial y} + k\frac{\partial}{\partial z} \right)(xi + yj + zk)$$

$$= 1 + 1 + 1 = 3$$

8.10 벡터의 회전

벡터 연산자

$$\nabla = i\frac{\partial}{\partial x} + j\frac{\partial}{\partial y} + k\frac{\partial}{\partial z}$$

와 벡터장

$$F = F_x i + F_y j + F_z k$$

와의 내적을 구하면

$$\begin{aligned}\nabla \cdot F &= \left(i\frac{\partial}{\partial x} + j\frac{\partial}{\partial y} + k\frac{\partial}{\partial z}\right)\cdot(F_x i + F_y j + F_z k)\\ &= \frac{\partial F_x}{\partial x} + \frac{\partial F_y}{\partial y} + \frac{\partial F_z}{\partial z}\\ &= \mathrm{div}\, F\end{aligned}$$

가 된다. 다음에 ∇와 F와의 외적을 만들면

$$\begin{aligned}\nabla \times F &= \left(i\frac{\partial}{\partial x} + j\frac{\partial}{\partial y} + k\frac{\partial}{\partial z}\right)\times(F_x i + F_y j + F_z k)\\ &= \left(\frac{\partial F_z}{\partial y} - \frac{\partial F_y}{\partial z}\right)i + \left(\frac{\partial F_x}{\partial z} - \frac{\partial F_z}{\partial x}\right)j + \left(\frac{\partial F_y}{\partial x} - \frac{\partial F_x}{\partial y}\right)k\end{aligned}$$

가 얻어진다. 여기서 $\nabla \times F$의 벡터를 벡터장 F의 회전(rotation)이라 부르고

$$\mathrm{rot}\, F = \left(\frac{\partial F_z}{\partial y} - \frac{\partial F_y}{\partial z}\right)i + \left(\frac{\partial F_x}{\partial z} - \frac{\partial F_z}{\partial x}\right)j + \left(\frac{\partial F_y}{\partial x} - \frac{\partial F_x}{\partial y}\right)k$$

로 나타낸다.

이 $\mathrm{rot}\, F$는 행렬식의 기호를 사용하여

$$\mathrm{rot}\, F = \begin{vmatrix} i & j & k \\ \frac{\partial}{\partial x} & \frac{\partial}{\partial y} & \frac{\partial}{\partial z} \\ F_x & F_y & F_z \end{vmatrix}$$

로 쓸 수 있다($\mathrm{rot}\, F$를 $\mathrm{curl}\, F$라고도 한다).

예제 8.14 곡선 상을 따라서 운동을 하는 한 질점의 속도가 $V = w \times r$로 주어졌을 때 $rot\ V$를 구하시오(여기서, w는 정 벡터이다).

풀이 정의에 의하여

$$\mathrm{rot}\, V = \mathrm{rot}(w \times r)$$

$$= i\times\left(w\times\frac{\partial r}{\partial x}\right)+j\times\left(w\times\frac{\partial r}{\partial y}\right)+k\times\left(w\times\frac{\partial r}{\partial z}\right)$$
$$= i\times(w\times i)+j\times(w\times j)+k\times(w\times k)$$
$$= w-w_x i+w-w_y j+w-w_z k$$
$$= 3w-(w_x i+w_y j+w_k k)$$
$$= 3w-w$$
$$= 2w$$

벡터의 미분연산자와 연산법

① 미분연산자

$$\nabla=\frac{\partial}{\partial x}i+\frac{\partial}{\partial y}j+\frac{\partial}{\partial z}k$$

② 스칼라의 기울기(grad f)

$$\nabla f=\frac{\partial f}{\partial x}i+\frac{\partial f}{\partial y}j+\frac{\partial f}{\partial z}k$$

③ 벡터의 발산(div f)

$$\nabla\cdot f=\frac{\partial f_x}{\partial x}+\frac{\partial f_y}{\partial y}+\frac{\partial f_z}{\partial z}$$

④ 벡터의 회전(rot F, curl F)

$$\nabla\times F=\left(\frac{\partial F_z}{\partial y}-\frac{\partial F_y}{\partial z}\right)i+\left(\frac{\partial F_x}{\partial z}-\frac{\partial F_z}{\partial x}\right)j+\left(\frac{\partial F_y}{\partial x}-\frac{\partial F_x}{\partial y}\right)k$$

예제 8.15 스칼라 함수 $f=xyz$에 대하여 점 (1, 1, 1)에서 grad f를 구하시오.

풀이

$$\text{grad}\, f=\frac{\partial}{\partial x}(xyz)i+\frac{\partial}{\partial y}(xyz)j+\frac{\partial}{\partial z}(xyz)k$$
$$= yzi+xzj+xyk$$

점 (1,1,1)에서 값을 구하면

$$\text{grad}\, f=i+j+k$$

예제 8.16 $F=xzi-y^2j+2x^2yk$일 때 div F와 rot F를 구하시오.

풀이

① $\text{div}\,F=\nabla\cdot F=\frac{\partial}{\partial x}(xz)+\frac{\partial}{\partial y}(-y^2)+\frac{\partial}{\partial z}(2x^2y)=z-2y$

② $\text{rot}\,F=\nabla\times F$

$$= \begin{vmatrix} i & j & k \\ \frac{\partial}{\partial x} & \frac{\partial}{\partial y} & \frac{\partial}{\partial z} \\ xz & -y^2 & 2x^2y \end{vmatrix}$$

$$= \left[\frac{\partial}{\partial y}(2x^2y) - \frac{\partial}{\partial z}(-y^2)\right]i + \left[\frac{\partial}{\partial z}(xz) - \frac{\partial}{\partial x}(2x^2y)\right]j$$

$$+ \left[\frac{\partial}{\partial x}(-y^2) - \frac{\partial}{\partial y}(xz)\right]k$$

$$= 2x^2 i + (x - 4xy)j$$

8.11 벡터의 선적분

공간에 한 스칼라장 $f(p) = f(x, y, z)$와 점 A에서 점 B에 이르는 곡선

$$x = x(s),\ \ y = y(s),\ \ z + z(s)$$

가 주어졌다고 한다. 여기에서 s는 곡선의 호 길이이며, $s = s_1$은 점 A를 $s = s^2$은 점 B를 나타낸다. 지금, 이 곡선상의 점 A에서 점 B로 향하여 분점

$$A = A_0,\ A_1, A_2,\ \cdots, A_n = B$$

를 잡고 호 $A_{i-1}A_i(i = 1, 2, \cdots, n)$의 길이를 $\triangle s_i$, 호 $A_{i-1}A_i$ 상에 잡은 임의의 점을 P_i라 할 때

$$\sum_{i=1}^{n} f(P_i) \triangle s_i$$

이때 이 분할을 무한히 많이 하고 모든 i에 대하여 $\triangle s_i \to 0$ 되게 하면 위의 합의 극한은 적분

$$\int_{s_1}^{s_2} f[x(s), y(s), x(s)]ds$$

로 주어진다. 이것을 스칼라장 $f(x, y, z)$에 있어서 곡선을 따라 점 A에서 점 B까지 선적분(line integral)이라 부르며

$$\int_c f(x, y, z)\, ds$$

로 나타낸다.

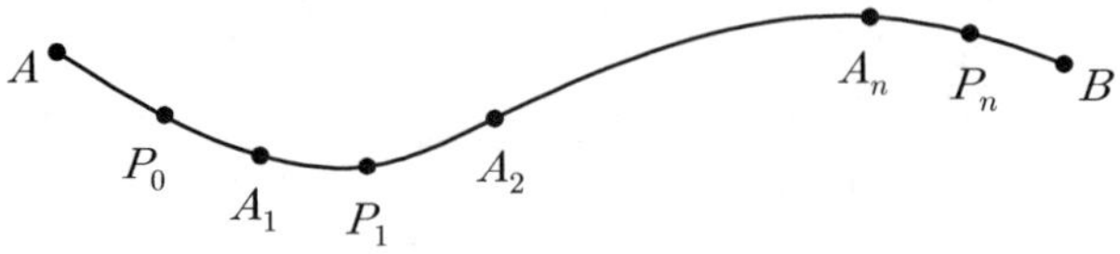

[그림 8.9] 벡터의 선적분

위의 설명에서 벡터 $\overrightarrow{A_{i-1}A_i}$의 성분을 $(\Delta x_i, \Delta y_i, \Delta z_i)$로 하여 합

$$\sum_{i=1}^{n} f(p_i)\Delta x_i,\quad \sum_{i=1}^{n} f(p_i)\Delta y_i,\quad \sum_{i=1}^{n} f(p_i)\Delta z_i$$

를 만들고 그 극한을 각각

$$\int_c f(x, y, z)\,dx,\quad \int_c f(x, y, z)\,dy,\quad \int_c f(x, y, z)\,dz$$

로 쓴다.

지금 이 곡선의 접선 $t = \dfrac{dx}{ds}i + \dfrac{dy}{ds}j + \dfrac{dz}{ds}k$가 x, y, z축과 만드는 각을 각각 α, β, γ라 하면

$$\frac{dx}{ds} = \cos\alpha,\quad \frac{dy}{ds} = \cos\beta,\quad \frac{dz}{ds} = \cos\gamma$$

이므로

$$\int_c f(x, y, z)\,dx = \int_c f(x, y, z)\cos\alpha\,ds$$

$$\int_c f(x, y, z)\,dy = \int_c f(x, y, z)\cos\beta\,ds$$

$$\int_c f(x, y, z)\,dz = \int_c f(x, y, z)\cos\gamma\,ds$$

가 된다.

다시 주어진 곡선에 따라 한 벡터장 V가 주어졌다고 한다. 그러면 이 곡선에 따라서 $V \cdot t$인 스칼라장이 주어진다. 이것을 곡선에 따라 적분한

$$\int_A^B V \cdot t\,ds$$

를 V의 접선성분의 선적분이라 한다.

곡선상의 점의 위치 벡터를 r이라 하면

$$\frac{dr}{ds} = t$$

이므로 접선성분의 선적분은

$$\int_A^B V \cdot t\,ds = \int_A^B V \cdot \frac{dr}{ds}\,ds = \int_A^B V \cdot dr = \int_A^B (v_x dx + v_y dy + v_z dz)$$

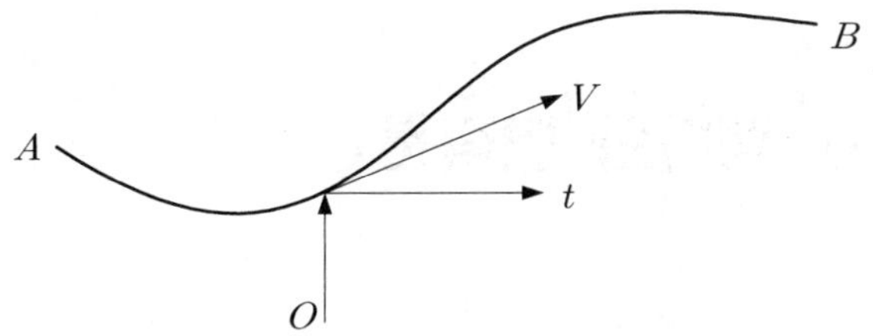

[그림 8.10] 접선성분의 선적분

로 된다(단, v_x, v_y, v_z는 V의 성분이다).

이 식에서 만일 V가 힘의 장을 나타내면 위의 적분은 힘 V가 질점 A에서 B까지 곡선을 따라 이동한 일(work)을 나타낸다.

다시 벡터 V가 한 스칼라양 f의 방향에 같으면

$$V = \nabla f$$

로 쓸 수 있으므로

$$\int_A^B V \cdot dr = \int_A^B (\nabla f)\, dr = \int_A^B \left(\frac{\partial f}{\partial x} dx + \frac{\partial f}{\partial y} dy + \frac{\partial f}{\partial z} dz \right)$$

$$\int_A^B df = f(B) - f(A)$$

가 된다. 따라서 폐곡선에 대해서는

$$\oint (\nabla f)\, dr = 0$$

이 된다.

예제 8.17 원 $x = \cos t$, $y = 1 + \sin t$를 따라서 적분 $\oint (y^2 dx - x^2 dy)$를 구하시오.

풀이 시계반대방향으로 적분을 하면 $(dx = -\sin t,\ dy = \cos t)$

$$\oint (y^2 dx - x^2 dy) = -\int_0^{2\pi} [(1 + \sin t)^2 \sin t + (\cos t)^2 \cos t] dt$$

$$= -\int_0^{2\pi} (\sin t + 2\sin^2 t + \sin^3 t + \cos^3 t) dt$$

$$= -\int_0^{2\pi} [\sin t + (1 - \cos 2t) + (\sin t + \cos t)(\sin^2 t - \sin t \cos t + \cos^2 t)] dt$$

$$= -\int_0^{2\pi} (1 - \cos 2t + 2\sin t - \sin^2 t \cos t - \sin t \cos^2 t) dt$$

$$= -[t - \frac{1}{2}\sin 2t - 2\cos t - \frac{1}{3}\sin^3 t + \frac{1}{3}\cos^3 t]_0^{2\pi} = -2\pi$$

8.12 벡터의 면적분

공간에 한 스칼라장 $f(p)=f(x,y,z)$와 곡면 S가 주어졌다고 할 때 곡면 S를 곡선의 망으로 세분하여 각각 임의의 점 p_i를 포함하는 부분의 넓이를 Δs_i라 할 때 합

$$\sum_i f(p_i)\Delta s_i$$

를 만들어서 $\Delta s_i \to 0$으로 한 극한을 스칼라장 $f(x,y,z)$에 있어서 이 곡면에 관한 면적분(surface integral)이라 부르고

$$\iint_s f(x,y,z)\,ds \tag{8.5}$$

로 나타낸다.

위의 설명에서 Δs_i의 yz, zx, xy 평면상의 정사영을 각각 $\Delta y_i \Delta z_i$, $\Delta z_i \Delta x_i$, $\Delta x_i \Delta y_i$로 하여 합

$$\sum_i f(p_i)\Delta y_i \Delta z_i,\ \sum_i f(p_i)\Delta z_i \Delta x_i,\ \sum_i f(p_i)\Delta x_i \Delta y_i$$

를 만들어 그 극한을 각각

$$\iint_s f(x,y,z)\,dy\,dz,\ \iint_s f(x,y,z)\,dz\,dx,\ \iint_s f(x,y,z)\,dx\,dy$$

로 쓴다.

지금 곡면 S상의 단위법선을 n이라 하고 n의 성분을 $(\cos\alpha, \cos\beta, \cos\gamma)$라 하면

$$dy\,dz=\cos\alpha\,ds,\ dz\,dx=\cos\beta\,ds,\ dx\,dy=\cos\gamma\,ds$$

이므로 위의 적분은

$$\iint_s f(x,y,z)\cos\alpha\,ds,\ \iint_s f(x,y,z)\cos\beta\,ds,\ \iint_s f(x,y,z)\cos\gamma\,ds$$

인 적분으로 고쳐진다.

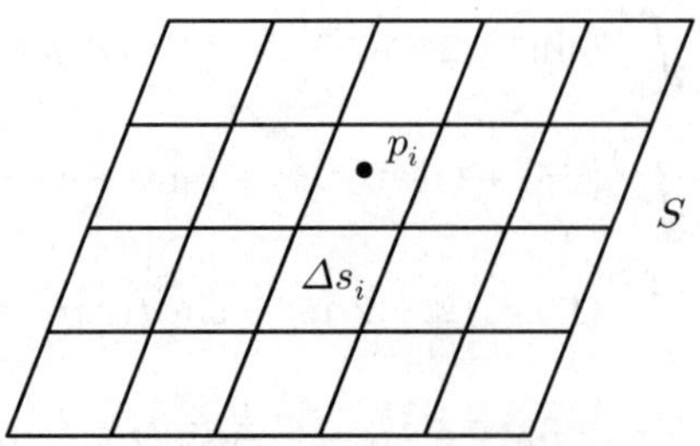

[그림 8.11] 면적분

만일 곡면 S를 따라서 한 벡터장 V가 주어지면 곡면을 따라 정의되는 스칼라 $V \cdot n$이 정해진다. 따라서

$$\iint_s V \cdot n\, ds \tag{8.6}$$

그런데 n의 성분은 $(\cos\alpha, \cos\beta, \cos\gamma)$이므로 이 식은

$$\begin{aligned}\iint_s V \cdot n\, ds &= \iint_s (v_x \cos\alpha + v_y \cos\beta + v_z \cos\gamma)\, ds \\ &= \iint_s (v_x\, dt\, dz + v_y\, dz\, dx + v_z\, dx\, dy)\end{aligned}$$

로 쓸 수 있다.

만일 V가 유체의 속도이면 위의 적분은 단위시간 내에 곡면을 통과하는 유체의 양을 나타낸다. 이와 마찬가지로 공간에 한 스칼라장 $f(p) = f(x, y, z)$와 폐곡면 S로 둘러싸인 입체 V가 주어졌을 때 이 입체 V를 곡면의 망으로 세분하여 각각 임의의 점 p_i를 잡고 p_i를 포함하는 부분의 부피를 ΔV_i라 할 때 합

$$\sum_i f(p_i) \Delta V_i$$

를 만들어서 $\Delta V_i \to 0$으로 한 극한을 스칼라장 $f(x, y, z)$에 있어서 이 입체에 관한 체적적분(volume integral)이라 부르고

$$\iiint_V f(x, y, z)\, dv = \iiint_V f(x, y, z)\, dx\, dy\, dz \tag{8.7}$$

로 나타낸다.

그리고 공간에 한 벡터장 V와 폐곡면 S로 둘러싸인 입체 V를 생각할 때 V 내에 있고 점 $p(x, y, z)$를 한 정점으로 하여 축에 평행이며 각각 $\Delta x, \Delta y, \Delta z$가 되는 길이의 변을 가지는 직육면체의 내부에서 외부로 향하는 유선의 수는

$$\mathrm{div}\, V \Delta x \Delta y \Delta z = \left(\frac{\partial v_x}{\partial x} + \frac{\partial v_y}{\partial y} + \frac{\partial v_z}{\partial z}\right) \Delta x \Delta y \Delta z$$

로 주어진다. 따라서 S의 내부에서 외부로 향하는 유선의 수는 체적적분

$$\iiint_V \mathrm{div}\, V\, dv$$

가 된다.

한편 S의 적은 부분 Δs를 지나서 내부에서 외부로 향하는 유선의 수는 Δs의 단위법선을 n이라 하면

$$V \cdot n \Delta s$$

로 주어진다.

따라서 S 전체의 내부에서 외부로 향하는 유선의 수는 면적적분

$$\iint_s V \cdot n\, ds$$

가 된다. 그러므로

$$\iiint_V \operatorname{div} V\, dv = \iint_s V \cdot n\, ds \tag{8.8}$$

의 식이 얻어지며, 이것을 발산정리(theorem of divergence)라 한다.

여기서 V의 성분을 (v_x, v_y, v_z), n의 성분을 $(\cos\alpha, \cos\beta, \cos\gamma)$라 하면 위의 식은

$$\iiint_V \left(\frac{\partial v_x}{\partial x} + \frac{\partial v_y}{\partial y} + \frac{\partial v_z}{\partial z}\right) dx\, dy\, dz = \iint_s (v_x \cos\alpha + v_y \cos\beta + v_z \cos\gamma)\, ds$$

로 쓸 수 있다.

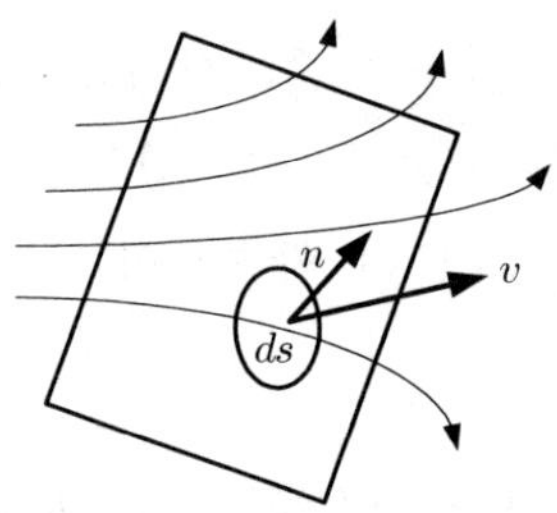

[그림 8.12] 발산정리

> **발산정리**
>
> 공간에 한 벡터장 V와 폐곡면 S로 둘러싸인 입체 V가 주어졌을 때 S의 단위법선을 n이라 하면
>
> $$\iiint_V \operatorname{div} V\, dv = \iint_s V \cdot n\, ds$$

예제 8.18 $F = 4xz\,i - y^2 j + yz\,k$라 하고 S를 평면 $x = 0, x = 1,\ y = 0,\ y = 1,\ z = 0,\ z = 1$로 둘러싸인 입체의 표면이라 할 때 $\iint_s F \cdot n\, ds$를 구하시오.

풀이 이 입체를 V라 하면

$$\begin{aligned}\operatorname{div} F &= \frac{\partial}{\partial x}(4xz) + \frac{\partial}{\partial y}(-y^2) + \frac{\partial}{\partial z}(yz) \\ &= 4z - 2y + y = 4z - y\end{aligned}$$

이므로

$$\iint_s F \cdot n\, ds = \iiint_V \operatorname{div} F\, dv = \iiint_V (4z - y)\, dv$$

$$= \int_0^1 \int_0^1 \int_0^1 (4z - y)\, dz\, dy\, dx = \int_0^1 \int_0^1 (2 - y) dy\, dx$$

$$= \int_0^1 \left(2 - \frac{1}{2}\right) dx = \frac{3}{2}$$

8.13 스토크스의 정리

발산정리는 체적적분과 이 체적으로 둘러싸이는 표면적분과의 관계를 나타내며, 스토크스(Stokes)의 정리는 면적분과 이 면의 주변인 폐곡선에 대한 선적분과의 관계를 나타낸다. 즉, 면적 S에 대하여 벡터장 A의 회전의 면적분은 그 면적의 둘레에 대한 벡터장 V의 선적분과 같다.

$$\oint_c V \cdot dr = \int_s (\nabla \times V) \cdot dS$$

예제 8.19 공간의 모든 점에서 $\mathrm{rot}\, A = 0$를 만족하는 벡터장 A에서 임의의 폐곡선 C에 대하여 $\int_c A \cdot dl = 0$임을 증명하시오.

풀이 스토크스의 정리에 의하여 폐곡선 C로 둘러싸인 곡면을 S라 하면

$$\oint_c A \cdot dl = \int_s (\mathrm{rot}\, A) \cdot ds = \int_s 0 \cdot ds = 0$$

벡터의 적분

① 선적분

$$\int_A^B V \cdot dr = \int_A^B (v_x dx + v_y dy + v_z dz)$$

② 면적분

$$\int_s V \cdot n ds = \int_s V \cdot ds = \int_s (v_x dy dz + v_y dz dx + v_z dx dy)$$

③ 가우스의 발산정리

$$\int_s V \cdot n ds = \int_v \mathrm{div}\, V dv$$

④ 스토크스의 정리

$$\oint_c V \cdot dr = \int_s (\nabla \times V) \cdot ds$$

연습문제 20

1. 다음 벡터의 크기를 구하시오.

① $A_1(2, -2, -1)$ ② $A_2=(-2, 4, 3)$

③ $A_3(-3, 6, -4)$ ④ $A_4=(1, 2, 3)$

2. 시점 $A=(2, 1, 4)$와 종점 $B=(1, 2, 3)$인 벡터 $\overrightarrow{AB}$와 거리 $\overline{AB}$를 구하시오.

3. 벡터 $A=4i-2j+6k$, $B=-3i+3j+k$일 때 $\frac{1}{2}|A-B|$를 구하시오.

4. 벡터 $A=2i-2j-k$ 에 대하여 다음을 구하시오.

① A의 크기 ② A의 단위 벡터

5. 벡터 $A=(-2, 4, 3)$, $B=(1, 4, 0)$일 때 다음을 구하시오.

① $A+B$ ② $A-B$

6. 벡터 $A=2i-3j-6k$, $B=i+2j-2k$ 일 때 다음을 구하시오.

① $A \cdot B$ ② A와 B 사이의 각(θ)

7. $A=3i-2j+k$, $B=2i-5j-3k$, $C=-i+2j+2k$의 합 및 크기를 구하시오.

8. $A=2i-5j+3k$, $B=-3i-4j+k$일 때 $A\times B$를 구하시오.

9. 두 벡터 $A=(2, 2, 3)$, $B=(4, 3, 5)$의 외적을 구하시오.

10. $A=2i+2k$, $B=i+2j-k$, $C=2i-j+3k$일 때 다음 값을 구하시오.

① $A\cdot(B\times C)$ ② $A\times(B\times C)$ ③ $(A\times B)\times C$

11. 스칼라 함수 $f(x,y)=5y-x^3y^2$에서 $\nabla f(x,y)$를 계산하시오.

12. $F(x,y,z)=xy^2+3x^2-z^3$일 때 (2, -1, 4)에서 $\nabla F(x, y, z)$를 구하시오.

13. $F=(x^2y^3-z^4)i+4x^5y^2zj-y^4z^6k$일 때 다음을 구하시오.

① $\text{div}\,F$ ② $\text{curl}\,F$

14. $A=x^2zi-2y^3zj+xy^2zk$에 대하여 점 $(1, -1, 1)$에 있어서 다음을 구하시오.

① $\text{div}\,F$ ② $\text{rot}\,F$

제 9 장

기초 통계학

9.1 대 표 값

산술적인 계산을 하여 자료를 요약 표현하는 방법은 대표값을 계산하거나 산포도를 계산하는 것이다. 이 장에서는 먼저 대표값에 대해 다룬다. 주어진 자료들을 효과적이고 전형적으로 표현할 수 있는 값을 대표값 또는 대표치라 부른다. 즉, 대표값은 자료에 관한 분포의 중심이나 중심적인 경향을 나타내는 일종의 척도이다. 대표값의 종류에는 산술평균, 중위수, 최빈수 등이 있다.

9.1.1 합산기호

합산기호 Σ는 그리스 문자 중 하나인 시그마(sigma)의 대문자로서 첨수 i가 1부터 9이면 x_i들을 모두 더하라는 뜻이다. 따라서 n개의 관찰값 $x_1, x_2, \cdots, x_n$을 모두 더한 것은 $\sum_{i=1}^{n} x_i$로 표현된다. 즉,

$$\sum_{i=1}^{n} x_i = x_1 + x_2 + \ldots + x_n$$

예제 9.1 $x_1 = 10,\ x_2 = 5,\ x_3 = 7,\ x_4 = 9,\ x_5 = 16$일 때 다음을 구하시오.

① $\sum_{i=1}^{5} x_i$ ② $\sum_{i=1}^{3} (x_i + 1)$

풀이 ① $\sum_{i=1}^{5} x_i = x_1 + x_2 + x_3 + x_4 + x_5 = 10 + 5 + 7 + 9 + 16 = 47$

② $\sum_{i=1}^{3} (x_i + 1) = (x_1 + 1) + (x_2 + 1) + (x_3 + 1)$

$(10+1) + (5+1) + (7+1) = 25$

예제 9.2 $x_1 = 13,\ x_2 = 9,\ x_3 = 10,\ x_4 = 20,\ f_1 = 3,\ f_2 = 5,\ f_3 = 2,\ f_4 = 7$일 때 다음을 구하시오.

① $\sum_{i=1}^{4} f_i x_i$ ② $\sum_{i=1}^{4} f_i x^{2_i}$ ③ $\sum_{i=1}^{4} f_i (x_i - 10)^2$

풀이 ① $\sum_{i=1}^{4} f_i x_i = f_1x_1 + f_2x_2 + f_3x_3 + f_4x_4$

$$= 3(13) + 5(9) + 2(10) + 7(20) = 244$$

② $\sum_{i=1}^{4} f_i x^2 = f_1x^{2_1} + f_2x^{2_2} + f_3x^{2_3} + f_4x^{2_4}$

$$= 3(13)^2 + 5(9)^2 + 2(10)^2 + 7(20)^2 = 3912$$

③ $\sum_{i=1}^{4} f_i (x_i - 10)^2 = f_1(x_1 - 10)^2 + f_2(x_2 - 10)^2 + f_3(x_3 - 10)^2 + f_4(x_4 - 10)^2$

$$= 3(13-10)^2 + 5(9-10)^2 + 2(10-10)^2 + 7(20-10)^2 = 732$$

9.1.2 산술평균

중심적 경향을 나타내 주는 대표값 중에 가장 중요하고 보편적으로 사용되고 있는 것이 산술평균(arithmetic mean) 또는 줄여서 평균이다. 산술평균을 구하는 계산방법을 정리된 자료와 정리되지 않은 자료 두 경우로 나누어 기술하였다.

1) 정리되지 않은 자료

정리되지 않은 자료의 산술평균은 모든 자료의 값을 더하여 이 값을 자료의 개수로 나누어 준 값을 말한다.

일반적으로 변수 x에 대해 n개의 관찰값이 $x_1, x_2, x_3, \cdots, x_n$이라면 산술평균 $\bar{x}$는 합산기호를 사용하여 다음과 같이 표현된다. 즉,

$$\bar{x} = \frac{x_1 + x_2 + \dots + x_n}{n} = \frac{\sum_{i=1}^{n} x_i}{n}$$

위의 공식을 이용하여 다음 10명의 키에 대한 산술평균을 구해 보기로 하자. 10명의 키가 165, 165, 165, 169, 169, 169, 175, 175, 175, 175라면 산술평균은 다음과 같이 된다.

$$\bar{x} = \frac{165 + 165 + 165 + 169 + 169 + 169 + 175 + 175 + 175 + 175}{10} = 170.2$$

또한 자료의 반복되는 도수를 이용하여 산술평균을 구해도 같은 결과를 얻는다. 즉,

$$\bar{x} = \frac{3(165) + 3(169) + 4(175)}{10} = 170.2$$

위로부터 k개의 서로 다른 관찰값 $x_1, x_2, x_3, \cdots, x_k$에 대해 각각의 도수가 $f_1, f_2, \cdots, f_k$라면 산술평균 $\bar{x}$는 다음과 같이 된다.

$$\bar{x} = \frac{f_1x_1 + f_2x_2 + ... + f_kx_k}{f_1 + f_2 + ... + f_k} = \frac{\sum_{i=1}^{k} f_ix_i}{\sum_{i=1}^{k} f_i}$$

위의 식을 이용하여 산술평균을 구하기 위해서는 다음과 같은 표를 만들어 이용하면 편리하다.

〈표 9.1〉 **평균을 구하는 표**

변수의 값(x)	도수(f)	변수의 값 ×도수(fx)
x	f_1	f_1x_1
x	f_2.	f_2x_2
.	.	.
.	.	.
x_k	f_k	f_kx_k
합계	$\sum_{i=1}^{k} f_i$	$\sum_{i=1}^{k} f_ix_i$

예제 9.3 20명의 학생들이 한 학기 동안 공부한 시간수의 분포가 다음 표와 같다. 평균을 구하시오.

〈표 9.2〉 **20명의 한 학기 동안 공부한 시간**

시간(x)	도수(f)	(fx)
174	4	696
220	7	1540
235	8	1880
245	1	245
합계	20	4361

풀이

$$\bar{x} = \frac{\sum_{i=1}^{4} f_ix_i}{\sum_{i=1}^{4} f_i} = \frac{4361}{20} = 218.05$$

2) 정리된 자료

자료의 개수가 많은 경우에는 산술평균을 구하기 위하여 주어진 자료를 정리하여 도수분포표를 만들어서 구하는 것이 편리한 경우가 많다.

일단 자료가 도수분포표로 정리되면 원래 갖고 있던 값은 잃어버리게 되고 개개의 자료는 각 계급의 계급중앙값으로 대표된다.

일반적으로 도수분포표를 이용하여 구한 산술평균과 원래의 자료를 이용하여 직접 구한 산술평균은 서로 다르다. 도수분포표를 이용하여 산술평균을 구하는 방법은 근사적인 방법이지만 계산과정이 간편하여 많이 이용되고 있다. 그리고 각 계급구간 내에 실제의 관찰값이 퍼져 있을 때나 계급중앙값이 바로 그 계급 내의 평균과 같을 때는 도수분포표를 이용하여 구한 산술평균과 원래의 자료를 이용하여 직접 구한 산술평균은 차이가 없게 된다.

〈표 9.3〉 도수분포표(예)

계급	도수(f)	계급중앙값(x)	(fx)
5 ~ 19	4	12	48
20 ~ 34	12	27	324
35 ~ 49	15	42	630
50 ~ 64	16	57	912
65 ~ 79	22	72	1584
80 ~ 94	11	87	957
합계	80		4455

예제 9.4 근로자 50명의 연간소득에 대한 도수분포표가 다음과 같다. 이를 이용하여 근로자의 연평균 소득을 구하시오.

〈표 9.4〉 근로자 50명의 연평균 소득의 도수분포표

(단위 : 1000원)

연간소득	도수(f)	계급중앙값(x)	(fx)
8,000 ~ 8,999	4	8,499.5	33,998.0
9,000 ~ 9,999	7	9,499.5	66,496.5
10,000 ~ 10,999	10	10,499.5	104,995.0
11,000 ~ 11,999	9	11,499.5	103,495.5
12,000 ~ 12,999	12	12,499.5	149,994.0
13,000 ~ 13,999	6	13,499.5	80,997.0
15,000 ~ 15,999	2	15,499.5	30,999.0
합계	50		570,975.0

풀이 산술평균 : 570,975/50=11,419.5가 된다. 즉, 근로자의 연평균 소득은 근사적으로 11,419,500원이다.

3) 기하평균과 조화평균

산술평균 외에 평균개념으로 기하평균과 조화평균이 있다.

먼저 기하평균(geometric mean)의 개념을 간단한 예를 들어 설명한다. 작년의 물가상승률이 5%이고 올해는 13%였다면 지난 2년 동안의 물가상승률은 얼마이겠는가? 이 질문에 $(5+13)/2=9\%$라고 생각하는 사람이 많을 것이나, 이 경우 평균 물가상승률이란 다음 관계를 만족시키는 값 r가 됨을 알 수 있다.

$$(1+r)^2 = 1.05\times 1.13$$

따라서 평균 물가상승률은 9%가 아니고 $r=\sqrt{1.05\times 1.13}-1=0.089$, 즉 8.9%이다. 이를 일반화하면 n개의 자료 $x_1, x_2, \cdots, x_n$이 있을 때 기하평균 $\bar{x}'$은

$$\bar{x}' = \sqrt[n]{x_1\times x_2\times\cdots\times x_n}$$

으로 정의되며 인구증가율이나 경제성장률 등의 평균을 계산할 때 흔히 이용된다.

조화평균(harmonic mean)의 개념도 예를 들어 설명한다. 갑은 4km 떨어진 두 지점을 갈 때는 걸어서 1시간, 올 때는 뛰어서 20분에 왕복을 했다. 이때, 갑의 평균시속은

$$(4+4)/(1+\frac{1}{3})=6[\text{km/시간}]$$

임을 알 수 있다.

만일 $a$km 떨어진 두 지점을 n번 반복하여 여행할 경우 각각의 시속이 $x_1, x_2, \cdots, x_n$[km/시간]이고, 총 여행거리가 na[km]이며, 총 소요시간은

$$\sum_{i=1}^{n}\frac{a}{x_i}$$

평균시속은

$$\bar{x}''=\frac{na}{\sum_{i=1}^{n}\frac{a}{x_i}}=\frac{n}{\sum_{i=1}^{n}\frac{1}{x_i}}=\frac{1}{\frac{1}{n}\sum_{i=1}^{n}\frac{1}{x_i}}\ [\text{km/시간}]$$

n개 자료 $x_1, x_2, \cdots, x_n$이 있을 때 조화평균 $\bar{x}''$은

$$\bar{x}''=\frac{1}{\frac{1}{n}\sum_{i=1}^{n}\frac{1}{x_i}}$$

로 정의되며 가속현상에서의 평균시속 등을 구할 때 이용된다.

9.1.3 중위수

중위수(median)는 산술평균과 마찬가지로 자료의 중심적 경향을 나타내는 척도이며, 자료를 크기순으로 나열했을 때 중간순서에 해당되는 관찰값을 말한다.

1) 정리되지 않은 자료의 중위수

주어진 자료를 가장 작은 값에서 가장 큰 값의 크기순으로 배열했을 때 가운데 있는 관찰값을 중위수라 한다. 반대로 가장 큰 값에서 가장 작은 값으로 정리했을 때도 마찬가지 결과가 된다.

자료의 개수가 홀수인 경우 중위수는 주어진 자료 중의 한 값이 되지만, 짝수인 경우에는 주어진 자료 중의 한 값이 되지 않는다. 즉, n개의 자료가 크기순으로 주어졌을 때, 만일 n이 홀수이면 $(n+1)/2$번째에 해당되는 관찰값이 중위수가 되며, 만일 n이 짝수이면 $n/2$번째 관찰값과 $(n/2)+1$번째 관찰값의 평균이 중위수가 된다.

예제 9.5 5개의 자료인 15, 14, 14, 14, 23에 대한 중위수를 구하시오.

풀이 자료를 크기순으로 배열하면 14, 14, 14, 15, 23이 되며 $n=5$이고 자료의 수가 홀수이므로 $\frac{n+1}{2}=\frac{5+1}{2}=3$번째 있는 값, 14가 중위수이다.

예제 9.6 6개의 자료가 크기순으로 3, 10, 12, 15, 16, 23과 같이 배열되었을 때 중위수를 구하시오.

풀이 $n=6$으로 짝수이므로 $\frac{n}{2}=\frac{6}{2}=3$번째 값과 $\frac{n}{2}+1=\frac{6}{2}+1=4$번째 값의 평균 $(12+15)/2=13.5$가 중위수이다.

2) 정리된 자료

자료의 총 도수 n이 크기 때문에 도수분포표를 작성하여 근사적인 중위수를 구할 때는 $n/2$번째 관찰값을 계산에 의해 구해야 한다. 이때 계급의 간격이 일정하다면 중위수를 계산하는 식은 다음과 같다.

$$중위수 = L + \frac{c}{f}\left(\frac{n}{2} - F\right)$$

여기서 L = 중위수를 포함하고 있는 계급의 구간경계선 하한

n = 자료의 총 도수

f = 중위수를 포함하고 있는 계급의 도수

c = 계급의 간격

F = 중위수를 포함하고 있는 계급의 구간경계선 하한까지의 총 도수

단, n이 크고 또한 근사적인 중위수를 구하는 것이므로 n이 짝수인지 홀수인지는 구별하지 않아도 된다.

예제 9.7 다음 표에서 중위수를 구하시오.

〈표 9.5〉 도수분포표

계급	도수	누적도수
2 ~ 19	4	4
20 ~ 34	12	16
35 ~ 49	15	31
50 ~ 64	16	47
65 ~ 79	22	69
80 ~ 94	11	80

풀이 $L = 49.5,\ n = 80,\ f = 16,\ c = 15,\ F = 31$이므로

$$중위수 = 49.5 + \frac{15}{16}\left(\frac{80}{2} - 31\right) = 57.94$$

이 된다.

자료의 위치를 나타내는 측도로서 중위수 외에도 백분위수(percentiles), 십분위수(deciles) 및 사분위수(quartiles) 등이 있다. 백분위수는 자료의 총 도수가 많을 때 중위수의 개념을 확대하여, 주어진 자료를 크기순으로 나열하여 놓은 자료를 100등분하였을 때 해당하는 관찰값을 말하며, 10분위수란 10등분하였을 때, 4분위수란 4등분하였을 때 각각 해당하는 관찰값을 말한다. 따라서 제P백분위수라 함은 주어진 자료를 크기순으로 나열하였을 때 적어도 P%의 관찰값들이 그 값보다 작거나 같고, 또한 적어도(100−P)%의 관찰값들이 그 값보다 크거나 같게 되는 값을 말한다.

제35백분위수를 P_{35}라 표현하면 이를 구하는 공식은 다음과 같다.

$$P_{35} = L + \frac{c}{f}[(0.35)n - F]$$

단, $L = P_{35}$를 포함하고 있는 계급의 구간경계선 하한

n = 자료의 총 도수

$f = P_{35}$를 포함하고 있는 계급의 도수

c = 계급의 간격

$F = P_{35}$를 포함하고 있는 계급의 구간경계선 하한까지의 총 도수

따라서 P_{50}이 중위수가 되며, P_{25}가 제1사분위수, P_{75}가 제3사분위수가 된다.

보통 제1사분위수를 Q_1, 제3사분위수를 Q_3라 표시한다. 그리고 P_{50}은 중위수가 되는 동시에 제2사분위수가 되며 십분위수로 표시하면 제5십분위수가 되는 것이다.

〈표 9.5〉의 도수분포표에서 P_{35}와 P_{25}, P_{75}를 구하면 다음과 같다.

$$P_{35} = 34.5 + \frac{15}{15}[(0.35)80 - 16] = 46.5$$

$$P_{25} = 34.5 + \frac{15}{15}[(0.25)80 - 16] = 38.5$$

$$P_{75} = 64.5 + \frac{15}{22}[(0.75)80 - 47] = 73.36$$

따라서 $Q_1 = 38.5$, $Q_3 = 73.4$가 됨을 알 수 있다.

9.1.4 최빈수

자료가 정리되어 있지 않고 하나하나 나열되어 있는 경우, 가장 빈도가 많은 관찰값을 최빈수(mode)라 하는데, 최빈수도 자료의 중심적인 경향을 나타내 주는 척도이다. 그리고 주어진 자료에서 가장 빈도가 많은 관찰값이 동시에 2개 있을 때 최빈수는 2개의 값이 되며, 이와 같은 경우를 쌍봉형(bimodal)이라 부른다.

예를 들면, 8개의 관찰값이 1.0, 1.1, 1.2, 1.2, 1.2, 1.4, 1.4, 1.4인 경우 1.2와 1.4가 각각 3번씩 나타나므로 최빈수는 1.2와 1.4가 된다. 반면, 6개의 관찰값이 1.2, 1.2, 1.4, 1.4, 2.0, 2.0인 경우 개개의 관찰값에 대한 빈도가 모두 같으므로 최빈수는 존재하지 않는다.

예제 9.8 다음 자료의 최빈수를 구하시오.

① 2, 3, 7, 7, 7, 8, 9, 9

② 2, 3, 7, 7, 7, 7, 8, 9, 9, 9, 9

③ 22, 23, 32, 40, 49

풀이 ① 7의 빈도수가 3으로 가장 많은 빈도가 되므로, 최빈수는 7이다.
② 7과 9의 빈도가 4이므로 가장 많은 빈도가 되며, 최빈수는 7과 9가 되므로 쌍봉형이다.
③ 개개의 관찰값에 대한 빈도가 모두 같으므로 최빈수는 존재하지 않는다.

9.2 산 포 도

대표값은 분포의 중심적인 경향이나 중심위치를 나타내 주며, 자료의 형태를 나타내는 중요한 측도가 된다. 그러나 주어진 자료의 분포에 대하여 대표값만으로 그 분포의 특징을 설명할 수 없는 것이다. 따라서 분포의 특성을 좀 더 명확하게 정의하기 위해서는 대표값과 더불어 자료의 변이성(variability)을 나타내 주는 산포도를 도입하여야 한다.

산포도(measure of dispersion)는 개개의 관찰값이 중심위치로부터 얼마나 벗어나 있는가, 즉 흩어져 있는 정도를 나타내 주는 측도이다. 자료분포의 특성을 나타내 주는 산포도로는 ① 범위(range), ② 평균편차(average deviation), ③ 분산(variance), 그리고 표준편차(standard deviation) 등을 많이 사용하고 있다.

9.2.1 범 위

산포도 중 가장 간단한 것이 범위이다. 즉, 자료 중에서 가장 큰 값을 갖는 관찰값에서 가장 작은 값을 갖는 관찰값을 빼준 값을 범위(range)라 정의한다.

예를 들면 10, 8, 7, 9, 12라는 값을 갖는 5개의 자료의 범위는 가장 큰 값 12에서 가장 작은 값 7을 빼준 값, 즉 $12-7=5$가 된다. 범위는 계산하기가 쉬운 장점이 있지만 두 개의 극단적인 값에 지나치게 좌우된다는 문제점을 지니고 있다.

범위가 지니고 있는 이러한 단점을 어느 정도 보완할 수 있는 산포도 개념으로서 사분위 범위(interquartile range)라는 것이 있다. 사분위 범위 Q는

$$Q = Q_3 - Q_1$$

(단, Q_1 = 제1사분위수, Q_3 = 제3사분위수)

로 정의되는데 이는 자료의 중심부에 있는 50%의 관찰값에 대한 범위로서 자료의 범위보다는 양극단값에 상대적으로 덜 민감하다.

예제 9.9 6명의 학생에 대한 시험성적이 75, 82, 56, 69, 87, 43이었다. 이 자료를 작은 크기순으로 나열하고, 범위를 구하시오.

풀이 ① 작은 크기순으로 정리 : 87, 82, 75, 69, 56, 43

② 범위 : $87-43=44$

9.2.2 평균편차

자료의 변이성의 크기는 개개의 관찰값이 중심위치로부터 얼마만큼 흩어져 있는가에 따라 좌우된다. 즉, 관찰값들이 넓게 퍼져 있다면 변이성이 커지고, 반대로 관찰값들이 중심위치에 가깝게 모여 있다면 변이성은 작아진다.

자료의 중심위치를 나타내 주는 대표값 가운데 산술평균이 가장 보편적으로 사용되므로 개개의 관찰값들의 편차(deviation)는 관찰값이 평균으로부터 얼마만큼 흩어져 있느냐로 나타낸다. 즉, n개의 관찰값이 $x_1, x_2, \cdots, x_n$일 때 $x_1-\bar{x}, x_2-\bar{x}, \cdots, x_n-\bar{x}$가 평균에 대한 편차가 된다. n개의 편차 중에서 어떤 것은 양의 값을 갖고, 어떤 것은 음의 값을 갖고 있다.

그래서 n개의 편차를 합하면 항상 0이 된다. 즉,

$$\sum_{i=1}^{n}(x_i-\bar{x})=\sum_{i=1}^{n}x_i-n\bar{x}=n\bar{x}-n\bar{x}=0$$

따라서 자료의 산포도를 나타내기 위해서는 개개의 편차에 대해 절댓값을 취하든가 또는 이들을 제곱하여 모두 합해야 한다. 개개의 편차에 절댓값을 취하여 이들에 대한 산술평균을 구한 것을 평균편차(average deviation)라 한다.

$$\text{평균편차}=\frac{|x_1-\bar{x}|+|x_2-\bar{x}|+\ldots+|x_n-\bar{x}|}{n}=\frac{\sum_{i=1}^{n}|x_i-\bar{x}|}{n}$$

예제 9.10 어떤 학생이 6장의 자료를 타자하였다. 각 장을 타자하는 데 6분, 8분, 13분, 10분, 8분, 9분이 소요되었다. 평균편차를 구하시오.

풀이 먼저 평균을 구하면

$$\bar{x}=\frac{6+8+13+10+8+9}{6}=9$$

이다. 그러므로

$$\text{평균편차}=\frac{|6-9|+|8-9|+|13-9|+|10-9|+|8-9|+|6-9|}{6}$$

$$=\frac{3+1+4+1+1+0}{6}=\frac{5}{3}$$

n개의 관찰값이 도수분포의 형태로 주어진 경우 평균편차는 다음과 같다. k개의 서로 다른 관찰값 $x_1, x_2, \cdots, x_k$에 대해 각각 도수가 $f_1, f_2, \cdots, f_k$라 하면

$$\text{평균편차} = \frac{\sum_{i=1}^{k} f_i |x_i - \bar{x}|}{n}, \quad n = \sum_{i=1}^{k} f_i$$

이 된다. 따라서 n개의 관찰값에 대한 도수분포를 이용하면 평균편차를 쉽게 구할 수 있다.

예제 9.11 편지 12장을 타자하였다. 한 장을 타자하는 데 걸린 시간(단위 : 분)은 다음과 같다. 평균편차를 구하시오.

6, 8, 13, 10, 8, 9, 10, 6, 8, 8, 6, 10

풀이 12개의 관찰값에 대한 도수분포표를 먼저 만들었다.

자료에서 평균 $\bar{x}=102/12=8.5$이다. 이를 이용하여 평균편차를 구한다.

〈표 9.6〉 도수분포표

시간(x)	도수(f)	fx	$\lvert x-8.5\rvert$	$f\lvert x-8.5\rvert$
6	3	18	2.5	7.5
8	4	32	0.5	2.0
9	1	9	0.5	0.5
10	3	30	1.5	4.5
13	1	13	4.5	4.5
합계	12	102		19.0

$\text{평균편차} = \frac{19.0}{12}=1.58$이 된다.

9.2.3 분산과 표준편차

평균에 대한 편차의 합은 0이기 때문에 절댓값을 취해 산포도를 나타내는 평균편차를 구하였다. 이 절에서는 개개의 편차에 대해 절댓값을 취하는 대신에 편차를 제곱하여 산술평균을 구하는 것을 분산(variance)이라 정의한다. 이를 식으로 표현하면 다음과 같다.

$$\text{분산} = \frac{(x_1-\overline{x})^2+(x_2-\overline{x})^2+\cdots+(x_n-\overline{x})^2}{n}$$

$$= \frac{\sum_{i=1}^{n}(x_i-\overline{x})^2}{n}$$

따라서 편차의 절댓값이 크다면 분산의 값도 커진다. 그리고 분산의 값은 항상 0보다 작지는 않다.

이러한 분산의 양의 제곱근을 표준편차(standard deviation)라 부르며, 다음과 같이 표현한다.

$$\text{표준편차} = \sqrt{\frac{\sum_{i=1}^{n}(x_1-\overline{x})^2}{n}}$$

예제 9.12 <표 9.7>에 있는 집단 A, B의 성적에 관한 분산 및 표준편차를 구하시오.

<표 9.7> 집단 A, B의 성적표

집단 A			집단 B		
성적 (x)	편차 ($x-\overline{x}$)	편차제곱 ($(x-\overline{x})^2$)	성적 (x)	편차 ($x-\overline{x}$)	편차제곱 ($(x-\overline{x})^2$)
56	−4	16	30	−30	900
58	−2	4	35	−25	625
60	0	0	60	0	0
60	0	0	60	0	0
60	0	0	60	0	0
62	2	4	85	25	625
64	4	16	90	30	900
합계 420 평균 60		40 40/7=5.71	합계 420 평균 60		3050 3050/7=435.71

풀이 집단 A의 분산은 5.71이고 표준편차는 $\sqrt{5.71}=2.39$이다.
집단 B의 분산은 435.71이고 표준편차는 $\sqrt{435.71}=20.87$이다.

두 집단 모두 대표값인 평균이 60으로 같으나, 집단 A, B의 분산 및 표준편차를 비교하면 집단 B가 훨씬 큰 값을 갖고 있으므로 집단 B의 산포도가 집단 A보다 크다는 사실을 알 수 있다. n개의 관찰값이 서로 다른 k개의 값 $x_1, x_2, \cdots, x_k$에 대해 각각의 도수가 $f_1, f_2, \cdots, f_k$인 도수분포표로 주어졌을 때 분산을 구하는 식은 다음과 같다.

$$\text{분산} = \frac{\sum_{i=1}^{n} f_i(x_i-\bar{x})^2}{n} = \frac{\sum_{i=1}^{k} f_i x_i^2}{n} - (\bar{x})^2, \qquad n=\sum_{i=1}^{n} f_i$$

예제 9.13 다음 〈표 9.8〉에 주어진 자료는 어떤 기계에서 생산된 20개의 제품의 지름에 대한 분포이다. 지름에 대한 분산과 표준편차를 구하시오.

〈표 9.8〉 제품 지름의 도수분포표

지름(cm)	도수
2.0	2
2.2	4
2.3	6
2.8	3
3.0	5

풀이

〈표 9.9〉 분산 및 표준편차 계산과정

지름(x)	도수(f)	fx	$x-\bar{x}$	$(x-\bar{x})^2$	$f(x-\bar{x})^2$
2.0	2	4.0	−0.5	0.25	0.50
2.2	4	8.8	−0.3	0.09	0.36
2.3	6	13.8	−0.2	0.04	0.24
2.8	3	8.4	0.3	0.09	0.27
3.0	5	15.0	0.5	0.25	1.25
합계 평균	20 $\bar{x}$=50/20 =2.5				2.62 분산=2.62/20 =0.131

즉, 지름의 평균은 2.5cm가 되고, 분산은 0.131, 표준편차는 $\sqrt{0.131}=0.362$cm가 된다.

예제 9.14 어느 학생이 친구와 15회 전화 통화를 한 통화 소요시간이다. 통화 소요시간의 분산을 구하시오.

〈표 9.10〉 분산 계산과정

지름(x)	도수(f)	fx	x^2	fx^2
2	6	12	4	24
3	4	12	9	36
4	2	8	16	32
6	2	12	36	72
8	1	8	64	64
합계	15	52		228
평균		52/15=3.4667		228/15=15.2

풀이 통화 소요시간의 분산$=\dfrac{\sum f_i x_i^2}{n}-(\overline{x})^2=15.2-(3.4667)^2=3.18$

9.3 상관과 회귀

대표값, 산포도 등은 한 개의 변량을 분석하기 위한 통계적 방법이나, 사회과학, 경영학, 생물학 또는 경제학 등의 문제를 다루는 경우, 두 개 이상의 변량이 어떻게 관련되어 있는가와 그러한 관련성을 수학적으로 다루어야 한다.

예를 들어 학생들의 공부시간과 학업성적 간의 관련성, 판매관리에서는 광고비와 판매량 간의 관련성 및 가계소득과 유흥비 지출액과의 관련성을 알고자 할 때, 변량들 간에 수학적 관련성을 알아본다.

두 변수의 선형관계를 알아보는 기본적인 방법으로 상관계수(correlation coefficient)와 선형회귀(Linear regression)를 공부한다. 상관계수는 두 변수의 선형관계가 얼마나 강한지를 보여주고, 회귀분석은 그러한 선형관계를 나타내 주는 직선의 방정식을 자료로부터 구하는 방법이다. 특정한 선형관계를 표현하는 방정식이 유도되면, 한 변수에 관한 정보로 다른 변수에 관하여 예측할 수 있게 된다.

예측되는 변수를 종속변수(dependent variable), 반응변수(response variable), 또는 출력변수(output variable)라 부르며, 예측에 사용되는 변수를 독립변수(independent variable) 또는 입력변수(input variable)라고 부른다.

9.3.1 상관계수

IQ가 높은 학생들이 평점도 높은 점수를 보여주고 있으며, 반면 IQ가 낮은 학생들이 낮은 점수를 얻은 성향이 있음을 산점도를 통하여 알 수 있다. 높은 x값이 높은 y값과 연관되는 경향이 있다. 또한 낮은 x값은 낮은 y값에 관련되는 경향이 있으므로, 이 자료에 관한 IQ와 평점 간에 정 또는 양의 상관관계(positive relationship)가 있다고 말할 수 있다. 반면, 높은 x값과 낮은 y값이 연관되고, 낮은 x값과 높은 y값이 연관되는 것으로 나타나면 부 또는 음의 상관관계(negative or inverse relationship)가 존재한다고 말한다.

[그림 9.1]의 산점도에서 관찰점들이 어느 정도 직선의 양상을 보이면서 흩어져 있음을 알 수 있다. 이러한 직선의 접근도, 즉 선형관련성의 정도를 측정하는 척도로서 상관계수(correlation coefficient)가 정의되며, 흔히 r로 표시한다. 그리고 관찰값들 (x_1, y_1), (x_2, y_2), $\cdots$, (x_n, y_n)에 관하여 상관계수는 다음과 같이 정의된다.

$$r = \frac{x\text{와 } y\text{의 공분산}}{(x\text{의 표준편차}) \times (y\text{의 표준편차})}$$

여기서 x와 y의 공분산은

$$xy\text{곱의 평균} - (x\text{의 평균}) \times (y\text{의 평균}) = \frac{1}{n}\sum_{i=1}^{n} x_i y_i - \overline{x}\,\overline{y}$$

로 정의된다.

표준편차의 공식을 이용하면 다음과 같은 상관계수 공식을 얻을 수 있다.

$$r = \frac{n\sum_{i=1}^{n} x_i y_i - \sum_{i=1}^{n} x_i \sum_{i=1}^{n} y_i}{\sqrt{[n\sum_{i=1}^{n} x_i^2 - (\sum_{i=1}^{n} x_i)^2][n\sum_{i=1}^{n} y_i^2 - (\sum_{i=1}^{n} y_i)^2}} \quad \text{(단, } n\text{는 관찰값의 개수임)}$$

〈표 9.11〉 10명 학생들의 IQ와 평점

IQ(x)	평점(y)
100	3.0
120	3.8
110	3.1
105	2.9
85	2.6
95	2.9
130	3.6
100	2.8
105	3.1
90	2.4

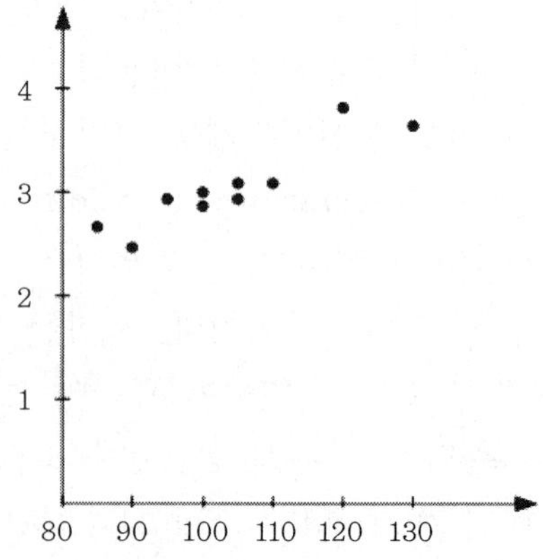

[그림 9.1] IQ와 평점의 산점도

〈표 9.11〉의 자료를 이용하여 IQ와 평점 간의 상관계수를 구하기 위하여 〈표 9.12〉를 먼저 계산하였다.

〈표 9.12〉 〈표 9.11〉의 IQ와 평점 간의 상관계수 계산

x	y	x^2	y^2	xy
100	3.0	10,000	9.00	300.0
120	3.8	14,400	14.44	456.0
110	3.1	12,100	9.61	341.0
105	2.9	11,025	8.41	304.5
85	2.6	7,225	6.67	221.0
95	2.9	9,025	8.41	275.5
130	3.6	16,900	12.96	468.0
100	2.8	10,000	7.84	280.0
105	3.1	11,025	9.61	325.5
90	2.4	8,100	5.76	216.0
1040	30.2	109,800	92.80	3187.5

이 표를 이용하여 상관계수 r을 구하면

$$r = \frac{(10)(3187.5) - (1040)(30.2)}{\sqrt{[(10)(109{,}800) - (1040)^2][(10)(92.80) - (30.2)^2]}}$$

$$= \frac{467}{\sqrt{(16{,}400)(15.96)}} = 0.913$$

■ 상관계수의 특성

① 상관계수는 1과 −1 사이의 값을 갖는다. 즉, $-1 \le r \le 1$

② $r = 1$일 때에 완전 정상관(perfect positive correlation)이 존재하고, [그림 9.2(a)]의 산점도에 나타난 것처럼 오른쪽으로 올라간(기울기가 양수) 직선상에 모든 관찰점들이 놓이게 된다.

또한 r값이 −1이면 완전 역상관(perfect negative correlation)이며, 산점도 [그림 9.2(b)]에서처럼 오른쪽으로 내려간(기울기 음수) 직선상에 모든 관찰점들이 놓이게 된다. 모든 관찰점들이 일직선상에 있지 않으면 r값은 1과 −1 사이의 값이 된다. 만일 r가 +1 또는 −1에 가까운 값이면 관찰점들이 직선 부근에 가까이 분포함을 알 수 있다. 다시 말해서 r가 +1 또는 −1에 가까운 값일수록 두 변수들이 선형관계를 가짐을 알 수 있다.

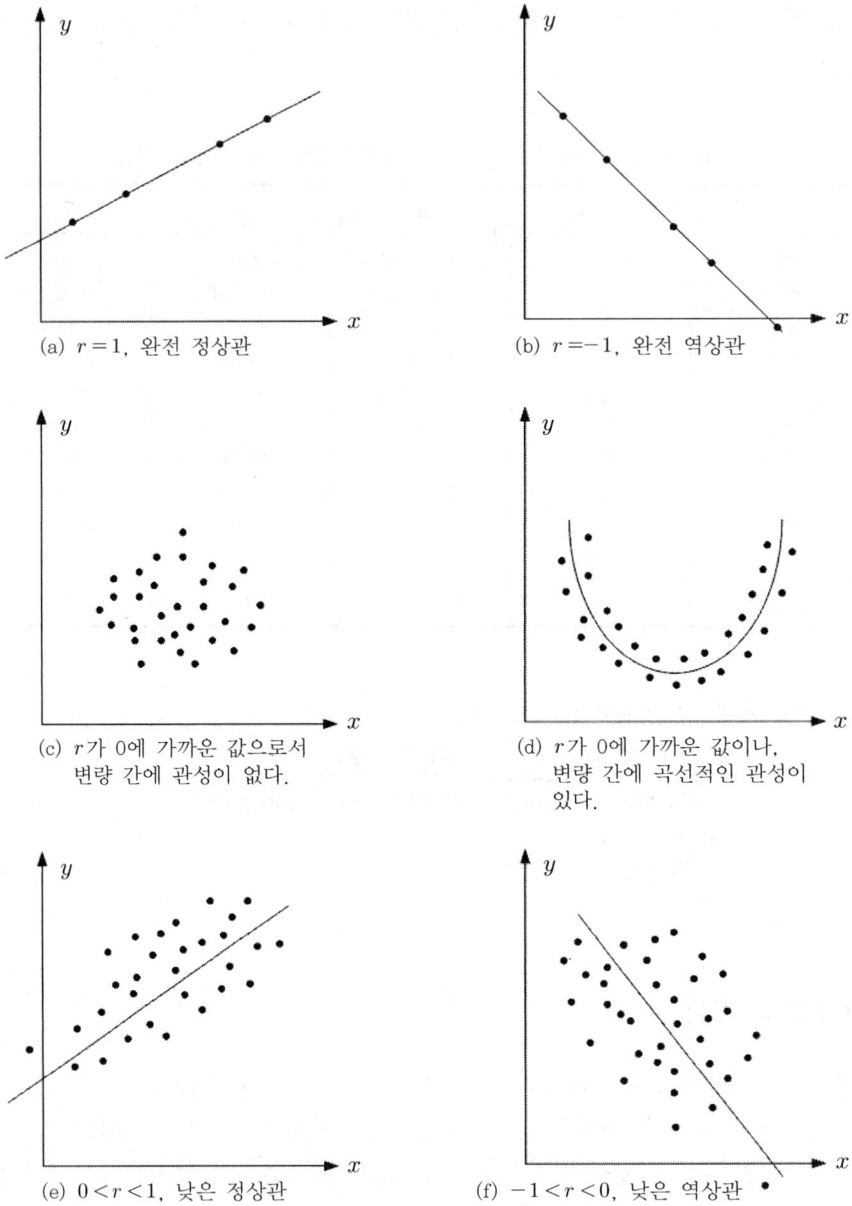

[그림 9.2] 몇 가지 산점도

또한, r가 0에 가까운 값이면, 다음 두 경우 중 한 가지에 속하게 된다. 한 가지는 두 변량 간에 관련성이 없기 때문에, [그림 9.2(c)]의 산점도가 나타내는 것처럼 x와 y 간에 어떤 종속적인 관계가 없으므로 상관계수가 0인 경우이며, 다른 한 가지는 변량들이 관련이 있으나 선형적인 관련성을 갖고 있지 않은 경우다. [그림 9.2(d)]의 산점도에 나타난 것처럼 곡선적인 관계가 있음에도 r값이 0에 가까운 값으로 계산될 수 있다. 이는 상관계수 r은 변수들의 선형관계만을 측정하기 때문이다.

③ r값이 양인 것은 오른쪽으로 올라간 선형적인 관계를 나타내며, 음인 것은 오른쪽으로 내려가는 관계를 보여준다.

④ 상관계수 r는 단위가 없는 수이며, 한 변수의 모든 값들에 어떠한 상수를 더하거나 곱하여도 그 크기는 변하지 않는다.

따라서 앞의 예제 IQ와 평점 간의 상관계수 $r=0.913$은 강한 선형관계를 나타내 줌을 알 수 있다.

9.3.2 회귀분석

■ 최소자승 회귀선

상관계수 r를 계산하고 두 변수의 산점도를 그려 봄으로써 선형관련성이 있는가와 얼마나 강한지를 결정할 수 있다. 만일 두 변수 간에 강한 선형관계가 존재한다면, 관찰점들이 어떠한 직선 부근에 가까이 분포하게 되고 이 직선을 이용하여 한 변수의 값으로 다른 변수의 값을 예측할 수 있을 것이다. 이렇게 두 변수의 선형관계를 잘 나타내 줄 수 있는 직선을 회귀선이라 하며, 회귀선의 방정식을 주어진 자료로부터 구하고 그것을 이용하여 예측을 하는 것이 회귀분석 이론이다.

회귀분석에서 일반적으로 독립변수는 x로 표시하고 x축에 표현하며, 종속변수는 y로 하고 그 값은 y축에 나타낸다.

비료 투여량(kg/헥타르)의 선형함수로써 곡물 수확량(가마수/헥타르)을 예측하고자 한다. 시비량은 예측에 사용되는 변수이므로 독립변수이고, 수확량은 예측되는 변수이므로 종속변수이다.

〈표 9.13〉은 시비량에 상응하는 곡물 수확량의 관찰값을 제시하고 있으며, [그림 9.2]에는 산점도가 그려져 있다. 분명히 선형관계를 보여주고 있으므로, 우리는 이러한 선형관계를 나타내는 직선의 방정식을 구할 수 있다.

〈표 9.13〉 곡물의 시비량과 수확량

시비량(x)	수확량(y)
30	43
40	45
50	54
60	53
70	61
80	63

관찰점이 직선상에 놓인다면 직선을 쉽게 그릴 수 있다. 그러나 관찰점들이 직선상에 놓이지 않으므로 이론상으로는 그릴 수 있는 직선의 수는 무한대이다. 따라서 관찰점들이 나타내는 선형적인 추세 또는 경향을 가장 잘 반영하는 특징 직선을 구하고자 한다. 최소자승법(method of least square)은 선형적인 추세 또는 경향을 가장 적절하게 표현하는 직선을 구할 수 있는 방법이다.

최소자승법의 개념을 이해하기 위하여 먼저 n개 관찰값들 (x_1, y_1), (x_2, y_2), $\cdots$, (x_n, y_n)로 구성된 자료에 가장 잘 부합하는 직선을 $\hat{y}=a+bx$라 하자. 이 방정식을 예측방정식이라 하며, $a+bx_i$는 독립변수 x의 값이 x_i일 때 종속변수 y의 예측값을 나타내고, y_i는 그에 상응하는 y의 관찰값을 나타낸다.

예측방정식에서 다음의 값들을 구한다.

$$(x_1, a+bx_1), (x_2, a+bx_2), \cdots, (x_n, a+bx_n)$$

이 모든 점들은 예측방정식을 표시하는 선상에 놓인다.

$$y_1-(a+bx_1),\ y_2-(a+bx_2), \cdots, y_n-(a+bx_n)$$

은 관찰값과 그에 상응하는 예측값과의 편차를 보여준다. 즉 편차 $e_i=y_i-(a+bx_i)$는 관찰값 y_i와 예측방정식과의 수직거리를 나타낸다.

예측을 하기 위하여 예측방정식을 사용하는 것이 주된 목적이므로, 편차를 최소화하는 직선을 찾아내는 것이 필요하다. 최소자승법은 관찰값 y와 예측값 $\hat{y}$와의 편차의 자승합이 최소인 직선이다. 즉, 편차의 자승합인

$$\sum_{i=1}^{n}[y_i-(a+bx_i)]^2$$

을 최소화하는 상수 a와 b를 구한다.

이러한 기준으로 구한 직선을 최소자승 회귀선(least squares regression line)이라 부르며, 회귀선의 기울기와 절편의 값은 다음과 같이 주어진다.

$$\text{회귀선의 기울기} = \text{상관계수} \times \frac{y\text{의 표준편차}}{x\text{의 표준편차}}$$

$$\text{회귀선의 절편} = y\text{의 평균} - (\text{회귀선의 기울기}) \times (x\text{의 평균})$$

상관계수와 표준편차의 공식을 이용하면 회귀선의 기울기 b와 회귀선의 절편 a에 대한 계산공식은 다음과 같다.

$$b=\frac{n\sum_{i=1}^{n}x_iy_i-\sum_{i=1}^{n}x_i\sum_{i=1}^{n}y_i}{n\sum_{i=1}^{n}x_i^2-(\sum_{i=1}^{n}x_i)^2}$$

$$a=\bar{y}-b\bar{x}$$

회귀선을 구하기 위해서는 상관계수, x의 표준편차, y의 표준편차 또는 $\sum_{i=1}^{n} x_i$, $\sum_{i=1}^{n} y_i$, $\sum_{i=1}^{n} x_i^2$, $\sum_{i=1}^{n} x_i y_i$ 그리고 관찰값의 개수 n을 알면 된다.

예제 9.15 시비량과 곡물 수확량의 회귀선을 구하시오.

〈표 9.14〉 시비량에 의한 곡물의 수확량 계산

시비량(x)	수확량(y)	x^2	xy	y^2
30	43	900	1290	1849
40	45	1600	1800	2025
50	54	2500	2700	2916
60	53	3600	3180	2809
70	56	4900	3920	3136
80	63	6400	5040	3969
330	314	19,900	17,930	16,704

풀이 $n=6$, $\sum_{i=1}^{6} x_i = 330$, $\sum_{i=1}^{6} y_i = 314$, $\sum_{i=1}^{6} x_i^2 = 19{,}900$, $\sum_{i=1}^{6} x_i y_i = 17{,}930$를 이용하여

$$b = \frac{(6)(17{,}930)-(330)(314)}{(6)(19{,}900)-(330)^2} = \frac{3960}{10{,}500} = 0.377$$

$\bar{x} = \frac{330}{6} = 55$, 그리고 $\bar{y} = \frac{314}{6} = 52.33$이므로

$$a = \bar{y} - b\bar{x} = 52.33 - (0.377)(55) = 31.598$$

회귀선 혹은 예측방정식은 다음과 같다.

$$\bar{y} = 31.593 + 0.377x$$

여기서 b값이 0.377이라는 것은 헥타르당 시비량을 1kg 증가시키면 곡물 수확량이 0.377가마씩 증가함을 뜻한다.

$x=50$, 60일 때 회귀방정식을 사용하여 이에 상응하여 $\hat{y}$값을 구하면 다음과 같다.

$$\hat{y} = 31.593 + (0.377)(50) = 50.443 \quad (x=50)$$

$$\hat{y} = 31.593 + (0.377)(60) = 54.213 \quad (x=60)$$

이와 같이 두 점(50, 50.443)과 (60, 54.213)을 구하여 연결하면 [그림 9.3]과 같은 직선을 그릴 수 있다.

y절편을 구하는 공식인 $\bar{y} = a + b\bar{x}$를 살펴보면 표본회귀선은 항상 점$(\bar{x}, \bar{y})$를 통과함을 알 수 있다.

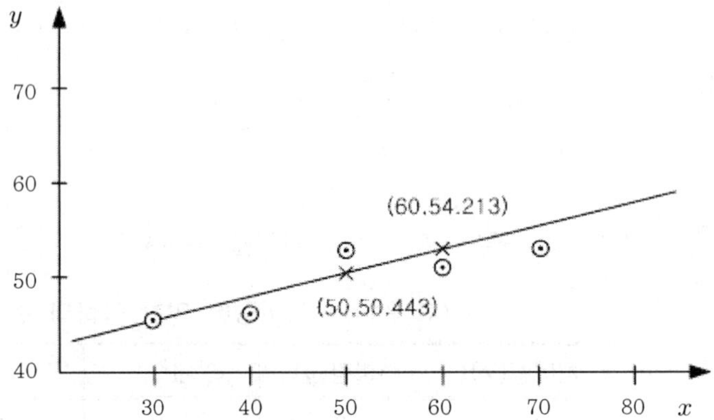

[그림 9.3] 시비량에 관한 곡물 수확량의 회귀선

예제 9.16 10명의 학생들에 관한 중간고사 성적 x와 기말고사 성적 y가 〈표 9.15〉와 같다.

〈표 9.15〉 학생들 10명의 중간고사와 기말고사 성적

중간고사 성적(x)	기말고사 성적(y)	x^2	y^2	xy
58	55	3364	3025	3190
64	75	4096	5625	4800
80	82	6400	6724	6560
74	63	5476	3969	4662
40	82	1600	6724	3280
70	83	4900	6889	5810
72	78	5184	6084	5616
26	50	676	2500	1300
80	65	6400	4225	5200
74	57	5476	3249	4218
638	690	43,572	49,014	44,636

① 산점도를 그리시오.
② 상관계수를 계산하시오.
③ x에 관한 y의 회귀선을 구하시오.
④ 회귀선을 구하시오.

풀이 ① 산점도는 [그림 9.4]와 같다.
② 〈표 9.15〉의 계산된 값을 이용한다.

$$n=10,\ \sum_{i=1}^{10}x_i=638,\ \sum_{i=1}^{10}y_i=690,\ \sum_{i=1}^{10}x_i^2=43{,}572,$$

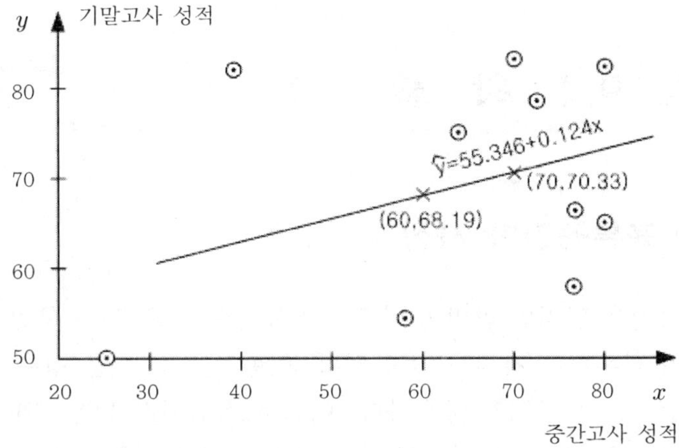

[그림 9.4] 중간고사 성적에 관한 기말고사 성적의 산점도와 회귀선

$$\sum_{i=1}^{10} y_i^2 = 49{,}014,\ \sum_{i=1}^{10} x_i y_i = 44{,}636$$

이므로 상관계수 r을 구하면

$$r = \frac{(10)(44{,}636) - (638)(690)}{\sqrt{[(10)(43{,}572) - (638)^2][(10)(49{,}014) - (690)^2]}}$$

$$= \frac{6140}{\sqrt{(28{,}676)(14{,}040)}} = 0.306$$

③ 회귀계수 b와 절편 a는 다음과 같다.

$$\bar{x} = 638/10 = 63.8,\ \bar{y} = 690/10 = 69$$

이므로

$$s'_x = \sqrt{43{,}572/10 - (63.8)^2} = 16.934$$

$$s'_y = \sqrt{49{,}014/10 - (69)^2} = 11.849$$

따라서

$$b = r\frac{s'_y}{s'_x} = (0.306)\frac{11.849}{16.934} = 0.214$$

$$a = \bar{y} - b\bar{x} = 69 - (0.214)(63.8) = 55.346$$

그러므로 회귀선의 방정식은 다음과 같다.

$$\bar{y} = 55.346 + 0.214x$$

④ 최소자승 회귀선을 그리기 위하여 편의상 두 개의 x값에 대한 y값을 구한다.

$x = 60$에 대하여, $\hat{y} = 55.346 + (0.214)(60) = 68.19$

$x = 70$에 대하여, $\hat{y} = 55.346 + (0.214)(70) = 70.33$

따라서 두 점 (60, 68.19)와 (70, 70.33)을 연결하는 회귀직선을 그릴 수 있다.

9.4 확 률

9.4.1 표본공간과 사상

우리는 동전을 던지면 앞면이 나오거나 뒷면이 나오고, 주사위를 던지면 1, 2, 3, 4, 5, 6 중 하나가 나온다는 사실을 알고 있다. 어떤 실험을 했을 경우 나타날 수 있는 모든 경우를 안다는 것 그 자체가 중요하다. 여기서 실험이란 넓은 의미로 사용되는 용어이다.

즉, 동전을 던지는 것도 실험이고, 주사위를 던진다거나 다음에 태어날 아기가 남자인지 여자인지 알아내는 것도 모두 실험에 속한다.

물론 자연과학이나 공학, 사회과학에서의 실험도 모두 포함하고 있다. 주어진 어떤 실험에서 가능한 모든 출현값(outcome)들의 집합을 표본공간(sample space)이라 한다.

그리고 표본공간의 개개의 원소들을 표본점(sample point)이라 한다. 앞으로 표본공간을 S라 하자. 출현값의 개수가 유한할 경우를 유한표본공간(finite sample space)이라고 부른다. 이 경우 N개의 출현값이 있고, 각각의 출현값들을 $e_1, e_2, \cdots, e_n$이라면

$$S = \{e_1, e_2, ..., e_n\}$$

이라 쓸 수 있다. 예를 들어 주사위를 한 번 던지는 실험에서는 6개의 출현값이 나타나므로 표본공간은 다음과 같이 된다.

$$S = \{e_1, e_2, e_3, e_4, e_5, e_6\} = \{1, 2, 3, 4, 5, 6\}$$

표본공간의 부분집합을 사상(event)이라 한다. 그리고 단 하나의 출현값만을 포함하고 있는 사상을 단순사상(simple event) 또는 근원사상(elementary event)이라고 부른다. 따라서 N개의 출현값을 가진 표본공간은 N개의 단순사상 $e_1, e_2, \cdots, e_N$을 갖고 있다.

임의의 사상 E는 E 안에 포함된 단순사상의 복합으로 구성되어 있다.

만일, $E = \{e_2, e_5, e_8\}$이라면 E는 세 개의 단순사상 $\{e_2\}, \{e_5\}, \{e_8\}$의 복합으로 구성되어 있다.

어떠한 실험에서 나타나지 않는 사상을 불가능한 사상(impossible event) 또는 공사상(empty event)이라 하고, 표본공간의 모든 원소를 포함하고 있는 사상을 전체사상(sure event)이라 한다.

예제 9.17 주사위를 한 번 던지는 실험에서 표본공간 S는 $\{1, 2, 3, 4, 5, 6\}$이다. 즉, 6개의 단순사상 $\{1\}, \{2\}, \{3\}, \{4\}, \{5\}, \{6\}$이 있다. 따라서 다음과 같은 사상들을 표현할 수 있다.

풀이 ① 짝수가 되는 사상 $=\{2,4,6\}$
② 3의 배수가 되는 사상 $=\{3,6\}$
③ 소수가 되는 사상 $=\{2,3,5\}$
④ 4 미만이 되는 사상 $=\{1,2,3\}$

9.4.2 확률의 이론적 정의

이제부터 표본공간 및 사상들과 관련시켜 확률을 정의한다.

표본공간 S가 N개의 출현값 $e_1, e_2, \cdots, e_N$을 가지고 있다고 가정하면, 각각의 단순사상 $[e_i]$에 대해 아래의 조건을 만족하도록 실수값($P(\{e_i\})$라 표기)을 대응시킬 때 $P(\{e_i\})$를 사상 $[e_i]$의 확률이라 정의한다.

① $0 \leq P\{(e_i)\} \leq 1 \qquad i=1,\ 2,\ \cdots,N$

② $P(\{e_1\})+P(\{e_2\})+\cdots+P(\{e_N\})=1$

③ 공사상에 대한 확률은 0이다.

따라서 임의의 사상 A에 대한 확률 $P(A)$는 A에 속한 단순사상들에 해당되는 확률을 모두 더해 주면 된다. 즉, $A=\{e_2, e_4, e_7\}$이면

$$P(A)=P(\{e_2\})+P(\{e_4\})+P(\{e_7\})$$

예제 9.18 스페이드, 하트, 다이아몬드, 클로버 4종의 카드가 있다. 이 중에서 한 장을 뽑아내는 실험에서 각각의 확률은 다음과 같다. 스페이드가 뽑힐 확률은 하트가 뽑힐 확률의 2배가 되고, 하트가 뽑힐 확률은 다이아몬드가 뽑힐 확률의 3배가 되며, 다이아몬드가 뽑힐 확률은 클로버가 뽑힐 확률의 4배가 된다. 이때 다음 사상에 대한 확률을 구하시오.

① $A=$ 붉은색이 뽑힌다.

② $B=$ 스페이드나 다이아몬드가 뽑힌다.

풀이 표본공간 $S=$\{스페이드, 하트, 다이아몬드, 클로버\}이다.

만일, $P(\{\text{클로버}\})=x$라 하면

$$P(\{\text{스페이드}\})=2(12x)=24x$$
$$P(\{\text{하트}\})=3(4x)=12x$$
$$P(\{\text{다이아몬드}\})=4x$$

이다. 이를 모두 더하면 1이 되어야 하므로

$$x+4x+12x+24x=1$$
$$41x=1 \qquad \therefore\ x=\frac{1}{4}$$

따라서

$$P(\{\text{클로버}\})=\frac{1}{41},\qquad P(\{\text{다이아몬드}\})=\frac{4}{41}$$

$$P(\{\text{ 하트}\})=\frac{12}{41},\qquad P(\{\text{스페이드}\})=\frac{24}{41}$$

① $A=\{\text{하트, 다이아몬드}\}$이므로

$$P(A)=P(\{\text{하트}\})+P(\{\text{다이아몬드}\})$$
$$=\frac{12}{41}+\frac{4}{41}=\frac{16}{41}$$

2) $B=\{\text{스페이드, 다이아몬드}\}$이므로

$$P(B)=P(\{\text{스페이드}\})+P(\{\text{다이아몬드}\})$$
$$=\frac{24}{41}+\frac{4}{41}=\frac{28}{41}$$

만일, 표본공간이 유한개의 출현값으로 이루어졌고, 각 출현값이 일어날 확률이 모두 같다면, 임의의 사상 A의 확률은

$$P(A)=\frac{\text{사상 } A\text{에 포함된 출현값의 개수}}{\text{표본공간의 출현값의 총 개수}}=\frac{n(A)}{n(S)}$$

단, $n(A)$는 사상 A에 포함된 출현값의 개수를 나타낸다.

예제 9.19 정상적인 주사위를 한 번 던지는 실험에서 다음 사상에 대한 확률을 구하시오.

① $A=$짝수의 눈

② $B=$ 3의 배수의 눈

③ $C=$ 짝수이거나 3의 배수인 눈

풀이 주사위가 정상적이므로 각각의 단순사상이 일어날 확률이 모두 같다.

따라서

$$P(\{1\})=P(\{2\})=P(\{3\})=P(\{4\})=P(\{5\})=P(\{6\})=\frac{1}{6}$$

① $P(A)=P(\{2,4,6\})=P(\{2\})+P(\{4\})+P(\{6\})$

$$=\frac{1}{6}+\frac{1}{6}+\frac{1}{6}=\frac{1}{2}$$

② $P(B)=P(\{3,6\})=P(\{3\})+P(\{6\})$

$$=\frac{1}{6}+\frac{1}{6}=\frac{1}{3}$$

③ $P(A)=P(\{2,3,4,6\})=P(\{2\})+P(\{3\})+P(\{4\})+P(\{6\})$

$$=\frac{1}{6}+\frac{1}{6}+\frac{1}{6}+\frac{1}{6}=\frac{2}{3}$$

9.4.3 확률에 관한 기본 법칙

1) 법칙 1

두 사상 A, B에 대해 A 또는 B가 일어날 확률은 두 사상이 일어날 확률의 합에서 두 사상이 동시에 일어날 확률을 빼준 것이다. 즉,

$$P(A \cup B) = P(A) + P(B) - P(A \cap B)$$

예를 들어 52장의 카드 중에서 임의로 한 장을 뽑을 때, 뽑힌 카드가 검은색이거나 그림이 있는 카드가 될 확률을 구한다고 할 때, 뽑힌 카드가 검은색이 될 사상을 A라 하고, 그림이 될 사상을 B라 하면 우리가 구하고자 하는 것은 $P(A \cap B)$인 것이다.

52장의 카드에서 한 장을 뽑아내는 실험이기 때문에 표본공간 내에는 52개의 출현값이 있다.

52장 중에는 26장의 검은색 카드와 12장의 그림이 있는 카드가 있으나, 검은색이면서 동시에 그림이 있는 카드가 6장이 있기 때문에 26+12가 되지 않는다. 따라서 위의 질문에 대한 답은 26+12−6이 되는 것이다.

$$\begin{aligned} P(A \cup B) &= P(A) + P(B) - P(A \cap B) \\ &= \frac{26}{52} + \frac{12}{52} - \frac{6}{52} = \frac{26+12-6}{52} = \frac{32}{52} \end{aligned}$$

일반적으로 A 또는 B라는 사상에 포함된 출현값의 개수는 다음과 같다.

$$n(A \cup B) = n(A) + n(B) - n(A \cap B)$$

각 출현값이 일어날 확률이 모두 같다고 가정하면

$$\begin{aligned} P(A \cup B) &= \frac{n(A \cup B)}{n(S)} = \frac{n(A) + n(B) - n(A \cap B)}{n(s)} \\ &= \frac{n(A)}{n(S)} + \frac{n(B)}{n(S)} - \frac{n(A \cap B)}{n(S)} \\ &= P(A) + P(B) - P(A \cap B) \end{aligned}$$

예제 9.20 TV 퀴즈에서 어떤 사람이 1에서 100까지의 정수 중에서 하나를 임의로 선택하는데, 만약 그 숫자가 12 또는 9로 나누어진다면 제주도로 무료관광을 떠나는 행운이 주어진다. 이 퀴즈에 참가한 사람이 제주도로 무료관광을 떠나게 될 확률은 얼마인가?

풀이 1에서 100까지 전수 중에서 하나를 선택하므로 표본공간은 $S = \{1, 2, \cdots, 100\}$이 된다.

$A =$ 선택한 숫자가 12로 나누어진다.

$B=$ 선택한 숫자가 9로 나누어진다.

라 하면

$A=\{12, 24, 36, 48, 60, 72, 87, 96\}$

$B=\{9, 18, 27, 36, 45, 54, 63, 72, 81, 90, 99\}$

이다. 따라서

$P(A)=\frac{8}{100}$, $P(B)=\frac{11}{100}$, $P(A\cap B)=\frac{2}{100}$

결국, 제주도로 관광을 떠나게 될 확률은 다음과 같다.

$P(A\cup B)=\frac{8}{100}+\frac{11}{100}-\frac{2}{100}=\frac{17}{100}$

배반적 사상의 확률, 즉 52장의 카드에서 한 장을 뽑아내는 실험에서 스페이드가 뽑히는 사상을 A라 하고, 붉은색의 카드가 뽑히는 사상을 B라 하자. 52장의 카드는 스페이드이면서 붉은색인 카드는 없다. 이러한 경우 두 사상 A와 B는 서로 배반적(mutually exclusive)이라고 하며, 두 사상 A와 B를 배반사상(exclusive event)이라 부른다.

따라서 두 사상 A와 B가 서로 배반적이라면 $P(A\cap B)=0$이 되기 때문에 정리하면 다음과 같다. 두 사상 A와 B가 서로 배반적이라면 다음과 같이 된다.

$P(A\cup B)=P(A)+P(B)$

또한 세 개의 사상 A, B, C가 서로 배반적이라면

$P(A\cup B\cup C)=P(A)+P(B)+P(C)$

가 성립된다. 여기서 사상 A, B, C가 서로 배반적이라는 것은 세 개의 사상 중 임의의 두 개의 사상이 서로 배반적임을 뜻한다.

2) 법칙 2

사상 A가 일어나지 않을 확률은 1에서 사상 A가 일어날 확률을 빼준 것과 같다. 즉, 임의의 사상 A에 대해 다음과 같이 된다.

$P(\overline{A})=1-P(A)$

단, $\overline{A}$는 A가 일어나지 않는다는 것을 뜻하며, 사상 A의 여사상이라고 부른다.

어느 상황에서든지 사상 A가 일어나거나, 일어나지 않거나 둘 가운데 하나가 될 것이다. 따라서

$P(A\cup\overline{A})=1$

이 된다. 만일, 사상 A가 일어난다면 여사상 $\overline{A}$는 일어나지 않는다. 다른 말로 표현하면 사상 $\overline{A}$와 A는 서로 배반적이다. 그러므로

$P(A)+P(\overline{A})=1$ 또는 $P(\overline{A})=1-P(A)$

예제 9.21 다음을 답하시오.

① 주가가 상승할 확률이 0.6이라면, 상승하지 않을 확률은?

② 참가할 확률이 0.8이라면, 참가하지 않을 확률은?

풀이 ① $1-0.6=0.4$

② $1-0.8=0.2$

예제 9.22 $P(A)=0.4$, $P(B)=0.5$, $P(A\cap B)=0.25$ 라면 $P(A\cup B)$는 얼마인가?

풀이 $P(A\cup B)=P(A)+P(B)-P(A\cap B)=0.4+0.5-0.25=0.65$

9.4.4 순열과 조합

사상 E에 대한 확률은 고전적인 정의에 따르면 $n(E)$, 즉 E에 포함된 출현값의 개수와 $n(S)$, 즉 표본공간에 포함된 출현값의 개수를 알아야 한다.

출현값의 개수를 셈하는 방법은 출현값들을 일렬로 나열해서 세어나가면 된다. 그러나 출현값들이 너무 많은 경우에는 이렇게 세어나가는 방법은 비효과적이며 몇 가지 셈의 법칙을 이용하는 것이 계산시간을 단축시켜 준다.

기본적인 셈의 법칙으로는 다음에 요약 기술한 곱셈법칙(multiplication rule)이 있다.

곱셈법칙

어떤 실험을 r가지 방법으로 실시하고, 또한 각 방법마다 또 다른 실험을 k가지 방법으로 실시하였다면, 이 두 가지 실험을 결합해서 실시하는 방법의 수는 $r\times k$가지가 존재한다.

다음 예를 생각해 보자.

한 개의 동전과 주사위를 각각 던지는 실험이 있다. 이 실험에서 나타날 수 있는 출현값들을 다음과 같이 쌍으로 나타내면

$(H,1)(H,2)(H,3)(H,4)(H,5)(H,6)$

$(T,1)(T,2)(T,3)(T,4)(T,5)(T,6)$

각 쌍의 첫 번째는 동전의 출현값이고, 두 번째는 주사위의 출현값을 나타낸다.

또 다른 예로서 주사위를 2번 던지는 실험에서는 $6 \times 6 = 36$개의 출현값이 나타날 수 있고, 동전을 4번 던지는 실험에서는 $2 \times 2 \times 2 \times 2 = 16$개의 출현값이 나타날 수 있다.

또한 2개의 주사위와 2개의 동전을 던지는 실험에서는 $6 \times 6 \times 2 \times 2 = 144$개의 출현값이 나타날 수 있다.

그리고 일정한 개수의 공이 들어 있는 주머니에서 몇 개의 공을 뽑아내는 방법의 가짓수의 경우에도 셈의 법칙을 응용할 수 있다. 이 경우에는 공을 하나 뽑아낸 다음 이를 다시 주머니 속에 집어넣지 않는 방법인 비복원추출과 이를 다시 주머니 속에 집어넣는 방법인 복원추출 두 가지가 있는데 여기서는 비복원추출인 경우를 가정하여 순열과 조합에 대하여 설명한다.

1) 순열

A, B, C, D의 4사람 가운데 1등, 2등, 3등의 순위를 정하고자 한다.

한 사람이 동시에 두 가지 이상의 등수에 포함되어서는 안 된다면 순위를 정하는 방법은 모두 몇 가지가 있겠는가? A가 1등, B가 2등, D가 3등 하는 방법과 D가 1등, B가 2등, A가 3등 하는 방법은 서로 다른 방법이다. 이렇게 순서까지 고려하여 배열하는 것을 순열(permutation)이라 부른다.

일반적으로 n개의 대상에서 r개를 비복원추출한다면 r가 n을 초과할 수는 없을 것이다.

n개의 대상 중에서 r개를 뽑아 순서 있게 배열하는 것을 순열이라 부른다.

이러한 순열의 총 개수를 $_nP_r$이라는 기호로 표시하며, n개의 대상 중에서 동시에 r개를 취하는 순열의 수를 뜻한다.

순서를 고려하여 n개 중 r개를 뽑는 방법을 실제로 해 보기로 하자. 처음에 뽑힐 수 있는 것은 n개이고, 두 번째 뽑힐 수 있는 것은 $(n-1)$개다. 결국 마지막 r번째로 뽑힐 수 있는 대상은 $n-(r-1)=n-r+1$개가 된다. 즉, 다음과 같이 된다.

$$_nP_r = n(n-1)\cdots(n-r+1)$$

예를 들면, 8개의 대상 가운데 4개를 순서를 고려하여 뽑는 방법은 $_8P_4$가 되며,

$$_8P_4 = 8 \times 7 \times 6 \times 5 = 1680$$

이 된다.

특히, $_nP_n$을 생각해 보자. 이것은 위 식처럼 전개하면

$$_nP_n = n(n-1)\cdots 3 \times 2 \times 1$$

여기서 n의 계승(factorial)을

$$n! = n(n-1)\cdots 3 \times 2 \times 1!$$

이라고 정의하면

$$n! = n[(n-1)\cdots 3\times 2\times 1] = n(n-1)!$$

이 되며 일반적으로 다음과 같이 된다.

$$n! = n[(n-1)\cdots (n-r+1)(n-r)!$$

따라서 $\dfrac{n!}{(n-r)!}$ 을 계산하면, 다음과 같이 된다.

$$\frac{n!}{(n-r)!} = n(n-1)\cdots (n-r+1) = {}_nP_r$$

이상을 요약하면

$${}_nP_r = n(n-1)\cdots (n-r+1) = \frac{n!}{(n-r)!}$$

$${}_nP_n = n(n-1)\cdots 3\times 2\times 1 = n!$$

$$0! = 1$$

예제 9.23 3, 4, 5, 6, 7, 8의 정수를 사용하여 서로 다른 세 자리의 정수를 몇 개 만들 수 있겠는가?

풀이 순열공식을 이용하여 계산하면

$${}_6P_3 = 6\times 5\times 4 = 120$$

---

2) 조합

4명의 학생 가운데 3명을 뽑아 대표로 보내려고 한다. 4명의 학생을 각각 A, B, C, D라 하자. ABC가 뽑히는 것과 BAC가 뽑히는 것은 동일하다. 이 경우에는 ABC, ABD, ACD, BCD의 4가지밖에 없다. 이러한 경우의 수를 조합(combination)이라 부른다.

일반적으로 n개의 대상 가운데 비복원추출로 순서에 관계없이 r개를 취하는 방법을 $({}_nC_r)$으로 표시하며, 이를 n 중에 r개를 취하는 조합의 수라 부른다.

${}_nP_r$는 n 중에서 우선 r개를 뽑아서 뽑힌 r개를 순서대로 배열하는 것이므로 각 방법의 수에 관해 다음의 식이 성립함을 알 수 있다.

$${}_nP_r = \binom{n}{r}\cdot r! = n(n-1)\cdots (n-r+1)$$

따라서

$$\binom{n}{r} = \frac{{}_nP_r}{r!} = \frac{\dfrac{n!}{(n-r)!}}{r!} = \frac{n!}{r!(n-r)!}$$

이 된다.

이상을 정리하면, 조합은 n 중에서 r개를 뽑아내는 비복원 추출로 $\binom{n}{r}$로 표시한다.

$$\binom{n}{r}=\frac{n(n-1)\cdots(n-r+1)}{r!}=\frac{n!}{r!(n-r)!}$$

예제 9.24 52장의 카드 가운데 5장의 카드를 순서에 관계없이 뽑아내는 방법은 몇 가지인가?

풀이 $\binom{52}{5}=\frac{52\times51\times50\times49\times48}{5\times4\times3\times2\times1}=2{,}598{,}960$[가지]

예제 9.25 8권의 책 중에서 3권의 책을 순서에 관계없이 뽑아내는 방법은 몇 가지인가?

풀이 $\binom{8}{3}=\frac{8\times7\times6}{3\times2\times1}=56$

9.4.5 조건부 확률

어떤 조건이 주어진 경우에 사상의 확률을 계산해야 할 필요가 많이 있다. 예를 들어 서울과 대전의 두 도시에는 일 년 중 눈 오는 날은 평균적으로 10%가 된다고 가정하자. 즉, 두 도시에 일 년 중 어느 날에 눈이 올 확률은 0.1이 된다. 일 년 중에 어느 특정한 날을 임의로 선택하였는데 그 날이 겨울철 중의 하루였다는 사실을 알고 있다면 그 날에 눈이 올 확률은 0.1보다 높을 것이고, 반대로 임의로 선택한 날이 여름철 중의 하루였다면 그 날에 눈이 올 확률은 0인 것이다. 따라서 선택된 날에 대한 정보를 어느 정도 알고 있다면 구하고자 하는 확률은 달라질 것이다.

다른 예로서 어떤 모임에 5명의 남자와 6명의 여자가 회원으로 가입되어 있다. 남자회원 가운데 2명만 안경을 쓰고 있고, 여자회원 가운데 4명이 안경을 쓰고 있다. 이를 〈표 9.16〉으로 나타내었다.

〈표 9.16〉 회원의 성별과 안경 착용

	남	여	합계
안경착용	MG1, MG2 (2명)	FG1, FG2, FG3, FG4(4명)	6명
안경미착용	M3, M4, M5(3명)	F5, F6(2명)	5명
합계	5명	6명	11명

여기서 안경을 쓴 남자회원은 MG1, MG2이고, M3, M4, M5는 안경을 쓰지 않은 남자회원을 나타낸다. 또한 안경을 쓴 여자회원은 FG1, FG2, FG3, FG4이고, F5, F5는 안경을 쓰지 않은 여자회원을 나타낸다.

11명의 회원 가운데 한명을 임의로 선출하였다. 만일, 뽑힌 사람이 안경을 쓰고 있다는 사실을 알고 있다면(이러한 조건에서) 그 사람이 남자회원일 확률은 얼마인가?

뽑힌 사람이 남자회원이라는 사상을 A라 하고, 안경을 쓰고 있는 사람이라는 사상을 B라 하여 구하고자 하는 확률을 표현하면 $P(A|B)$라는 기호로 표시한다. 여기서 '|' 은 'given' 이라는 기호이다. 즉, $P(A|B)$는 사상 B가 주어졌다는 조건 아래서 사상 A가 일어날 조건부 확률을 뜻한다.

이 확률을 구하면 안경을 쓰고 있는 사람이 6명이고, 그중에 남자회원은 2명이므로

$$P(A|B) = \frac{2}{6} \quad (\text{즉, } \frac{n(A \cap B)}{n(B)})$$

가 된다. 이를 바꿔 쓰면

$$P(A|B) = \frac{2/11}{6/11} \quad (\text{즉, } \frac{n(A \cap B/n(S)}{n(B)/n(S)})$$

식을 다시 정리하면

$$P(A|B) = \frac{P(A \cap B)}{P(B)}$$

조건부 확률

조건부 확률(conditional probability)은 사상 B가 일어났다는 조건 아래서 사상 A가 일어날 확률을 말하며, $P(A|B)$라 표현하고, 아래와 같이 정의한다.

$$P(A|B) = \frac{P(A \cap B)}{P(B)} \qquad \text{단, } P(B) \neq 0$$

만일, $P(B) = 0$이면 $P(A|B)$는 정의되지 못한다.

예제 9.26 52장의 카드에서 한 장의 카드를 뽑아내는 실험에서 뽑힌 카드가 검은색이었다는 조건 아래서 그림이 있는 카드가 나올 확률을 구하시오.

풀이 카드 중에서 검은색이 뽑힐 확률은 26/52=1/2이고, 검은색의 그림이 있는 카드가 나올 확률은 6/52=3/26이므로, 구하고자 하는 확률은

$$\frac{3/26}{1/2} = \frac{6}{26}$$

우리는 조건부 확률의 정의에 의해 다음과 같은 확률의 곱셈법칙을 정의한다.

$$P(A \cap B) = P(B) \cdot P(A|B)$$

예제 9.27 월요일에 주가가 상승할 확률은 0.6으로 알려져 있다. 그리고 월요일에 상승했다는 조건 아래서 그 다음날에도 다시 상승할 확률은 0.3이 될 때, 특정한 월요일과 그 다음 이틀 동안 계속 주가가 오를 확률을 구하시오.

풀이 월요일에 주가가 오른다는 사상을 M이라 하고, 화요일에 주가가 오른다는 사상을 T라 하면 $P(M)=0.6$, $P(T|M)=0.3$이 된다.

$$P(M\cap T)=P(M)\cdot P(T|M)=(0.6)(0.3)=0.18$$

9.4.6 전 확률의 정리와 베이즈의 정리

베이즈(Bayes)의 정리는 사전에 알고 있는 정보에 기준을 두고 어떤 사상이 나타나게 될 확률을 계산하는 이론이다.

예를 들어 보면, 상자가 5개 있다. 두 개는 흰 상자, 세 개는 검은 상자이다. 흰 상자에는 빨강 볼펜 5개, 검은 상자에는 검정 볼펜 3개가 각각 들어 있다고 하자. 어떤 사람이 무작위로 상자를 선택하여 1개의 볼펜을 골랐을 때 그 볼펜이 빨강 볼펜이었다. 이 사람이 검은 상자를 선택했을 가능성은 얼마인가? 상식적으로 생각해 보면 검은 상자에는 빨강 볼펜이 하나도 없으므로 검은 상자에서 빨강 볼펜이 나올 수가 없다. 그러므로 결과적으로 빨강 볼펜이 나왔다면 이 상자는 흰 상자였을 것이다. 따라서 이 사람이 검은 상자를 선택했을 확률은 0이다.

다른 예를 들어 보자. 상자가 5개 있다. 두 개는 흰 상자, 셋은 검은 상자이다. 흰 상자에는 빨강 볼펜 1개, 점정 볼펜 4개, 검은 상자에는 빨강 볼펜 2개, 검정 볼펜 1개가 들어 있다. 어느 사람이 무작위로 볼펜 1개를 뽑았을 때 이 볼펜이 검정 볼펜이었다면, 이 사람이 흰 상자를 선택했을 확률은 얼마인가?

위의 예처럼 실험의 결과로써 얻은 정보를 토대로 하여 어떤 사상의 알려져 있지 않은 확률을 구하려고 하는 가장 간단한 방법이 바로 베이즈의 정리이다. 베이즈의 정리를 설명하기 위하여 위의 예를 의사결정수(decision tree)를 그려서 생각해 보자.

의사결정수를 그리기 위해 흰 상자를 A, 검은 상자를 $\overline{A}$, 검정 볼펜을 B, 빨강 볼펜을 $\overline{B}$라고 하자.

그러므로 검정 볼펜이 나올 경우는 $P(A\cap B)$이거나 $P(\overline{A}\cap B)$가 되며, 검정 볼펜이 나올 확률은 $P(A\cap B)$와 $P(\overline{A}\cap B)$를 더한 것이 된다. [그림 9.5]의 점선으로 연결된 두 개의 확률이 바로 검정 볼펜이 나올 확률이다.

그리고 검정 볼펜이 흰 상자에서 나올 확률은 얼마인가?

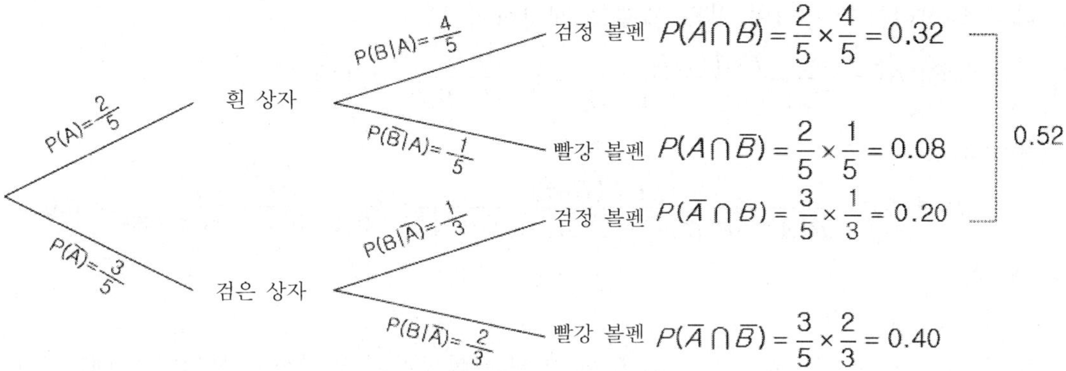

[그림 9.5] 의사결정수

검정 볼펜이 나왔는데 이 볼펜이 흰 상자에서 나왔을 확률은 $P(A|B)$로 표시할 수 있다. $P(A|B)$는 검정 볼펜이 나올 전체의 확률에서 흰 상자로부터 검정 볼펜이 뽑혔을 확률의 비율을 의미한다. 식으로 나타내면 다음과 같다.

$$P(A|B) = \frac{P(A\cap B)}{P(A\cap B) + P(\overline{A} + B)}$$

이상을 일반화시켜 보자. 사상 B가 발생했을 때, 사상 B를 발생시킬 수 있는 사상들이 k가지가 있고, 이를 $A_i(i = 1, 2, \cdots, n)$로 나타내면, 사상 B가 발생할 수 있는 모든 확률 $P(B)$는 다음과 같다.

$$P(B) = P(B\cap A_1) + P(B\cap A_2) + \cdots + P(B\cap A_n)$$

따라서 B가 발생했을 때 이것이 A_1에서 나왔을 가능성은 다음과 같다.

$$P(A_1|B) = \frac{P(B\cap A_1)}{P(B)}$$

이 식이 바로 베이즈 정리(Bayes' theorem)이다.

베이즈 정리

$$P(A|B) = \frac{P(B\cap A_k)}{\sum_{i=1}^{n} P(B\cap A_i)}$$

그런데 $P(B\cap A_k) = P(A_k)\cdot P(B|A_k)$

$P(B\cap A_i) = P(A_i)\cdot P(B|A_i)$

로 나타낼 수 있으므로 다음과 같다.

$$P(A_k|B) = \frac{P(A_k)\cdot P(B\cap A_k)}{\sum_{i=1}^{n} P(A_i)\cdot P(B\cap A_i)}$$

베이즈 정리를 이용하여 앞의 예제를 계산하여 보자.

$$P(A|B)=\frac{P(A\cap B)}{P(A\cap B)+P(\overline{A}+B)}=\frac{0.32}{0.32+0.20}=0.615$$

또는

$$P(A|B)=\frac{P(A)\cdot P(B|A)}{P(A)\cdot P(B|A)+P(\overline{A})\cdot P(B|\overline{A})}=\frac{0.4\times 0.8}{0.4\times 0.8+0.6\times 0.33}=0.615$$

가 된다.

또한 서로 배반적인 사상 B_1, B_2, B_3에 의해 표본공간이 완전히 분할되었기 때문에 다음 식이 성립한다.

$$P(A)=P(B_1)\cdot P(A|B_1)+P(B_2)\cdot P(A|B_2)+P(B_3)\cdot P(A|B_3)$$

이 결과를 일반화한 것을 바로 전 확률의 정리(theorem of total probability)라 한다.

즉, $P(A)=P(B_1)\cdot P(A|B_1)+P(B_2)\cdot P(A|B_2)+\cdots+P(B_n)\cdot P(A|B_n)$

예제 9.28 각각의 문이 있는 4개의 벽으로 둘러싸인 어떤 방에 갇혀 있는 쥐 한 마리가 문을 통하여 도피하려고 한다. 그러나 쥐에게는 불행하게도 네 개의 문 d_1, d_2, d_3, d_4에 각각 함정이 놓여 있으며, 그 함정에 빠질 확률은 각각 0.3, 0.2, 0.3, 0.5이다. 만일, 쥐가 임의로 1개의 문을 택할 경우 다음 확률을 구하시오.

① 쥐가 무사히 도피할 확률

② 쥐가 도피했다고 가정하고 d_3란 문으로 도피했을 확률

풀이 ① 사상 A를 쥐가 도피에 성공할 사상이라 하고, 사상 D_1, D_2, D_3, D_4를 각각 쥐가 d_1, d_2, d_3, d_4라는 문을 선택하는 사상이라고 하자. 전 확률의 정리에 의해 다음과 같이 된다.

$$P\cdot(A)=P(D_1)\cdot P(A|D_1)+P(D_2)\cdot P(A|D_2)+P(D_3)\cdot P(A|D3)$$
$$+P(D_4)\cdot P(A|D_4)$$

그리고 4개의 문 중에서 임의로 하나를 선택하기 때문에

$$P(D_1)=P(D_2)=P(D_3)=P(D_4)=0.25$$

가 된다. 또한

$$P(A|D_1)=1-0.3=0.7$$
$$P(A|D_2)=1-0.2=0.8$$
$$P(A|D_3)=1-0.3=0.7$$
$$P(A|D_4)=1-0.5=0.5$$

따라서 $P(A)=(0.25)(0.7)+(0.25)(0.8)+(0.25)(0.7)+(0.25)(0.5)=0.675$

② 여기서 우리가 구하고자 하는 확률은 $P(D_3|A)$이다. 베이즈의 정리에 의해 이 확률은 다음과 같다.

$$P(D_3|A) = \frac{P(D_3) \cdot P(A|D_3)}{P(A)} = \frac{(0.25)(0.7)}{0.675} = 0.259$$

9.4.7 독립사상

두 사상 A와 B가 독립이라는 것은 직관적으로 살펴보면 사상 A가 일어나는 것과 사상 B가 일어나는 것이 서로 영향을 미치지 않는다는 뜻이다.

바꾸어 말하면, 사상 B가 일어났다는 조건 아래, 사상 A가 일어날 확률은 사상 B에 의존하지 않고 곧바로 사상 A가 일어나는 확률과 같다는 것이다. 즉, 두 사상 A와 B가 독립이면

$$P(A|B) = P(A)$$

이고, 사상 B에 대해서도 마찬가지로

$$P(B|A) = P(B)$$

가 성립하며, 또한 이의 역도 성립한다. 따라서

$$P(A \cap B) = P(A|B) \cdot P(B) = P(A) \cdot P(B)$$

가 된다.

그러므로 두 사상 A와 B의 독립에 관한 정의를 하면 다음과 같다.

독립사상과 종속사상

두 사상 A와 B에 대해

$$P(A \cap B) = P(A) \cdot P(B)$$

가 성립하면 두 사상 A와 B는 서로 독립이라고 말하며, 서로 독립인 두 사상 A와 B를 독립사상(independent event)이라 한다.

A와 B가 독립이 아닐 때는 두 사상 A와 B를 종속사상(dependent event)이라 한다.

예제 9.29 1, 2, ⋯, 9의 숫자 중에서 임의로 하나의 숫자를 뽑아내고, 그 다음 정상적인 동전과 주사위를 각각 한 번씩 던진다고 하자. 이때 뽑힌 숫자가 홀수이고, 동전은 앞면이며, 주사위의 눈은 3의 배수일 확률을 구하시오.

풀이 숫자를 뽑아내는 것과 동전을 던지는 것과 주사위를 던지는 것은 서로 독립적인 사상이기 때문에 다음과 같다.

P(홀수와 앞면 그리고 3의 배수)

$= P$(홀수) · P(앞면) · P(3의 배수)

$= \frac{5}{9} \times \frac{1}{2} \times \frac{2}{6} = \frac{5}{54}$

연습문제 21

1. 다음 식의 값을 구하시오.

① $\sum_{i=1}^{6} 3^i$ ② $\sum_{k=1}^{4} \frac{2}{k+5}$

③ $\sum_{j=1}^{4} (2^j + j^2)$ ④ $\sum_{j=1}^{5} j(j-1)$

2. $x_1 = 3,\ x_2 = -4,\ x_3 = 5,\ x_4 = -2,\ f_1 = 2,\ f_2 = 3,\ f_3 = 10,\ f_4 = 1$일 때 다음을 구하시오.

① $\sum_{i=1}^{4} f_i x_i$ ② $\sum_{i=1}^{4} f_i x_i^2$

③ $(\sum_{i=1}^{4} f_i x_i)^2$ ④ $\sum_{i=1}^{4} (f_i x_i)^2$

3. 40명 중 몸무게(단위 : kg)가 60인 사람이 15명, 70인 사람이 20명, 80인 사람이 5명이다. 40명의 몸무게의 평균을 구하시오.

4. 400개의 전구의 수명에 대한 도수분포가 다음과 같을 때 전구의 평균수명을 구하시오.

전구의 수명(시간)	전구의 수
600 ~ 699	85
700 ~ 799	77
800 ~ 899	124
900 ~ 999	78
1000 ~ 1099	36

5. 어느 호텔에 숙박한 손님의 수는 각각 455, 150, 327, 169, 321, 2568, 398, 1352, 387 이었다. 손님수의 중위수를 구하시오.

6. 다음은 어느 특정 지역에서 30년 동안 1월에 내린 강우량을 나타낸 도수분포표이다.

강우량	연수
5.1 ~ 6.0	3
6.1 ~ 6.5	6
6.6 ~ 7.0	8
7.1 ~ 8.0	8
8.1 ~ 12.0	5

① 강우량에 대한 중위수를 구하시오.
② 강우량에 대한 산술평균을 구하시오.

7. 다음 문제(1 ~ 4)에서 최빈수가 존재한다면 있는 대로 모두 구하시오.
① 14, 15, 16, 14, 14, 15, 16, 10
② 14, 17, 18, 27, 26
③ −3.1, −4.0, −5.3, −6.8, −6.8, −4.0
④ −4, −5, −7, −7, −5, −7, −4, −4, −5

8. 어느 회사 직원 200명에 대한 연봉의 도수분포표이다.

연봉(단위 : 천원)	교사수
7,101 ~ 7,700	23
7,701 ~ 8,300	27
8,301 ~ 8,900	33
8,901 ~ 9,500	40
9,501 ~ 10,100	36
10,101 ~ 10,700	41

① 평균연봉을 구하시오.
② 연봉의 중위수를 구하시오.
③ 연봉의 최빈수를 구하시오.

9. 다음 자료에서 평균편차, 표준편차, 분산을 구하시오.
① 12, 6, 7, 3, 15, 10, 18, 5
② 9, 3, 8, 8, 9, 8, 9, 18

10. 다음은 수학 시험점수를 도수분포표로 정리한 것이다.

시험점수(x)	빈도(f)
50 ~ 59	2
60 ~ 69	12
70 ~ 79	26
80 ~ 89	15
90 ~ 99	5

① 시험점수의 산술평균, 중위수, 최빈수를 구하시오.
② 표준편차와 분산을 구하시오.

11. 대학생 100명에 대한 신장 측정값의 도수분포표이다. 이 표를 이용하여 표준편차 및 분산을 구하시오.

신장(inch)	계급치(x)	도수(f)
60 ~ 62	61	5
63 ~ 65	64	18
66 ~ 68	67	42
69 ~ 71	70	27
72 ~ 74	73	8

12. 다음 회귀선의 방정식을 구하시오.

① x의 평균 $= 56.3$, x의 표준편차 $= 5.7$
y의 평균 $= 41.2$, y의 표준편차 $= 3.9$
x와 y의 상관계수 $r = 0.62$

② x의 평균 $= -14$, x의 표준편차 $= 1.1$
y의 평균 $= 104$, y의 표준편차 $= 23.2$
x와 y의 상관계수 $r = -0.84$

13. 서울 어느 지역의 단독주택 9채를 조사하여 다음과 같은 자료를 얻었다.

건평(평 : x)	31	32	38	34	34	39	35	45	27
가격(백만원 : y)	135	149	167	169	195	245	315	375	105

① 이 자료를 이용하여 상관계수(r)를 구하시오.
② x에 대한 y의 회귀방정식을 구하시오.
③ 회귀방정식을 이용하여 건평이 33평인 주택의 값을 추정하시오.

14. 어느 중소기업의 기능공 15명을 임의로 뽑아 임금과 재직연한 사이의 관계를 조사한 표이다. 임금을 종속변수로, 재직연한을 독립변수로 하여 회귀방정식을 최소자승법을 이용하여 구하시오.

개월(x)	82	51	70	59	57	52	93	99	90	43	68	71	82	98	95
임금(y)	10	8	13	10	12	6	12	12	10	8	10	13	14	14	13

15. 다음의 자료는 비료의 사용량과 그에 따른 수확량을 알아보기 위하여 $n = 7$인 표본을 뽑아 조사한 것이다. 최소자승법에 의거하여 회귀식을 구하시오.

비료량(kg)	100	200	300	400	500	600	700
수확량(가마)	40	45	50	65	70	70	80

16. 한 기업이 자사 직매점 5군데를 대상으로 지출된 광고비와 판매량을 조사한 결과표이다.

지역	서울	부산	광주	대구	대전
광고비 (백만원 : x)	14	8	3	5	2
판매량 (만벌 : y)	50	39	24	31	20

① 회귀식을 구하시오.
② 광고비를 백만원 더 지출하면 몇 벌의 의류를 더 팔 수 있겠는가?
③ 광고비를 전혀 지출하지 않는다면 판매량은 얼마나 될 것인가?

17. 어느 시에 두 개의 긴급상황 센터가 있다. 긴급상황 시에 어느 한쪽이 반응을 보여 출동할 확률이 0.6이고 나머지 다른 쪽은 0.8이다. 그리고 둘 중 적어도 하나 이상이 출동할 확률이 0.9이다. 긴급상황이 일어났을 경우 양쪽 모두 출동할 확률을 구하시오.

18. 한 대의 공중전화에 5명이 동시에 도착하여 전화를 걸려고 한다. 차례로 줄서는 방법은 몇 가지 있겠는가?

19. 다음의 값을 구하시오.

① $\binom{8}{4}$　　② $\binom{7}{7}$　　③ $\binom{10}{3}$　　④ $\binom{4}{0}$

20. 어느 지역에 살고 있는 남녀 성인의 집합을 표본공간 S라 하자. 이들 중에 한 사람이 회장으로 선발될 때 아래 표를 이용하여 $P(M|E)$를 구하시오.

M: 남자가 선택되는 사상

E: 상업에 종사하는 사상

구분	상업종사자(E)	상업 외 종사자($\overline{E}$)
남(M)	260	40
여(F)	100	120

21. 항아리 안에 15개의 바둑알이 들어 있는데 이 중 10개가 하얀 돌이고 5개가 검은 돌이다. 다시 넣지 않고 바둑돌을 하나씩 꺼낼 때 3번째에 처음으로 검은 돌이 나올 확률은 얼마인가?

22. 나사를 제조하는 어느 공장은 A, B, C 세 대의 기계를 사용하고 있다. 이 기계들은 각각 5%, 3%, 2%의 불량률을 가지고 있다. 한편, 각 기계는 전체 제품의 20%, 30%, 50%를 각각 생산하고 있다. 한 개의 나사를 추출했을 때 불량품이었다면, 그 불량품이 B기계에서 생산되었을 확률은 얼마인가?

23. 어느 사람이 밤중에 머리가 아파서 불을 켜지 않은 채 서랍에서 상비약을 꺼내 먹었다. 얼마 후 심한 두통 때문에 병원에 갔더니 의사가 약물중독이라고 한다. 그 서랍에는 아스피린이 든 병이 2개, 페니실린이 든 병이 1개 있었는데, 사람이 일반적으로 아스피린을 먹어서 그와 같은 증세가 일어날 확률이 5%이고, 페니실린을 먹어서 그와 같은 증세가 일어날 가능성이 80%라 한다. 그가 페니실린을 먹었을 확률은 얼마인가?

연습문제 해답

■ 연습문제 1 ■

1. $(x-\sqrt{2})(x+\sqrt{2})(x-1)(x+1)$
2. $(x^2+x+1)(x^2-x+1)$
3. $(x^2-y^2-2xy)(x^2-y^2+2xy)$
4. $(x-1)(x+1)(x-4)(x-2)$
5. $(x^2+4x+7)(x+5)(x-1)$
6. $(x-1)(x+1)(x+2y)$
7. $(x-1)(x+1)(x+y)$
8. $(x+y)(x-y)(y-z)$
9. $(x+3)(x-2)(x^2+x+8)$
10. $(x^2-2x-6)(x^2-2x-5)$

■ 연습문제 2 ■

1. $\dfrac{a^2(b-c)-b^2(a-c)+c^2(a-b)}{(a-b)(a-c)(b-c)}$
2. $\dfrac{-16(x-4)}{(x-1)(x-3)(x-5)(x-7)}$
3. $\dfrac{(x-y)}{y^3}$
4. 1
5. $\dfrac{2xy}{x+y}$
6. $\dfrac{1}{x+y}$
7. 2
8. $-(a-1)(a+1)$
9. ① $A=1,\ B=-1$ ② $A=1,\ B=1,\ C=1$

■ 연습문제 3 ■

1. ① $4x^2+12xy+9y^2$
   ② $9x^2-24xy+16y^2$
   ③ $-25x^2-20x+4$
   ④ $x^4+2x^3-x^2-2x-8$
   ⑤ $28x^2+2xy-6y^2$
2. ① $4x^2y^2(2x+3y-1)$
   ② $(a-b)(x-y)$
   ③ $(x+3)^2$
   ④ $(4x-2)(2x-2)$
   ⑤ $(x-\sqrt{3})(x+\sqrt{3})(x-1)(x+1)$
   ⑥ $(x-2y)(x-1)(x+1)$
3. ① x^2+xy+y^2
   ② $\dfrac{x^2+2x+4}{x+2}$
4. ① $1+\dfrac{x}{y}$
   ② $-(x+1)$
5. ① $GCM: 2xyz,\ LCM: 12x^4y^4z$
   ② $GCM: 3x^2yz,\ LCM: -270x^5y^2z^3$
   ③ $GCM: a-1$
   $LCM: a^3(a-1)(a+b)(2a-3)(3a-7)$
   ④ $GCM: a-b$
   $LCM: a^2b^2(a^2-b^2)(a^2+ab+b^2)$
   ⑤ $GCM: 1$
   $LCM: (x+3y)^2(x+2y)^2(x+4y)^2$
6. $A=(2x+1)(3x+1), B=(2x+1)(x-2)$
7. ① $x=-5$
   ② $x=3$
8. ① $x=\dfrac{1}{a-3}$
   ② $x=\dfrac{a+2}{a-1}$
9. $x=2$
10. ① $x=-1, x=-2$

② $x=2, x=3$
③ $x=5$ (중근)
④ $x=-0.5, x=1.5$

11. ① $x=a-2b, x=b$
② i) $x>0, x=3$, ii) $x<0, x=-3$
③ $x=0.5, x=2$
④ $x=\frac{1\pm 3i}{5}$

12. ① $x=1, x=-2$
② 해가 없음.
③ $x=\frac{-3\pm\sqrt{39}i}{6}$
④ $x=-1, x=3$

13. ① $x=-5$
② $x=6$
③ $x=3$
④ $x=5$

■ 연습문제 4 ■

1. ① $f(0)=1, f(1)=3, f(2)=5$
② $f(0)=0, f(1)=1, f(2)=4$
③ $f(0)=-1, f(1)=0, f(2)=7$

2. $b=0, c=8$

3. ① 꼭짓점(2, -1), x절편 $x=1,3$, y절편 $y=3$
② 꼭짓점 $\left(-\frac{3}{4}, \frac{9}{8}\right)$, x절편 $x=0, -\frac{3}{2}$, y절편 $y=0$

4. $f(-2)=3$

5. ① $-2a^4b^2$
② $9a^3b^2$
③ a^2+b^2
④ $a-b$

6. 5

7. 1

8. ① $1-a$
② $a+b+2$
③ $2b+3a-2$
④ $1-\frac{a}{3}$

9. ① $a-b$
② $a+b+2$
③ $a^{\frac{2}{3}}+a^{\frac{1}{3}}b^{\frac{1}{3}}+b^{\frac{2}{3}}$

10. ① 729
② 0.5
③ $\frac{7}{3}$

11. ① $\bar{1}.9792$
② 6.3402

12. $x=0.03217$

■ 연습문제 5 ■

1. ① $\frac{23.5\pi}{180}$ ② $\frac{80.4\pi}{180}$ ③ $\frac{2\pi}{3}$

2. ① 2.73° ② 246.37°
③ 60° ④ 720°

3. ① 2사분면 ②4사분면
③2사분면 ④1사분면

4. $\theta=\frac{3}{2}\text{rad}$, $s=300\text{cm}^2$

5. $\cos\theta=-\frac{3}{5}$, $\tan\theta=\frac{4}{3}$

6. $\cos\theta=\frac{3}{5}$, $\tan\theta=\frac{4}{3}$

7. ① $-\frac{1}{2}$ ② $-\frac{\sqrt{3}}{2}$ ③ $\frac{1}{\sqrt{3}}$
④ $-\frac{1}{\sqrt{2}}$ ⑤ $\frac{\sqrt{3}}{2}$ ⑥ $\sqrt{3}$

8. ① $\frac{\sqrt{3}}{2}$ ② $-\frac{1}{\sqrt{2}}$ ③ $-\frac{1}{\sqrt{3}}$
④ $-\frac{1}{2}$ ⑤ $\frac{1}{\sqrt{2}}$ ⑥ $-\frac{1}{\sqrt{3}}$
⑦ $-\frac{\sqrt{3}}{2}$ ⑧ $-\frac{1}{2}$ ⑨ $-\sqrt{3}$

9. $\frac{\sqrt{3}+3\sqrt{2}}{6}$

10. ① 최댓값 : 3, 최솟값 : -3, 주기 : 2π
② 최댓값 : $\sqrt{3}$, 최솟값 : $-\sqrt{3}$, 주기 : 2π

■ 연습문제 6 ■

1. ① $\frac{\sqrt{2}+\sqrt{6}}{4}$ ② $\frac{\sqrt{6}-\sqrt{2}}{4}$ ③ $2+\sqrt{3}$

2. ① $2\sin(\theta+\psi)$, $\psi=\tan^{-1}(\sqrt{3})$
② $5\sin(\theta+\psi)$, $\psi=\tan^{-1}\left(\frac{3}{4}\right)$

3. ① 최댓값 : 2, 최솟값 : -2
② 최댓값 : 5, 최솟값 : -5

4. ① $\frac{2+\sqrt{3}}{4}$ ② $\frac{1}{4}$ ③ $\frac{\sqrt{3}-\sqrt{2}}{4}$

5. ① $2\sin 2\theta\cos\theta$ ② $2\cos 2\theta\sin\theta$
③ $2\cos 2\theta\cos\theta$ ④ $-2\sin 2\theta\sin\theta$

6. ① $\frac{\sqrt{6}}{2}$ ② $\frac{\sqrt{2}}{2}$

7. ① $\sin 2x = -\frac{4}{5}$
② $\cos 2x = -\frac{4}{5}$
③ $\tan 2x = \frac{4}{3}$

8. $\sin 2x = -\frac{3}{4}$

9. $\angle B = 60°$

10. $b = \sqrt{6}$

■ 연습문제 7 ■

1. ① $\begin{pmatrix} 2 & 11 \\ 2 & -1 \end{pmatrix}$ ② $\begin{pmatrix} -6 & 1 \\ 14 & -19 \end{pmatrix}$ ③ $\begin{pmatrix} 2 & 28 \\ 12 & -12 \end{pmatrix}$

2. ① $\begin{pmatrix} 78 & 48 \\ 57 & 34 \end{pmatrix}$ ② $\begin{pmatrix} -4 & -15 \\ -4 & -3 \\ 6 & -6 \end{pmatrix}$

3. ① $\begin{pmatrix} 0 & -6 & 5 \\ -10 & 0 & 5 \\ -20 & 12 & 0 \end{pmatrix}$ ② $\begin{pmatrix} 2 & 8 \\ 2 & -2 \end{pmatrix}$

4. ① $\begin{pmatrix} 7 & 38 \\ 10 & 75 \end{pmatrix}$ ② $\begin{pmatrix} 7 & 38 \\ 10 & 75 \end{pmatrix}$

5. ① $\begin{pmatrix} 2 & 7 \\ 2 & 8 \end{pmatrix}$ ② $\begin{pmatrix} 7 & 11 \\ 3 & 14 \end{pmatrix}$

6. ① rank=2 ② rank=1
③ rank=1 ④ rank=3
⑤ rank=3 ⑥ rank=2
⑦ rank=2 ⑧ rank=3

■ 연습문제 8 ■

1. ① 17 ② $\lambda^2 - 3\lambda - 4$
③ -45 ④ -15

2. ① $5\begin{vmatrix} -3 & 0 \\ 0 & 2 \end{vmatrix} = -30$ ② $-3\begin{vmatrix} 2 & 0 \\ 5 & 8 \end{vmatrix} = -48$
③ $3\begin{vmatrix} 7 & 1 \\ 6 & 4 \end{vmatrix} + 2\begin{vmatrix} 2 & 7 \\ 2 & 6 \end{vmatrix} = 62$ ④ 0
⑤ $-2\begin{vmatrix} 6 & 1 \\ 4 & 8 \end{vmatrix} + \begin{vmatrix} -3 & 1 \\ -3 & 8 \end{vmatrix} + 4\begin{vmatrix} -3 & 6 \\ -3 & 4 \end{vmatrix} = -85$
⑥ $3\begin{vmatrix} 2 & 5 \\ -4 & 10 \end{vmatrix} - 5\begin{vmatrix} -1 & 5 \\ 7 & 10 \end{vmatrix} + \begin{vmatrix} -1 & 2 \\ 7 & -4 \end{vmatrix} = 335$
⑦ $2\begin{vmatrix} 1 & 1 & -3 \\ 1 & -2 & 1 \\ 4 & 8 & 0 \end{vmatrix} = -104$
⑧ $5\begin{vmatrix} 2 & -2 & 1 \\ 1 & 1 & 0 \\ 5 & 1 & 1 \end{vmatrix} + 4\begin{vmatrix} 2 & 1 & -2 \\ 1 & 6 & 1 \\ 5 & -1 & 1 \end{vmatrix} = 320$

3. ① $\lambda = -5, 7$ ② $\lambda = 0, 1, 2$

4. ① $\begin{pmatrix} 5 & -2 \\ -1 & 0.5 \end{pmatrix}$ ② $\frac{1}{12}\begin{pmatrix} 1 & -2 & 2 \\ 5 & 2 & -2 \\ -3 & 6 & 6 \end{pmatrix}$
③ $\begin{pmatrix} -2 & 5 & -3 \\ -8 & 17 & -10 \\ 5 & -10 & 6 \end{pmatrix}$

5. ① $x_1 = \frac{-1}{14}\begin{vmatrix} 3 & 1 \\ -6 & 4 \end{vmatrix} = -1.29$
$x_2 = \frac{-1}{14}\begin{vmatrix} -3 & 3 \\ 2 & -6 \end{vmatrix} = -0.857$
② $x_1 = \frac{1}{-3}\begin{vmatrix} 4 & 1 \\ 2 & -1 \end{vmatrix} = 2$
$x_2 = \frac{1}{-3}\begin{vmatrix} 1 & 4 \\ 2 & 2 \end{vmatrix} = 2$
③ $x_1 = \frac{1}{13}\begin{vmatrix} 7 & 2 & 1 \\ 3 & -1 & 3 \\ 1 & 4 & -2 \end{vmatrix} = -3$
$x_2 = \frac{1}{13}\begin{vmatrix} 3 & 7 & 1 \\ 1 & 3 & 3 \\ 5 & 1 & -2 \end{vmatrix} = 6$
$x_3 = \frac{1}{13}\begin{vmatrix} 3 & 2 & 7 \\ 1 & -1 & 3 \\ 5 & 4 & 1 \end{vmatrix} = 4$
④ $x_1 = \frac{1}{11}\begin{vmatrix} 3 & -2 & -3 \\ 5 & 1 & -1 \\ -4 & 2 & 0 \end{vmatrix} = -4$
$x_2 = \frac{1}{11}\begin{vmatrix} 1 & 3 & -3 \\ 1 & 5 & -1 \\ 3 & -4 & 0 \end{vmatrix} = 4$
$x_3 = \frac{1}{11}\begin{vmatrix} 1 & -2 & 3 \\ 1 & 1 & 5 \\ 3 & 2 & -4 \end{vmatrix} = -5$

6. ① 고윳값 : 1,6
고유 벡터 : $X = \begin{pmatrix} 1 & 1 \\ 1 & 3.5 \end{pmatrix}$
② 고윳값 : -4
고유 벡터 : $X = \begin{pmatrix} 1 & 1 \\ -12 & -12 \end{pmatrix}$
③ 고윳값 : -4,0,4
고유 벡터 : $X = \begin{pmatrix} 1 & 1 & 1 \\ 1 & 5 & 9 \\ 1 & 2.78 & 1 \end{pmatrix}$
④ 고윳값 : $2+j$, $2-j$, 2
고유벡터 : $X = \begin{pmatrix} j & -j & -1 \\ 1 & 1 & 0 \\ -j & j & 1.25 \end{pmatrix}$

■ 연습문제 9 ■

1. ① $7-j$ ② $-1+5j$
③ $18-j$ ④ $\dfrac{18+21j}{25}$

2. ① $\sqrt{6}j$ ② $-\sqrt{6}$
③ $\dfrac{\sqrt{6}i}{3}$ ④ $-\dfrac{\sqrt{6}i}{3}$
⑤ $\dfrac{\sqrt{6}}{3}$

3. ① 24 ② $\dfrac{1-\sqrt{3}i}{2}$
③ $16+30j$ ④ 0

4. ① $x=5, y=-2$ ② $x=3, y=1$

5. −1

6. ① $2\sqrt{2}\angle 435°$ ② $4\angle 240°$
③ $\dfrac{\sqrt{2}}{2}\angle 195°$

7. 1)

구분	표현 형식			
	직각좌표	삼각함수	극좌표	지수함수
A	$3+5j$	$\sqrt{34}(\cos 59° + j\sin 59°)$	$\sqrt{34}\angle 59°$	$\sqrt{34}e^{59j}$
B	$-4.95+4.95j$	$7(\cos 135° + j\sin 135°)$	$7\angle 135°$	$7e^{135j}$
C	$2.75+3.06j$	$4(\cos 50° + j\sin 50°)$	$4\angle 50°$	$4e^{50j}$
D	$-3-5.2j$	$6(\cos -120° + j\sin -120°)$	$6\angle -120°$	$6e^{-120j}$
E	$-4+6.93j$	$8(\cos 120° + j\sin 120°)$	$8\angle 120°$	$8e^{120j}$

2) ① $-1.95+9.95j$
② $-0.43-2.13j$
③ $7.95+0.05j$
④ $1.57+14.99j$

3) ① $8.21-22.55j$
② $-39.6-9.9j$
③ $-27.89-2.44j$
④ $-237.59+237.59j$

4) ① $0.2-0.81j$
② $-0.66+0.12j$
③ $0.67+1.2j$
④ $-1.7078+0.1494j$

8. A=99.7631, $\theta=29.96°$

9. $e^{j(\theta_1+\theta_2)}=(\cos\theta_1\cos\theta_2-\sin\theta_1\sin\theta_2)+j(\sin\theta_1\cos\theta_2+\cos\theta_1\sin\theta_2)$

$e^{j\theta_1}\cdot e^{j\theta_2}=(\cos\theta_1+j\sin\theta_1)(\cos\theta_2+j\sin\theta_2)$
$=(\cos\theta_1\cos\theta_2-\sin\theta_1\sin\theta_2)+j(\sin\theta_1\cos\theta_2+\cos\theta_1\sin\theta_2)$

$\therefore e^{j(\theta_1+\theta_2)}=e^{j\theta_1}\cdot e^{j\theta_2}$

10.

표현 형식		
직각좌표	극좌표	지수함수
$2.09-2.66j$	$3.38\angle -51.9°$	$3.38e^{-51.9j}$

11. $e^{jx}=\cos x+j\sin x$ ⋯ ①
$e^{-jx}=\cos x-j\sin x$ ⋯ ②
①+②에서 $\cos x=\dfrac{e^{jx}+e^{-jx}}{2}$
①−②에서 $\sin x=\dfrac{e^{jx}-e^{-jx}}{2j}$

■ 연습문제 10 ■

1. ① 4 ② $-\dfrac{3}{2}$ ③ 6 ④ $\dfrac{1}{4}$

2. ① ∞ ② $\dfrac{3}{2}$ ③ −1 ④ $-\dfrac{1}{2}$
⑤ 2 ⑥ $-\dfrac{1}{2}$ ⑦ 12 ⑧ $\dfrac{1}{3}$

3. ① $y'=-20x^3$
② $y'=12x^3-15x^2+4x$
③ $y'=35x^4-16x+5$
④ $y'=4x-7$
⑤ $y'=3x^2-2x+2$
⑥ $y'=\dfrac{1-x^2}{(x^2+1)^2}$
⑦ $y'=\dfrac{x^2-2x-2}{(x^2+2)^2}$
⑧ $y'=-\dfrac{x^2+4x+1}{(x^2+2x+3)^2}$
⑨ $y'=10(3x+1)(3x^2+2x+1)$
⑩ $y'=(x+1)^2(x^2-1)(7x-3)$

4. ① $y'=-\dfrac{2x}{3\sqrt[3]{(x+1)^2}}$
② $y'=\dfrac{2x+1}{2\sqrt{x^2+x+1}}$

③ $y'=\dfrac{-(3x+2)}{\sqrt{(x^2+1)^3}}$

④ $y'=\dfrac{4(x-2)}{\sqrt{(4x-3)^3}}$

5. ① $\dfrac{dy}{dx}=\dfrac{3}{2}$

② $\dfrac{dy}{dx}=-\dfrac{y}{x}(x\neq 0)$

③ $\dfrac{dy}{dx}=\dfrac{x}{4y}(y\neq 0)$

④ $\dfrac{dy}{dx}=\dfrac{2y-x}{y-2x}(y\neq 2x)$

6. ① $y'=2(\sin x-\sqrt{3}\cos x)(\cos x+\sqrt{3}\sin x)$

② $y'=\sec^4 x$

③ $y'=\dfrac{\cos x}{2\sqrt{1+\sin x}}$

④ $y'=\sin x+x\cos x$

⑤ $y'=\cos^2 x-\sin^2 x$

⑥ $y'=\dfrac{1}{(\cos x+\sin x)^2}$

7. ① $y'=3e^{3x}$

② $y'=(\log 2)x2^{x^2}$

③ $y'=(2x-x^2)e^{-x}$

④ $y'=-e^{\cos x}\sin x$

⑤ $y'=(e^x+e^{-x})\cos(e^x-e^{-x})$

⑥ $y'=\dfrac{6}{(2x-3)(\log 3)}$

⑦ $y'=\dfrac{\sin x+x\cos x}{x\sin x}$

⑧ $y'=x(2\ln 2x+1)$

8. ① $y''=e^x(x^3+6x^2+6x)$

② $y''=-2e^x\sin x$

③ $y''=e^x\left(\ln x+\dfrac{2}{x}-\dfrac{1}{x^2}\right)$

9. $a=2,\ b=2$

10. $y=\dfrac{1}{3}x+\dfrac{5}{3}$

11. ① 접선의 방정식 : $y=ex-e$

법선의 방정식 : $y=-\dfrac{1}{e}x+\dfrac{e^2+2}{e}$

② 접선의 방정식 : $y=x$

법선의 방정식 : $y=-x$

③ 접선의 방정식 : $y=4x-1$

법선의 방정식 : $y=-\dfrac{1}{4}x+\dfrac{9}{8}$

④ 접선의 방정식 : $y=4x-\pi+1$

법선의 방정식 : $y=-\dfrac{1}{4}x+\dfrac{1}{16}\pi+1$

12.

	x	극댓값	x	극솟값
①	−2	16	1	−11
②	2	2	1	1

13. ① $\dfrac{dz}{dx}=\dfrac{2y}{(x+y)^2},\ \dfrac{dz}{dy}=\dfrac{-2x}{(x+y)^2}$

② $\dfrac{dz}{dx}=\sin(y-x)-x\cos(y-x)$

$\dfrac{dz}{dy}=x\cos(y-x)$

③ $\dfrac{dz}{dx}=y\cot x,\ \dfrac{dz}{dy}=\ln\sin x$

14. $f_x(2,3)=5,\ f_y(2,3)=-2$

15. ① $z_{x,x}=6xy+6y^2,$
$z_{x,y}=3x^2+12xy,$
$z_{y,y}=6x^2$

② $z_{x,x}=-\dfrac{2}{x^2},$
$z_{x,y}=0,$
$z_{y,y}=-\dfrac{2}{y^2}$

③ $z_{x,x}=2y^2e^{xy}\cos xy,$
$z_{x,y}=e^{xy}(\sin xy+(1+2xy)\cos xy),$
$z_{y,y}=2x^2e^{xy}\cos xy$

④ $z_{x,x}=-\cos(x+y)-\sin(x-y),$
$z_{x,y}=-\cos(x+y)+\sin(x-y),$
$z_{y,y}=-\cos(x+y)-\sin(x-y)$

16. ① $3t^2+9t^8$ ② $\sec^2 t$

17. $f(x)=17+32(x-2)+21(x-2)^2+7(x-2)^3+(x-2)^4$

18. ① $\dfrac{dz}{dx}=3x^2+6xy-4xy^2+3y$

② $\dfrac{d^2z}{dx^2}=6x+6y-4y^2$

③ $\dfrac{d^2z}{dydx}=6x-8xy+3$

④ $\dfrac{dz}{dy}=3x^2-4xy^2-4y^3+3x$

⑤ $\dfrac{d^2z}{dy^2}=-4x^2-12y^2$

⑥ $\dfrac{d^2z}{dxdy}=6x-8xy+3$

19. ① $dz=(3y^2-6x^2y^3)dx+(6xy-6x^3y^2)dy$

② $dz=\dfrac{x}{\sqrt{x^2+y^2}}dx+\dfrac{y}{\sqrt{x^2+y^2}}dy$

③ $dz=\cos\theta\, dr-r\sin d\theta$

④ $du=(2xy+z^2)dx+(2yz+x^2)dy+(2zx+y^2)dz$

■ 연습문제 11 ■

1. ① $2x+c$ ② $\dfrac{5}{2}x^2+c$

③ $\dfrac{5}{3}x^3+\dfrac{3}{2}x^2-2x+c$

④ $\dfrac{1}{4}x^4-\dfrac{1}{3}x^3+\dfrac{1}{2}x^2-x+c$

⑤ $\dfrac{1}{2}\ln(x^2+2x+3)+c$

⑥ $\dfrac{2}{3}\ln(1+x^{\frac{3}{2}})$

2. ① $-2\cos x-5\sin x+c$

② $-\cot x-x+c$

③ $\ln|\tan\dfrac{x}{2}|+c$

④ $\sec x+c$

⑤ $-\csc x+c$

⑥ $\dfrac{3}{8}x-\dfrac{1}{4}\sin 2x+\dfrac{1}{32}\sin 4x+c$

3. ① $3e^x+c$ ② $\dfrac{3^x}{2\ln 3}+c$

③ $\dfrac{1}{2}e^{2x+1}+c$ ④ $\dfrac{2}{3}e^{3x}-\dfrac{2^x}{\ln 2}+c$

4. ① $\dfrac{1}{3}\cos^3 x-\cos x+c$

② $e^x(x^2-2x+2)+c$

③ $2(x-3)\sqrt{x+1}+c$

④ $-x^2\cos x+2x\sin x-2\cos x+c$

5. ① $x^2\sin x+2x\cos x-2\sin x+c$

② $x(\ln x)^2-2x\ln x+2x+c$

③ $\dfrac{1}{2}e^x(\sin x-\cos x)+c$

④ $-\dfrac{1}{2}e^{-x}(\sin x+\cos x)+c$

6. ① $-\dfrac{1}{2(2x+1)}+c$

② $\dfrac{3}{8}(2x+1)\sqrt[3]{2x+1}+c$

③ $\dfrac{5^{3x+2}}{3\ln 5}+c$

④ $\dfrac{1}{2}e^{2x}-2x-\dfrac{1}{2}e^{-2x}+c$

7. ① $x-\log(e^x+1)+c$

② $x-\dfrac{1}{2}\log(e^{2x}+1)+c$

③ $e^x-\log(e^x+1)+c$

8. ① $\dfrac{1}{2a}\ln\dfrac{x-a}{x+a}+c$

② $\dfrac{1}{2}\left(x\sqrt{a^2-x^2}+a^2\sin^{-1}\dfrac{x}{a}\right)+c$

③ $\sin^{-1}\dfrac{x}{a}+c$

④ $\dfrac{1}{16}(4\sin 2x-\sin 8x)+c$

9. ① $\dfrac{1}{a^2+b^2}(a\cos bx+b\sin bx)e^{ax}+c$

② $-x^2\sqrt{1-x^2}-\dfrac{2}{3}\sqrt{(1-x^2)^3}+c$

③ $\dfrac{1}{2}\sec x\tan x+\dfrac{1}{2}\ln|\sec x+\tan x|+c$

④ $\dfrac{e^x}{1+a^2}(\cos ax+a\sin ax)+c$

10. ① $\dfrac{1}{2}\ln\left|\dfrac{x-1}{x+1}\right|+c$

② $\dfrac{1}{2}\ln\left|\dfrac{x}{x+2}\right|+c$

③ $\dfrac{1}{6}\ln(x+5)^5(x-1)+c$

④ $x+\ln\left(\dfrac{(x-2)^4}{|x-1|}\right)+c$

⑤ $\dfrac{x}{2(x^2+1)}+\dfrac{1}{2}\tan^{-1}x$

⑥ $\dfrac{x^2}{2}-\dfrac{1}{x}+2\ln\left|\dfrac{x}{x-1}\right|+c$

11. ① $2(\sqrt{x}-\tan^{-1}\sqrt{x})+c$

② $6\left\{\frac{\sqrt[6]{x^5}}{5}+\frac{\sqrt[3]{x}}{2}+\frac{1}{3}[\ln|\sqrt[6]{x}-1|-\frac{1}{2}\ln(\sqrt[3]{x}+\sqrt[6]{x}+1)+\frac{1}{\sqrt{3}}\tan^{-1}\frac{2\sqrt{x}+1}{3}]\right\}+c$

③ $2\sqrt{x}-3\sqrt[3]{x}+6\sqrt[6]{x}-6\ln(\sqrt[6]{x}+1)+c$

④ $\ln|x+\sqrt{x-1}|$

$-\frac{2}{\sqrt{3}}\tan^{-1}\frac{2\sqrt{x-1}+1}{\sqrt{3}}+c$

■ 연습문제 12 ■

1. 8
2. $\frac{2}{3}$
3. $\frac{11}{2}$
4. 1
5. 0
6. $2(\sqrt{2}-1)$
7. $2\sqrt{3}-\frac{2}{3}$
8. $\frac{20}{3}$
9. $-\frac{1}{4}$
10. $-\frac{21}{2}$
11. $\frac{26}{15}$
12. $-2e^{-1}+1$

■ 연습문제 13 ■

1. ① 0.377 ② 2.009 ③ 0.785
④ 16.390 ⑤ 17.557 ⑥ 0.17
2. ① 1.02 ② 0.786 ③ 2.001
④ 16.13 ⑤ 0.535 ⑥ 1.118

■ 연습문제 14 ■

1. $\frac{8}{3}$
2. ① $\frac{32}{3}$ ② $\frac{8}{3}$
3. $s_1=\frac{1}{4}$, $s_2=\frac{1}{2}$
4. ① $\frac{9}{2}$ ② 9 ③ 8 ④ $\frac{37}{12}$
5. ① $\frac{56}{27}$ ② $\frac{5}{12}+\ln\frac{3}{2}$
③ $\frac{14}{3}$ ④ 4 ⑤ $\pi\sqrt{a^2+b^2}$

■ 연습문제 15 ■

1. ① $y=\frac{1}{2}e^x+ce^{-x}$
② $y=\frac{1}{5}x^4-\frac{c}{x}$
③ $y=e^{-x}+ce^{-2x}$
④ $y=\frac{1}{2}(x+c)e^{\frac{x}{2}}$
⑤ $y=\frac{c-\cos x}{x^3}$
⑥ $y=\frac{c-\cos x}{x}$
⑦ $y=x^2-2x+ce^{-x}$
⑧ $y=x+c\sqrt{1+x^2}$
2. ① $y=c_1e^{-ax}+c_2e^{ax}$
② $y=c_1e^{-x}+c_2e^{-5x}$
③ $y=c_1e^{-2x}+c_2e^{-3x}$
④ $y=e^x\{(c_1+c_2)\cos\sqrt{3}x+j(c_1-c_2)\sin\sqrt{3}x\}$
⑤ $y=(c_1x+c_2)e^{-3x}$
⑥ $y=e^{3x}\{(c_1+c_2)\cos x+j(c_1-c_2)\sin x\}$
3. ① $v(t)=12e^{-6t}$
② $v(t)=12e^{-2t}$
③ $i(t)=7e^{-4t}$
4. ① $v(t)=c_1e^{-2t}+c_2e^{-4t}$
② $v(t)=(c_1+c_2t)e^{-2t}$
③ $v(t)=c_1e^{(-3+j4)t}+c_2e^{(-3-j4)t}$
④ $v(t)=c_1e^{2jt}+c_2e^{-2jt}$
5. ① $y=ce^{-\frac{1}{2}x^2}$
② $e^y=e^x+c$
③ $y^2+x^2=c^2$
④ $x^2=(y-1)^2+\ln(y+1)^2+c$
⑤ $y^2+x^2=c^2$
⑥ $\tan^{-1}y=x-\ln|x+1|+c$

6. ① $y^3 = 3x^3 \ln|x| + ax^3 (a = 3c)$

② $\ln|x| + \frac{1}{3}(1-3z^2) = \frac{1}{3}c_1$ 또는

$x^3(1+3z^2) = \pm c_1$,

$x(x^2+3y^2) = c_2 (c_2 = \pm c_1)$

③ $2\tan^{-1}\frac{y}{x} + \ln(x^2+y^2) = c$

④ $3x^2 - 2xy - y^2 - 3x + y + c = 0$

7. ① $f(x, y) = \frac{x^4}{4} + x^2 y - \frac{y^3}{3} + c$

② $f(x,y) = x^3y^2 + \ln\left|\frac{x}{y}\right| + c$

8. ① $v(t) = 10(1-e^{-4t})u(t)\ V$

② $v(t) = 20(e^{-2t} - e^{-4t})u(t)\ V$

9. ① $y = c_1e^{2t} + c_2e^{t}$

② $y = (c_1 + c_2 t)e^{-3t}$

③ $y = c_1e^{-3t} + c_2e^{2t}$

④ $y = c_1e^{(-1-j)t} + c_2e^{(-1+j)t}$

10. $v_p(t) = 32e^{-4t}$

■ 연습문제 16 ■

1. ④

2. ① $F(s) = \frac{1}{s+a}$

② $F(s) = \frac{(s-3)}{(s-3)^2 + 100^2}$

③ $F(s) = \frac{6}{(s+3)^4}$

④ $F(s) = \frac{n!}{s^{n+1}}$

3. ① $F(s) = \frac{s^2+s+1}{s(s+1)^2}$

② $F(s) = \frac{4}{s-5} + \frac{36}{s^4} - \frac{12}{s^2+16} + \frac{2s}{s^2+4}$

4. ① $F(s) = \frac{1}{s+2}$ ② $F(s) = \frac{-2}{s+2}$

③ $F(s) = \frac{4}{s+2}$ ④ $F(s) = \frac{-8}{s+2}$

5. $F(s) = \frac{s^4+6s+12}{s^5(s+2)}$

6. $F(s) = \left(5 + 10s + \frac{1}{2s}\right)\left(\frac{600}{(s^2+60^2)}\right)$

7. $U(s) = \frac{e^{-2s}}{s}$

8. $F(s) = \frac{1}{s}(1 - e^{-2s})$

9. ① $\delta(t)$ ② $f(t) = 3e^{-5t}$

③ $f(t) = 3t$ ④ $f(t) = e^{2t} - e^{-2t}$

10. ① $\frac{8}{3}t^3$ ② te^{3t}

③ $\frac{1}{2}t^2(1+e^t)$ ④ $\delta(t) + 1 + t$

⑤ $5\sin 3t$ ⑥ $\frac{1}{4}\sin 4t$

⑦ $2\cos 2t$ ⑧ $\frac{1}{2}\cos 2t + \sin 2t$

⑨ $\frac{1}{3}e^{-2t}\sin 3t$ ⑩ $e^t\left(\frac{1}{2}\cos t + \sin t\right)$

11. ① $u(t-2)$

② $4e^{2t} - 3\cos 4t + \frac{5}{2}\sin 2t$

③ $\frac{1}{2}e^{-t}\sin 2t$

12. $\frac{1}{4} - \frac{1}{4}e^{-2t} - \frac{1}{2}te^{-2t}$

13. 5

14. $\frac{1}{3}$

■ 연습문제 17 ■

1. ① $\begin{bmatrix} \frac{dx_1(t)}{dt} \\ \frac{dx_2(t)}{dt} \end{bmatrix} = \begin{bmatrix} 0 & 1 \\ -1 & -4 \end{bmatrix} \begin{bmatrix} x_1(t) \\ x_2(t) \end{bmatrix} + \begin{bmatrix} 0 \\ 5 \end{bmatrix} u(t)$

② $\begin{bmatrix} \frac{dx_1(t)}{dt} \\ \frac{dx_2(t)}{dt} \\ \frac{dx_3(t)}{dt} \end{bmatrix} = \begin{bmatrix} 0 & 1 & 0 \\ 0 & 0 & 1 \\ -1 & -2.5 & -1.5 \end{bmatrix} \begin{bmatrix} x_1(t) \\ x_2(t) \\ x_3(t) \end{bmatrix} + \begin{bmatrix} 0 \\ 0 \\ 0.5 \end{bmatrix} u(t)$

③ $\begin{bmatrix} \frac{dx_1(t)}{dt} \\ \frac{dx_2(t)}{dt} \\ \frac{dx_3(t)}{dt} \\ \frac{dx_4(t)}{dt} \end{bmatrix} = \begin{bmatrix} 0 & 1 & 0 & 0 \\ 0 & 0 & 1 & 0 \\ 0 & 0 & 0 & 1 \\ -1 & -1 & -3 & -5 \end{bmatrix} \begin{bmatrix} x_1(t) \\ x_2(t) \\ x_3(t) \\ x_4(t) \end{bmatrix}$

$$+\begin{bmatrix}0\\0\\0\\1\end{bmatrix}u(t)$$

④ $$\begin{bmatrix}\dfrac{dx_1(t)}{dt}\\ \dfrac{dx_2(t)}{dt}\\ \dfrac{dx_3(t)}{dt}\\ \dfrac{dx_4(t)}{dt}\end{bmatrix}=\begin{bmatrix}0&1&0&0\\0&0&1&0\\0&0&0&1\\-1&-2.5&0&-1.5\end{bmatrix}\begin{bmatrix}x_1(t)\\x_2(t)\\x_3(t)\\x_4(t)\end{bmatrix}$$

$$+\begin{bmatrix}0\\0\\0\\2\end{bmatrix}u(t)$$

2. ① a) $\Phi(t)=I+At+\dfrac{1}{2!}A^2t^2+\cdots\cdots$

$$=\begin{bmatrix}\cos t & \sin t\\ -\sin t & \cos t\end{bmatrix}$$

b) $\Phi(s)=(sI-A)^{-1}=\begin{bmatrix}\cos t & \sin t\\ -\sin t & \cos t\end{bmatrix}$

② a) $\Phi(t)=I+At+\dfrac{1}{2!}A^2t^2+\cdots\cdots$

$$=\begin{bmatrix}e^{-t} & 0\\ 0 & e^{-2t}\end{bmatrix}$$

b) $\Phi(s)=(sI-A)^{-1}=\begin{bmatrix}e^{-t} & 0\\ 0 & e^{-2t}\end{bmatrix}$

③ a) $\Phi(t)=I+At+\dfrac{1}{2}A^2t^2$

$$=\begin{bmatrix}e^{-t}+e^{t} & -e^{-t}+e^{t}\\ -e^{-t}+e^{t} & e^{-t}+e^{t}\end{bmatrix}$$

b) $\Phi(t)=(sI-A)^{-1}$

$$=\begin{bmatrix}e^{-t}+e^{t} & -e^{-t}+e^{t}\\ -e^{-t}+e^{t} & e^{-t}+e^{t}\end{bmatrix}$$

3. $\Phi(t)=\begin{bmatrix}e^{-3t} & 0\\ 0 & e^{-3t}\end{bmatrix}$

4. ① $x(t)=A\dot{x}(t)+Bu(t)$

$$A=\begin{bmatrix}0&1&0\\0&0&1\\-1&-3&-3\end{bmatrix}\qquad B=\begin{bmatrix}0\\0\\1\end{bmatrix}$$

② $\Phi(t)=$

$$\begin{bmatrix}(1+t+t^2/2)e^{-t} & (t+t^2)e^{-t} & t^2e^{-t}\\ -t^2e^{-t}/2 & (1+t-t^2)e^{-t} & (t-t^2/2)e^{-t}\\ (-t+t^2/2)e^{-t} & t^2e^{-t} & (1-2t+t^2/2)e^{-t}\end{bmatrix}$$

③ $x(t)=\begin{bmatrix}1\\0\\0\end{bmatrix}$

5. ① $$\begin{bmatrix}\dfrac{dx_1(t)}{dt}\\ \dfrac{dx_2(t)}{dt}\end{bmatrix}=\begin{bmatrix}0&1\\-1&-2\end{bmatrix}\begin{bmatrix}x_1(t)\\x_2(t)\end{bmatrix}+\begin{bmatrix}0\\1\end{bmatrix}u(t)$$

② $\Phi(t)=\begin{bmatrix}(1+t)e^{-t} & te^{-t}\\ -te^{-t} & (1-t)e^{-t}\end{bmatrix}$

③ $x(t)=\begin{bmatrix}1\\0\end{bmatrix}$

■ 연습문제 18 ■

1. ① $\dfrac{z}{z-e}$　② $\dfrac{z}{(zI-A)}$

③ $\dfrac{z(z-\cos 3T)}{z^2-2z\cos 3T+1}$

④ $\dfrac{z\sin 5T}{z^2-2z\cos 5T+1}$

⑤ $\dfrac{3Tz}{(z-1)^2}$　⑥ $\dfrac{2z}{z-e^{-T}}-\dfrac{z}{z-e^{-2T}}$

⑦ $\dfrac{2z}{5(z-e^{-3T})}-\dfrac{3z}{5(z-e^{2T})}$

⑧ $\dfrac{ze^{-aT}\sin T}{z^2-2ze^{-aT}\cos T+e^{-2aT}}$

⑨ $\dfrac{Tze^{-T}}{(z-e^{-T})^2}$　⑩ $\dfrac{z}{z-e^{-5T}}$

2. ① $f(kT)=1-e^{-kT}$

② $f(kT)=\dfrac{1}{2}(-1+3^k)$

③ $f(kT)=1-e^{-kT}$

④ $f(kT)=1-e^{-akT}$

3. $X[(k+1)T]=e^{-\frac{T}{RC}}X(kT)$

$$+(1-e^{-\frac{T}{RC}})e(kT)$$

4. $y=\left(\dfrac{1}{z-1}-\dfrac{1}{z-0.5}\right)u$

■ 연습문제 19 ■

1. $v(t)=\dfrac{4A}{\pi}\Big(\sin\omega_0 t+\dfrac{1}{3}\sin 3\omega_0 t$

$$+\frac{1}{5}\sin 5\omega_0 t+\cdots\Big)$$

2. $i(t)=\dfrac{8I}{\pi^2}\Big(\sin\omega_0 t-\dfrac{1}{9}\sin 3\omega_0 t$

$$+\frac{1}{25}\sin 5\omega_0 t-\cdots\Big)$$

3. $i(t)=\frac{4A}{\pi}\left(\frac{1}{2}-\frac{1}{3}\sin 2\omega_0 t-\frac{1}{15}\sin 4\omega_0 t-\frac{1}{35}\sin 6\omega_0 t-\cdots\right)$

4. $f(t)=\frac{I_m}{2}-\frac{4I_m}{\pi^2}\sum_{k=1}^{\infty}\frac{1}{n^2}\cos\omega_0 t,\ n=2k-1$

5. ① $F(\omega)=\frac{5}{3+j\omega}$
   ② $F(\omega)=2\pi a\delta(\omega)$
   ③ $F(\omega)=j\pi[\delta(\omega+5)-\delta(\omega-5)]$
   ④ $F(\omega)=\pi[\delta(\omega+10)-\delta(\omega-10)]$
   ⑤ $F(\omega)=\frac{18+8j\omega}{(1+j\omega)(3+j\omega)}$
   ⑥ $F(\omega)=A\left(\pi\delta(\omega)+\frac{1}{j\omega}\right)$

■ 연습문제 20 ■

1. ① 3 ② 5.39
   ③ 7.81 ④ 3.74
2. $\sqrt{3}$
3. 4.9747
4. ① 3
   ② $a=\frac{2}{3}i-\frac{2}{3}j-\frac{1}{3}k$
5. ① $-i+8j+3k$
   ② $-3i+3k$
6. ① 8 ② $\frac{8}{21}$
7. ① $4i-5j$ ② $\sqrt{41}$
8. $7i-11j-23k$
9. (1, 2, −2)
10. ① 0
   ② $10i+20j-10k$
   ③ $16i+20j-4k$
11. $\nabla f(x,y)=-3x^2y^2i+(5-2x^3y)j$
12. $11i-4j-48k$
13. ① $2xy^3+8x^5yz-6y^4z^5$
   ② $(-4y^3z^6-4x^5y^2)i-4z^3j+(20x^4y^2z-3x^2y^2)k$
14. ① −3 ② $-4i$

■ 연습문제 21 ■

1. ① 1092 ② $\frac{275}{504}$
   ③ 60 ④ 40
2. ① 42 ② 320
   ③ 1764 ④ 2684
3. 67.5kg
4. 825.25
5. 387
6. ① 6.925 ② 7.32
7. ① 14 ② 최빈수 없음
   ③ −4.0, −6.8 ④ 최빈수 없음
8. ① 9086.5 ② 9155.075 ③ 10400.5
9. ① 평균편차 :4.25, 표준편차 : 4.873
   분산 : 23.75
   ② 평균편차 : 2.25, 표준편차 : 3.872
   분산 : 15
10. ① 산술평균: 76, 중위수 : 75.65
   최빈수 : 74.5
   ② 표준편차 : 9.46, 분산 : 89.42
11. 표준편차 : 2.92, 분산 : 8.5272
12. ① $\hat{y}=17.554+0.42x$
   ② $\hat{y}=-144.08-17.72x$
13. ① 상관계수(r) : 0.821
   ② $\hat{y}=-286.34+14.07x$
   ③ 177.97
14. $\hat{y}=4.71+0.085x$
15. $\hat{y}=32.8+0.068x$
16. ① $\hat{y}=17.05+2.46x$ ② 2.46만 벌
   ③ 17.05만 벌
17. 0.5
18. 120
19. ① 70 ② 1 ③ 120 ④ 1
20. 0.72
21. $\frac{450}{2,730}$
22. $\frac{9}{29}$
23. 0.89

참고문헌

1. 전자기학, Wiiliam H. Hayt, 청문각.
2. 회로해석, David R. Cunningham, John A. Stuller, 교보문고.
3. 전자회로, Thomas L. Floyd, Prentice Hall, 교보문고.
4. 자동제어, Benjamin C. Kuo. Farid Golnaraghi, Wiley, 학술정보.
5. 디지틀제어공학, Benjamin C. Kuo.
6. 최신통신시스템, John G. Proakis, Masoud Salehi, Gerhard Bauch,(Thomson).
7. 공업수학(Advanced Engineering Mathematics(Kreyszig)).
8. 공업수학(Advanced Engineering Mathematics(Jones and Bartlet)).
9. 미분적분학, 광림사.
10. 미분적분학, 보성각.
11. Theory and Application of the Z-Transformation Method, E. I Jury.
12. Problem Solver in Automatic Control Systems/Robotics, REA.
13. Laplace Transformation, William Tyrrell Thomson, Prentice Hall.
14. The theory of Matrix. F. R Gantmacher. Chelsea Publishing Company.
15. 알기쉬운 공업수학, 이수일 저, 도서출판 상학당.
16. 수학 II의 정석, 성지사.
17. 기초통계학, 정익사.
18. 현대통계학, 다산출판사.
19. 통계학(이론과실제), 상조사.
20. 통계학, 이우출판사.

찾아보기

ㄱ

ㄴ

ㄷ

ㄹ

ㅋ

ㅌ

ㅍ

ㅎ

기타

■ 저 자 ■

- 조준호(원광대학교 공과대학 전자융합공학과 조교수)
- 황형수(원광대학교 공과대학 전자융합공학과 교수)

공 업 수 학

2023년 2월 25일 2판 5쇄 발행

저 자 조준호 · 황형수
발행인 남 승 우

발행처 도서출판 상尙 학學 당堂

서울시 동작구 사당로9가길 6(사당동)
TEL : 02) 595-1692 ~ 4
FAX : 02) 595-1394
E-mail : shdbooks@naver.com
신고 : 2-155호 (1968. 11. 29)

정가 28,000원

ISBN 978-89-6587-124-8 93410

※ 이 책의 저작권은 저자에게 있으며, 저자의 동의 없이 복사 · 인용 · 복제 · 전재를 금합니다.

〈디자인〉 편집 이선경 / 표지 나아기획